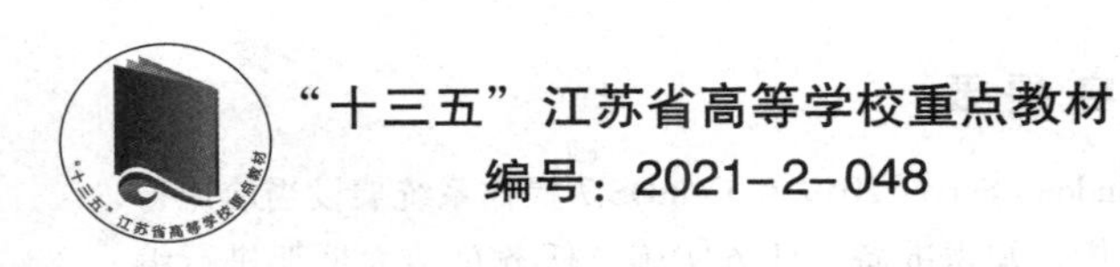

“十三五”江苏省高等学校重点教材

编号：2021-2-048

网络操作系统配置与管理

主　审　王　锋

主　编　杨　勇　王　永　李　晶

副主编　梁晓弘　郭　彬　谭卫东

参　编　任成义　李忠福　臧　博　殷智浩

贾伟伟　凌启东　何　珊

北京理工大学出版社

BEIJING INSTITUTE OF TECHNOLOGY PRESS

内 容 提 要

本书以项目化案例形式介绍了如何利用 Windows Server 2019 和 CentOS 7 操作系统架设当前流行的各种服务器。所有任务以任务描述、任务分析、知识准备、任务实施、任务总结为框架进行编写，结合当前微课、在线课程在教学中的应用，对小型实践任务均配以相应二维码。本书主要内容包括：虚拟网络平台搭建；本地服务器基本管理；域服务配置与管理；文件共享服务与管理；DNS 服务与管理；DHCP 服务与管理；Web 服务与管理；路由与远程访问服务配置。

本书适用于计算机网络技术、云计算技术与应用等专业学生进行网络操作系统 Windows Server 2019 和 CentOS 7 的学习，同时也可作为 Windows Server 2019 和 CentOS 7 培训、大中专院校相关专业学习的教材。对网络管理员、网络技术爱好者而言，也是一本难得的参考书。

图书在版编目（CIP）数据

网络操作系统配置与管理 / 杨勇，王永，李晶主编
. -- 北京：北京理工大学出版社，2021.11（2021.12 重印）
ISBN 978-7-5763-0613-2

Ⅰ.①网… Ⅱ.①杨… ②王… ③李… Ⅲ.①Windows 操作系统—网络服务器 Ⅳ.①TP316.86

中国版本图书馆 CIP 数据核字（2021）第 225929 号

出版发行 / 北京理工大学出版社有限责任公司
社　　址 / 北京市海淀区中关村南大街 5 号
邮　　编 / 100081
电　　话 /（010）68914775（总编室）
　　　　　（010）82562903（教材售后服务热线）
　　　　　（010）68944723（其他图书服务热线）
网　　址 / http://www.bitpress.com.cn
经　　销 / 全国各地新华书店
印　　刷 / 涿州市新华印刷有限公司
开　　本 / 787 毫米×1092 毫米　1/16
印　　张 / 20.75
字　　数 / 488 千字
版　　次 / 2021 年 11 月第 1 版　2021 年 12 月第 2 次印刷
定　　价 / 59.80 元

责任编辑 / 王玲玲
文案编辑 / 王玲玲
责任校对 / 刘亚男
责任印制 / 施胜娟

计算机网络技术广泛应用于国民经济的各个领域，具有很强的专业性、技术互融性和应用普遍性，这就要求本专业的学生具有较宽的知识面，思路开阔，有创新意识，突出适应社会、符合岗位需求的职业技能培养。

高等职业教育课程项目化教学的理论研究表明，课程项目化教学已成为适应目前高职教育培养目标的课程模式。项目化教学是师生通过共同实施一个完整的“项目”工作而进行的教学活动。在职业教育中，项目常常是指以生产一件具体的、具有实际应用价值的产品为目的的任务，或者以完成某项建设工作为目标的任务，有时也表现为方案设计等其他形式。

有专家指出，职业教育课程的本质特征是学习的内容是工作，通过工作实现学习，即工学结合。这里蕴藏着课程理念、课程目标、课程模式、课程开发方法和课程内容的重大变革。无论是“项目教学”还是“教学做一体做”或是“工学结合”，也无论是教学理论还是教学实践，其本质都是相通的，甚至是相同的，就是让学生掌握企业所需要的技能，实现成功就业，同时为后续学习与提升打下基础。

为了达到这一目标，本书在编写过程中将写作框架确定为任务描述、任务分析、知识准备、任务实施、任务总结等五个部分。以项目化案例形式介绍了如何利用 Windows Server 2019 和 CentOS 7 操作系统架设当前流行的各种服务器，符合当前流行的职业教学理念。案例注重实际应用，体现应用技术的重点，能使学生在网络操作系统搭建、管理与维护等方面的综合素质得到明显提高。

在“知识准备”部分中，指出学习掌握某项新技能之前，学习者应当具备的知识或技术基础。凡事预则立，不预则废；磨刀不误砍柴工，为实现目标、完成工作任务，必要的条件准备是一个重要的基础过程。

在“任务描述”中，为了避免内容的简单化与随意性，全书以已经实际完成的一个大型综合网络建设项目为基础，借助“慧心科技有限公司”这样一个虚拟的公司，将真实网络建设过程中的所有子项目进行有机的结合，进行项目化的工学结合教学。项目的关联不仅体现着知识的分配和覆盖，也能有效提高学生能力的关联度，而且还反映了能力的迁移和提高。这样设计出的项目课程是一种基于工作任务的项目课程，具有实际意义；经过这样课程化训练的学生可以零距离上岗。为了方便学习与实际建设，除总体建设提供网络拓扑图外，每一部分都有形象、直接的网络拓扑指导。学生在完成了一个个项目训练的基础上，会拥有完成一个综合性任务的信心与能力。

在“任务分析”中，每一项都确定了建设、学习与实施预期达到的目标。在实际建设过程中，相当于项目负责人下达的工作任务，要求以岗位工作为出发点，简单明了地指出在岗位上应该完成哪些工作。

完成工作所需要的必要的理论知识与实践技能在“知识准备”部分提供。也是从这一部分开始，教学过程中重点采用“教、学、做”合一的教学方法，做到理论课堂和实践课堂合二为一，让学生在教师的教学引导下边学边练，从而达到真实工作过程的情景化呈现。

在“任务实施”部分中，核心技能需要由教师进行示范、指导，实际上就是了解、掌握、熟悉运用“工作过程”的环节。该部分有意指出，与传统教学的以教师为核心的教学模式相比，注重以学生为核心的“以人为本”的教学，更能体现教学过程的价值与预期达到的结果。无论是教师还是学生，在课堂中谁处于主导地位并不重要，重要的是完成培养目标。

“工学结合”基于“项目情境”，在拥有“基础技能”，明确“任务目标”，完成“知识准备”，掌握“实施指导”的基础上，充分发挥学习的主动性，尝试以项目团队（或项目小组）形式，完成安装配置与管理的过程。该部分强调的是从实际工作问题或情景出发，利用真实而有效的问题或情境，引起学生的学习兴趣和探究欲望，而且还要让学生按照实际工作的操作过程或规范来解决问题。只有这样，才能消除教学环节与工作环境之间的差异，使学生将学习到的知识和技能直接应用于实际环境中，缩短学与用之间的差距，使学生能很快适应岗位要求，实现零距离上岗。

为了让学生更好地掌握完成工作所需的技能，全书各任务后均设计有“任务总结”，让学生了解更多能够完成任务的方法、工具与新思路，同时也尽量补充一些重要的新知识与相关领域的进展，不求全面，但求对学习有所启发。

本书以项目化课程的思路进行编写，强调工学结合。其实施是以职业能力为目标、以工作任务为载体、以技能训练为明线、以知识掌握为暗线进行的。以实际工作过程为基点的项目化教学，打破了以知识传授为主要特征的学科课程模式，创建了一种以工作任务为中心组织课程内容和教学过程的课程模式，让学生通过完成具体项目实现职业技能的提高和相关知识的构建，教学效果比过去有了明显改善，同时，也使学生上岗后能符合企业上手快、适应期短的要求。

本书主要内容包括：虚拟网络平台搭建；本地服务器基本管理；域服务配置与管理；文件共享服务与管理；DNS 服务与管理；DHCP 服务与管理；Web 服务与管理；路由与远程访问服务配置。本书紧密联系服务器技术的发展，进行知识更新，注意培养学生的职业素质，力求将最实用、最适用的技能体现出来。

另外，本书各项目配有 PPT 文稿、教学计划与教案，方便教师备课及教学使用。

本书由徐州工业职业技术学院杨勇和王永、南京审计大学李晶担任主编；苏州农业职业技术学院王锋担任主审；江苏建筑职业技术学院梁晓弘、徐州工业职业技术学院郭彬和谭卫东担任副主编。另外，中国电信股份有限公司徐州分公司网络操作维护中心任成义，徐州重型机械有限公司李忠福，徐州工业职业技术学院臧博、殷智浩、贾伟伟、凌启东、何珊也参加了本书的编写工作。

编　者

目录

项目一

虚拟网络平台搭建

【项目场景】

本项目要求通过分析一家高科技 IT 公司——慧心科技有限公司的网络环境与应用需求，设计出公司的网络建立方案，如图 1－1 所示。并使用虚拟机软件 VMware Workstation 进行网络环境的模拟，利用虚拟机软件 VMware Workstation 搭建一个与真实网络环境相匹配的虚拟环境。项目中包含真实环境中使用的服务器 Linux 和 Windows 网络操作系统，以及常用的客户机个人计算机操作系统版本。通过本项目的学习与实践，了解公司网络运作的工作过程，在项目实现过程中学习并掌握需要的网络组建与配置基本技能，为后续项目在真实服务器上进行各项管理与配置任务提供一个良好的虚拟平台。

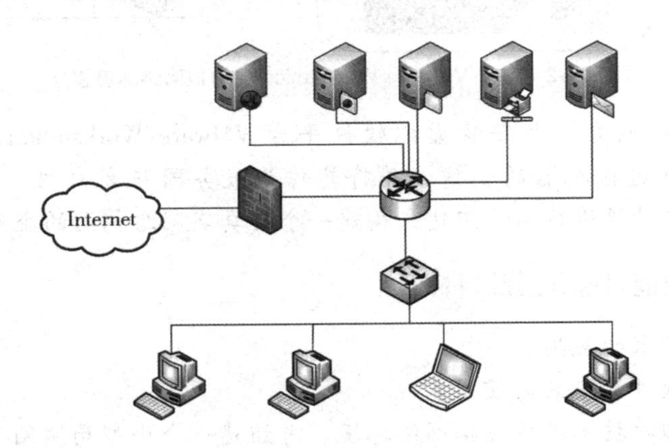

图 1－1 公司网络拓扑图

【需求分析】

为模拟企业真实网络环境，需要利用虚拟机搭建出一个和真实网络环境相同的虚拟平台，此虚拟网络平台可以实现网络组建架构中服务器端环境（包含常见的服务器操作系统主流版本 Windows Server 和 Linux 操作系统 CentOS 7）、客户机常用操作系统环境的仿真模拟搭建与真实运行，实现服务器端各种网络服务的安装与配置管理，以及客户机服务测试与应用工作。

【方案设计】

作为一名网络管理人员，必须熟练掌握计算机网络管理及服务器配置的基础知识，所有上岗前的网络管理人员必须熟练掌握所要管理的网络基本架构及服务器操作系统的运用。为构建相应的操作环境，本项目虚拟平台的总体方案设计如图 1-2 所示。

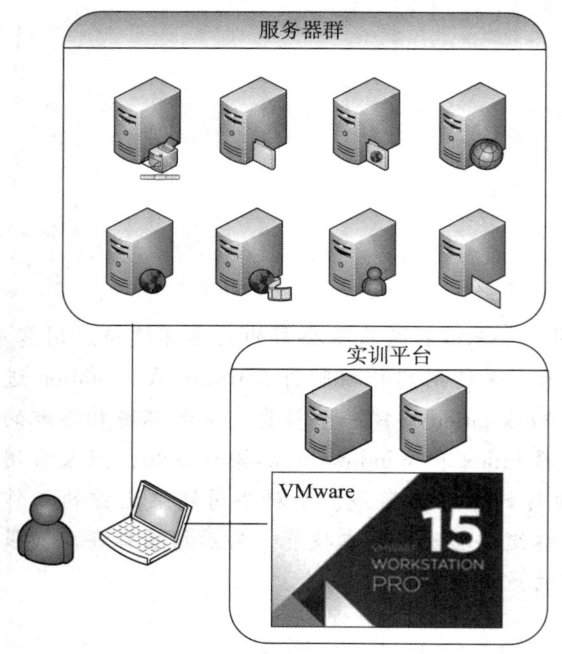

图例	
符号	说明
	用户
	便携电脑
	Web服务器
	FTP服务器
	电子邮件服务器
	流媒体服务器
	实时通信服务器
	打印服务器
	文件服务器
	内容管理服务器
	服务器

图 1-2　基于 VMware Workstation 的虚拟网络环境搭建

此方案中，在真实主机上安装虚拟软件平台 VMware Workstation，然后基于 VMware Workstation 进行各种虚拟机器的创建，并将其作为服务器与客户机。同时，利用 VMware Workstation 网络连接特性进行网络组建，构建一个与真实网络相同的企业模拟网络服务。

【知识目标、技能目标和思政目标】

①了解虚拟机技术的应用。
②掌握虚拟机软件的安装与使用。
③掌握利用虚拟机技术构建虚拟网络环境，并组建一个小型局域网。
④具备中小型企业局域网络规划、设计、实施的能力。
⑤具备网络组建与管理的基本能力。
⑥树立网络安全法治意识，自觉依法进行网络信息技术活动。

任务 1　虚拟机软件安装与管理

【任务描述】

本项目的主要任务是在了解并掌握虚拟机及虚拟机软件相关基本概念的基础上，掌握主

流虚拟机软件 VMware Workstation 的安装与配置，理解 VMware Workstation 网络连接类型并能够灵活应用。任务目标为实现虚拟机软件 VMware Workstation 的安装与测试运行。

【任务分析】

随着计算机技术的飞速发展，虚拟化技术应运而生。虚拟化技术可以扩大硬件的容量，简化软件的重新配置过程。CPU 的虚拟化技术可以单 CPU 模拟多 CPU 并行，允许一个平台同时运行多个操作系统，并且应用程序都可以在相互独立的空间内运行而互不影响，从而显著提高计算机的工作效率。同时，虚拟化技术可以大幅降低维护费，如减小占用空间，降低购买软硬件设备的成本，节省能源和降低维护成本。并且，利用虚拟化产生的虚拟机可以提供一个与系统其余部分隔离开的环境。无论虚拟机内部运行什么，都不会干扰主机硬件上运行的其他内容，虚拟化技术能大幅提升系统的安全性。

服务器整合是使用虚拟机的首要原因。部署到裸机时，大多数操作系统和应用部署都只会使用少量的物理资源。通过虚拟化服务器，用户可以在每个物理服务器上设置大量虚拟服务器，从而提高硬件利用率。这样就无须购买额外的物理资源（例如硬盘驱动器或硬盘），也不用压缩数据中心对电能、空间和冷却能力的需求。通过支持故障转移和冗余，虚拟机提供了额外的灾难恢复选项，而这以前只能通过增加硬件才能实现。

基于以上技术分析，本任务主要调研并了解当前各种虚拟软件，选择主流软件作为服务器管理的虚拟软件，并完成虚拟软件 VMware Workstation 平台的安装、测试、运行等工作。

【知识准备】

1. 虚拟机

虚拟机（Virtual Machine）指通过软件模拟的具有完整硬件系统功能的，运行在一个完全隔离环境中的完整计算机系统。在实体计算机中能够完成的工作在虚拟机中都能够实现。在计算机中创建虚拟机时，需要将实体机器的部分硬盘和内存容量作为虚拟机的硬盘和内存容量。每个虚拟机都有独立的 CMOS、硬盘和操作系统，可以像使用真实机器一样对虚拟机进行操作。

2. 虚拟机软件

虚拟机软件就是能够为不同的操作系统提供虚拟机功能的软件。虚拟机软件可以在计算机平台和终端用户之间建立一种环境，而终端用户则是基于这个软件所建立的环境来操作软件。通过虚拟机软件可以在一台物理计算机上模拟出两台或多台虚拟的计算机，这些虚拟机完全就像真正的计算机那样进行工作。

虚拟机软件产品可以用来虚拟硬件，故可用于各种操作系统之上。当前常用虚拟机软件有以下几种：

（1）VMware Workstation

VMware Workstation 的开发商为 VMware（中文名威睿，VMware Workstation 就是以开发商 VMware 为开头名称，Workstation 的含义为工作站，因此 VMware Workstation 中文名称为威睿工作站），是全球桌面到数据中心虚拟化解决方案、全球虚拟化和云基础架构、全球第一大虚拟机软件厂商，它的产品可以使用户在一台机器上同时运行两个或更多 Windows、DOS、Linux、MAC 系统。与“多用户”系统相比，VMware 采用了完全不同的概念。多用户系统在一个时刻只能运行一个系统，在系统切换时，需要重新启动机器。VMware 是真正"同时"运行多个操作系统在主系统的平台上，就像标准 Windows 应用程序那样切换。而且每个操作系统都可以进行虚拟的分区、配置而不影响真实硬盘的数据，可以通过网卡将几台虚拟机连接为一个局域网，极其方便。

（2）VirtualBox

VirtualBox 是一款开源虚拟机软件，它不仅具有丰富的特色，而且性能也很优异。它简单易用，可虚拟的系统包括 Windows（从 Windows 3.1 到 Windows 10、Windows Server 2012 等，所有的 Windows 系统都支持）、Mac OS X、Linux、OpenBSD、Solaris、IBM OS2 甚至 Android 等操作系统，使用者可以在 VirtualBox 上安装并且运行上述操作系统。

（3）Virtual PC

Microsoft Virtual PC 中文版是微软推出的免费虚拟机软件，它能让用户在一台 PC 上同时运行多个操作系统。使用 Microsoft Virtual PC 中文版，可以把一台机器当作多台使用，彼此互不侵犯。用户不需要重新启动系统，只要单击鼠标，便可以打开新的操作系统或是在操作系统之间进行切换，而且还能够使用拖放功能在几个虚拟 PC 之间共享文件和应用程序。

【任务实施】

本任务实施步骤如下：

①下载虚拟软件平台 VMware Workstation。

②安装软件。

③软件基本管理及设置。

一、VMware Workstation 简介

VMware Workstation 是一款功能强大的桌面虚拟计算机软件，提供用户可在单一的桌面上同时运行不同的操作系统，以及进行开发、测试、部署新的应用程序的最佳解决方案。VMware Workstation 允许一台真实的电脑在一个操作系统中同时开启并运行数个操作系统。对于企业的 IT 开发人员和系统管理员而言，VMware Workstation 在虚拟网络中具有的实时快照、拖曳共享文件夹、支持 PXE 等方面的特点使它成为必不可少的工具。VMware Workstation 主要的功能有：

①不需要分区或重开机就能在同一台 PC 上使用两种以上的操作系统。

②完全隔离并且保护不同 OS 的操作环境及所有安装在 OS 上面的应用软件和资料。

③不同的 OS 之间还能互动操作，包括网络、周边、文件分享及复制、粘贴等功能。

④有复原（Undo）功能。

⑤能够设定并且随时修改操作系统的操作环境，如内存、磁盘空间、周边设备等。

VMware Workstation 的应用主要有如下方面：

①使用 VMware Workstation 可以针对任何平台进行构建和测试，提供最广泛的主机和客户操作系统支持。

②Workstation Pro 可在笔记本电脑中提供数据中心。

③在一台 PC 上运行多个操作系统。借助 VMware Workstation Pro，可以在同一台Windows 或 Linux PC 上同时运行多个操作系统。创建真实的 Linux 和 Windows 虚拟机及其他桌面、服务器和平板电脑环境（包括可配置的虚拟网络连接和网络条件模拟），用于代码开发、解决

方案构建、应用测试、产品演示等。

④高级网络连接控制。

使用内置的网络编辑器创建自定义拓扑，利用完整的 NAT 和 DHCP 控制功能将多种网络类型上的多个虚拟机连接起来。通过集成 GNS3 之类的热门网络工具，甚至还可以使用真实路由软件（如 Cisco IOS）设计完整的数据中心网络拓扑。

⑤轻松复制和共享虚拟机。

节省重复创建相同虚拟机设置所需的时间和精力。使用链接克隆来复制虚拟机，同时可显著减少物理磁盘空间。还可以使用完整克隆来创建独立的副本，并将其与他人共享。

⑥全面的操作系统安全测试和安全的隔离环境。

在与物理计算机隔离的情况下，测试操作系统和应用安全性。使用内置的网络嗅探器从虚拟网络编辑器捕捉数据，并使用 Wireshark 和其他 PCAP 阅读器将其打开，以分析网络流量；或者针对强化的操作系统执行渗透测试。

二、VMware Workstation 下载与安装

由于本书全部项目采用的虚拟机软件为 VMware Workstation，使用的版本是 VMware Workstation 15 Pro，后面简称为 VMware 15，用户可以在 VMware 中文官方网站上下载并使用。在其中文官网地址上，在“产品下载”栏目中，选择“Workstation Pro”，进入相应下载页面，官网上提供下载免费试用版，选择需要的版本下载即可。注意，需要根据使用的操作系统类型及版本进行下载，本书项目使用的虚拟软件为“VMware Workstation 15. 5. 1 Pro for Windows”。

图 1－3　VMware Workstation Pro 下载地址

扫描如图 1－3 所示二维码也可至下载地址。

运行下载成功的安装文件后，在桌面上运行 VMware Workstation Pro 图标，启动成功后，出现如图 1－4 所示的 VMware Workstation Pro 主页界面。

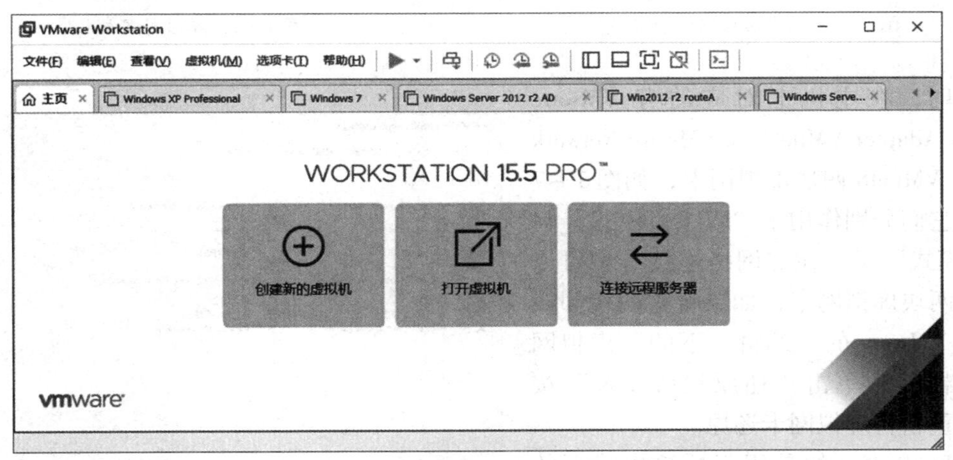

图 1－4　VMware Workstation Pro 主页

在软件主页中，利用提供的向导按钮可以创建新的虚拟机，或者打开虚拟机，或者进行远程服务器的连接。在本书项目中，为了构建一个完整的网络环境，需要在一台主机（真实机器，也称为宿主机）中创建出若干台虚拟机，分别作为服务器端和客户机来进行网络设置与测试。

三、VMware Workstation 网络连接设置

在 VMware 中，虚拟机与主机（宿主机）、虚拟机与虚拟机、虚拟机与其他真实主机之间的网络连接主要是由 VMware 创建的虚拟交换机（也叫作虚拟网络）负责实现的，VMware 可以根据需要创建多个虚拟网络。VMware 的虚拟网络都是以“VMnet + 数字”的形式来命名的，例如 VMnet0、VMnet1、VMnet2、…，依此类推（在 Linux 系统的主机上，虚拟网络的名称均采用小写形式，例如 vmnet0）。

1. VMware Workstation 网络连接类型

VMware 为用户提供了三种网络连接类型，打开 VMware Workstation 虚拟机软件，依次单击主菜单栏的“编辑”菜单下的“虚拟网络编辑器”选项，如图 1－5 所示。

可以弹出如图 1－6 所示的“虚拟网络编辑器”窗口。在此窗口中，用户可以看到三种连接类型：VMnet0（桥接模式）、VMnet1（仅主机模式）、VMnet8（NAT 模式）。

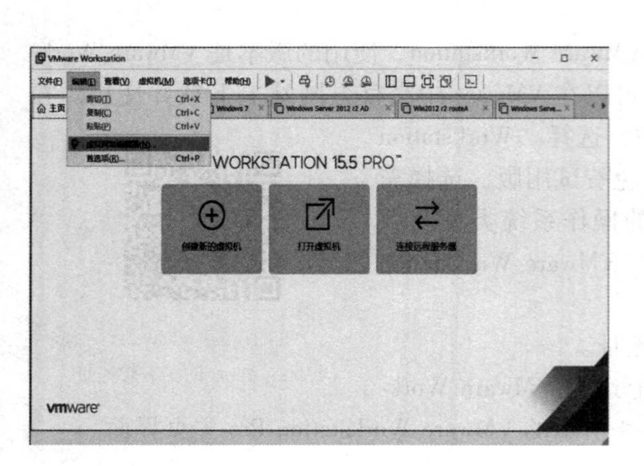

图 1－5　打开虚拟网络编辑器

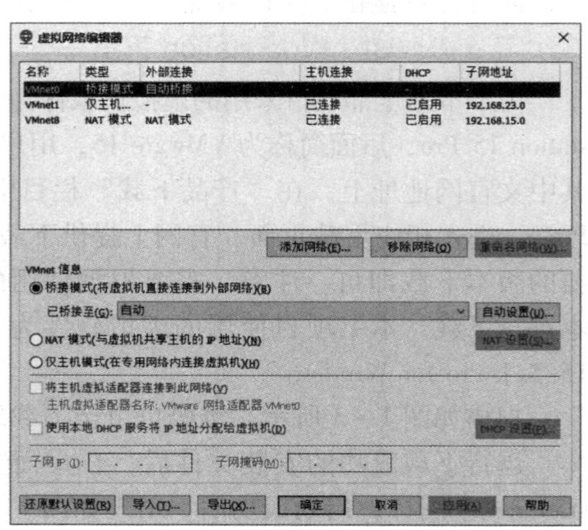

图 1－6　虚拟网络编辑器

同时，在主机上对应的有 VMware Network Adapter VMnet1 和 VMware Network Adapter VMnet8 两块虚拟网卡，如图 1－7 所示。它们分别作用于“仅主机模式”与“NAT 模式”下。在“网络连接”中可以看到这两块虚拟网卡，如果将这两块卸载了，在 VMware 的“编辑”下的“虚拟网络编辑器”中单击“还原默认设置”按钮，可重新将虚拟网卡还原。

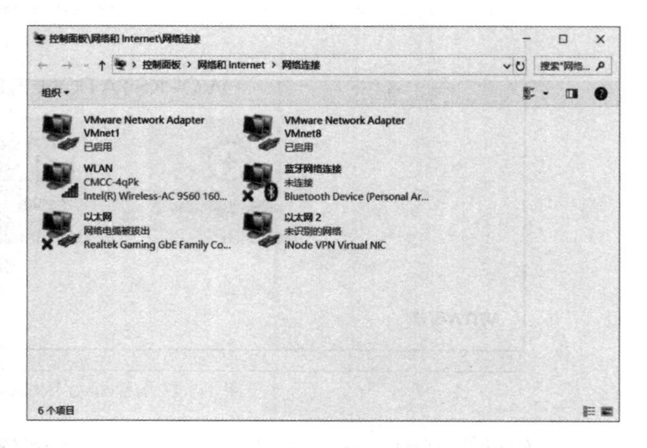

图 1－7　主机上的网络连接

VMnet0 表示的是用于桥接模式下的虚拟交换机；VMnet1 表示的是用于仅主机模式下的虚拟交换机；VMnet8 表示的是用于 NAT 模式下的虚拟交换机。

（1）VMnet0（桥接模式）

如图1－6所示，VMnet0表示的类型为桥接模式。在此连接类型下，虚拟机可以直接连接到外部网络。

（2）VMnet1（仅主机模式）

如图1－8所示，VMnet1表示的是用于仅主机模式下的虚拟交换机。在此连接类型下，主要用于专用网络内连接虚拟机。在此网络中，采用的子网地址为192.168.23.0。

在VMnet1连接模式下，如果选择了使用本地DHCP服务将IP地址分配给虚拟机，单击如图1－8所示的“DHCP设置”按钮，则可以弹出如图1－9所示的相应的DHCP设置，此对话框中列出了所在的网络名称、子网IP、子网掩码及IP地址池等信息。

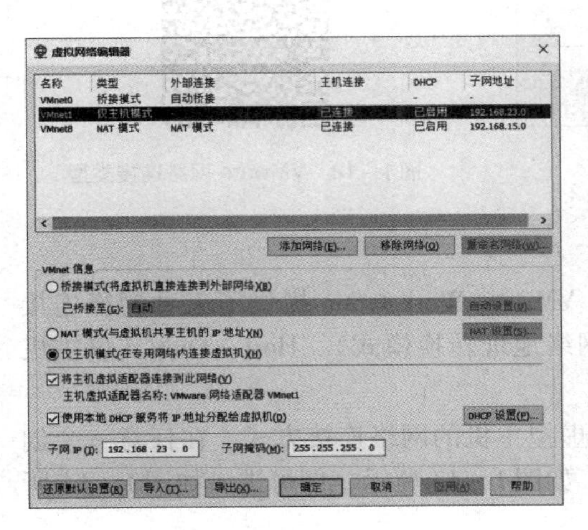

图1－8　VMnet1仅主机模式

DHCP 设置

网络: vmnet1
子网 IP: 192.168.23.0
子网掩码: 255.255.255.0
起始 IP 地址(S): 192.168.23.128
结束 IP 地址(E): 192.168.23.254
广播地址: 192.168.23.255

	天:	小时:	分钟:
默认租用时间(D):	0	0	30
最长租用时间(M):	0	2	0

确定　取消　帮助

图1－9　VMnet1仅主机模式－DHCP设置

（3）VMnet8（NAT模式）

在图1－6所示的“虚拟网络编辑器”窗口中，单击选择名称“VMnet8”，可以显示如图1－10所示内容。在此连接类型下，主要表示与虚拟机共享主机的IP地址。在此网络中，采用的子网地址为192.168.15.0。

在VMnet8连接模式下，如果选择了“使用本地DHCP服务将IP地址分配给虚拟机”，单击如图1－10所示的“DHCP设置”按钮，则可以弹出如图1－11所示的相应的DHCP设置，此对话框中列出了所在的网络名称、子网IP、子网掩码及IP地址池等信息。

VMware Workstation 15虚拟网络编辑器的打开与设置可以扫描如图1－12所示的二维码观看。

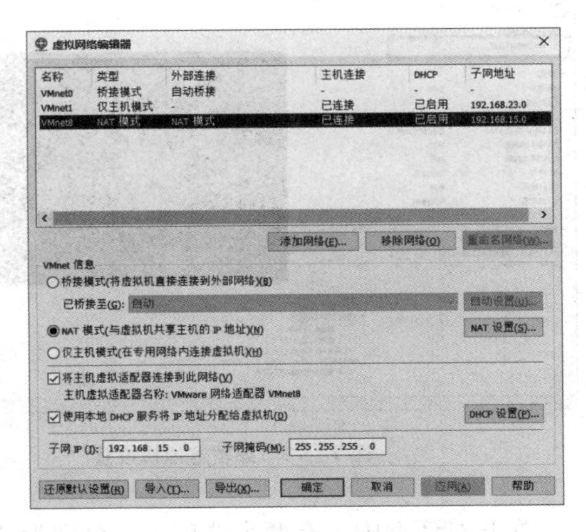

图1－10　VMnet8 NAT模式

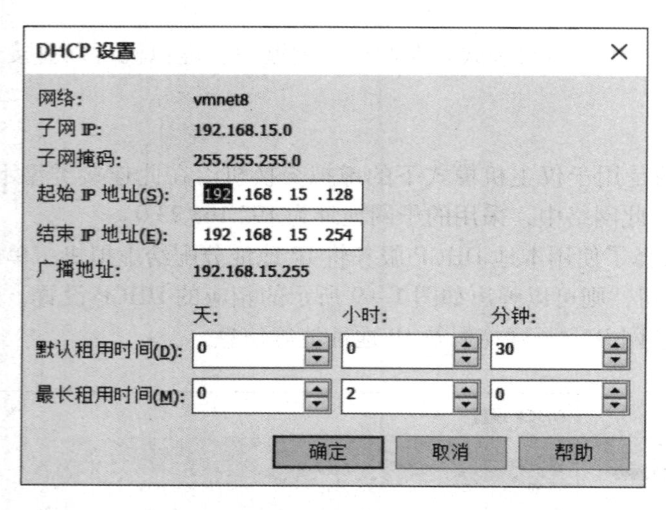

图 1 – 11　VMnet8 NAT 模式 – DHCP 设置

图 1 – 12　VMware 网络连接类型

2. 网络连接工作模式

对应 VMware Workstation 三种网络连接类型，VMware Workstation 提供了三种网络连接工作模式，分别是 Bridged（桥接模式）、NAT（网络地址转换模式）、Host – Only（仅主机模式）。

用户在使用 VMware 创建虚拟机后，可以设置虚拟主机的网络连接方式。在任意一个创建完成的虚拟机上单击“编辑虚拟机设置”按钮，如图 1 – 13 所示，即可进入如图 1 – 14 所示的“虚拟机设置”对话框。

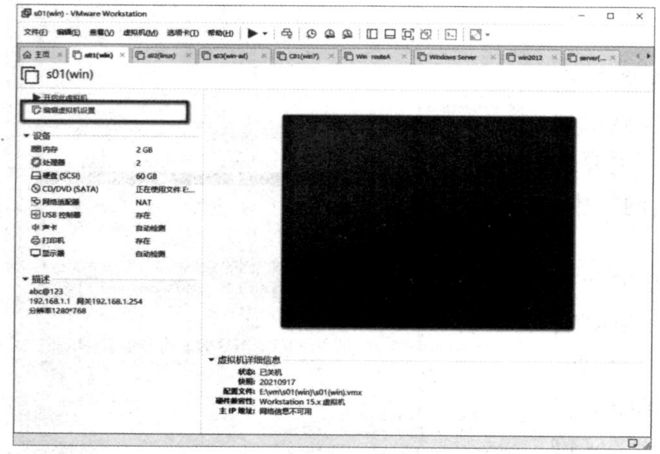

图 1 – 13　编辑虚拟机设置

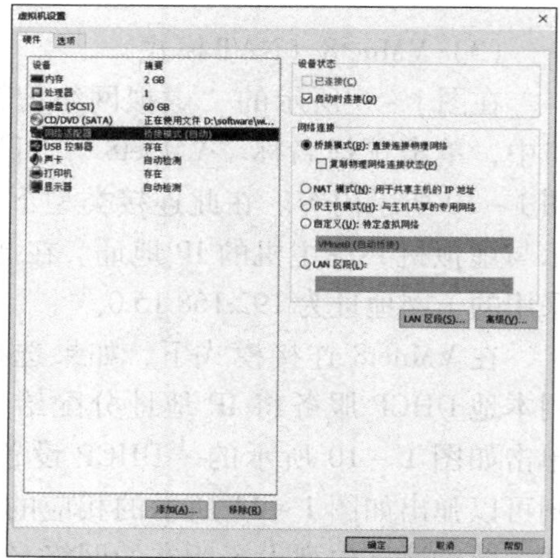

图 1 – 14　虚拟机设置

在此对话框中，有两个选项卡，分别为“硬件”和“选项”。其中，“硬件”选项卡中可以对当前的虚拟机各项设备进行设置，在“网络适配器”选项中，可以设置网络连接工作模式。由图 1 – 14 可以看出，虚拟机网络连接工作模式常用的有桥接模式、NAT 模式、仅主机模式。还允许用户通过自定义特定虚拟网络和 LAN 区段来进行网络连接方式的设置。

（1）Bridged（桥接模式）

桥接模式就是将主机网卡与虚拟机虚拟的网卡利用虚拟网桥进行通信。在桥接的作用下，类似于把物理主机虚拟为一个交换机，所有桥接设置的虚拟机连接到这个交换机的一个接口上，物理主机也同样插在这个交换机当中，所以所有桥接模式下的网卡与网卡之间都是交换模式的，相互可以访问而不干扰。在桥接模式下，虚拟机 IP 地址需要与主机在同一个网段，如果需要联网，则网关与 DNS 需要与主机网卡一致。其网络结构如图 1－15 所示。

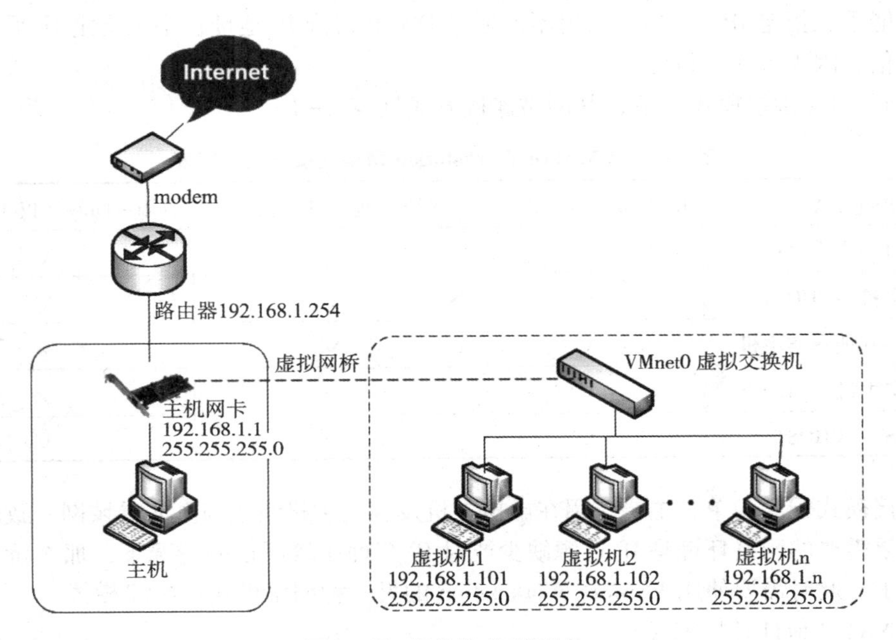

图 1－15　桥接模式网络结构

说明：

①虚拟网桥会转发主机网卡接收到的广播信息和组播信息，以及目标为虚拟交换机网段的单播。所以，与虚拟交换机连接的虚拟网卡（例如 eth0、eth1 等）接收到了路由器发出的 DHCP 信息及路由更新信息。

②桥接模式是通过虚拟网桥将主机上的网卡与虚拟交换机 VMnet0 连接在一起，虚拟机上的虚拟网卡（并不是 VMware Network Adapter VMnet1 和 VMware Network Adapter VMnet8）都连接在虚拟交换机 VMnet0 上，所以桥接模式的虚拟机 IP 必须与主机在同一网段，并且子网掩码、网关和 DNS 也要与主机网卡的一致。

③Bridged（桥接模式）中，VMware Workstation 中虚拟的主机（以下简称：虚拟主机 VHOST）与真实主机之间的连接关系如下：

虚拟主机与真实主机关系：可以相互访问，因为虚拟主机在真实网络段中有独立 IP（需要手动设置），主机与虚拟机处于同一网络段中，彼此可以通过各自 IP 相互访问。

虚拟主机与网络中其他真实主机关系：可以相互访问，同样因为虚拟主机在真实网络段中有独立 IP，虚拟主机与所有网络其他真实主机处于同一网络段中，彼此可以通过各自 IP 相互访问。

虚拟主机与虚拟主机之间关系：可以相互访问。

虚拟主机的 IP 地址：一般由 DHCP 分配，与真实主机的“本地连接”的 IP 是同一网段的，因此虚拟主机与真实主机能够互相通信。

真实主机已插网线时，（若网络中有 DHCP 服务器）真实主机与虚拟主机会通过 DHCP 分别得到一个 IP，这两个 IP 在同一网段。真实主机与虚拟主机可以 ping 通，虚拟主机可以连接上互联网。

真实主机没插网线时，真实主机与虚拟主机不能通信。真实主机的“本地连接”有红叉，就不能手工指定 IP。虚拟主机也不能通过 DHCP 得到 IP 地址；手工指定 IP 后，也无法与主机通信，因为真实主机无 IP。

在 Bridged（桥接模式）下，其网络连接方式见表 1－1。

表 1－1 VMware Workstation 网络连接方式一览表

访问方式	Bridged（桥接模式）	NAT（地址转换模式）	Host－Only（仅主机模式）
VHOST→真实主机	√	√	√
真实主机→VHOST	√	√	√
VHOST→其他真实主机	√	√	×
其他真实主机→VHOST	√	×	×
VHOST→VHOST	√	√	√

④桥接模式配置简单，主要应用在虚拟主机及真实主机组建与真实局域网一致的网络环境下。如果需要的网络环境是 IP 资源缺少或对 IP 管理比较严格的情况下，那么桥接模式就不太适用了。此时需要使用 VMware Workstation 的另一种网络模式：NAT 模式。

（2）NAT（地址转换模式）

如果组建的网络 IP 资源紧缺，但是又希望虚拟主机能够和真实主机一样联网，这时 NAT 模式是最好的选择。NAT 模式借助虚拟 NAT 设备和虚拟 DHCP 服务器，使得虚拟机可以和真实主机一样联网。其网络结构如图 1－16 所示。

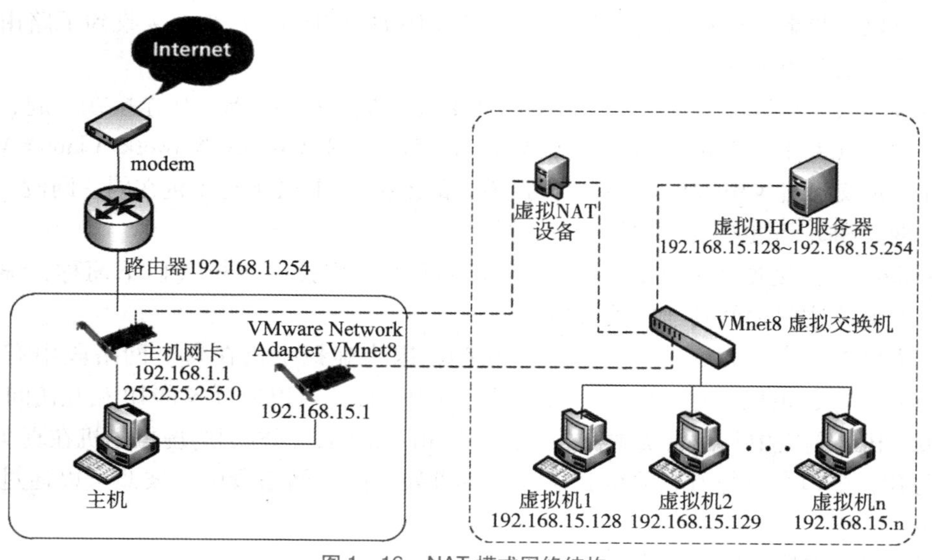

图 1－16 NAT 模式网络结构

说明：

①在 NAT 模式中，主机网卡直接与虚拟 NAT 设备相连，然后虚拟 NAT 设备与虚拟 DHCP 服务器一起连接在虚拟交换机 VMnet8 上，这样就实现了虚拟机联网。

②VMware Network Adapter VMnet8 虚拟网卡主要是为了实现主机与虚拟机之间的通信。在连接 VMnet8 虚拟交换机时，虚拟机会将虚拟 NAT 设备及虚拟 DHCP 服务器连接到 VMnet8 虚拟交换机上，同时，也会将主机上的虚拟网卡 VMware Network Adapter VMnet8 连接到 VMnet8 虚拟交换机上。虚拟网卡 VMware Network Adapter VMnet8 只是作为主机与虚拟机通信的接口，虚拟机并不是依靠虚拟网卡 VMware Network Adapter VMnet8 来联网的。

③NAT 模式下，虚拟主机与真实主机访问关系如下：

使用 VMnet8 虚拟交换机时，虚拟主机可以通过真实主机单向访问网络上的其他工作站，其他工作站不能访问虚拟主机；虚拟主机之间可以互相访问；虚拟主机与真实主机间可以互相访问。在这种连接方式下，只要真实主机可以连接互联网，虚拟主机就可以连接互联网。详细网络连接方式见表 1－1。

（3）Host－Only（仅主机模式）

Host－Only 模式其实就是 NAT 模式去除了虚拟 NAT 设备，然后使用 VMware Network Adapter VMnet1 虚拟网卡连接 VMnet1 虚拟交换机来与虚拟机通信的，Host－Only 模式将虚拟机与外网隔开，使得虚拟机成为一个独立的系统，只与主机相互通信。其网络结构如图 1－17 所示。

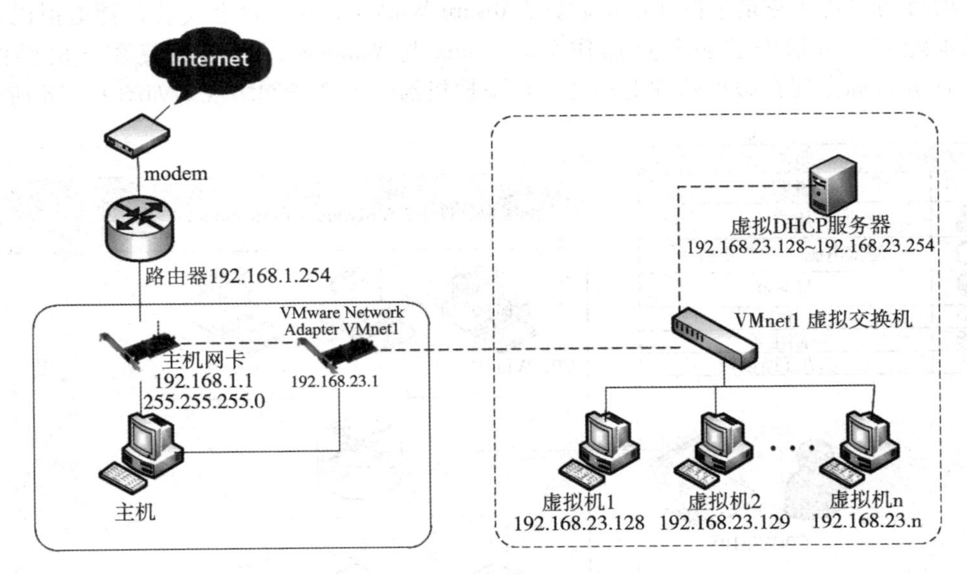

图 1－17 Host-Only 模式网络结构

说明：

①Host-Only 模式其实就是 NAT 模式去除了虚拟 NAT 设备，然后使用 VMware Network Adapter VMnet1 虚拟网卡来连接 VMnet1 虚拟交换机，从而实现与虚拟主机的通信。Host-Only 模式将虚拟主机与外网隔开，使得虚拟机成为一个独立的系统，只与真实主机相互通信。

②使用 Host-Only 模式时，虚拟主机只能与虚拟主机、真实主机互访；虚拟主机不能够访问其他真实主机，也不能被其他真实主机访问。同时，在这种模式下，虚拟主机不能联上

Internet，如果想要在 Host-Only 模式下联网，可以将能联网的主机网卡共享给 VMware Network Adapter VMnet1，这样就可以实现虚拟机联网的目的。详细网络连接方式见表 1－1。

通过对以上几种网络模式的了解，可以得到如下网络连接方式的设计原则：只要主机能上网，采用 NAT 技术，可以使虚拟主机访问 Internet 网络；只有在与主机网卡处在一个可以访问 Internet 的局域网中的时候，虚拟主机才能通过 Bridged 访问 Internet；Host-Only 技术只用于主机和虚拟机互访，与访问 Internet 无关。通过灵活运用，用户可以模拟组建出所想要的任何一种网络环境。

【任务总结】

本任务主要完成虚拟软件 VMware Workstation 的下载与安装，并掌握软件的基本应用，重点掌握网络连接的模式；通过网络连接模式设置，用户可以模拟组建出各种网络环境，以满足不同开发与管理需求。

任务 2　虚拟机的安装与配置

【任务描述】

本项目的主要任务是掌握在虚拟软件 VMware Workstation 平台上安装各种虚拟机器的过程与基本配置，包括安装服务器操作系统 Linux 与 Windows，以及安装客户机操作系统 Win7。任务目标实现在虚拟软件上安装三台虚拟机器。本任务网络规划如图 1－18 所示。

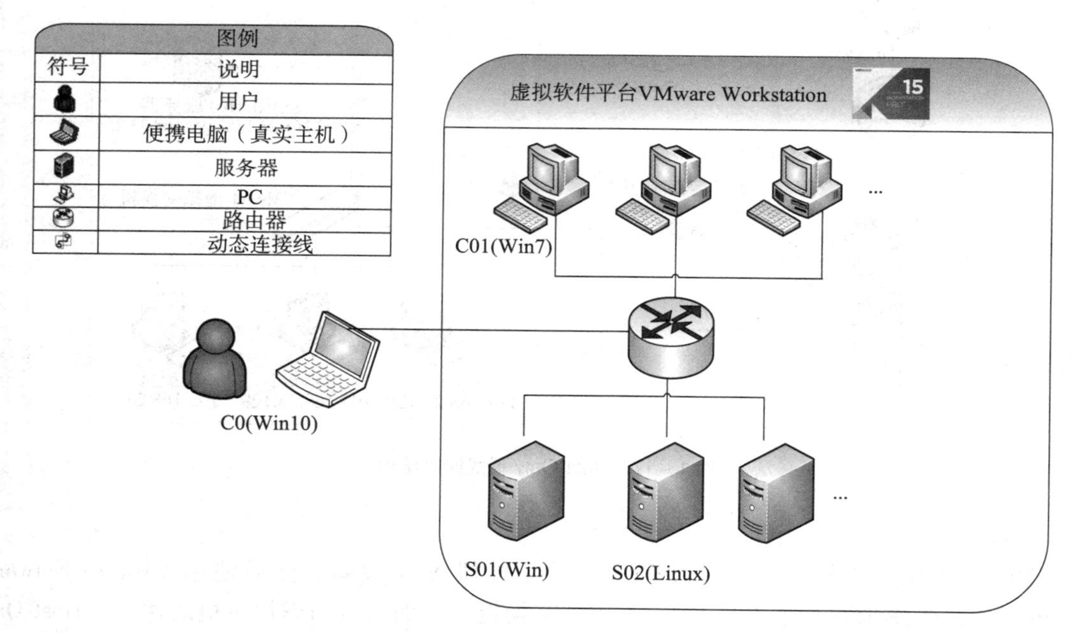

图 1－18　任务 2 规划图

虚拟网络机器列表见表 1－2。

表 1-2　虚拟网络机器列表

序号	机器名称	硬件配置	操作系统	IP/网关	网络连接方式	备注
1	S01(Win)	硬盘 60 GB、内存 2 GB	Windows Server 2019 x64	IP：192.168.1.1/24 网关：192.168.1.254	桥接网络	虚拟机，服务器
2	S02(Linux)	硬盘 60 GB、内存 2 GB、单网卡	CentOS 7 64 位	IP：192.168.1.21/24 网关：192.168.1.254	桥接网络	虚拟机，服务器
3	C01(Win7)	硬盘 40 GB、内存 1 GB、单网卡	Windows 7	IP：192.168.1.107/24 网关：192.168.1.254	桥接网络	虚拟机，客户机
4	C0(Win10)		Windows 10	IP：192.168.1.110/24 网关：192.168.1.254		真实主机，客户机

【任务分析】

在任务 1 中，在真实主机上安装了虚拟软件 VMware Workstation 平台，虚拟平台基本搭建完成，接下来需要创建虚拟主机，以便构建完整的网络环境。

本任务中，在 VMware Workstation 平台上创建不同的虚拟机器，并且每一台虚拟机器可以根据工作需要选择不同的操作系统版本。然后利用任务 1 中虚拟软件的网络连接设置来组建与真实网络相同的虚拟网络，完成虚拟机器与真实主机之间、虚拟机器与虚拟机器之间的连接和相互通信。

【知识准备】

1. 真实主机

一台计算机如果安装了虚拟化软件（平台），就可以称为真实主机，通常简称为“主机”。在真实主机的虚拟化软件上安装的虚拟机器，有时也称为虚拟主机。

2. 软件准备

本任务需要事先准备好各种操作系统（Linux、Windows Server、Win7）安装光盘镜像文件（.iso 格式）。

①Linux 操作系统：CentOS 7 版本。

②Windows 操作系统：Windows Server 2019 x64 或以上版本、Win7、Win10。

【任务实施】

本任务实施步骤如下：

①在虚拟平台下创建虚拟机器。

- 创建虚拟机器 S01(Win)，安装操作系统。
- 创建虚拟机器 S02(Linux)，安装操作系统。
- 创建虚拟机器 C01(Win7)，安装操作系统。

②网络设置与连接测试。

一、创建虚拟机器

一台完整的计算机系统由两部分组成：硬件系统和软件系统。由于虚拟主机就是模拟一台完整的计算机，因此，虚拟主机的创建分为两个过程：创建机器硬件系统；完成操作系统软件的安装与配置。

以下以创建表1－2中所示的虚拟主机S01(Win) 为例，分两步演示创建的完整过程。

1. 创建硬件部分

①启动VMware 15，启动成功后，显示如图1－19所示的VMware 15主页。在此主页中，单击屏幕中第一个按钮“创建新的虚拟机”（也可以在菜单栏中单击“文件”→“新建虚拟机”），弹出如图1－20所示的“新建虚拟机向导”对话框。在弹出的“新建虚拟机向导”的首个对话框中，用户可以创建类型，在此选择“自定义（高级）”类型，然后单击“下一步”按钮。

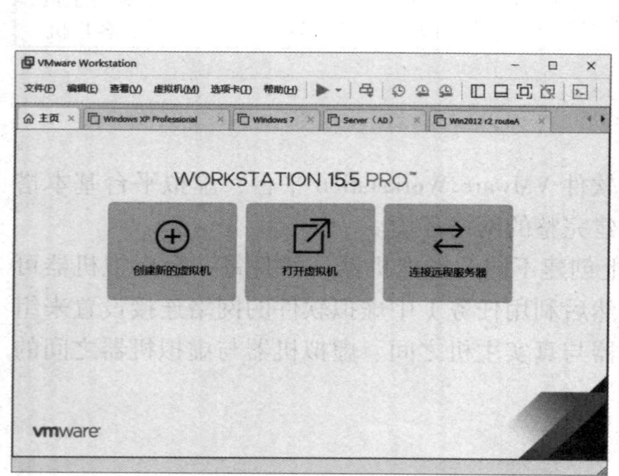

图1－19　VMware 15主页

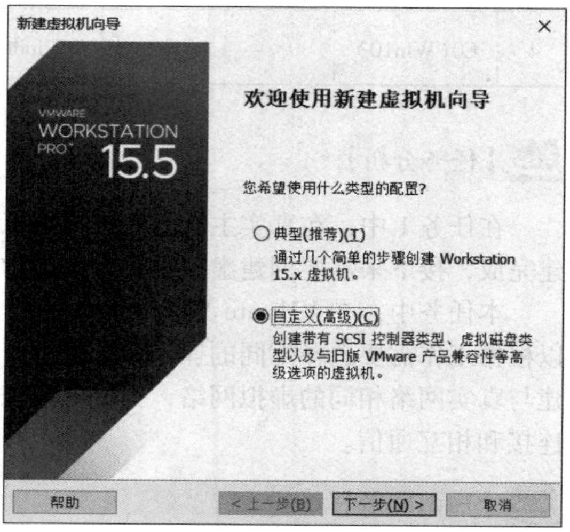

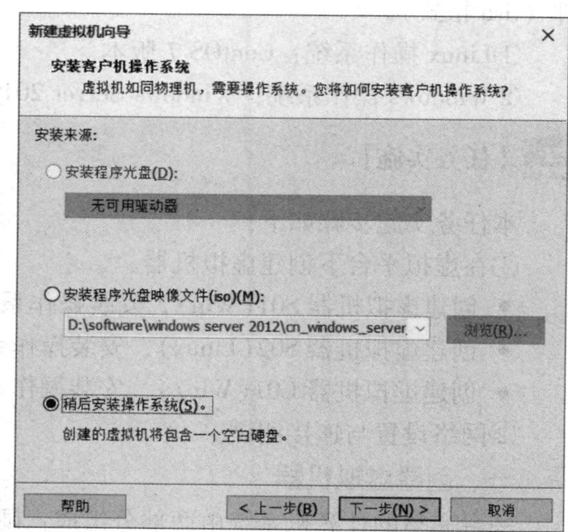

图1－20　新建虚拟机向导－选择创建类型

②弹出如图1－21所示的“选择虚拟机硬件兼容性”对话框，在此选择默认即可。然后单击“下一步”按钮；出现如图1－22所示的“安装客户机操作系统”对话框，在此对话框中，“安装来源”选择“稍后安装操作系统”选项，然后单击“下一步”按钮。

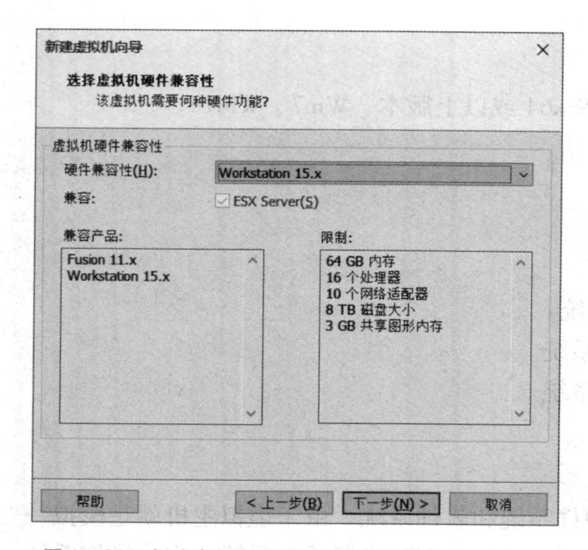

图1－21　新建虚拟机向导－选择虚拟机硬件兼容性

图1－22　新建虚拟机向导－安装客户机操作系统

③弹出如图 1－23 所示的“选择客户机操作系统”对话框，在“客户机操作系统”选项中，选择“Microsoft Windows”，在“版本”选项中，选择“Windows 10 x64”版本（说明：Windows Server 2019 及以上版本使用此选项）。两项选择完成后，单击“下一步”按钮。

出现如图 1－24 所示的“命名虚拟机”对话框。在此对话框中，输入虚拟机名称为“s01(win)”，然后单击位置处的“浏览”按钮，选择要存储的虚拟机文件所在的位置。完成后，单击“下一步”按钮。

图 1－23　新建虚拟机向导－选择客户机操作系统

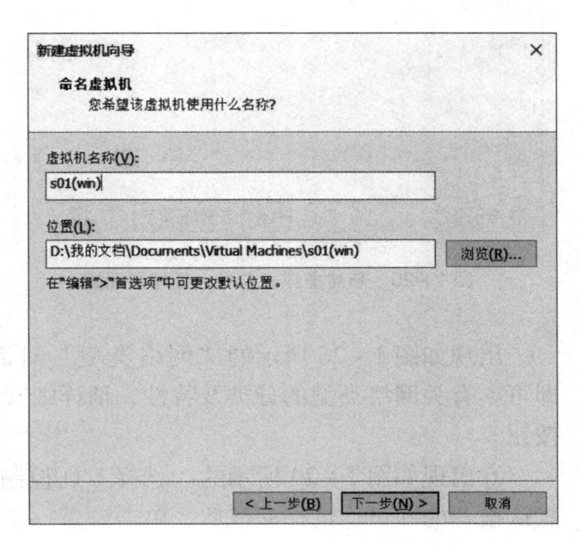

图 1－24　新建虚拟机向导－命名虚拟机

④弹出如图 1－25 所示的“固件类型”对话框，在此选择默认固件类型即可，然后单击“下一步”按钮。

出现如图 1－26 所示的“处理器配置”对话框。在此对话框中，选择默认配置即可。当然，也可以根据真实主机的配置情况适当提高虚拟机的相应配置。完成后，单击“下一步”按钮。

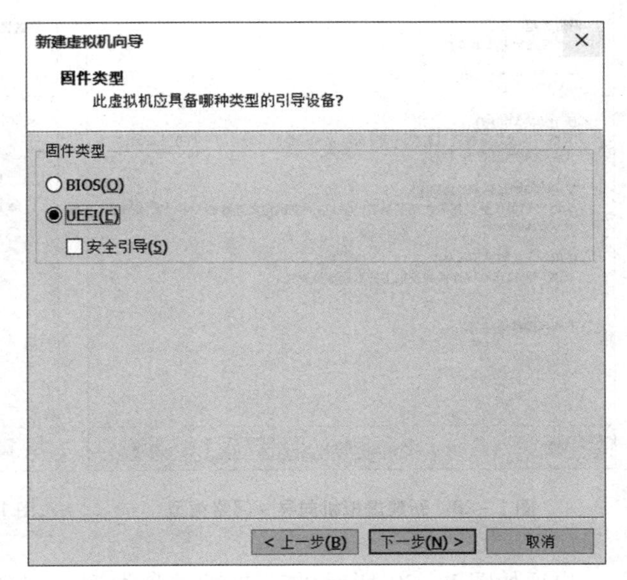

图 1－25　新建虚拟机向导－固件类型

⑤弹出如图 1－27 所示的“此虚拟机的内存”对话框，在此选择虚拟机内存的大小。注意，此内存的数量是基于本机物理内存之上的设定。也就是说，虚拟机的内存大小不能超过本机的物理内存的大小。虚拟机内存的大小配置要根据真实主机内存大小和所要安装的操作系统最低需求两者综合来确定，一般情况下，使用向导推荐的设置大小即可。选择完成后，单击“下一步”按钮。

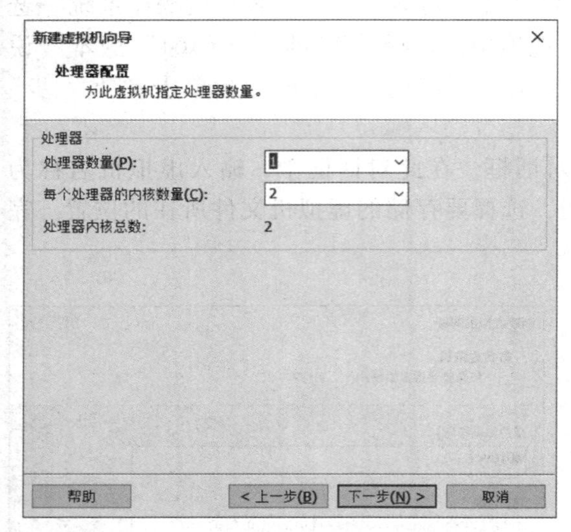

图 1－26　新建虚拟机向导－处理器配置

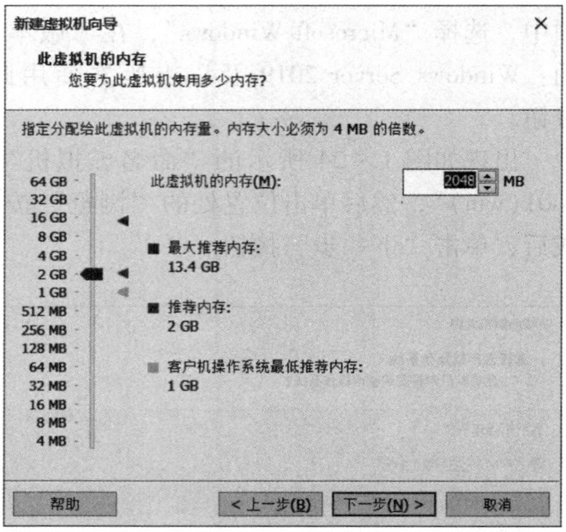

图 1－27　新建虚拟机向导－此虚拟机的内存

出现如图 1－28 所示的“网络类型”对话框。在此对话框中，选择“使用桥接网络”即可。有关网络类型的分类及特性，请详细阅读任务 1 中相关内容。完成后单击“下一步”按钮。

⑥出现如图 1－29 所示的“选择 I/O 控制器类型”对话框。此处“SCSI 控制器”选择默认推荐的即可。选择完成后，单击“下一步”按钮。

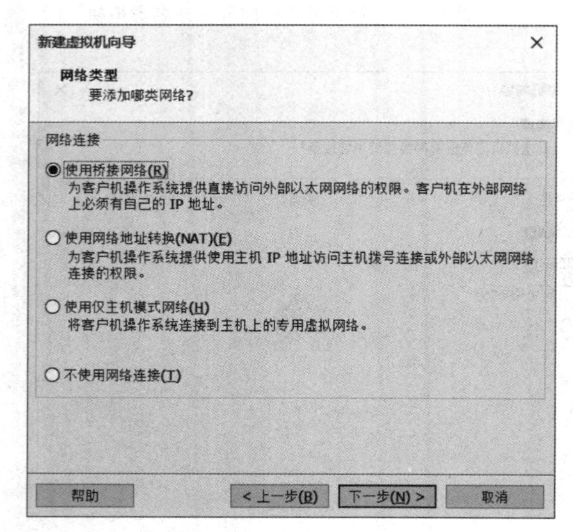

图 1－28　新建虚拟机向导－网络类型

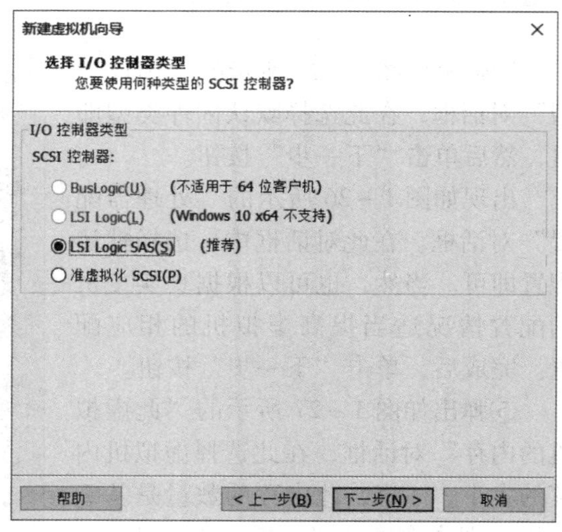

图 1－29　新建虚拟机向导－选择 I/O 控制器类型

出现如图 1－30 所示的“选择磁盘类型”对话框。在此对话框中，选择“SCSI（推荐）”即可。完成后，单击“下一步”按钮。

⑦出现如图 1－31 所示的“选择磁盘”对话框，在此有三个选项，选择“创建新虚拟磁盘”选项。选择完成后，单击“下一步”按钮。

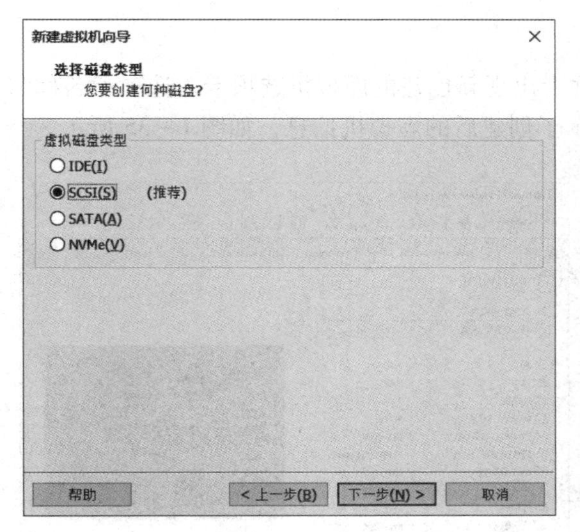

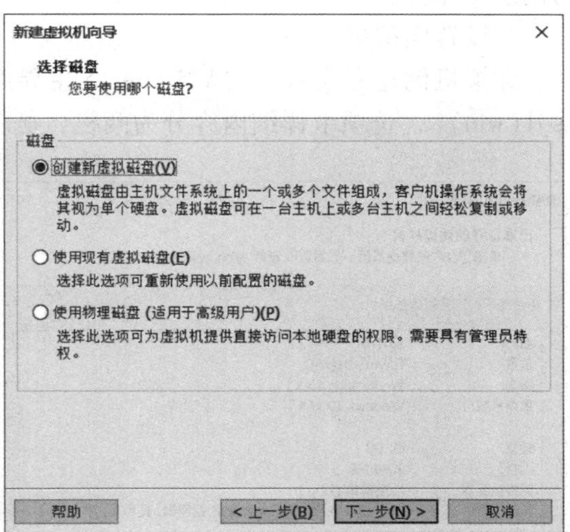

图 1－30　新建虚拟机向导－选择磁盘类型

图 1－31　新建虚拟机向导－选择磁盘

出现如图 1－32 所示的“指定磁盘容量”对话框。在此对话框中，“最大磁盘大小”选择默认的 60 GB 即可（此为系统推荐大小，可自行根据需要扩大）。同时，在对话框中的虚拟磁盘存储选项中，选择“将虚拟磁盘存储为单个文件”选项。完成后，单击“下一步”按钮。

⑧出现如图 1－33 所示的“指定磁盘文件”对话框。“磁盘文件”名称使用默认的名称即可（此名称为根据前面虚拟机的命名自动进行命名）。单击“浏览”按钮，选择虚拟机磁盘文件存储的位置。选择完成后，单击“下一步”按钮。

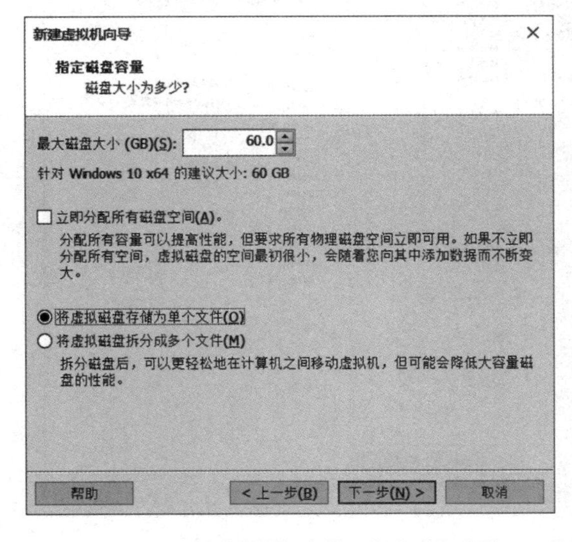

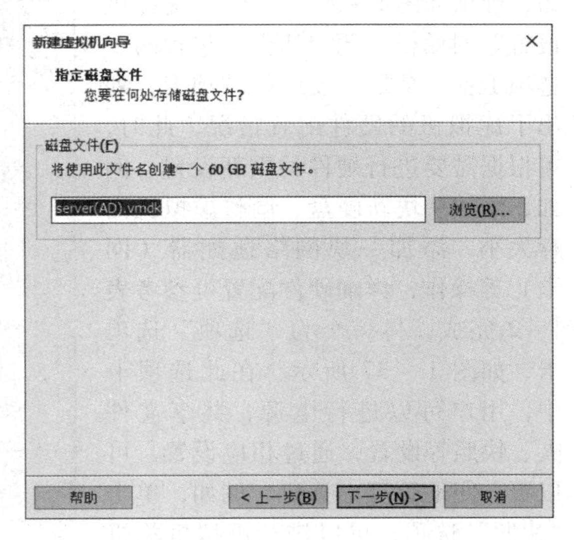

图 1－32　新建虚拟机向导－指定磁盘容量

图 1－33　新建虚拟机向导－指定磁盘文件

出现如图 1－34 所示的“已准备好创建虚拟机”对话框。在此对话框中，对向导每一步所创建的设置进行了小结，确认无误后，单击“完成”按钮，VMware 15 即可进行虚拟机的创建工作。

⑨设置虚拟机。

虚拟机创建完成后，在 VMware 15 主界面上出现新创建的虚拟机选项卡，选项卡名称为“s01(win)”，选项卡详细内容分为两栏，显示了创建后的虚拟机信息，如图 1－35 所示。

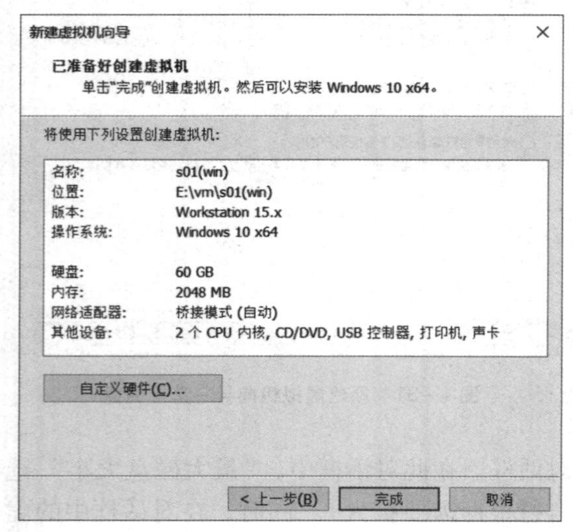

图 1－34　新建虚拟机向导－已准备好创建虚拟机

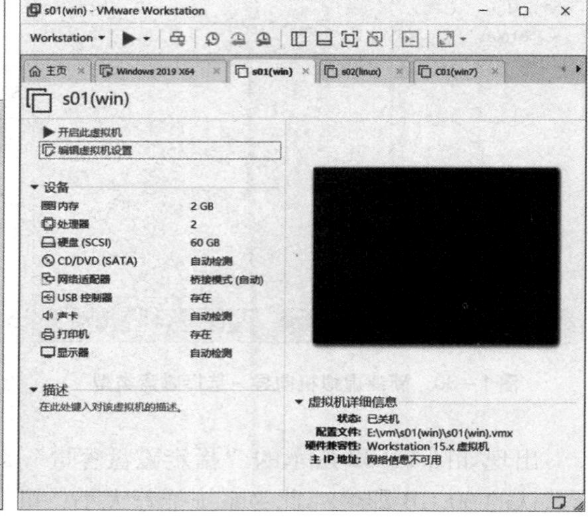

图 1－35　创建完成的虚拟机

如果需要对创建完成的虚拟机进行一些简单的重新配置，可以单击图 1－35 左侧的“编辑虚拟机设置”按钮，弹出如图 1－36 所示的“虚拟机设置”对话框。此对话框中包含两个选项卡：一个是“硬件”选项卡，列出了虚拟机的硬件配置情况，此时，可根据需要进行硬件的重新设置，例如，添加一块新硬盘、调整虚拟机内存大小、添加一块网络适配器（网卡）等操作，详细硬件配置可参考表 1－2 完成；另一个为“选项”选项卡，如图 1－37 所示。在此选项卡中，用户可以进行电源、共享文件夹、快照等设置，通过相应设置，可以更方便地管理虚拟机。例如，单击“快照”选项，可以进行虚拟机关机时的快照设置，如图 1－38 所示，设置了关机时虚拟机自动拍摄新快照，这样，虚拟机每次关机时，就与数据库操作一样，进行了一次系统备份操作，用户在需要时，可以使用快照进行虚拟系统的恢复工作。

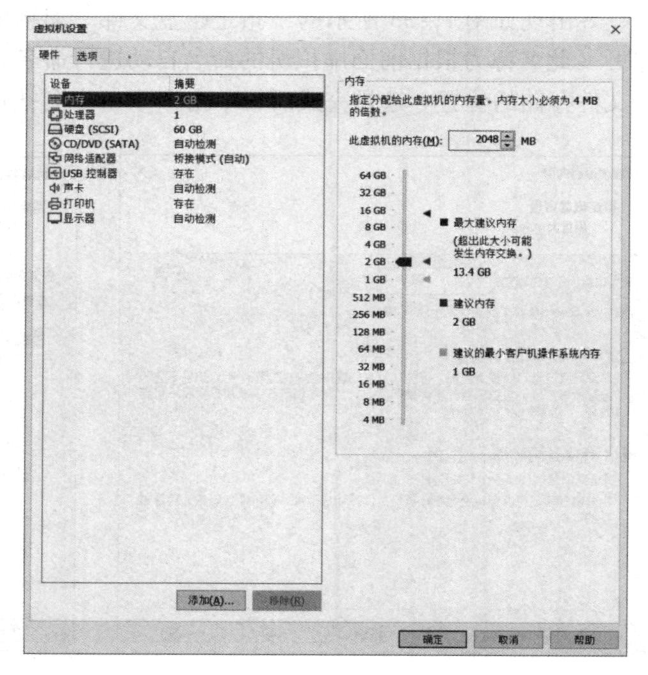

图 1－36　虚拟机设置－硬件

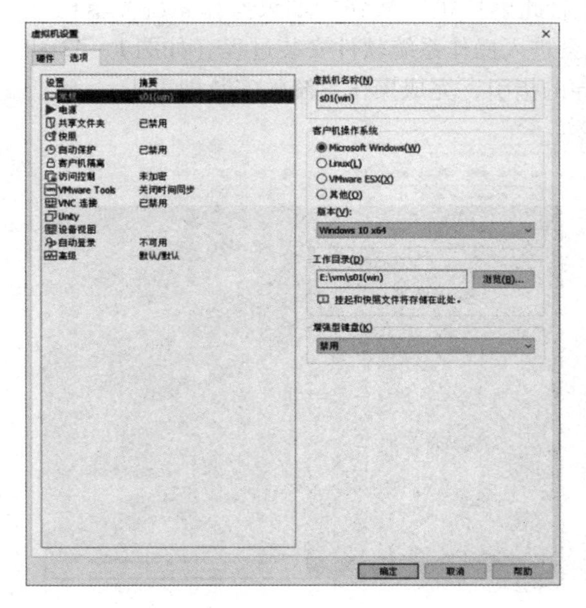

图 1－37　虚拟机设置－选项

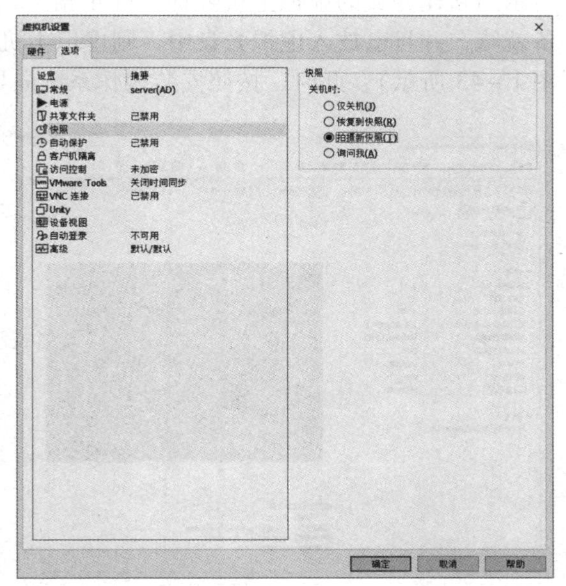

图 1－38　选项－快照

至此，虚拟机创建的第一步工作——硬件系统创建完成。详细创建过程视频请扫描如图 1－39 所示的二维码观看。

图 1－39　创建硬件系统视频

2. 安装操作系统软件

虚拟主机的硬件系统创建完成后，需要为其安装相应的软件系统，以组成一个完整的计算机系统，否则，虚拟机只是一台“裸机”。虚拟主机的软件系统主要是指安装操作系统软件。具体安装过程如下：

①准备好安装光盘。虚拟机使用的虚拟光盘，其文件格式为 ISO，需要事先将系统安装光盘做成扩展名为 . iso 的镜像文件，在此事先准备好了 Windows Server 2019 x64 的安装光盘 ISO 文件。

如果没有 ISO 格式光盘文件，可以使用 WinISO 工具软件制作或从网络上下载后使用。

②打开 VMware 15 软件，单击如图 1－35 所示的新建完成的虚拟主机，并单击“虚拟机设置”按钮，出现如图 1－40 所示的“虚拟机设置”对话框。在“硬件”选项卡中，单击“CD/DVD（SATA）”选项，在如图 1－40 所示的对话框右侧，选择“连接”中“使用 ISO 映像文件”选项，并通过单击“浏览”按钮选择事先准备好的 Windows Server 2019 x64 的安装光盘 ISO 文件所在的位置。选择完成后，单击“确定”按钮完成虚拟光盘的选择工作。

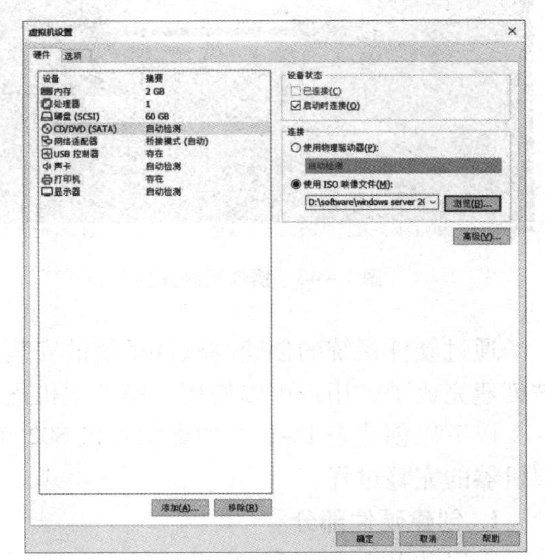

图 1－40　虚拟机设置－CD/DVD（SATA）

③虚拟光盘添加完成后，单击如图 1－41

所示的新建完成的虚拟主机界面，并单击“开启此虚拟机”按钮。如果操作系统光盘已准备就绪，并且已放入虚拟光盘中，则虚拟主机会进入操作系统软件安装过程（如图1－42和图1－43所示），此时，按照安装操作系统向导的指引，完成操作系统的安装即可。

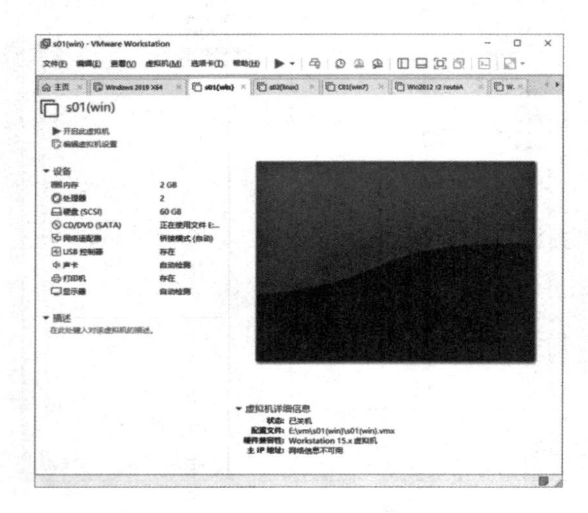

图1－41　开启此虚拟机

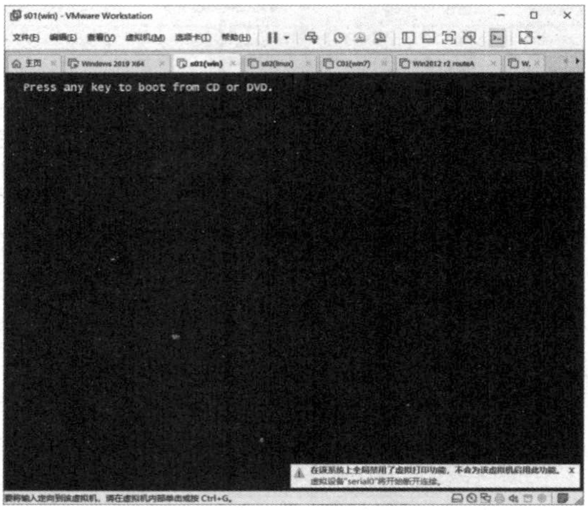

图1－42　操作系统安装1

详细安装软件系统的过程视频请扫描图1－44所示的二维码观看。

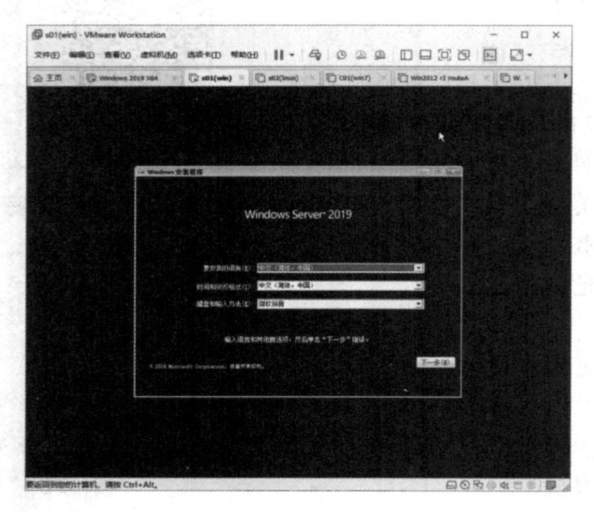

图1－43　操作系统安装2

图1－44　安装软件系统（操作系统软件）视频

通过硬件系统的创建与软件系统的安装两个步骤，一台完整的虚拟主机S01(Win)就会被创建完成了，用户可以使用此虚拟主机进行相应的操作即可。

以下以创建表1－2中的虚拟主机S02(Linux)为例，分两步演示创建Linux操作系统虚拟机器的完整过程。

1. 创建硬件部分

①启动VMware 15，启动成功后，显示如图1－45所示的VMware 15主页，在此主页中，单击屏幕中第一个按钮“创建新的虚拟机”（也可以在菜单栏中单击“文件”→“新建

虚拟机”)，弹出如图 1－46 所示的“新建虚拟机向导”对话框。在弹出的新建虚拟机向导的首个对话框中，用户可以选择创建类型，在此，选择“自定义（高级）”类型，然后单击“下一步”按钮。

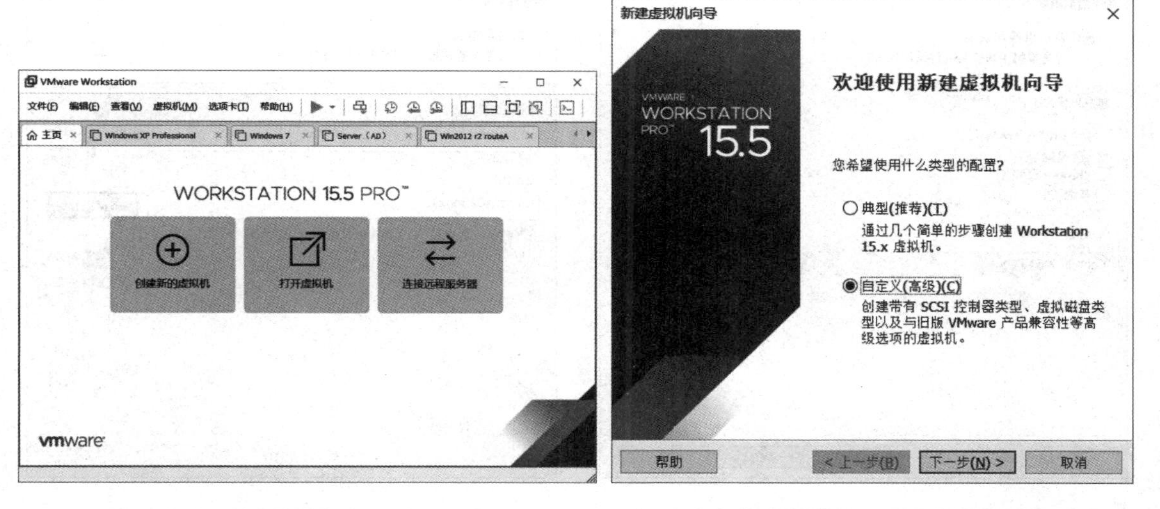

图 1－45　VMware 15 主页　　图 1－46　新建虚拟机向导－选择创建类型

②弹出如图 1－47 所示的“选择虚拟机硬件兼容性”对话框，在此选择默认即可，然后单击“下一步”按钮，出现如图 1－48 所示的“安装客户机操作系统”对话框。在此对话框中，“安装来源”选择“稍后安装操作系统”选项，然后单击“下一步”按钮。

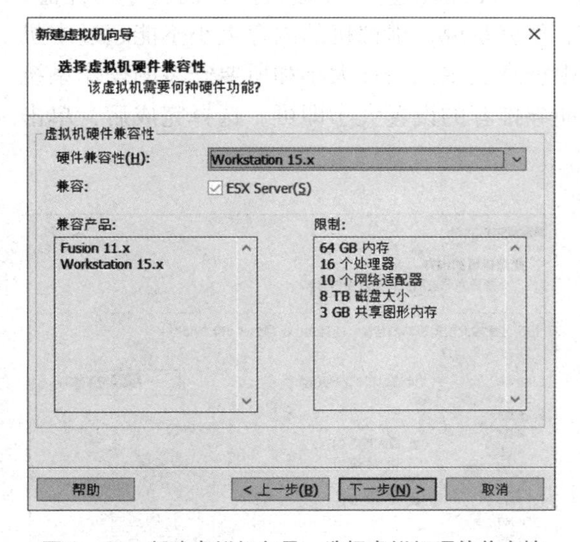

图 1－47　新建虚拟机向导－选择虚拟机硬件兼容性

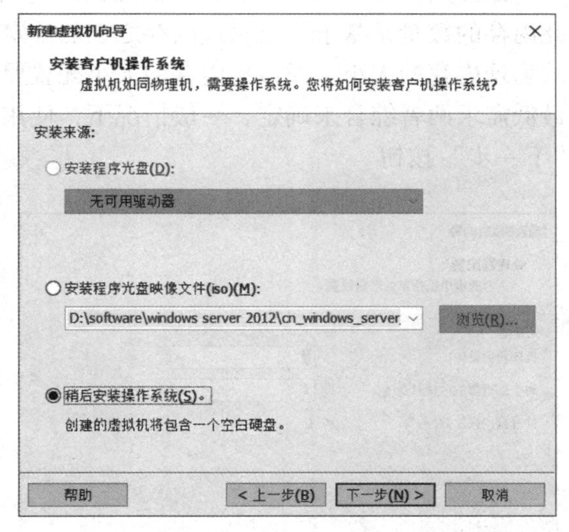

图 1－48　新建虚拟机向导－安装客户机操作系统

③弹出如图 1－49 所示的“选择客户机操作系统”对话框，在“客户机操作系统”选项中，选择“Linux”，“版本”选项中，选择“CentOS 7 64 位”版本。两项选择完成后，单击“下一步”按钮。

弹出如图 1－50 所示的“命名虚拟机”对话框，在此对话框中，输入虚拟机名称为

“s02(linux)”，然后单击“位置”处的“浏览”按钮，选择要存储的虚拟机文件所在的位置。完成后，单击“下一步”按钮。

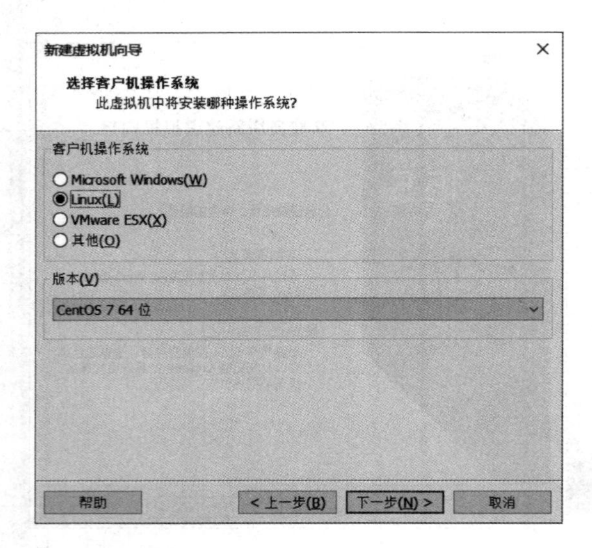

图 1－49　新建虚拟机向导－选择客户机操作系统

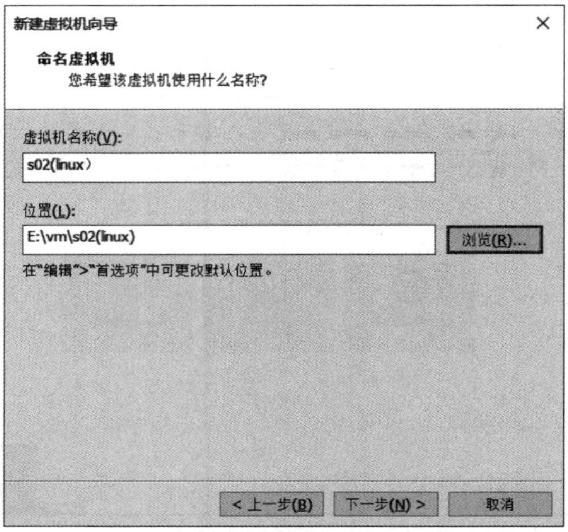

图 1－50　新建虚拟机向导－命名虚拟机

④弹出如图 1－51 所示的“处理器配置”对话框，在此对话框中，选择默认配置即可。当然，也可以根据真实主机的配置情况，适当提高虚拟机的相应配置。完成后，单击“下一步”按钮。

⑤弹出如图 1－52 所示的“此虚拟机的内存”对话框，选择虚拟机内存的大小。注意，此内存的数量是基于本机物理内存之上的设定。也就是说，虚拟机的内存大小不能超过本机的物理内存的大小。虚拟机内存的大小配置要根据真实主机内存大小和所要安装的操作系统最低需求两者综合来确定，一般情况下，使用向导推荐的设置大小即可。选择完成后，单击“下一步”按钮。

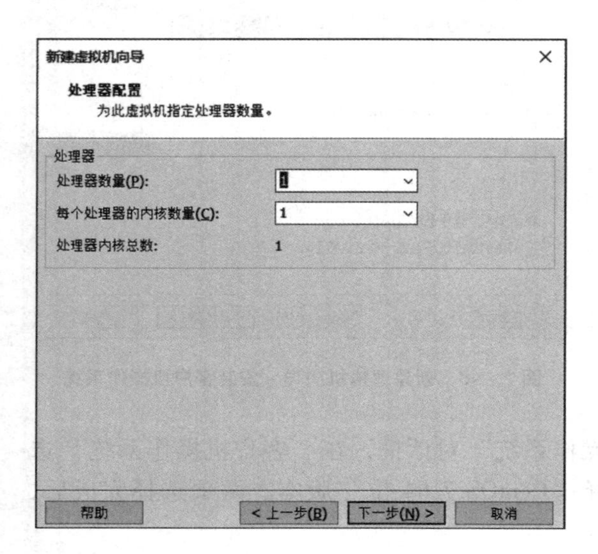

图 1－51　新建虚拟机向导－处理器配置

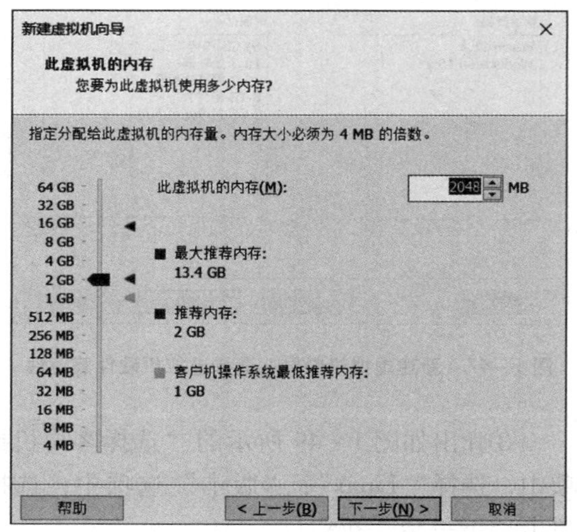

图 1－52　新建虚拟机向导－此虚拟机的内存

弹出如图 1－53 所示的“网络类型”对话框，在此对话框中，选择“使用桥接网络”即可。有关网络类型的分类及特性，请详细阅读任务 1 中相关内容。完成后，单击“下一步”按钮。

⑥弹出如图 1－54 所示的“选择 I/O 控制器类型”对话框，在此，SCSI 控制器选择默认推荐的即可。选择完成后，单击“下一步”按钮。

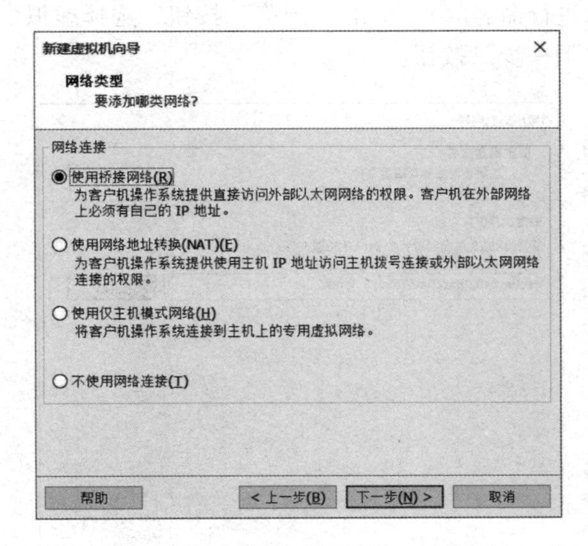

图 1－53　新建虚拟机向导－网络类型

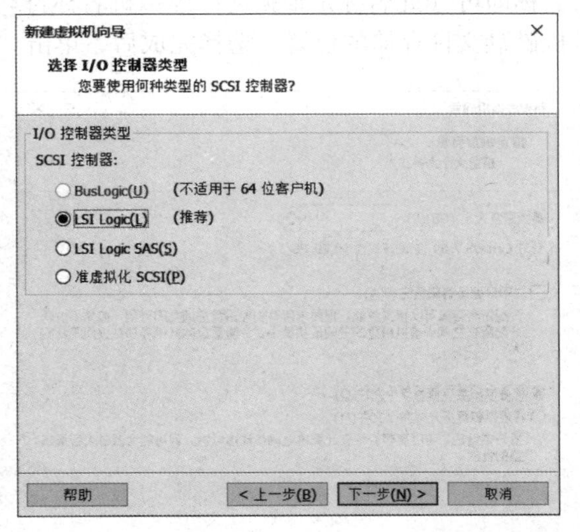

图 1－54　新建虚拟机向导－选择 I/O 控制器类型

弹出如图 1－55 所示的“选择磁盘类型”对话框，在此对话框中，选择“SCSI（推荐）”即可。完成后，单击“下一步”按钮。

⑦弹出如图 1－56 所示的“选择磁盘”对话框，在此有三个选项，选择“创建新虚拟磁盘”选项。选择完成后，单击“下一步”按钮。

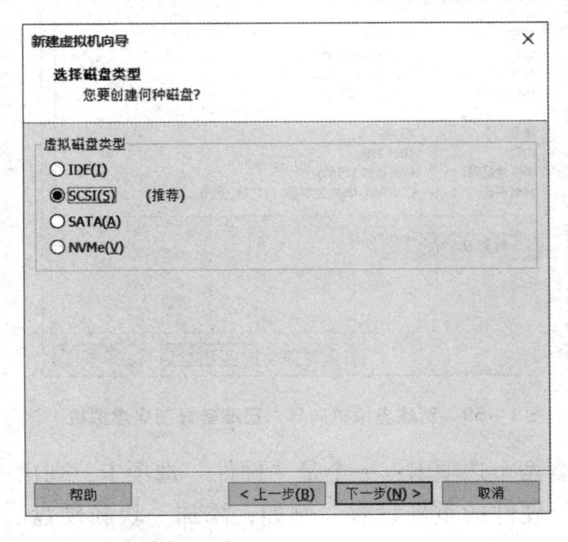

图 1－55　新建虚拟机向导－选择磁盘类型

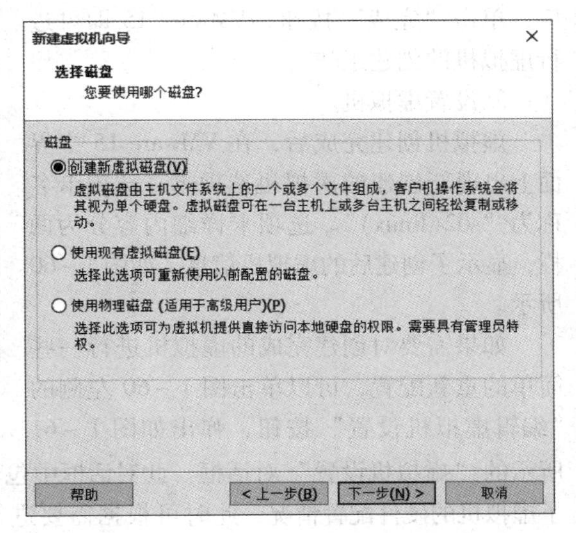

图 1－56　新建虚拟机向导－选择磁盘

弹出如图1－57所示的“指定磁盘容量”对话框，在此对话框中，“最大磁盘大小”选择默认的20 GB即可（此为系统推荐大小，可自行根据需要扩大）。同时，在对话框中的虚拟磁盘存储选项中，选择“将虚拟磁盘存储为单个文件”选项。完成后，单击“下一步”按钮。

⑧弹出如图1－58所示的“指定磁盘文件”对话框，在此，磁盘文件名称使用默认的名称即可（此名称是根据前面虚拟机名称自动进行命名的）。单击“浏览”按钮，选择虚拟机磁盘文件存储的位置。选择完成后，单击“下一步”按钮。

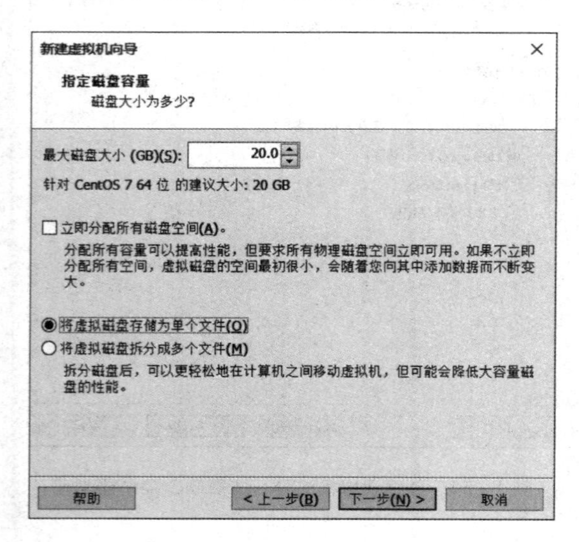

图1－57　新建虚拟机向导－指定磁盘容量

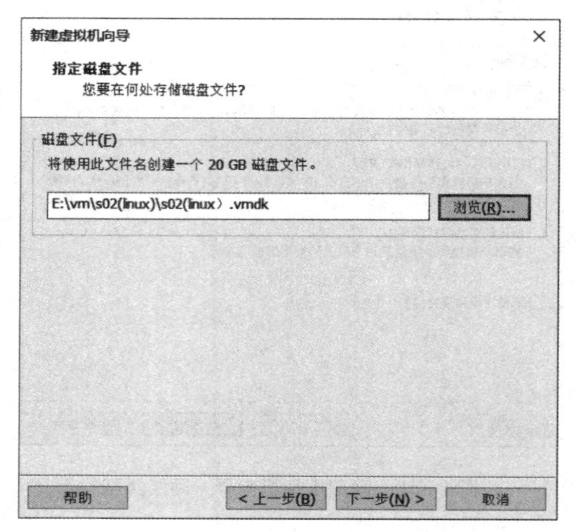

图1－58　新建虚拟机向导－指定磁盘文件

弹出如图1－59所示的“已准备好创建虚拟机”对话框，在此对话框中，对向导每一步所创建的设置进行了小结，确认无误后，单击“完成”按钮，VMware 15即可进行虚拟机的创建工作。

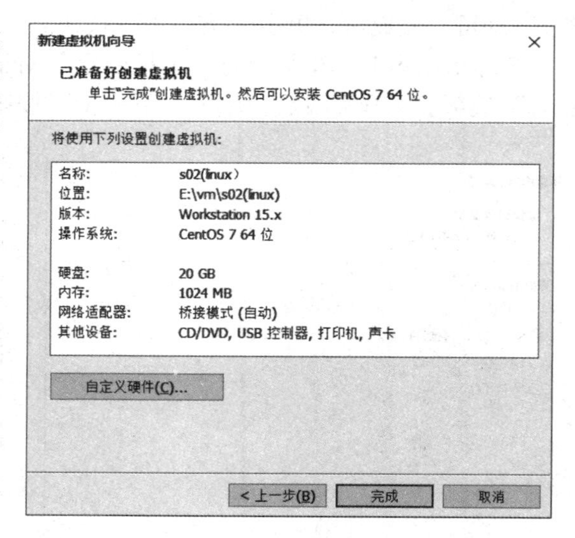

图1－59　新建虚拟机向导－已准备好创建虚拟机

⑨设置虚拟机。

虚拟机创建完成后，在VMware 15主界面上出现新创建的虚拟机选项卡，选项卡名称为“s02(linux)”。选项卡详细内容分为两栏，显示了创建后的虚拟机信息，如图1－60所示。

如果需要对创建完成的虚拟机进行一些简单的重新配置，可以单击图1－60左侧的“编辑虚拟机设置”按钮，弹出如图1－61所示的“虚拟机设置”对话框。此对话框中包含两个选项卡；一个是“硬件”选项卡，列出了虚拟机的硬件配置情况，此时可根据需要进行硬件的重新设置，例如，添加一块新硬盘、调整虚拟机内存大小、添加一块网络适配器（网卡）等操作，详细硬件配置可参考表1－2完成。

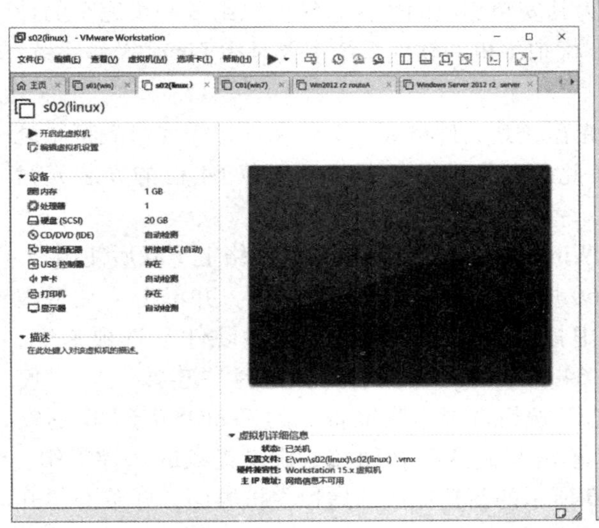

图 1－60　创建完成的虚拟机

图 1－61　虚拟机设置－硬件

另一个为“选项”选项卡，如图 1－62 所示。在此选项卡中，用户可以进行电源、共享文件夹、快照等设置，通过相应设置，可以更方便地管理虚拟机。例如，单击“快照”选项，可以进行虚拟机关机时的快照设置。如果设置了“关机时，虚拟机自动拍摄新快照”，则虚拟机每次关机时就相当于与数据库操作一样，进行了一次系统备份操作，用户在需要时，可以使用快照进行虚拟系统的恢复工作。

至此，虚拟机创建的第一步——工作硬件系统创建完成。详细创建过程视频请扫描如图 1－63 所示二维码观看。

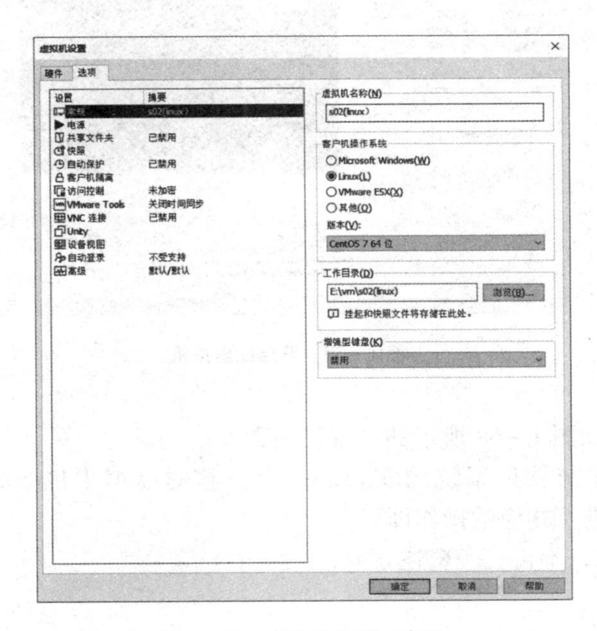

图 1－62　虚拟机设置－选项

图 1－63　创建 Linux 硬件系统视频

2. 安装操作系统软件

虚拟主机的硬件系统创建完成后，需要为其安装相应的软件系统，以组成一个完整的计算机系统，否则，虚拟机只是一台“裸机”。虚拟主机的软件系统主要是指 Linux 操作系统。具体安装过程如下：

①准备好安装光盘。虚拟机使用的虚拟光盘，其文件格式为 ISO 文件，需要事先将系统安装光盘做成扩展名为 . iso 的镜像文件，在此，事先准备好了 CentOS 7 64 位的安装光盘 ISO 文件。

如果没有 ISO 格式光盘文件，可以使用 WinISO 工具软件制作或从网络上下载后使用。

②打开 VMware 15 软件，单击如图 1 -60 所示新建完成的虚拟主机，并单击“编辑虚拟机设置”按钮，出现如图 1 -64 所示“虚拟机设置”对话框。在“硬件”选项卡中，单击“CD/DVD（IDE）”选项，在如图 1 -64 所示的对话框右侧，选择“连接”中“使用 ISO 映像文件”选项，并通过单击“浏览”按钮选择事先准备好的 CentOS 7 64 位的安装光盘 ISO 文件所在的位置。选择完成后，单击“确定”按钮完成虚拟光盘的选择工作。

③虚拟光盘添加完成后，单击如图 1 -65 所示的新建完成的虚拟主机界面，并单击“开启此虚拟机”按钮。如果操作系统光盘已准备就绪，并且已放入虚拟光盘中，则虚拟主机会进入操作系统软件安装过程中（如图 1 -66 和图 1 -67 所示），此时，按照安装操作系统向导的指引，完成操作系统的安装即可。

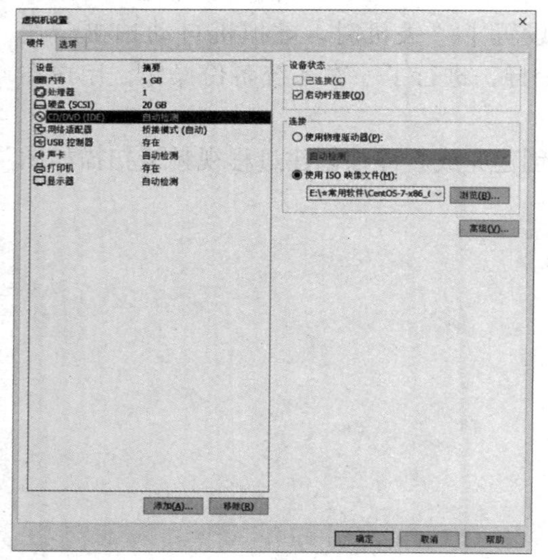

图 1 -64　虚拟机设置 -CD/DVD（IDE）

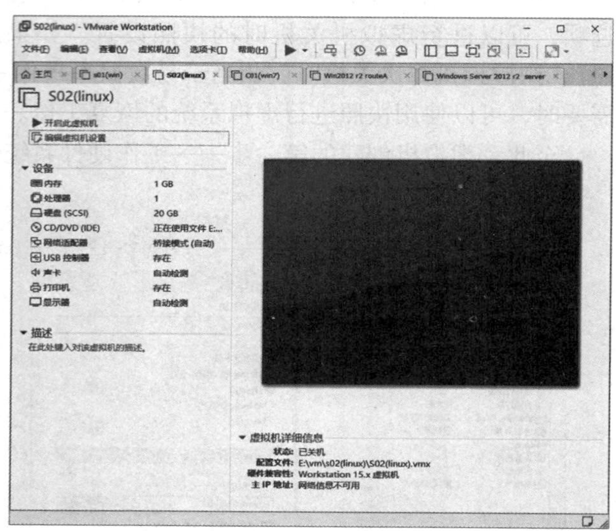

图 1 -65　开启此虚拟机

详细安装软件系统的过程视频请扫描如图 1 -68 所示的二维码观看。

通过以上两个步骤：硬件系统的创建与软件系统的安装，一台完整的虚拟主机 S02（Linux）创建完成，用户使用此虚拟主机进行相应的操作即可。

表 1 -2 中其他虚拟机的创建过程一致，不再一一赘述。

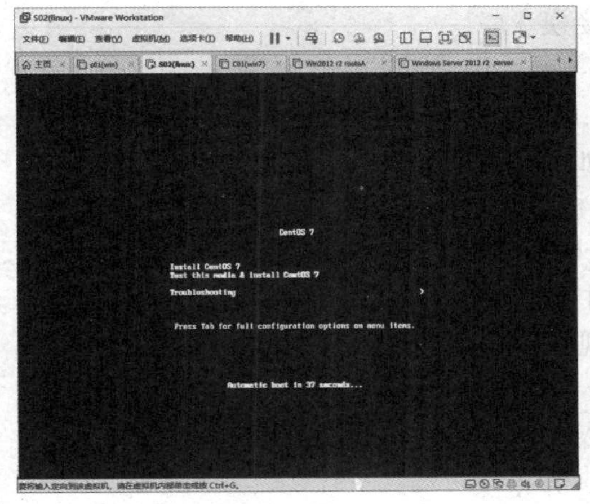

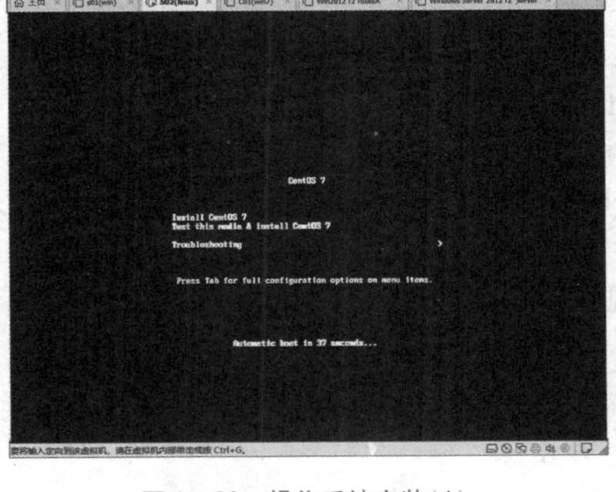

图 1－66　操作系统安装(1)

图 1－67　操作系统安装(2)

图 1－68　安装软件系统（操作系统软件）视频

二、网络组建及连接测试

虚拟机硬件系统创建、软件系统安装完成后，需要对机器进行基本的设置，主要进行网络设置（按表 1－2 所设计的网络要求），以便完成虚拟网络的联网工作。虚拟机的网络设置一般分为以下步骤：

①将虚拟机连接方式设置为桥接模式。

②统一网段，设置 IP 地址等信息。

③连接测试。

接下来，以设置 S01(Win)这台虚拟机为例来进行网络设置的演示：

①将虚拟机连接方式设置为桥接模式。

首先，启动虚拟机软件 VMware 15，在其控制台上，单击选择“s01(win)”选项卡，如图 1－69 所示，在左侧“设备”栏中，查看其网络适配器是否采用的是“桥接模式”，如果不是，单击左侧“编辑虚拟

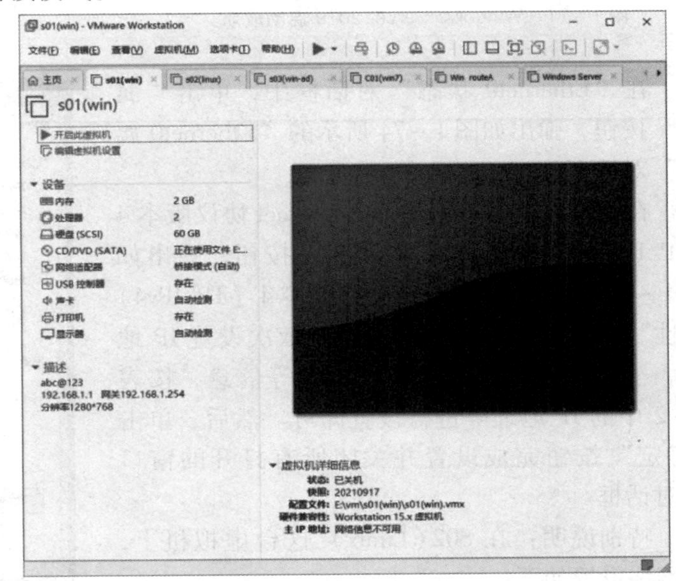

图 1－69　虚拟机 S01(Win)

机设置”按钮，将其网络连接方式设置为“桥接模式”（如图1-70所示）。

②统一网段，设置IP地址等信息。

确保网络适配器连接方式为桥接模式后，单击如图1-69所示的“开启此虚拟机”按钮，启动虚拟机。虚拟机在启动过程中，如果提示需要按Ctrl+Alt+Del组合键进行系统登录，可以依次单击VMware 15主菜单项“虚拟机”→“发送Ctrl+Alt+Del”来实现按Ctrl+Alt+Del组合键的操作。

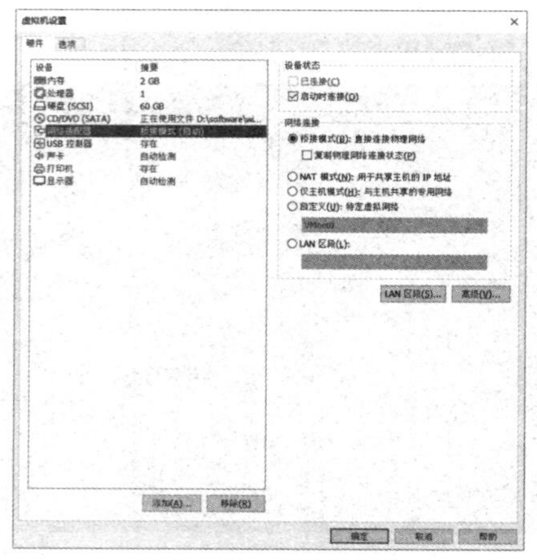

图1-70 虚拟机设置

虚拟机启动成功后，界面如图1-71所示。依次打开“控制面板”→“网络和Internet”→“网络和共享中心”，弹出如图1-72所示的“网络和共享中心”窗口，在此窗口中，单击活动网络中的“连接Ethernet0”选项，弹出如图1-73所示对话框。

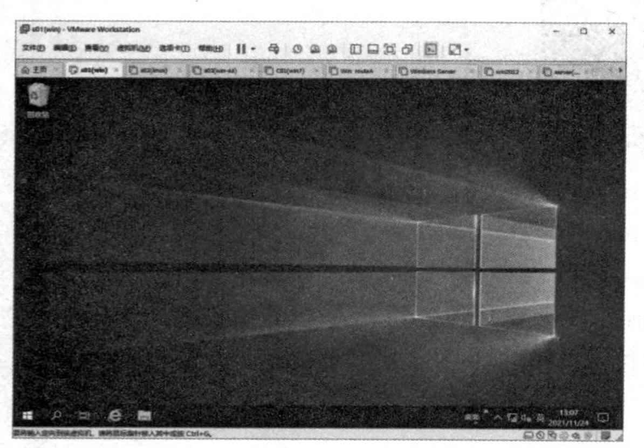

图1-71 Windows Server 2019启动成功

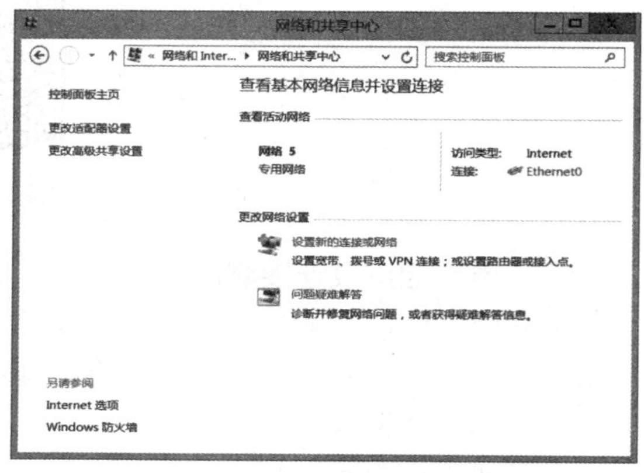

图1-72 网络连接设置

在“Ethernet0状态”对话框中，单击“属性”按钮，弹出如图1-74所示的“Ethernet0属性”对话框。

在此对话框中单击选择“Internet协议版本4（TP/IPv4）”，然后单击“属性”按钮，弹出如图1-75所示的“Internet协议版本4（TP/IPv4）属性”对话框。在此对话框中，依次设置IP地址、子网掩码、默认网关、DNS等信息，按表1-2中的IP地址等进行设置即可。然后，单击“确定”按钮完成设置并关闭所有打开的窗口或对话框。

特别说明：在S02（Linux）这台虚拟机上，其网络设置如下：

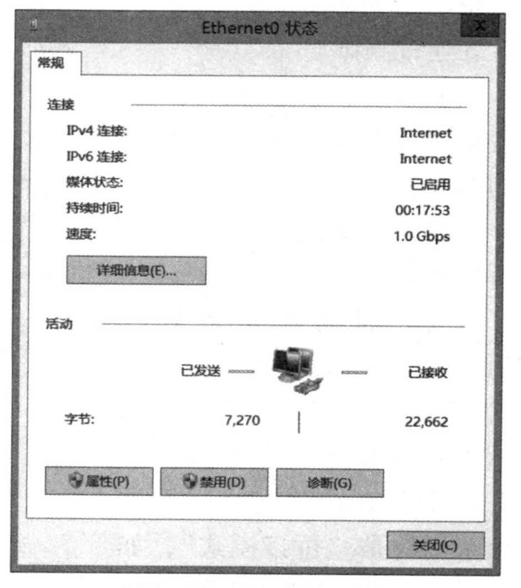

图1-73 Ethernet0状态

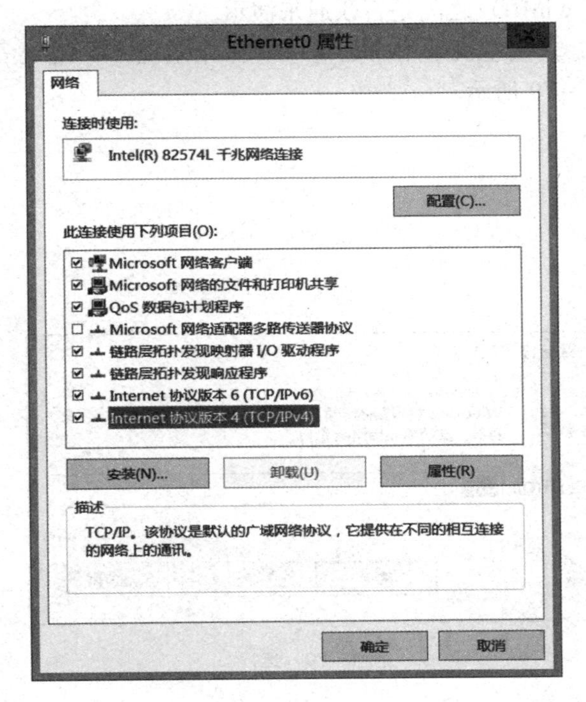

图 1－74　Ethernet0 属性

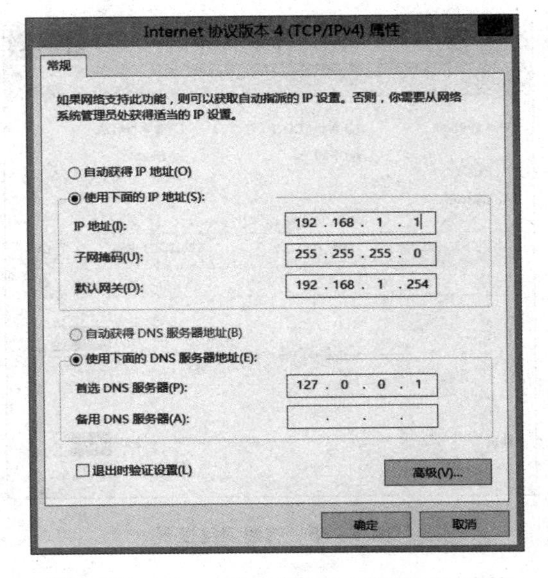

图 1－75　Internet 协议版本 4（TP/IPv4）属性

系统启动成功后，依次选择桌面上的“应用程序”→“系统工具”→“设置”，如图 1－76 所示。在弹出的窗口中选择“网络”→“有线”，如图 1－77 所示。

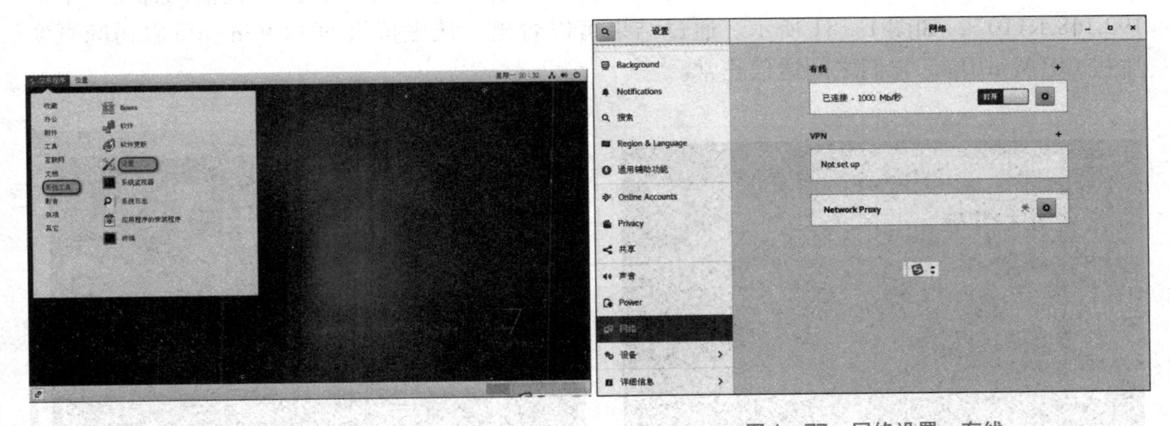

图 1－76　设置

图 1－77　网络设置－有线

单击“有线”栏目最右侧的“设置”按钮，弹出如图 1－78 所示的“有线”网络设置窗口，在此窗口中，在“IPv4 Method”栏目中选择“手动”，在“Addresses”栏目中输入 IP 地址为 192.168.1.21，子网掩码为 255.255.255.0，网关为 192.168.1.254。操作完成后，单击“应用(A)”按钮完成设置，返回桌面。

③连接测试。

为了测试此虚拟机与其他机器之间是否联通，可以采用系统测试连接“ping”命令完成。在此，以测试 S01(Win) 与真实主机 C0(Win10) 之间是否联通来演示。

首先，在真实主机（按表 1－2 网络设计，真实主机采用的是 Win10 操作系统，IP 地址为 192.168.1.110）中，运行 cmd 命令，如图 1－79 所示。

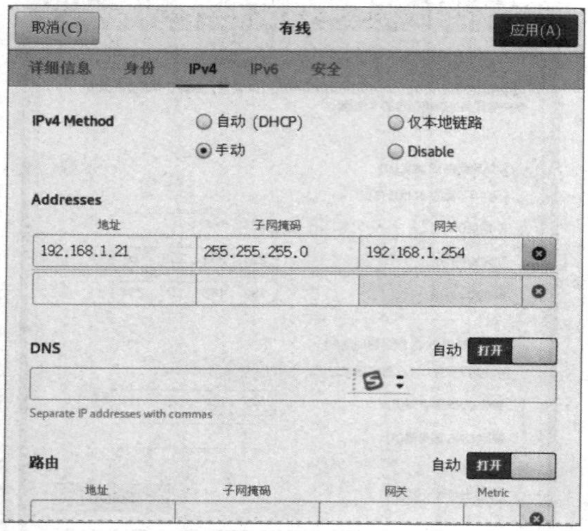

图 1－78　有线网络设置

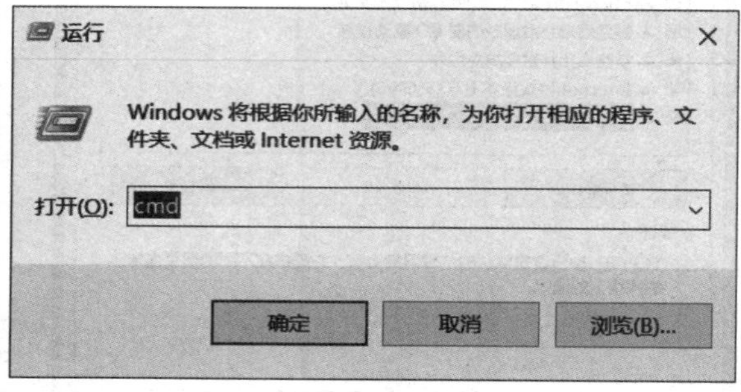

图 1－79　运行

打开命令行状态后，输入命令“ping 192.168.1.1”，如图 1－80 所示。通过结果可以看出，从真实主机可以访问虚拟机 S01(Win)，它们之间通信正常。

其次，在虚拟机 S01(Win)(0 按表 1－2 网络设计，采用的是 Windows Server 2019 x64 操作系统，IP 地址为 192.168.1.1) 中运行 cmd 命令，打开命令行状态，并且输入命令“ping 192.168.1.110”，如图 1－81 所示。通过结果可以看出，从虚拟机 S01(Win) 可以访问真实主机 C0(Win10)，它们之间通信正常。

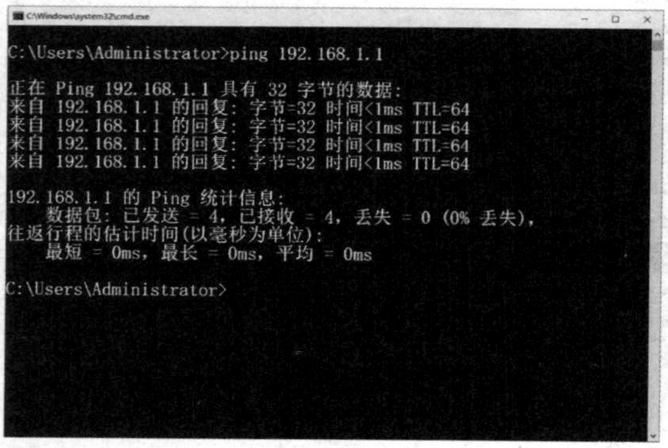

图 1－80　ping 192.168.1.1

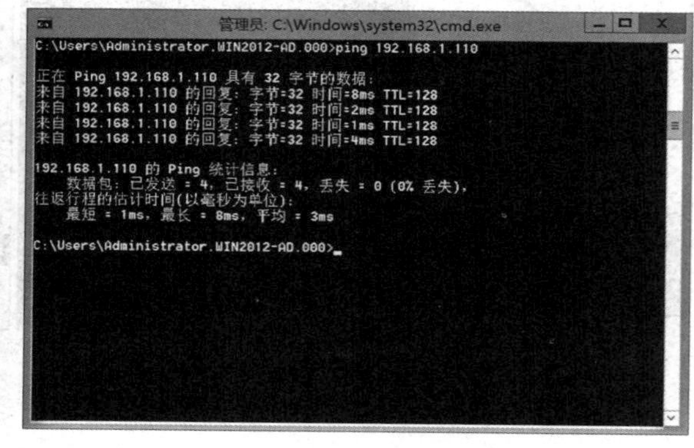

图 1－81　ping 192.168.1.110

再次，在虚拟机 S02(Linux)(按表 1－2 网络设计，采用的是 CentOS 7 操作系统，IP 地址为 192.168.1.21) 上，在桌面上单击鼠标右键，在弹出的快捷菜单上选择“打开终端”，如图 1－82 所示。

在打开的终端上，输入命令“ping 192.168.1.110”，此时，显示如图 1－83 所示信息，

说明虚拟机 S02（Linux）与真实主机 C0（Win10）之间通信正常。

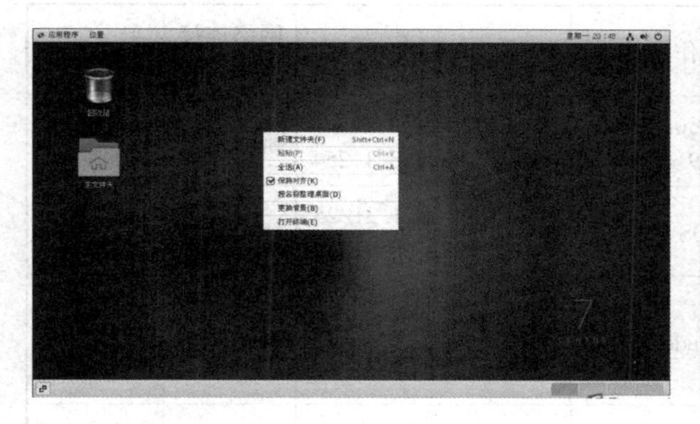

图 1－82 打开终端

```
www@localhost:~
文件(F) 编辑(E) 查看(V) 搜索(S) 终端(T) 帮助(H)
64 bytes from 192.168.1.110: icmp_seq=29 ttl=128 time=3.02 ms
64 bytes from 192.168.1.110: icmp_seq=30 ttl=128 time=2.15 ms
64 bytes from 192.168.1.110: icmp_seq=31 ttl=128 time=2.08 ms
64 bytes from 192.168.1.110: icmp_seq=32 ttl=128 time=2.87 ms
64 bytes from 192.168.1.110: icmp_seq=33 ttl=128 time=6.28 ms
64 bytes from 192.168.1.110: icmp_seq=34 ttl=128 time=2.13 ms
64 bytes from 192.168.1.110: icmp_seq=35 ttl=128 time=2.42 ms
64 bytes from 192.168.1.110: icmp_seq=36 ttl=128 time=33.4 ms
64 bytes from 192.168.1.110: icmp_seq=37 ttl=128 time=2.37 ms
^C
--- 192.168.1.110 ping statistics ---
37 packets transmitted, 37 received, 0% packet loss, time 36069ms
rtt min/avg/max/mdev = 1.592/4.781/33.411/5.751 ms
[www@192 ~]$ ping 192.168.1.110
PING 192.168.1.110 (192.168.1.110) 56(84) bytes of data.
64 bytes from 192.168.1.110: icmp_seq=1 ttl=128 time=20.5 ms
64 bytes from 192.168.1.110: icmp_seq=2 ttl=128 time=2.29 ms
64 bytes from 192.168.1.110: icmp_seq=3 ttl=128 time=2.41 ms
64 bytes from 192.168.1.110: icmp_seq=4 ttl=128 time=2.79 ms
64 bytes from 192.168.1.110: icmp_seq=5 ttl=128 time=7.97 ms
64 bytes from 192.168.1.110: icmp_seq=6 ttl=128 time=3.38 ms
64 bytes from 192.168.1.110: icmp_seq=7 ttl=128 time=2.68 ms
64 bytes from 192.168.1.110: icmp_seq=8 ttl=128 time=2.92 ms
```

图 1－83 ping 192.168.1.110

虚拟机与真实主机、虚拟机与虚拟机之间连通测试的方法一致，在此，不再一一赘述。

说明：①如果在连接测试中，所有 IP 等信息都设置正确，但连通测试时显示无法与目标主机连通，此时可以关闭目标主机的防火墙，然后再进行测试。

②如果关闭防火墙后没效果，可以再试试以下方法：先进入目标主机的“控制面板”，找到“网络和共享中心”，进入“更改高级共享设置”，在“专用”或“来宾或公用”的下拉栏中，选中“启用文件和打印机共享”，记得要保存更改。启用文件和打印机共享后，再 ping 目标主机 IP 即可。

网络组建及连接测试的视频请扫描图 1－84 所示二维码观看。

图 1－84 网络组建及连接测试视频

【任务总结】

本任务主要完成了虚拟机的创建及操作系统的基本配置，然后实现了虚拟网络中各虚拟机器的网络连接配置与连接测试。

为了模拟真实网络中各种不同操作系统的服务器与客户机，请参照本任务中 Windows Server 虚拟机的安装过程，进行 Linux 操作系统与 Win7 操作系统的网络连接测试。

任务 3 虚拟机软件的常用管理

【任务描述】

本项目的主要任务是学习并掌握虚拟机软件 VMware Workstation 各项常用管理功能，包括虚拟机硬件添加，虚拟机克隆、快照、备份等。任务目标是实现为虚拟机添加硬盘与内存，并通过快照等功能进行备份虚拟机。具体以任务 2 中已完成的虚拟机器 C01（Win7）为例，完成表 1－3 中 C01（Win7）中最新要求的机器配置。

表 1-3 虚拟网络机器列表

序号	机器名称	硬件配置	操作系统	IP/网关	网络连接方式	备注
1	S01(Win)	1 块 60 GB 硬盘、内存 2 GB	Windows Server 2019 x64 位	IP：192.168.1.1/24 网关：192.168.1.254	桥接网络	虚拟机，服务器
2	S02(Linux)	硬盘 60 GB、内存 2 GB、单网卡	CentOS 7 64 位	IP：192.168.1.21/24 网关：192.168.1.254	桥接网络	虚拟机，服务器
3	C01(Win7)	硬盘 40 GB、3 块 10 GB 硬盘、内存 1 GB、双网卡	Windows 7	IP：192.168.1.107/24 网关：192.168.1.254	桥接网络	虚拟机，客户机
4	C0(Win10)		Windows 10	IP：192.168.1.110/24 网关：192.168.1.254		真实主机，客户机

【任务分析】

虚拟机软件 VMware Workstation 功能强大，在虚拟机器创建完成后，可以进行各项管理，常用的有虚拟机硬件添加，虚拟机克隆、快照、备份等。利用这些功能，可以实现类似于真实机器中硬件添加、软件系统克隆、软件系统回滚操作、软件系统备份等操作。

【知识准备】

为了实现虚拟机软件 VMware Workstation 的管理功能，需要事先创建若干虚拟机器，以便对虚拟机进行管理。任务 2 中已创建完成三台虚拟机，本任务中可针对这些虚拟机进行相应的管理。

【任务实施】

VMware 15 在虚拟机创建与应用方面具有其独特的软件优势，以下通过不同子任务的实施，其掌握其常见基本应用。

一、虚拟机基本操作：添加硬件

使用 VMware 15 创建出的虚拟主机系统的过程中，如果需要添加硬件(例如，增加一块硬盘、增加一个网络适配器等)，可以像真实主机一样添加硬件。

以下以 Windows 7 操作系统虚拟主机 C01(Win 7) 为例，使用 VMware 15 软件平台为其添加一块新硬盘和一块网卡。

1. 添加一块新硬盘

首先，打开 VMware 15 控制台，单击选择需要添加硬件的虚拟机器 C01(Win7)(注意：此时不要启动此虚拟机)，如图 1-85 所示。

其次，单击图 1-85 所示的“编辑虚拟机设置”按钮，会弹出如图 1-86 所示的“虚拟机设置”对话框。

单击“添加”按钮，弹出如图 1-87 所示的“添加硬件向导”对话框。在此向导对话框中，用户可以选择需要添加的硬件类型。

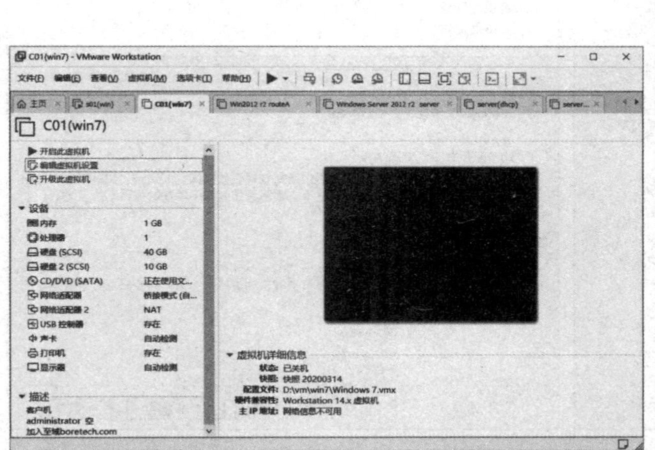

图 1-85 VMware 15 控制台

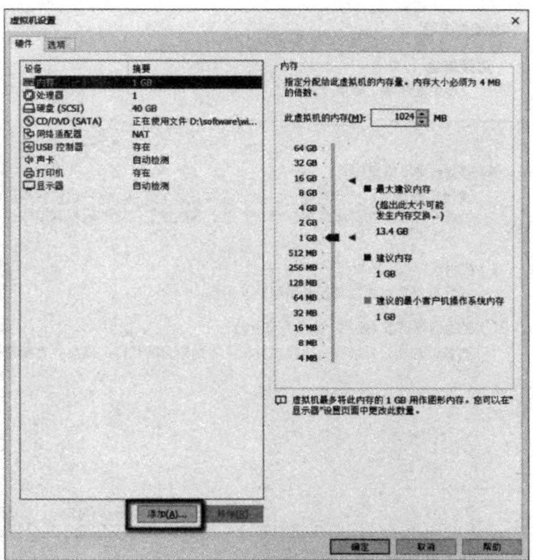

图 1-86 “虚拟机设置”对话框

选择硬件类型为“硬盘”，单击“下一步”按钮，弹出如图 1-88 所示的“选择磁盘类型”对话框，此时可以选择推荐的虚拟磁盘类型“SCSI”，然后单击“下一步”按钮。

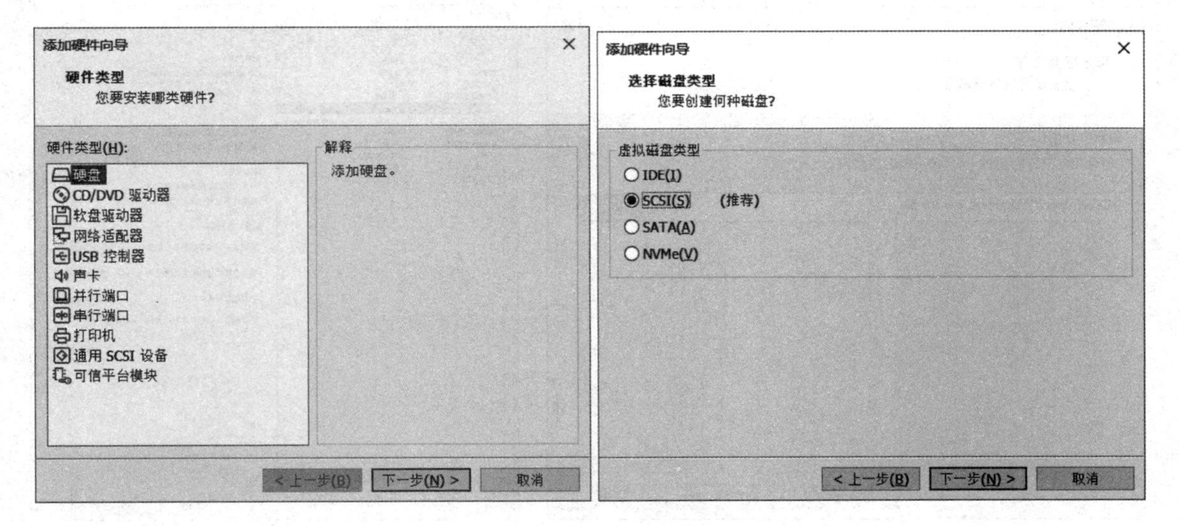

图 1-87 添加硬件向导-硬件类型

图 1-88 添加硬件向导-选择磁盘类型

弹出如图 1-89 所示的“选择磁盘”对话框，在此对话框中，选择“创建新虚拟磁盘”选项，然后单击“下一步”按钮。

在弹出的如图 1-90 所示的“指定磁盘容量”对话框中，用户可以自行设置磁盘大小、虚拟磁盘存储类型等。此时，按图 1-90 所示进行设置，然后单击“下一步”按钮。

弹出如图 1-91 所示的“指定磁盘文件”对话框。此时，可以通过单击“浏览”按钮来选择磁盘文件存储的位置。选择完成后，单击“完成”按钮。

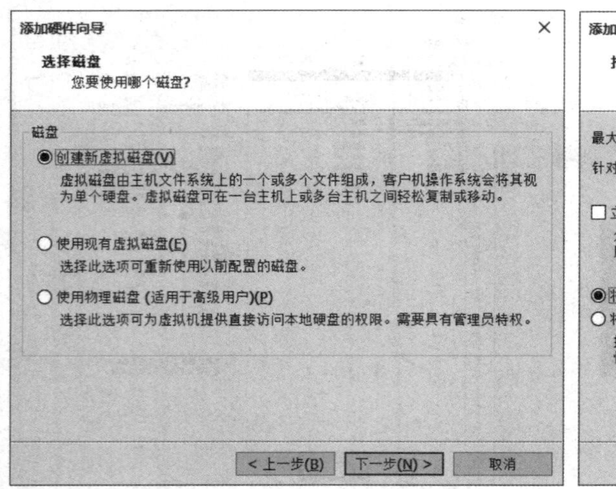

图 1－89　添加硬件向导－选择磁盘

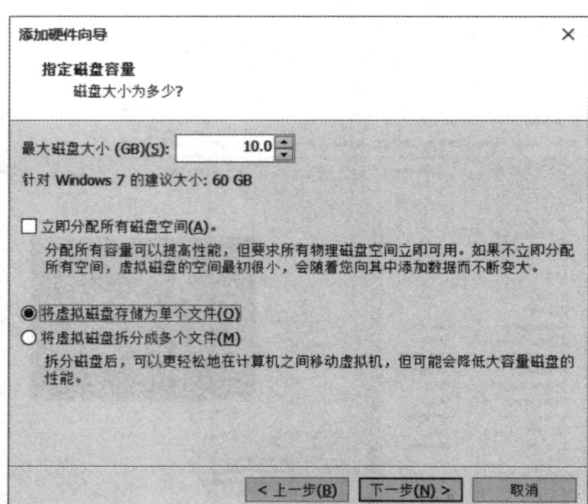

图 1－90　添加硬件向导－指定磁盘容量

添加硬件向导完成后，在虚拟机设置对话框中，可以显示添加后的新硬件，如图 1－92 所示，新硬件添加完成。

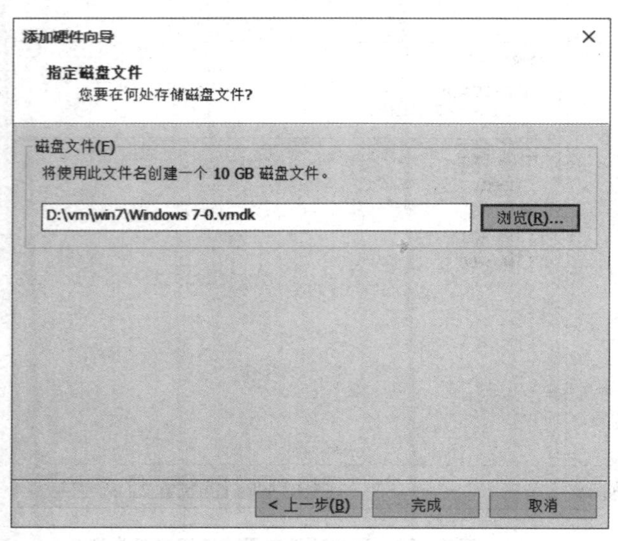

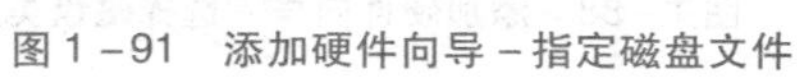
图 1－91　添加硬件向导－指定磁盘文件

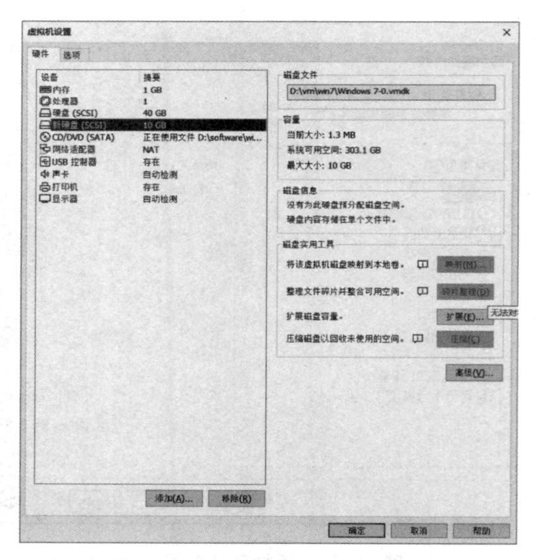

图 1－92　添加新硬盘完成

请扫描图 1－93 所示的二维码观看操作视频。

图 1－93　虚拟机添加硬盘视频

2. 添加一块网络适配器（网卡）

在“虚拟机设置”对话框中，单击“硬件”选项卡中的“网络适配器”，即网卡选项，如图 1－94 所示。

单击“添加”按钮，弹出如图 1－95 所示的“添加硬件向导”对话框，选择“硬件类型”中的“网络适配器”，单击“完成”按钮。

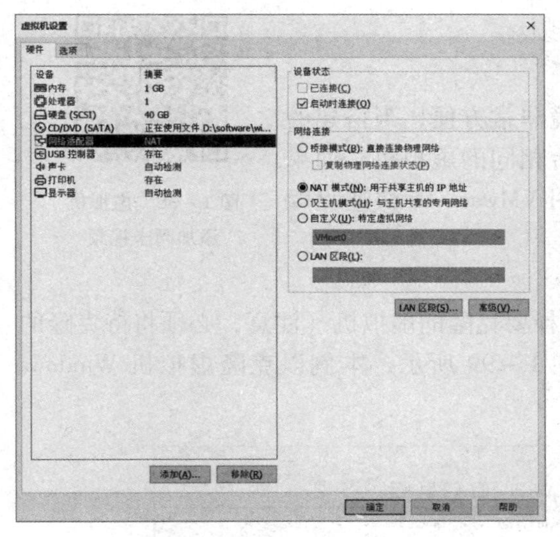

图 1－94　虚拟机设置

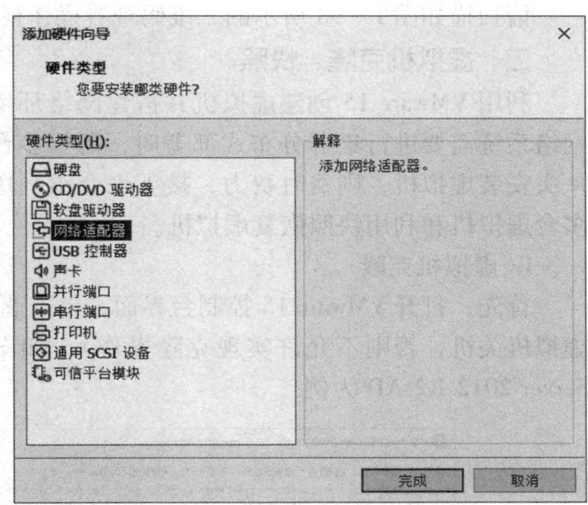

图 1－95　添加硬件向导－网络适配器

添加“网络适配器”成功后的界面如图 1－96 所示。注意，此时需要更新添加成功的新的网卡的配置信息，因为新网卡与原网卡之间为克隆关系，其 MAC 地址需要生成。首先确保在图 1－96 中已单击选择“网络适配器 2”，然后单击对话框右侧的“高级”按钮。

单击图 1－96 中的“高级”按钮后，弹出如图 1－97 所示的“网络适配器高级设置”对话框。此时单击“生成”按钮，生成新的 MAC 地址；单击“确定”按钮即可完成网络适配器的设置。

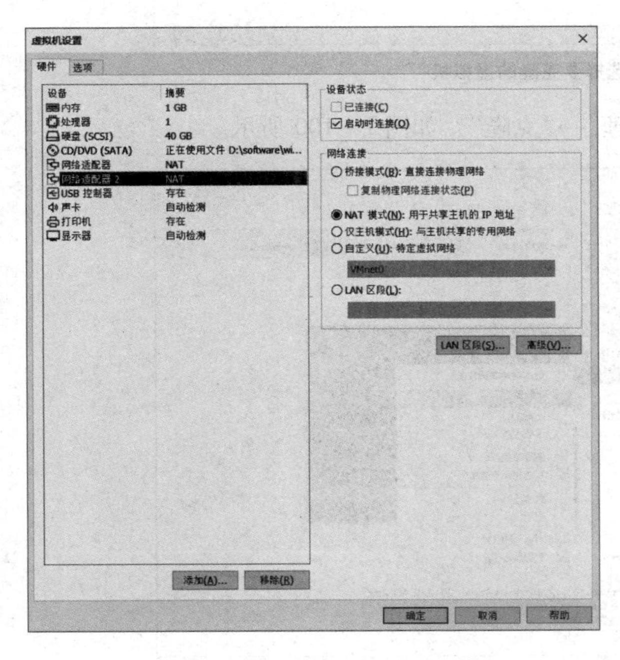

图 1－96　添加硬件－网络适配器

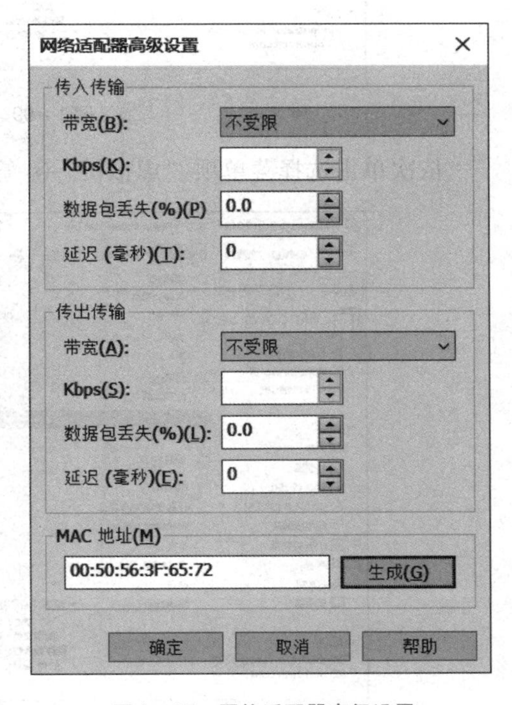

图 1－97　网络适配器高级设置

图 1－98　虚拟机添加网卡视频

请扫描如图 1－98 所示的二维码观看操作视频。

二、虚拟机克隆、快照

利用 VMware 15 创建虚拟机并搭建网络环境非常方便，当搭建的网络系统需要进行集群分布式部署时，需要多台相同的虚拟机，如果从头安装虚拟机，则费时费力，接下来介绍利用 VMware 15 快速克隆多台虚拟机和利用快照恢复虚拟机。

1. 虚拟机克隆

首先，打开 VMware 15 控制台界面，单击选择要克隆的虚拟机（注意，必须将待克隆的虚拟机关机，否则不允许实现克隆操作），如图 1－99 所示，本例以克隆虚拟机 Windows Server 2012 R2 AD 为例。

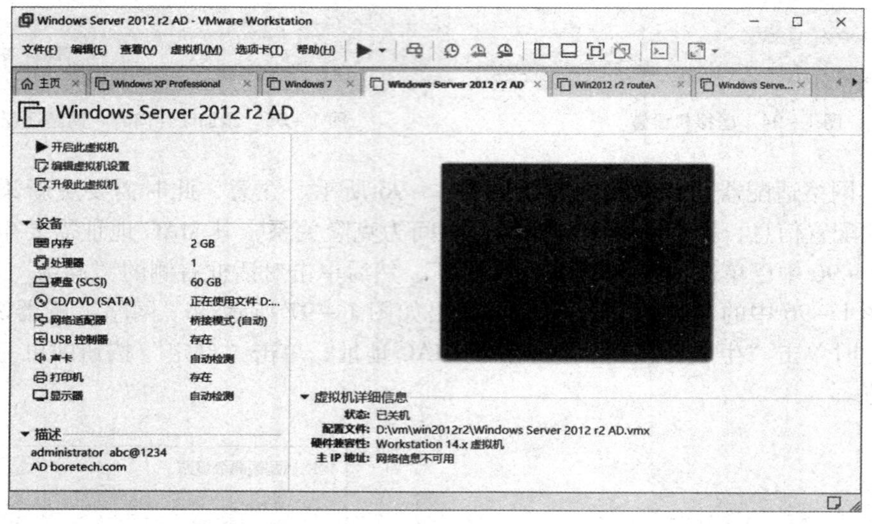

图 1－99　选择要克隆的虚拟机

依次单击选择菜单项“虚拟机”→“管理”→“克隆”，如图 1－100 所示。

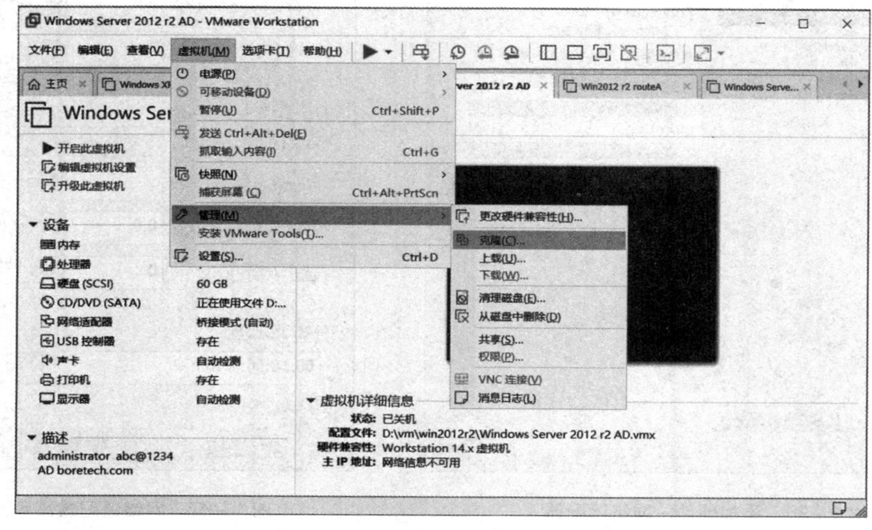

图 1－100　克隆虚拟机

此时打开“克隆虚拟机向导”对话框，如图1－101所示。单击“下一步”按钮，弹出如图1－102所示“克隆源”对话框，选择克隆自“虚拟机中的当前状态”选项，然后单击“下一步”按钮。

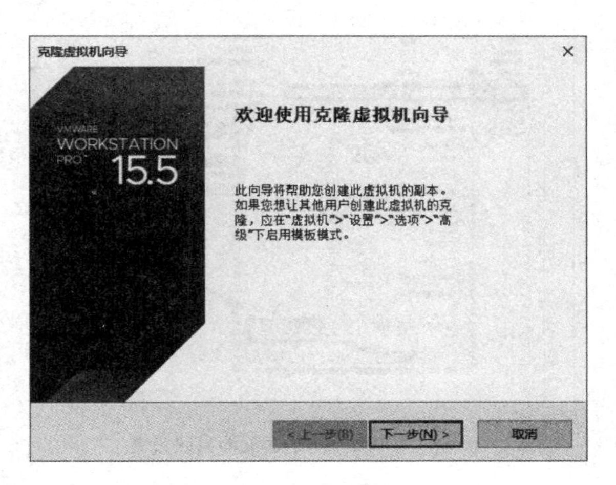

图1－101　克隆虚拟机向导

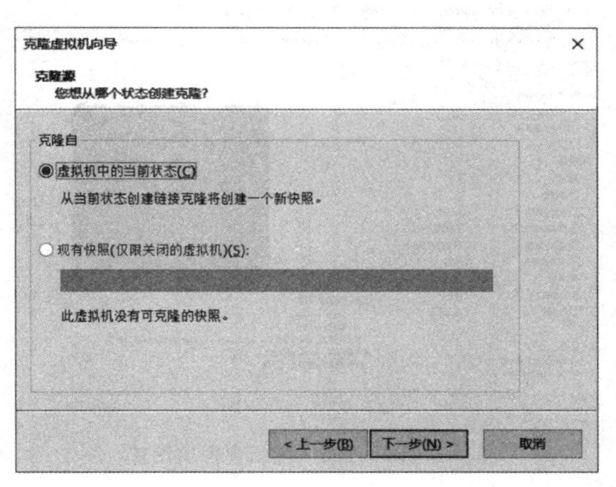

图1－102　克隆虚拟机向导－克隆源

弹出如图1－103所示的“克隆类型”对话框，单击选择“创建完整克隆”选项，然后单击“下一步”按钮。在弹出的如图1－104所示的“新虚拟机名称”对话框中，输入新克隆的虚拟机名称，同时，单击“浏览”按钮，选择要克隆的新虚拟机虚拟文件的存储位置，然后单击“完成”按钮，即可按设定的向导内容完成虚拟机的克隆操作。

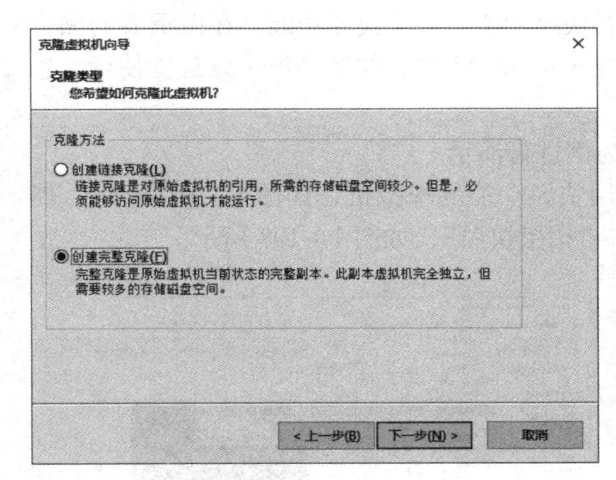

图1－103　克隆虚拟机向导－克隆类型

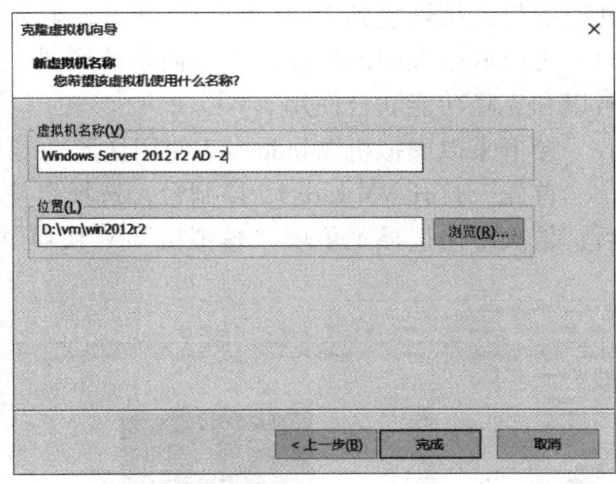

图1－104　克隆虚拟机向导－新虚拟机名称

说明：虚拟机克隆成功后，还需要在新的克隆后的虚拟机中做如下两步工作：

（1）更改克隆后虚拟机的MAC地址

因为克隆出来的虚拟机与原虚拟机采用的网络适配器一致，需要更改新克隆后的虚拟机的MAC地址。具体操作为：单击选择克隆后的虚拟机（不需要启动此虚拟机），然后依次单击左边菜单栏选项“编辑虚拟机设置”(如图1－105所示)，弹出如图1－106所示的“虚拟机设置”对话框。在此对话框中，单击选择“网络适配器”，然后单击右侧的“高级”按钮，在弹出的“网络适配器高级设置”对话框中单击“生成”按钮，然后单击“完成”按钮即可。

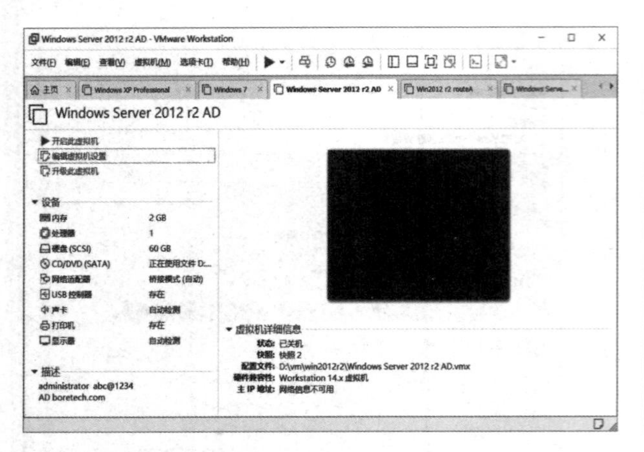

图 1－105　编辑虚拟机设置

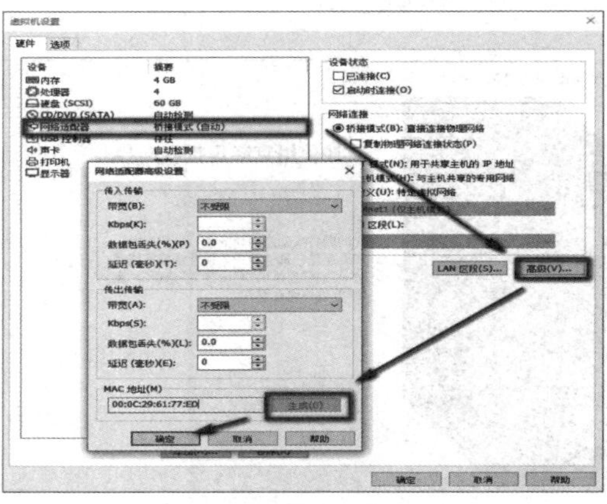

图 1－106　网络适配器高级设置

（2）更改主机名、IP 等信息

因为克隆出来的机器名称一致，需要启动新克隆成功的虚拟机，然后在启动成功的操作系统中更改主机名及 IP 地址即可。

2. 快照

VMware 15 提供了快照功能，此功能类似于数据库的回滚功能，例如用户在 2020 年 1 月 29 日保存了一份快照，然后在 2 月 14 日不小心删除了系统重要的文件，导致系统崩溃，此时要将系统恢复到 2020 年 1 月 29 日，就需要快照功能。有了快照功能，在做重要的操作时，可以放心大胆地操作，不用怕系统崩溃。在 VMware 15 中，快照功能可以独立使用，也可以和克隆功能联合使用。

接下来以虚拟机 Windows 7 使用快照功能为例进行演示。

首先，打开 VMware 15 控制台，选择要使用快照功能的虚拟机，如图 1－107 所示。然后，依次单击选择菜单项“虚拟机”→“快照”→“拍摄快照”，如图 1－108 所示。

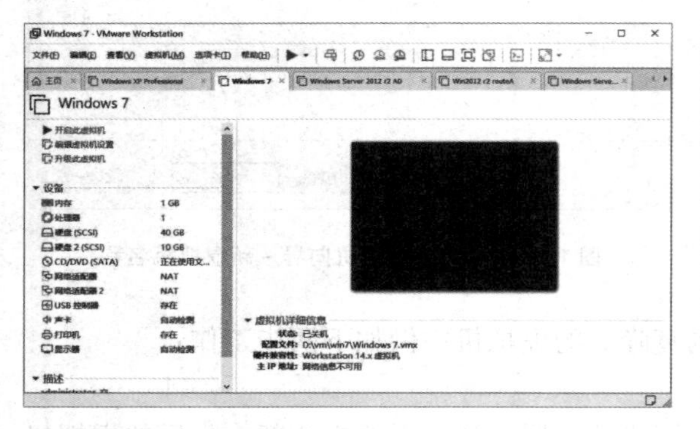

图 1－107　VMware 15 控制台

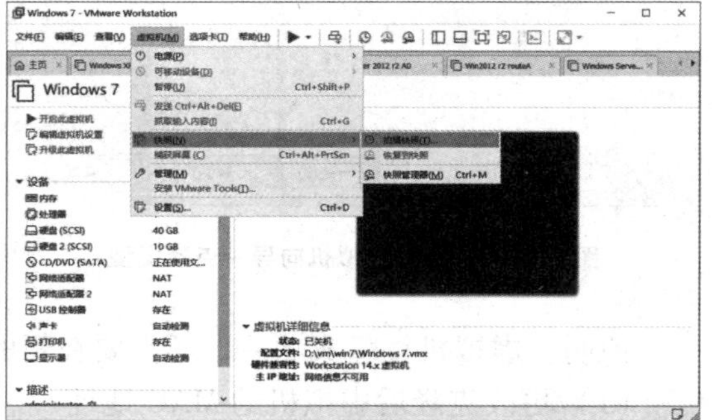

图 1－108　拍摄快照

在弹出的如图 1－109 所示的对话框中，输入快照名称，同时，可以输入相关描述信息，本例输入“2020－1－29 系统快照”，证明于 2020 年 1 月 29 日进行了系统备份工作。上述

信息输入完成后，单击“拍摄快照”按钮，完成快照拍摄工作。

快照拍摄完成后，可以通过快照管理器进行查看，打开快照管理器的具体步骤为：依次单击选择菜单项“虚拟机”→“快照”→“快照管理器”，即可打开如图 1－110 所示的快照管理器。

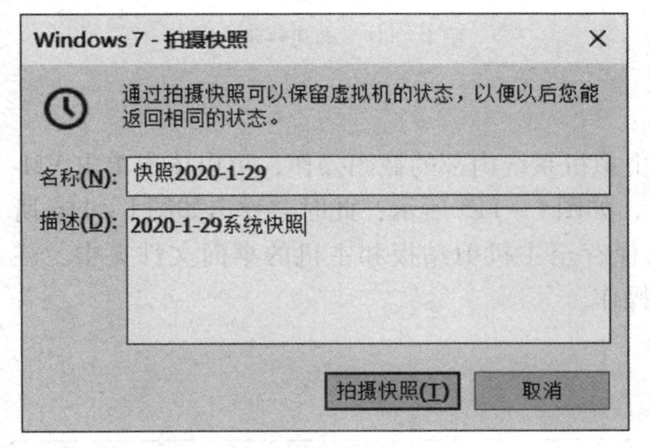

图 1－109　VMware 15 控制台

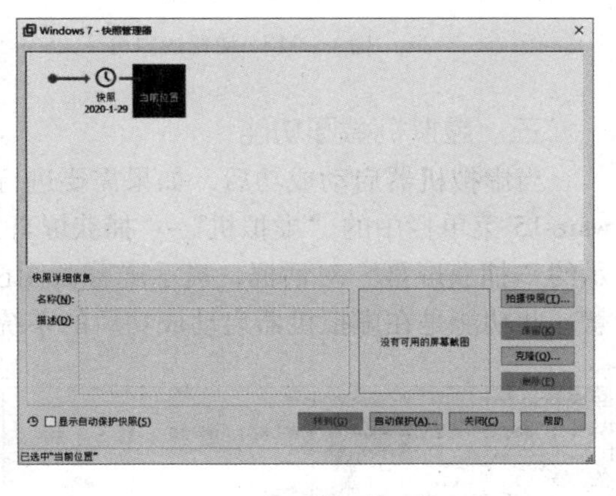

图 1－110　快照管理器

有了虚拟机系统的快照以后，可以方便地进行两类操作：一是利用快照实现系统回滚操作，二是利用快照实现系统克隆。

利用快照实现系统回滚的具体操作如图 1－111 所示，依次单击选择菜单项“虚拟机”→“快照”→“恢复到快照…”，然后按提示操作即可。

利用快照实现系统克隆的具体操作如图 1－112 所示，依次单击选择菜单项“虚拟机”→“快照”→“快照管理器”，在快照管理器中选择相应的快照并单击“克隆”按钮，即可按向导的提示完成克隆操作，创建一个新的虚拟机器。

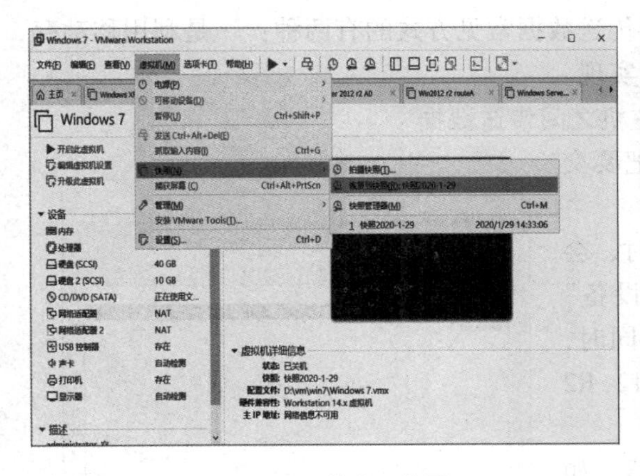

图 1－111　恢复至快照

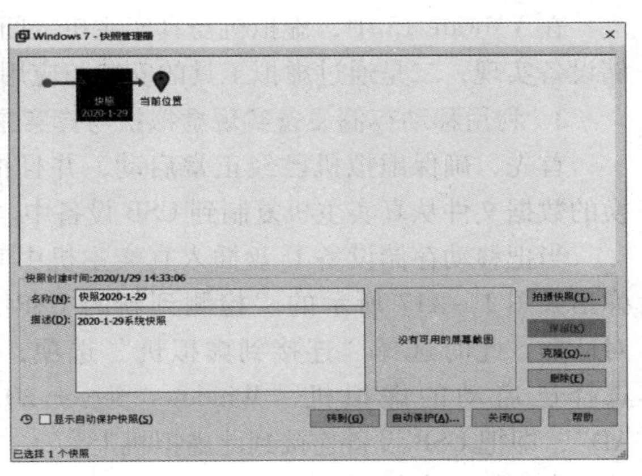

图 1－112　利用快照克隆

虚拟机的克隆与快照操作视频请扫描如图 1－113 和图 1－114 所示的二维码观看。

图 1－113　克隆虚拟机

图 1－114　利用快照

三、虚拟机截图功能

当虚拟机器启动成功后，如果需要进行虚拟机系统内部的截图操作，可以依次单击 VMware 15 菜单栏中的“虚拟机”→“捕获屏幕”，如图 1－115 所示，此时会弹出如图 1－116 所示的“捕获屏幕”对话框，提示屏幕截图已保存至主机剪贴板和主机的桌面文件夹中。注意：此功能是在虚拟机器启动成功后的系统操作。

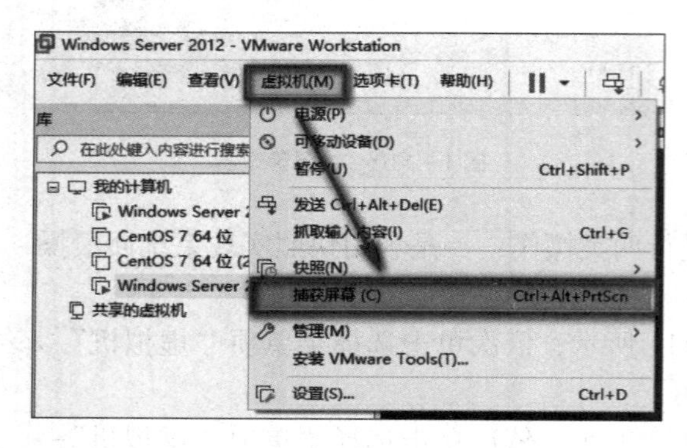

图 1－115　捕获屏幕

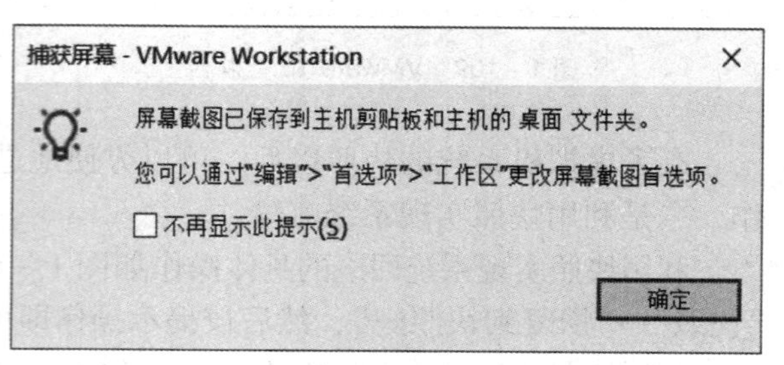

图 1－116　捕获屏幕提示

四、虚拟机与真实主机之间传送数据

在 VMware 15 中，虚拟机与真实主机之间传送数据常见方式的有两种：一是利用移动存储设备实现，二是通过虚拟工具的安装与应用实现。

1. 利用移动存储设备实现虚拟机与真实主机之间传送数据

首先，确保虚拟机已经正常启动，并且把要交换的数据文件从真实主机复制到 USB 设备中。

当把移动存储设备 U 盘插入真实主机中时，会弹出如图 1－117 所示的“检测到新的 USB 设备”对话框。此时选择“连接到虚拟机”选项，同时，选择已启动的虚拟机“Windows Server 2012 R2 AD”，即把 USB 设备连接到此虚拟机上。

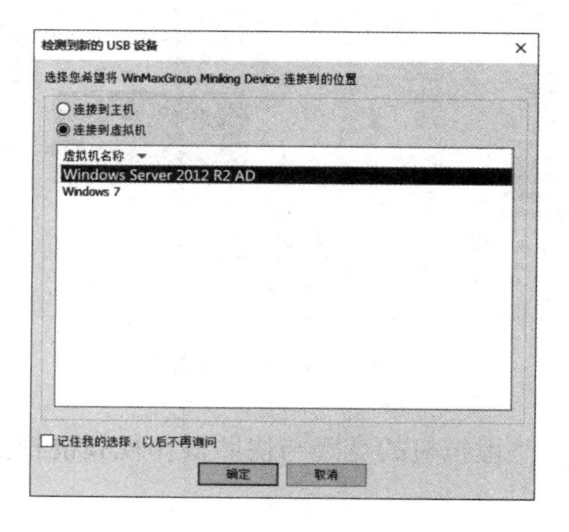

图 1－117　检测到新的 USB 设备

在虚拟机中打开“这台电脑”文件浏览器，如图 1－118 所示，即可查看 USB 设备，并通过相应的文件操作（例如复制、剪切、粘贴等）实现数据从 USB 中传递到虚拟机中。

如果需要断开 USB 设备与虚拟机的连接，可以

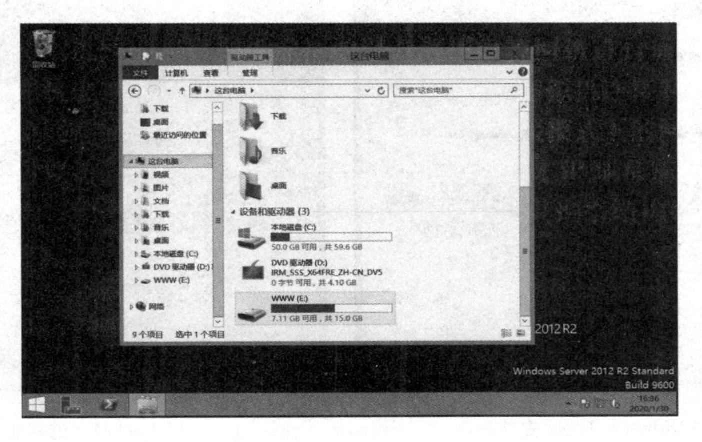

图 1－118　这台电脑

在 VMware 15 控制台界面上依次单击菜单项"虚拟机"→"可移动设备"，选择已连接的 USB 设备，单击"连接（断开与主机的连接）"菜单选项即可。通过此菜单项可以实现 USB 设备与虚拟机的连接与断开操作。

说明：如果虚拟机操作系统为 Linux 版本，对于可视化界面操作系统，可以使用复制、粘贴等功能或直接拖曳实现文件交换；对于命令界面，可以采用挂载等方式进行文件的复制等工作。

2. Windows 操作系统下安装虚拟工具 VMware Tools 实现文件的操作

VMware Tools（VMware 工具）的作用：

①大幅度提高虚拟机鼠标、键盘、显示及其他性能。

②可在虚拟机和真实主机之间进行复制（拷贝）、剪切（移动）、粘贴的工作。

③可与真实主机进行时间同步。

安装 VMware Tools 的前提是必须将虚拟机启动成功。在 VMware 15 控制台状态下，依次单击菜单栏选项"虚拟机"→"更新 VMware Tools"，然后在虚拟机中打开文件浏览器（这台电脑），如图 1－119 所示，在虚拟机的光盘中会出 VMware Tools 安装光盘，双击光盘符号，即可进入如图 1－120 所示的产品安装界面，单击"下一步"按钮，弹出如图 1－121 所示的"选择安装类型"对话框，在此界面中，选择"典型安装"即可。单击"下一步"按钮，在如图 1－122 所示的对话框中单击"安装"按钮即开始实现自动安装。安装成功后，会提示重启虚拟系统，虚拟系统重启成功后，可以在真实主机中选择需要传递到虚拟机中的文件，利用"复制""粘贴"菜单方便地在虚拟机与真实主机之间传递文件，也可以通过鼠标直接拖曳实现数据的复制等操作。

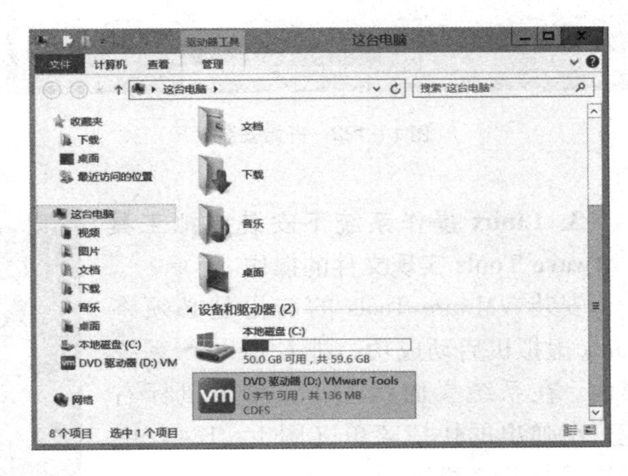

图 1－119　虚拟机中的光盘

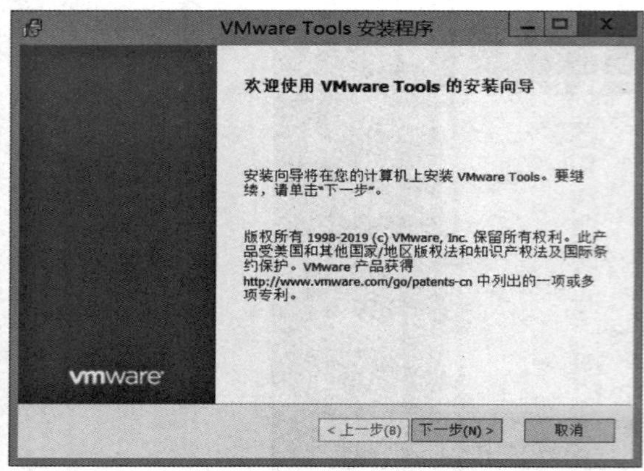

图 1－120　VMware Tools 安装程序

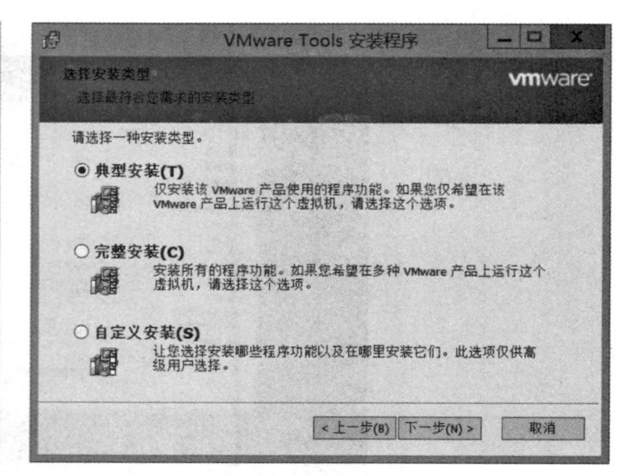

图 1－121　选择安装类型

说明：在虚拟系统 Windows Server 中安装 VMware Tools 时，会提示安装 Windows 更新，请根据提示在微软官网上下载更新包并安装。

Windows 操作系统安装 VMware Tools 操作视频请扫描如图 1－123 所示的二维码观看。

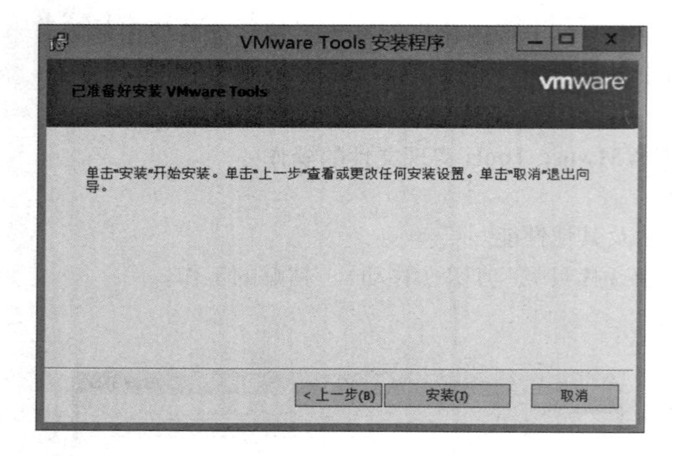

图 1－122　开始安装

图 1－123　Windows 操作系统安装 VMware Tools

3. Linux 操作系统下安装虚拟工具 VMware Tools 实现文件的操作

安装 VMware Tools 的前提是必须将 Linux 虚拟机启动成功，进入 CentOS 系统桌面。在系统桌面状态下，单击鼠标右键，在弹出的快捷菜单（图 1－124）中选择“打开终端”。

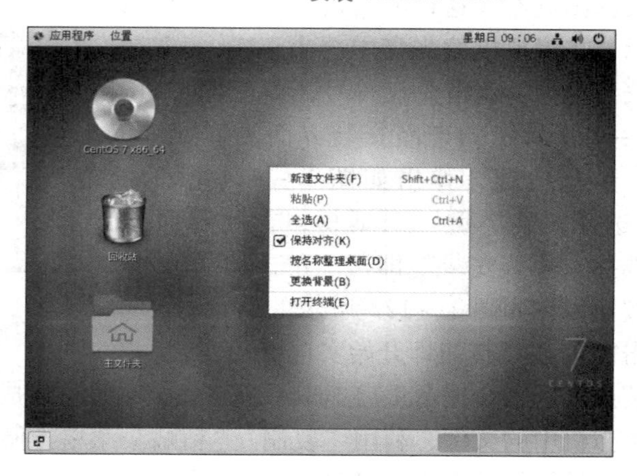

图 1－124　打开终端

在 CentOS 操作系统中，使用终端进行软件的安装需要 root 用户的权限。因此，需要在终端的命令窗口中输入命令“su”，然后输入 root 账号的密码，开启

root 的权限，如图 1 – 125 所示。

root 权限打开后，开始安装 VMware Tools 工具。在终端状态下，输入安装命令“yum install open – vm – tools”，然后根据提示安装即可，如图 1 – 126 所示。

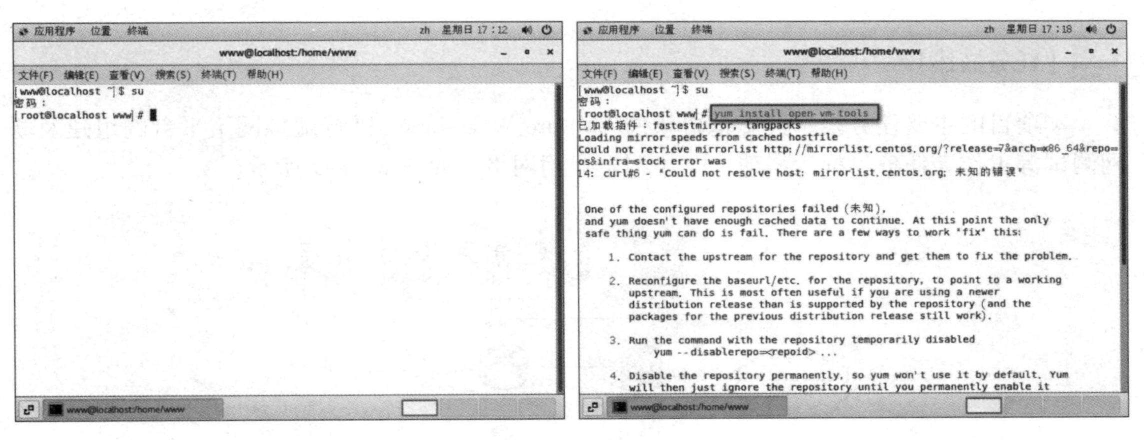

图 1 – 125　开启 root 权限　　　图 1 – 126　安装虚拟工具

当安装成功后，关闭终端，重启虚拟系统。虚拟系统重启成功后，可以在真实主机中选择需要传递到虚拟机中的文件，利用“复制”“粘贴”菜单方便地在虚拟机与真实主机之间传递文件，也可以通过鼠标直接拖曳实现数据的复制等操作，如图 1 – 127 所示。

Linux 下安装 VMware Tools 的操作视频请扫描如图 1 – 128 所示的二维码观看。

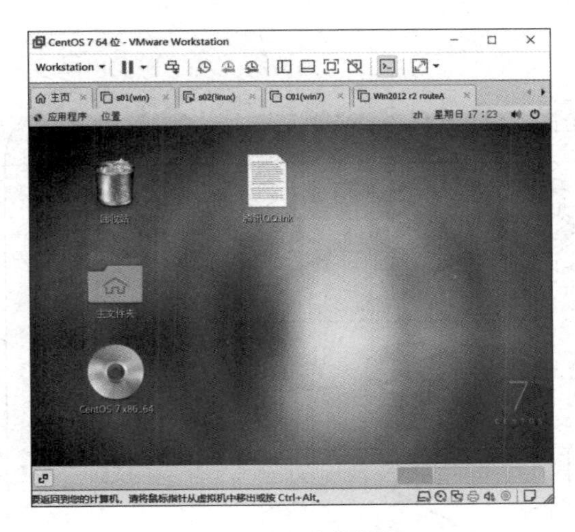

图 1 – 127　文件拖曳

图1 – 128　Linux 下安装 VMware Tools

【任务总结】

本任务通过虚拟软件平台 VMware 15 实现了虚拟机器的诸多常用操作，例如虚拟机硬件的添加、虚拟机器的克隆、虚拟机器系统的快照、虚拟机与真实机器的文件传递等操作。

任务4 虚拟平台网络组建及测试

【任务描述】

本项目的主要任务是掌握虚拟机软件 VMware Workstation 进行虚拟网络平台的组建及联网测试等工作。任务目标为搭建一个小型企业用网络，如图 1－129 所示。

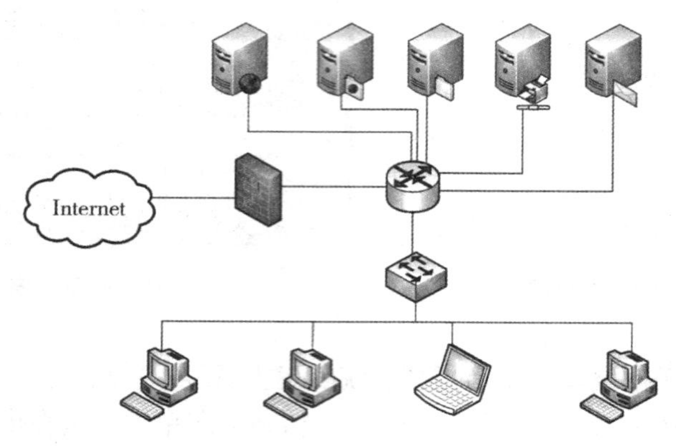

图 1－129 网络拓扑图

结合虚拟软件平台，构建的虚拟网络拓扑图如图 1－130 所示。

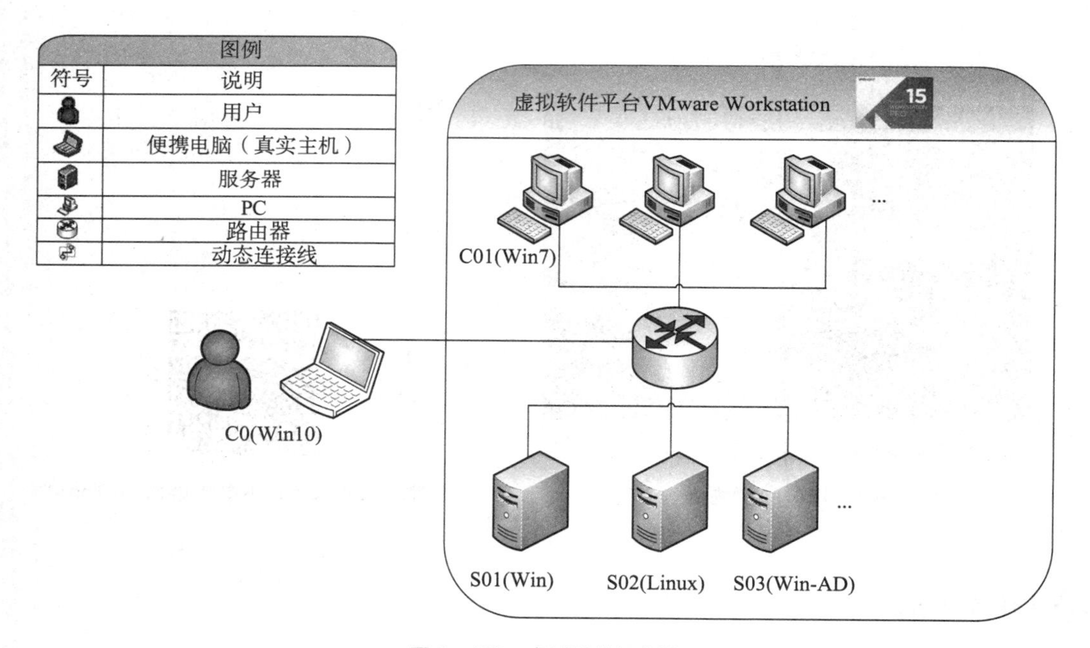

图 1－130 虚拟网络拓扑图

在如图 1－130 所示的网络中，各机器配置及网络结构见表 1－4。

表 1－4　虚拟网络机器列表

序号	机器名称	硬件配置	操作系统	IP/网关	网络连接方式	备注
1	S01(Win)	1 块 60 GB 硬盘、内存 2 GB、单网卡	Windows Server 2019 x64	IP：192.168.1.1/24 网关：192.168.1.254	桥接网络	虚拟机，服务器
2	S02(Linux)	硬盘 60 GB、内存 2 GB、单网卡	CentOS 7 64 位	IP：192.168.1.21/24 网关：192.168.1.254	桥接网络	虚拟机，服务器
3	S03 (Win－AD)	1 块 60 GB 硬盘、内存 2 GB、双网卡	Windows Server 2019 x64	IP：192.168.1.12/24 网关：192.168.1.254 IP：192.168.2.12/24 网关：192.168.2.254	桥接网络 桥接网络	虚拟机，服务器
4	C01(Win7)	硬盘 40 GB、内存 1 GB、双网卡	Windows 7	IP：192.168.1.107/24 网关：192.168.1.254	桥接网络	虚拟机，客户机
5	C0(Win10)		Windows 10	IP：192.168.1.110/24 网关：192.168.1.254		真实主机，客户机

说明：在如图 1－130 所示的虚拟网络拓扑图中，C0(Win10) 是真实主机，在其上安装虚拟软件平台 VMware Workstation，在虚拟软件平台上建立虚拟机 S01(Win)、S02(Linux)、S03(Win-AD) 作为服务器，可以提供相应的网络服务功能；建立虚拟机 C01(Win7) 作为客户机，同时，真实主机 C0(Win10) 可以作为客户机，进行网络连接与网络服务的测试与应用。

【任务分析】

①通过前述任务 1、2、3 已经建立了虚拟网络平台中的虚拟机 S01(Win)，由于虚拟机 S03(Win-AD) 和 S01(Win) 的硬件与软件配置类似，可以使用虚拟机克隆功能复制虚拟机，然后更改相应软、硬件配置即可。

②虚拟机 S02(Linux) 可以通过任务 2 来完成 CentOS 系统的安装与基本配置。

③所有虚拟机安装完成后，进行相应的网络配置与测试工作，完成网络组建。

【知识准备】

慧心科技有限公司是一家新型高科技的 IT 公司，也是本书假定的作为网络管理员的你即将进入顶岗实习的公司。该公司以设计、生产、销售 IT 产品为主，接收计算机各专业的在校本科生、大专生及职业技术学院的学生在此进行生产实习和其他岗位或形式的顶岗实习。在本书的所有章节中，将利用虚拟机软件 VMware Workstation 构建出慧心科技有限公司的网络环境，通过对网络环境的设计、搭建、安装与配置、网络管理等一系列的项目工作，让用户对网络管理有一个全面的理解、掌握与运用。

1. 公司简介

慧心科技有限公司作为一家新型的 IT 企业，有着现代企业的管理理念和管理模式。公司的总部设在徐州工业职业技术学院大学科技园内，在上海设有分公司。公司现设有人力资源部、产品研发部、企业生产部、销售推广部、财务运行部五个部门。上海分公司设有销售部、服务部、财务部三个部门。在对外合作、对外业务发展过程中，有些国外企业按照国际惯例对慧心科技有限公司的IT基础设施及信息安全管理也有相应的要求。因此，慧心科技有限公司需要建设一个安全性高的企业内部网，在上海、北京等分支办公机构间进行信息交换。

慧心科技有限公司当前的网络状况如下：公司已进行了综合布线，完成了企业计算机网络、电话网络、安全监控等基础架构的建设工作。在各个办公区购置路由器、租用了电信公司的线路，完成了各地分支机构的网络连接，并且已构建了基于Windows Server和Linux的服务系统，并部署了活动目录对公司的员工账户信息和网络资源进行统一管理。

2. 公司网络拓扑结构设计

公司的整体网络拓扑结构如图1-131所示。此结构中并未考虑无线网络，以后在办公区域内将使用无线路由器进行快速构建。在接下来的所有项目实例中，将使用此拓扑图所对应的网络结构进行项目的实现与学习。

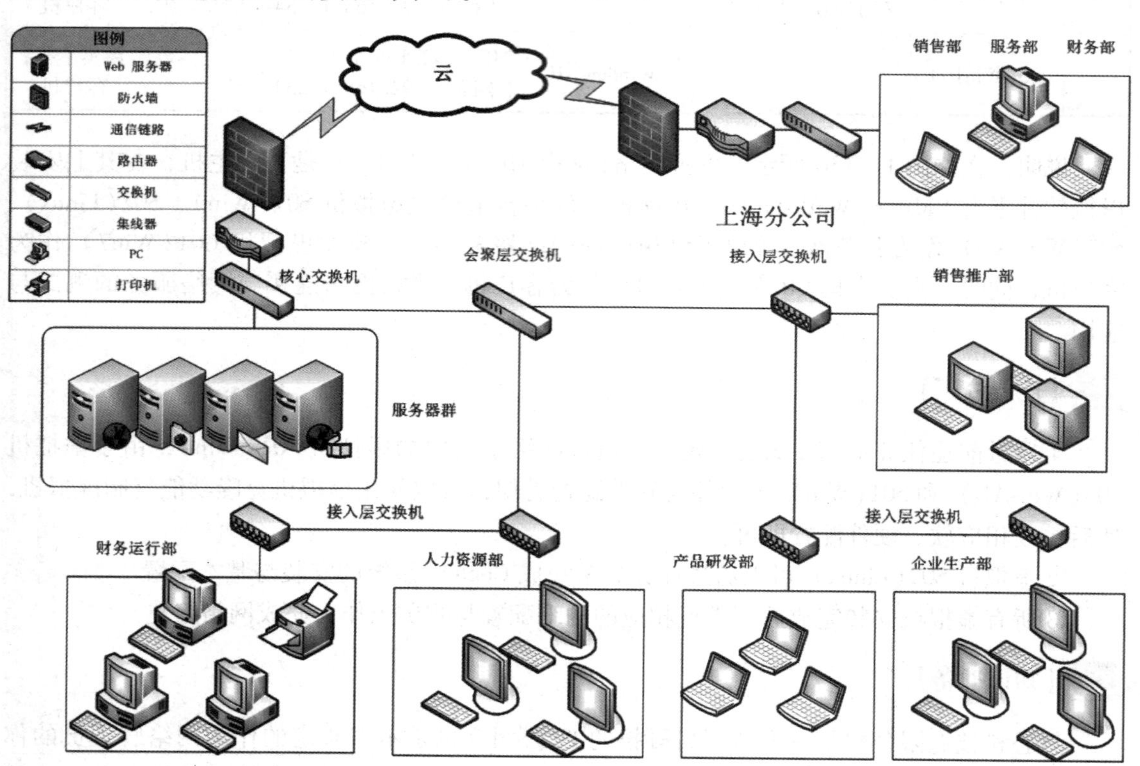

图1-131　慧心科技有限公司规划网络拓扑图

3. 服务器IP地址规划与分配

在如图1-131所示的公司网络拓扑图中，为了更好地管理公司内部网络，建立了服务器群，设立了一系列的服务器，如Web服务器、FTP服务器、电子邮件服务器、打印服务器等，通过这一系列的服务器，实现公司内部网站的访问、文件的共享、电子邮件的传送等服务。表1-5中对公司的服务器设置与功能进行了详细说明。

表 1-5　慧心科技公司服务器规划

图标	名称	域名与对应 IP	说明
	域服务器 活动目录服务器 （操作系统：Windows）	boretech.com 192.168.1.x	慧心科技有限公司的主服务器之一。用于管理公司本部的内网资源，包括组织单位（OU）、组、用户、计算机、打印机等。由于访问量较大，该服务器配置较高，是网络建设中重点投资的设备之一
DNS	DNS 服务器 （域名解析服务器） （操作系统：Windows\Linux）	boretech.com 192.168.1.x 别名： dns.boretech.com	用于将公司的各个字符域名与 IP 地址相对应进行解释。公司在中国电信江苏公司进行了域名注册，其 DNS 服务器的地址为 61.177.7.1。公司内网架设 DNS 服务器，用于局域网的域名解析。出于节约成本考虑，本服务器与域服务器使用同一台服务器
	WWW 服务器 （操作系统：Windows\Linux）	www.boretech.com 192.168.1.2	公司网站是对外宣传的窗口，公司的新闻、产品、服务、反馈等相关信息的及时发布，均集中在这一平台之上。与部门级子网站、个人博客类网站相比，公司网站的安全性、可管理性要求更高
	FTP 服务器 文件服务器 （操作系统：Windows\Linux）	file.boretech.com 192.168.1.2	各部门员工每天都有大量的文档需要上交、备份或交流。FTP 服务让员工拥有集中的存储空间，方便文件的上传与下载。出于安全考虑，各部门账户权限有一定的差异
	邮件服务器	mail.boretech.com 192.168.1.3	邮件服务已经成为现代企业信息化的标志之一。慧心科技有限公司所有员工使用带有本公司域名的电子邮件联系业务。一般的命名规则为：员工姓名汉语拼音全拼@ mail.boretech.com
DHCP	DHCP 服务器 （操作系统：Windows\Linux）	dhcp.boretech.com 192.168.1.x 192.168.2.x	利用 80/20 原则，采用双 DHCP 服务器设置，为非关键部门提供更为方便的私网 IP 地址的自动分配，要求关注内网安全，实行 MAC 地址的绑定。方便内网用户的同时，让用户处在可控状态中

续表

图标	名称	域名与对应 IP	说明
	打印服务器 （操作系统： Windows\Linux）	dhcp.boretech.com 别名：prt.boretech.com 192.168.1.x	部门级，不对外网。活动目录内实现打印的共享、管理，实现资源使用的可管理
Hyper-V	Hyper-V 服务器	Hyper－V： cms.boretech.com 192.168.1.x	在微软的虚拟机之上，构建更多的应用系统，将服务器尤其是访问量较少的服务器，通过这项技术进行多合一的使用。让最少的投资产生最大的效益
	流媒体服务器	movie.boretech.com 192.168.1.x	负担网内的多媒体的发布与播放，将网内资料进行整合，实行网络管理。同时也考虑公司视频会议、员工娱乐等多方面的需求
	数据库服务器	data.boretech.com 192.168.1.x	包含网络用户管理、FTP 资源用户管理、E－mail 用户管理、CMS 内容管理等项目，需要数据库支撑
	内容管理服务器	cms.boretech.com 192.168.1.x	在虚拟机的基础上，让服务器一机多用，实现资源的最大化利用。CMS 可以实现快速实用网站的构建
	即时通信服务器	im.boretech.com 192.168.1.x	使用第三方公司的软件，让网内用户实现即时通信
	域服务器 活动目录服务器	boretech.net 192.168.1.10	慧心科技有限公司的第二台主力服务器。用于 boretech.net 这个域名

续表

图标	名称	域名与对应 IP	说明
	路由与远程访问服务器（操作系统：Windows \ Linux）	192.168.1.x 192.168.2.x	用于连接总公司与分公司网络的服务器
	上海子公司域服务器 活动目录服务器	sh.boretech.com 192.168.2.x	慧心科技有限公司上海子公司的主力服务器。用于管理子公司的内网资源，包括组织单位（OU）、组、用户、计算机、打印机等。由于访问量较大，该服务器配置较高，是网络建设中重点投资的设备之一

4. 全网 IP 地址规划

（1）IPv4 地址规划

①采用公网 IP 地址。通过向 ISP 申请，部分重要服务器及重要部门采用公网 IP 地址，通过这种方式可减少出口 NAT 的负载，保障各种应用的高效运行，并能够有效地对网络安全事件进行审计。上海分公司计算机网络采用公网 IP。

②部分公网，部分私网。如无法申请到足够的网络地址，则可利用部分公网地址保障生产和办公的使用。办公大楼内各部门可采用私有地址。

③现有公网网段做公司办公使用。192.168.1.0/24 作为网络管理网段，其中，192.168.1.1 ~ 192.168.1.19 网段作为 Windows Server 操作系统的服务器 IP 范围，192.168.1.20 ~ 192.168.1.39 网段作为 Linux 操作系统的服务器 IP 范围。

（2）IPv6 地址规划

在公司网络建设中，网络管理中心部分机器使用 IPv6，处于试验阶段。

（3）动态地址方案

本网络考虑到在部分地区实现 DHCP 动态地址划分，该方案需要考虑以下要点：服务器采用固定的 IP 地址；生产厂商采用 DHCP 动态 IP 划分；无线网络区域采用 DHCP 动态 IP 划分；网络管理员可随时随地接入设备管理 VLAN 进行管理工作；要充分考虑 DHCP 动态地址划分的安全性，防止动态地址耗尽、私有 DHCP 服务器架设和动态地址区域仍然使用静态地址等安全性问题。

5. IP 地址的分配管理

公司网的信息点多，对 IP 地址的分配进行有效管理是十分重要的。针对不同的情况，可以对 IP 地址进行静态或动态的分配。

静态分配情况：公司网络中提供信息服务的服务器及网络中的路由器和交换机等设备。

动态分配情况：不提供信息服务，只访问公司网内部或外部的网络资源。

为了方便管理，大部分的 IP 地址采用动态分配的方式。动态地址分配需在网络中心配置一台 DHCP 服务器，用于给客户端分配 IP 地址、DNS 服务器、网关等。

本方案的接入交换机配合 RG－SAMII 认证系统，可以做到以下地址管理：

①对于静态分配地址的用户，只有用预先分配的 IP 地址才可以上网。

②对于动态分配地址的用户，只有通过 DHCP 方式获得 IP 地址才可以上网。

③获得有效 IP 地址上网后，若修改 IP 地址，则会自动与网络断线。

以上手段保证了 IP 地址不会冲突，因而可以对 IP 地址资源的使用进行有效管理和控制。

6. 全网路由规划

路由规划要考虑以下要点：

①全网采用 OSPF 动态路由协议，由核心骨干交换机和汇集交换机构成 Area0 区域，其他区块通过重分布直连和重分布静态的方式接入。

②预留子区域规划，满足网络未来的扩展需要。

③启用 OSPF 邻居加密机制，以保证路由的安全性。

在合理规划地址的基础上，对网络路由进行汇集，减少路由表条目，方便网络维护。

【任务实施】

本任务实施分为以下步骤：

①参考图 1－130 和表 1－4 进行虚拟网络设计与规划工作。

②安装与设置虚拟机器 S01（Win）。

③安装与设置虚拟机器 S02（Linux）。

④安装与设置虚拟机器 S03（Win-AD），通过虚拟软件的克隆功能实现，然后进行虚拟机硬件的添加与设置。

⑤安装与设置虚拟机器 C01（Win）。

⑥网络连接与测试。

【任务总结】

本任务为一个完整的虚拟网络搭建项目，在学习过程中应注意以下问题：

①不同操作系统的安装与配置过程。

②利用快照功能对安装完成的虚拟机进行快照拍摄，以便系统备份。

③记录存在的问题，以及解决问题的方法与过程。

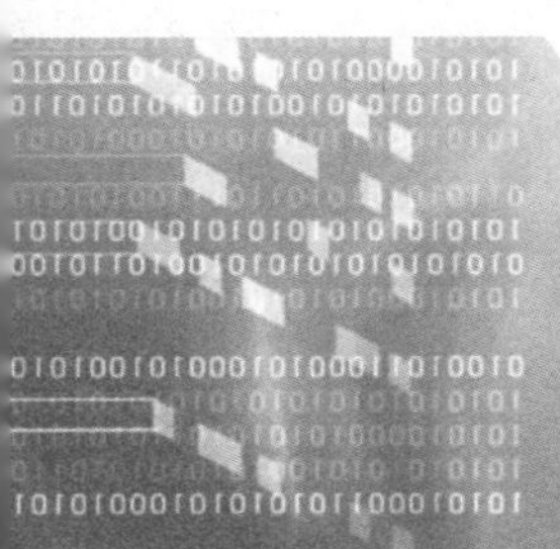

项目二

本地服务器基本管理

【项目场景】

在项目一中，搭建了慧心科技公司虚拟网络平台，并进行了相应机器配置与网络组建工作，在虚拟网络平台中，服务器采用的网络操作系统版本为 Windows Server 2019（或 Linux 操作系统 CentOS 7）。服务器在网络中提供为其他设备和客户端提供全面而高效的网络服务，作为一名网络管理人员，必须熟练掌握服务器配置的基础知识，本项目要求网络人员熟练掌握服务器的基本安全管理，包括本地管理及本地安全策略的设置等，并可以进行服务器磁盘管理，以便提高服务器数据安全性与高效性。通过管理，构建一个安全的本地服务器环境，为搭建各种服务器打下良好基础。

【需求分析】

为模拟企业真实网络环境，需要利用虚拟机搭建出一个和真实网络环境相同的虚拟平台，此虚拟网络平台可以实现网络组建架构中的服务器端环境（包含常见的服务器操作系统主流版本 Windows Server 2019 或 Linux 操作系统 CentOS 7）、客户机常用操作系统环境的仿真模拟搭建与真实运行，实现服务器端各种网络服务的安装与配置管理，以及客户机服务测试与应用工作。

【方案设计】

在如图 2－1 所示的网络环境中，项目包含的任务要求如下：

①本地管理：对 Server 服务器进行用户管理、安全策略管理等。

②设置服务器本地安全策略，确保系统的安全性。

③进行磁盘管理，提高存取效率，保障数据安全。

【知识目标、技能目标和思政目标】

①掌握服务器本地用户与组的管理及其应用。

②掌握磁盘管理及其应用。

③掌握本地安全策略的设置及应用。

④具备基本的网络组建和管理能力。

⑤学习网络安全法规，树立网络安全意识。

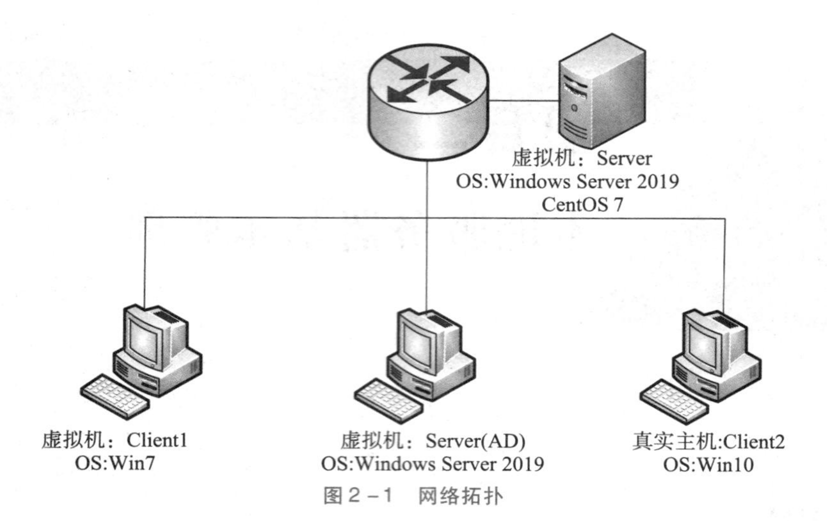

图 2-1　网络拓扑

任务 1　Windows Server 2019 服务器本地用户管理

【任务描述】

本次任务主要是在学习 Windows Server 2019 用户管理相关理论知识的基础上，掌握在 Windows Server 2019 服务器上创建和管理本地账户、内置组等内容的配置和管理。任务目标为实现 Windows Server 2019 服务器上本地用户的配置和管理。

【任务分析】

Windows Server 2019 系统是一个多用户多任务的分时操作系统，任何一个要使用系统资源的用户，都必须首先向管理员申请一个账号，然后以这个账号的身份进入系统，这样一方面可以帮助管理员对使用系统的用户进行跟踪，并控制他们对系统资源的访问，另一方面也可以利用组账户帮助管理员简化操作的复杂程度，降低管理的难度。

【知识准备】

1. 用户账户、密码和账户类型

（1）用户账户

在计算机网络中，计算机的服务对象是用户，用户通过账户访问计算机资源，所以用户也就是账户。所谓用户的管理，也就是账户的管理。每个用户都需要有一个账户，以便登录到域访问网络资源或登录到某台计算机访问该机上的资源。组是用户账户的集合，管理员通常通过组来对用户的权限进行设置，从而简化了管理。

用户账户由一个账户名和一个密码来标识，二者都需要用户在登录时键入。账户名是用户的文本标签，密码则是用户的身份验证字符串，是在 Windows Server 2019 网络上的个人唯一标识。用户账户通过验证后登录到工作组或是域内的计算机上，通过授权访问相关的资源。它也可以作为某些应用程序的服务账户。

（2）账户名

账户名的命名规则如下：

①账户名必须唯一，并且不分大小写。

②最多包含 20 个大小写字符和数字。

③不能使用保留字字符：”、^、[、]、:、;、|、=、,、+、*、?、<、>。

④可以是字符和数字的组合。

⑤不能与组名相同。

（3）密码

为了维护计算机的安全，每个账户必须有密码，设立密码时，应遵循以下规则：

①必须为 Administrator 账户分配密码，防止未经授权就使用。

②明确是管理员密码还是用户管理密码，最好用户管理自己的密码。

③密码的长度在 8～127 之间。

④使用不易猜出的字母组合，例如不要使用自己的名字、生日及家庭成员的名字等。

⑤密码可以使用大小写字母、数字和其他合法的字符。

（4）服务器工作模式

Windows Server 2019 服务器有两种工作模式：工作组模式和域模式。域和工作组之间的区别可以归结为以下几点：

①创建方式不同：工作组可以由任何一个计算机的管理员来创建，用户在系统的“计算机名称更改”对话框中输入新的组名，重新启动计算机后，就创建了一个新组，每一台计算机都有权利创建一个组；而域只能由域控制器来创建，然后才允许其他计算机加入这个域。

②安全机制不同：在域中有可以登录该域的账户，这些由域管理员来建立；在工作组中不存在工作组的账户，只有本机上的账户和密码。

③登录方式不同：在工作组方式下，计算机启动后自动就在工作组中；登录域时，要提交域用户名和密码，直到用户登录成功之后，才被赋予相应的权限。

（5）用户账户类型

Windows Server 2019 针对这两种工作模式提供了三种不同类型的用户账户，分别是本地用户账户、域用户账户和内置用户账户。

①本地用户账户。

本地用户账户对应对等网的工作组模式，建立在非域控制器的 Windows Server 2019 独立服务器、成员服务器及 Windows XP 等客户端。本地账户只能在本地计算机上登录，无法访问域中其他计算机资源。

本地计算机上都有一个管理账户数据的数据库，称为安全账户管理器（Security Accounts Managers，SAM）。SAM 数据库文件路径为系统盘下\Windows\system32\config\SAM。在 SAM 中，每个账户被赋予唯一的安全识别号（Security Identifier，SID），用户要访问本地计算机，都需要经过该机 SAM 中的 SID 验证。本地的验证过程，都由创建本地账户的本地计算机完成，没有集中的网络管理。

②域用户账户。

域账户对应于域模式网络，域账户和密码存储在域控制器上的 Active Directory 数据库中，域数据库的路径为域控制器中的系统盘下\Windows\NTDS\NTDS.DIT。因此，域账户和密码被域控制器集中管理。用户可以利用域账户和密码登录域，访问域内资源。域账户建立在Windows Server 2019域控制器上，域用户账户一旦建立，会自动地被复制到同域中的其他域控制器上。复制完成后，域中的所有域控制器都能在用户登录时提供身份验证功能。

③内置用户账户。Windows Server 2019中还有一种账户叫内置账户，它与服务器的工作模式无关。当Windows Server 2019安装完毕后，系统会在服务器上自动创建一些内置账户，分别如下：

Administrator(系统管理员)：拥有最高的权限，管理着Windows Server 2019系统和域。系统管理员的默认名称是Administrator，可以更改系统管理员的名字，但不能删除该账户。该账户无法被禁止，永远不会到期，不受登录时间和只能使用指定计算机登录的限制。

Guest(来宾)：是为临时访问计算机的用户提供的。该账户自动生成，并且不能被删除，可以更改名字。Guest只有很少的权限，默认情况下，该账户被禁止使用。例如，当希望局域网中的用户都可以登录到自己的计算机，但又不愿意为每一个用户建立一个账户时，就可以启用Guest。

Internet Guest：是用来供Internet服务器的匿名访问者使用的，但是在局域网中并没有太大的作用。

2. 用户组及其作用

（1）用户组

有了用户之后，为了简化网络的管理工作，Windows Server 2019中提供了用户组的概念。用户组就是指具有相同或者相似特性的用户集合，我们可以把组看作一个班级，用户便是班级里的学生。当要给一批用户分配同一个权限时，就可以将这些用户都归到一个组中，只要给这个组分配此权限，组内的用户就都会拥有此权限。

组是指本地计算机或Active Directory中的对象，包括用户、联系人、计算机和其他组。在Windows Server 2019中，通过组来管理用户和计算机对共享资源的访问。如果赋予某个组访问某个资源的权限，这个组的用户都会自动拥有该权限。例如，网络部的员工可能需要访问所有与网络相关的资源，这时不用逐个向该部门的员工授予对这些资源的访问权限，而可以使员工成为网络部的成员，以使用户自动获得该组的权限。如果某个用户日后调往另一部门，只需将该用户从组中删除，所有访问权限即会随之撤销。与逐个撤销对各资源的访问权限相比，该技术比较容易实现。

（2）用户组的作用

一般组用于以下三个方面：

①管理用户和计算机对于共享资源的访问，如网络各项文件、目录和打印队列等。

②筛选组策略。

③创建电子邮件分配列表等。

Windows Server 2019同样使用唯一安全标识符SID来跟踪组，权限的设置都是通过SID进行的，而不是利用组名。更改任何一个组的账户名，并没有更改该组的SID，这意味着在删除组之后又重新创建该组，不能期望所有权限和特权都与以前相同。新的组将有一个新的安全标识符，旧组的所有权限和特权已经丢失。

在Windows Server 2019中，用组账户来表示组，用户只能通过用户账户登录计算机，不能通过组账户登录计算机。

3. 用户组的分类

（1）按作用域分组的用户组

按作用域对用户组进行分类，分别为本地组账户和域中创建组账户。

创建在本地的组账户：可以在 Windows Server 2019 独立服务器或成员服务器、Windows XP、Windows NT Workstation 等非域控制器的计算机上创建本地组。这些组账户的信息被存储在本地安全账户数据库（SAM）内。本地组只能在本地机使用，它有两种类型：用户创建的组和系统内置的组（后面将详细介绍 Windows Server 2019 的内置组）。

创建在域的组账户：该账户创建在 Windows Server 2019 的域控制器上，组账户的信息被存储在 Active Directory 数据库中，这些组能够被使用在整个域中的计算机上。

（2）按权限分类的用户组

组分类方法有很多，根据权限不同，可以分为安全组和分布式组。

安全组：被用来设置权限，例如可以设置安全组对某个文件有读取的权限。

分布式组：用在与安全（与权限无关）无关的任务上，例如可以将电子邮件发送给分布式组。系统管理员无法设置分布式组的权限。

（3）按作用范围分类的用户组

根据组的作用范围，Windows Server 2019 域内的组又分为通用组、全局组和本地域组，这些组的特性说明如下。

①通用组：可以指派所有域中的访问权限，以便访问每个域内的资源。具有的特性：可以访问任何一个域内的资源；成员能够包含整个域目录林中任何一个域内的用户、通用组、全局组，但无法包含任何一个域内的本地域组等。

②全局组：主要用来组织用户，即可以将多个即将被赋予相同权限的用户账户加入同一个全局组中。具有的特性：可以访问任何一个域内的资源；成员只能包含与该组相同域中的用户和其他全局组等。

③本地域组：主要被用来指派在其所属域内的访问权限，以便可以访问该域内的资源，具有的特性：只能访问同一域内的资源，无法访问其他不同域内的资源；成员能够包含任何一个域内的用户、通用组、全局组及同一个域内的域本地组，但无法包含其他域内的域本地组等。

【任务实施】

本任务实施步骤如下：

1. 创建虚拟机器（参照项目一，可继续使用项目一创建的虚拟机器 S01（Win））

2. 创建和管理本地用户

（1）启动“本地用户和组”管理

本地用户工作在本地机，只有系统管理员才能在本地创建用户。启动本地用户和组的基本方法：

①单击“开始”→“运行”，输入“lusrmgr.msc”命令，可以直接启动本地用户和组窗口，如图 2-2 和图 2-3 所示。

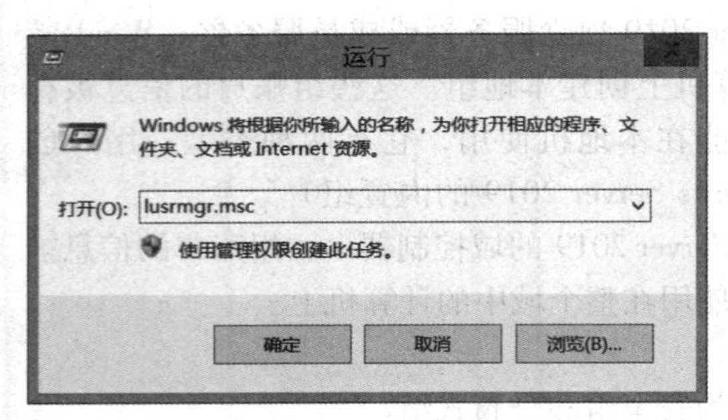

图 2－2　启动本地用户和组的命令

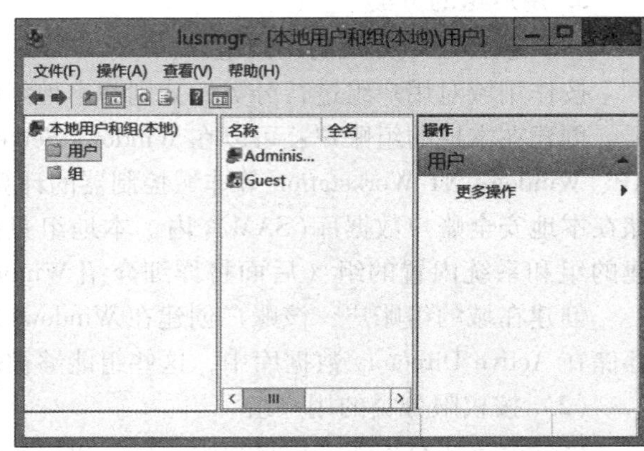

图 2－3　本地用户和组管理界面

②单击菜单“开始”→“管理工具”→“计算机管理”→“本地用户和组”，也可以启动“本地用户和组”管理界面，如图 2－4 所示。

单击“用户”，可以看到安装 Windows Server 2019 时的两个用户：一个是 Administrator，另一个是 Guest，如图 2－5 所示。其中 Guest 图标中还有一个向下的箭头，表示目前该账户处于停用状态。

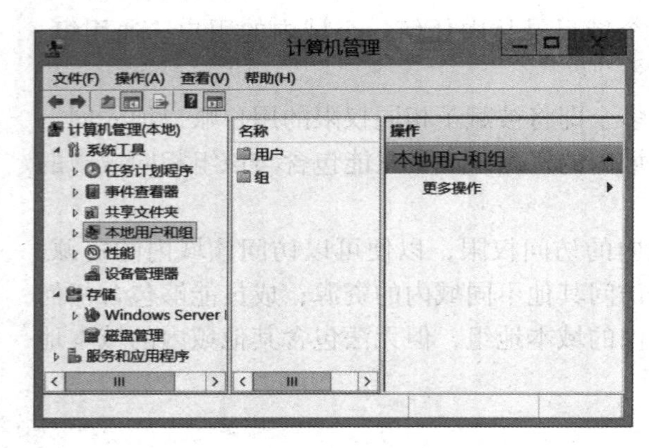

图 2－4　通过“计算机管理”启动“本地用户和组”管理界面

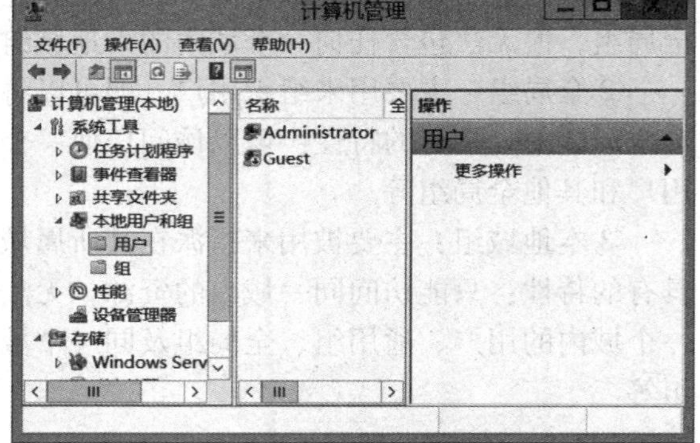

图 2－5　两个默认用户

（2）创建本地用户

下面举例说明如何创建本地用户。

例如，在 Windows 独立服务器上创建本地账户“赵一龙”，步骤如下：

①启动“本地用户和组”后，在窗口中右击“用户”，选择“新用户”命令，如图 2－6 所示。

②弹出“新用户”对话框，如图 2－7 所示。

“新用户”对话框中各子项解释：

用户名：系统本地登录时使用的名称。必须要填。建议使用容易识记的汉语拼音全拼或缩写。如果使用汉字，在登录系统时会麻烦一些。

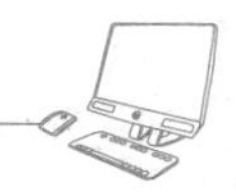

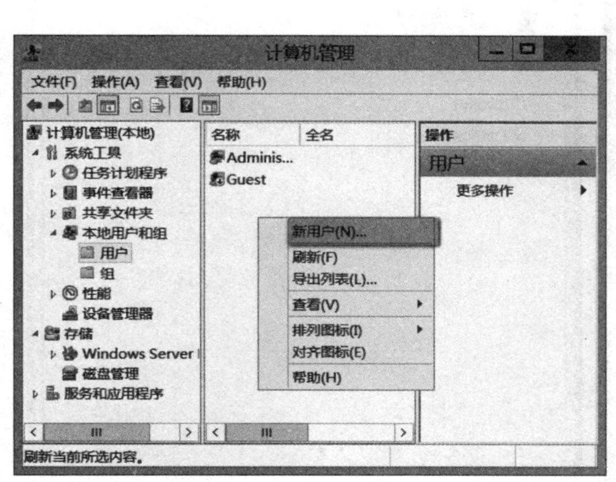

图2-6　“用户”的右键菜单

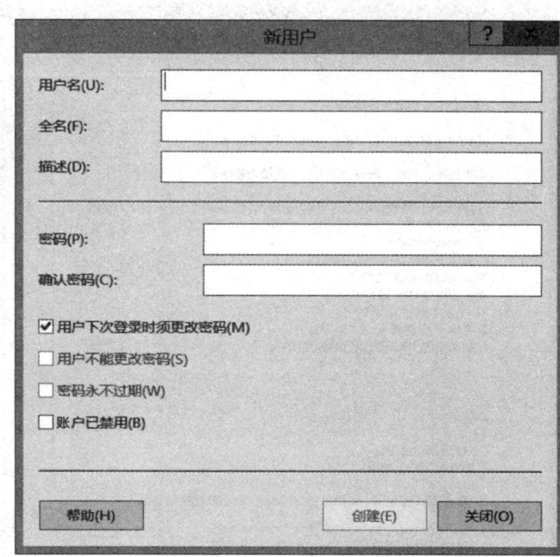

图2-7　“新用户”窗口

全名：用户的全称。可以不填。

描述：关于该用户的说明文字。可以不填。

密码：用户登录时使用的密码。

确认密码：为防止密码输入错误，需再输入一遍。如果密码不符合系统初始的密码复杂性要求，将弹出错误对话框，如图2-8所示。如果将“密码必须符合复杂性要求”设定为“已禁用”，该提示框将不再出现。

用户可以通过“开始”→“管理工具”→“本地安全策略”→“账户策略”→“密码策略”来查看密码的复杂性要求，如图2-9所示。

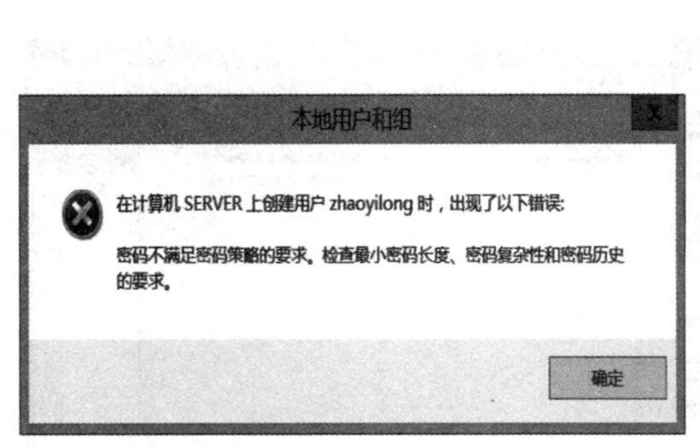

图2-8　密码不满足密码策略要求

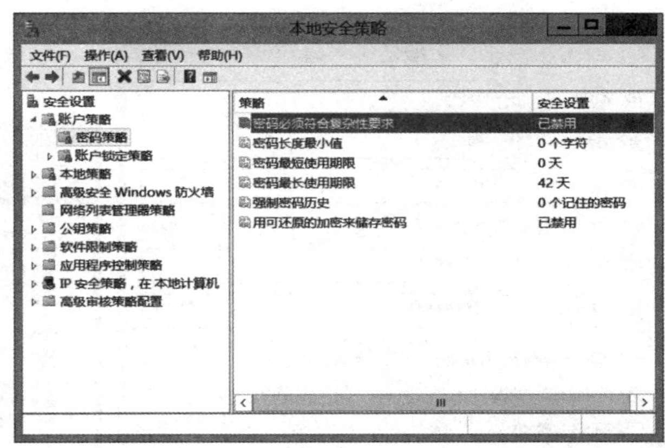

图2-9　密码复杂性要求设定

也可以双击“密码必须符合复杂性要求”来禁用该选项，这样就可以使用简单密码了，如图2-10所示。

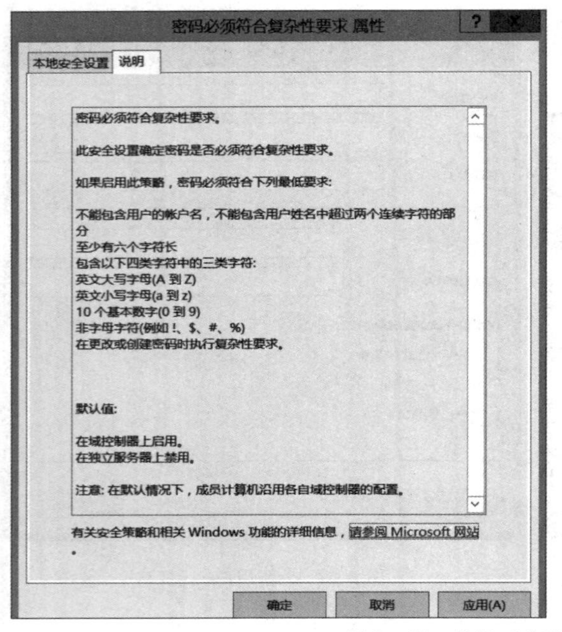

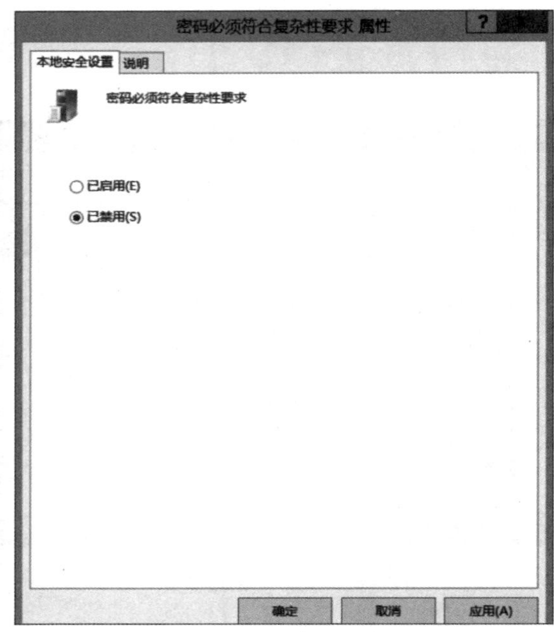

图 2－10　禁用“密码必须符合复杂性要求”

用户下次登录时须更改密码：用户首次登录时，使用管理员分配的密码，当用户再次登录时，强制用户更改密码，用户更改后的密码只有自己知道，这样可以保证安全使用。

用户不能更改密码：只允许用户使用管理员分配的密码。

密码永不过期：密码默认的有限期为 42 天，如果超过 42 天，系统会提示用户更改密码。选中此项，表示系统永远不会提示用户修改密码。

账户已禁用：选中此项，表示任何人都无法使用这个账户登录。适用于企业内某员工离职时，防止他人冒用该账户登录。

赵一龙账户信息填写与创建结果如图 2－11 和图 2－12 所示。

图 2－11　创建新用户“赵一龙”

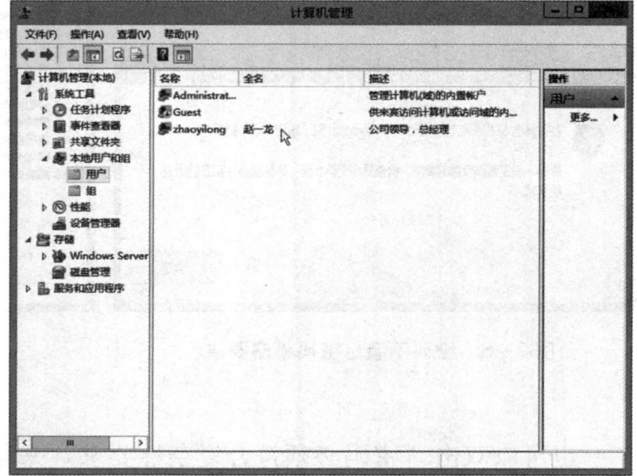

图 2－12　完成新用户的创建

（3）更改账户

要对已经建立的账户更改登录名，具体的操作步骤为：在“计算机管理”窗口中，选择“本地用户和组”→“用户”命令，在列表中选择并右击该账户，选择“重命名”选项，输入新名称，如图 2－13 和图 2－14 所示。注意，由于此名为登录名，如果由原来的“zhaoyilong”改为“yilongzhao”，那么进行系统的再次登录时，必须使用最新的用户名。

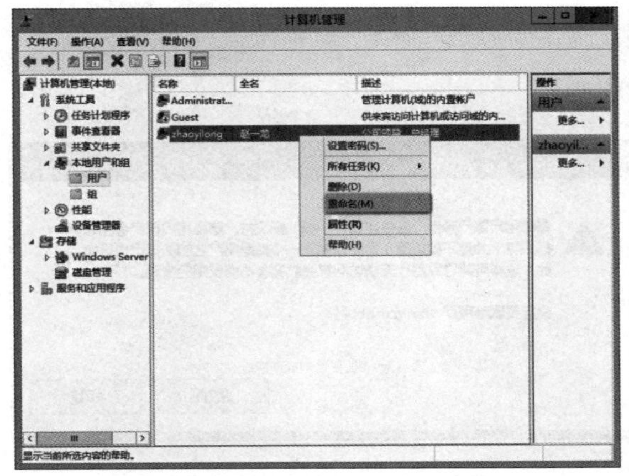

图 2－13　重命名

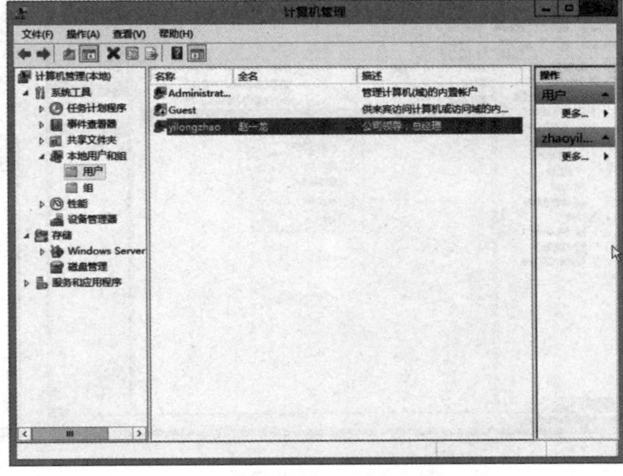

图 2－14　重命名完成

（4）查看与设置本地用户属性

新建用户账户后，管理员要对账户做进一步的设置，可以通过设置账户属性来完成。本地用户“属性”包括常规、隶属于、配置文件、环境、会话、远程控制、远程桌面服务配置文件与拨入等 8 项，如图 2－15 所示。其中，新建用户均默认隶属于“Users”组，如图 2－16 所示。

图 2－15　新用户赵一龙的属性

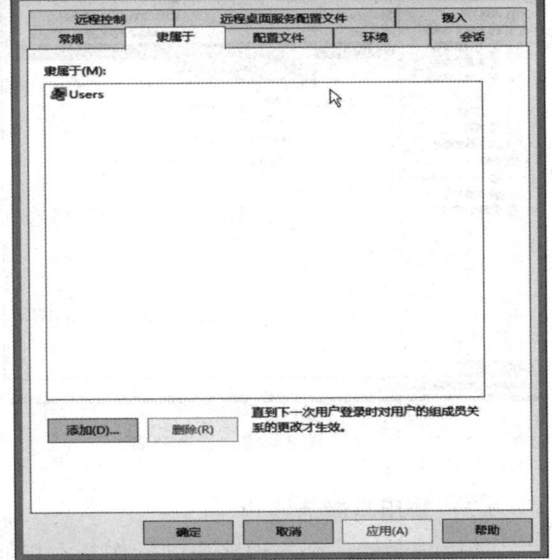

图 2－16　新用户赵一龙的隶属关系

（5）删除账户

如果某用户离开公司，为防止其他用户使用该用户账户登录，就要删除该用户的账户，具体的操作步骤为：在“计算机管理”窗口中，选择“本地用户和组”→“用户”命令，在列表中选择并右击该账户，选择“删除”命令，单击“是”按钮，即可删除，如图 2－17 和图 2－18 所示。

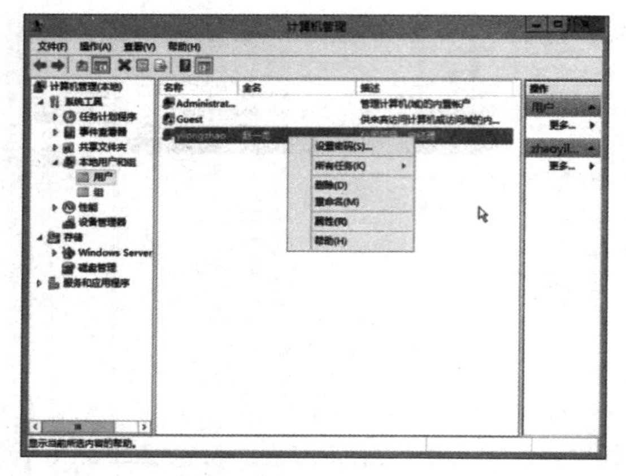

图 2－17　删除用户

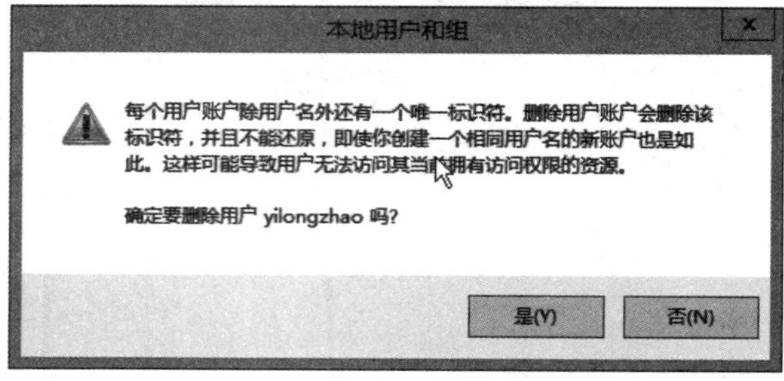

图 2－18　删除用户的确认窗口

（6）设置密码

在“本地用户和组”→“用户”列表中选择并右击该账户，选择“设置密码”命令，在弹出的窗口中填写新密码即可，如图 2－19 和图 2－20 所示。此时无须提供旧密码。从某种程度上讲，方便了用户，但也会给系统安全带来不利的影响。

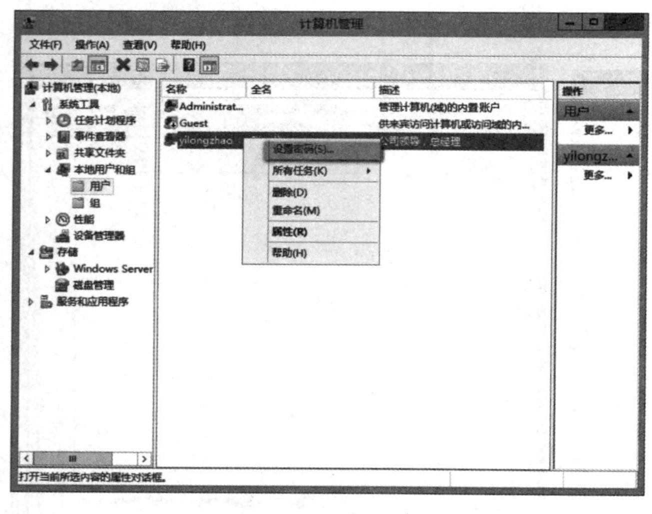

图 2－19　设置密码

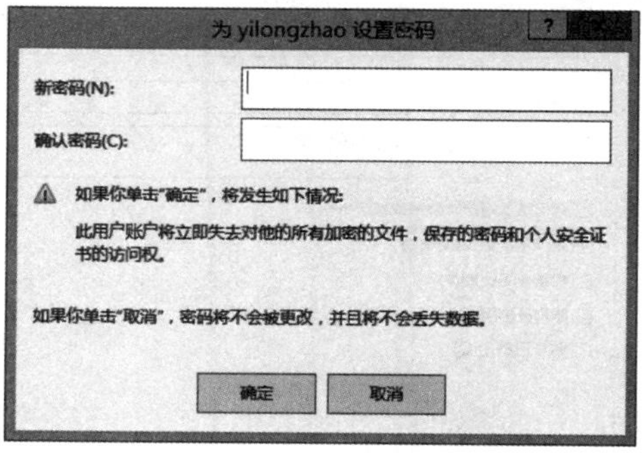

图 2－20　重设密码窗口

（7）禁用与激活账户

禁用与激活一个本地账户的操作基本相似。在“本地用户和组”→“用户”列表中选择并右击该账户，选择“属性”命令，弹出“属性”对话框，选择“常规”选项卡，选中

“账户已禁用”复选框，如图 2-21 所示，单击“确定”按钮，该账户即被禁用。如果要重新启用某账户，只要取消选中“账户已禁用”复选框即可。

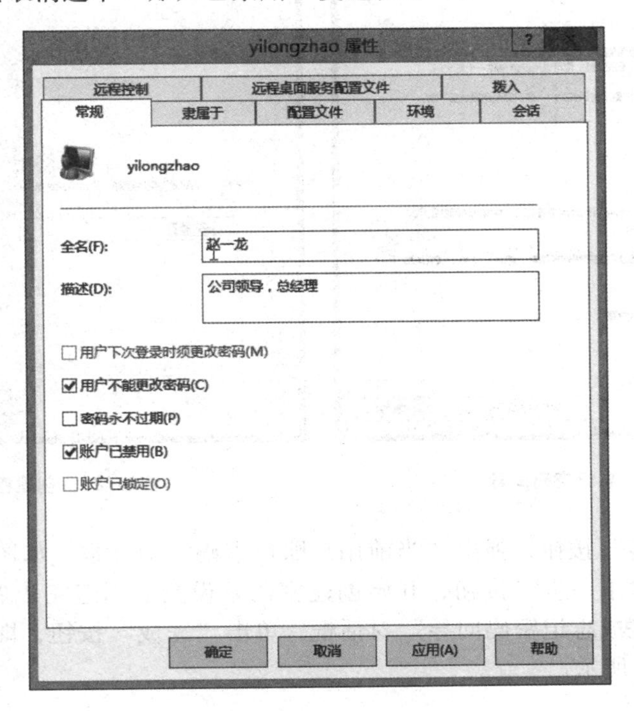

图 2-21　禁用用户“赵一龙”

3. 创建用户 USB 钥匙盘

创建“密码重设盘”的具体操作步骤如下：

①登录系统后，按 Ctrl + Alt + Del 组合键，进入系统界面，如图 2-22 所示。单击“更改密码”按钮，弹出“更改密码”窗口，如图 2-23 所示。

图 2-22　系统界面

图 2-23　更改密码窗口

②单击“创建密码重设盘”按钮，弹出“欢迎使用忘记密码向导”对话框，如图 2-24 所示，对使用密码重设盘进行了简要介绍。单击“下一步”按钮，弹出“创建密码重置盘”对话框，如图 2-25 所示，按照提示，在 USB 接口插入 U 盘。

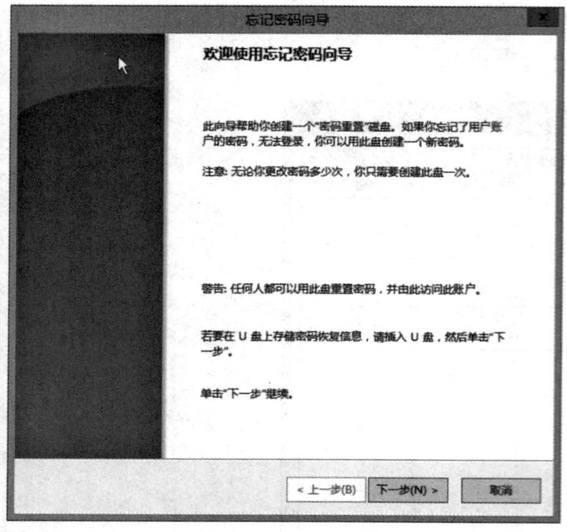

图 2－24　忘记密码向导

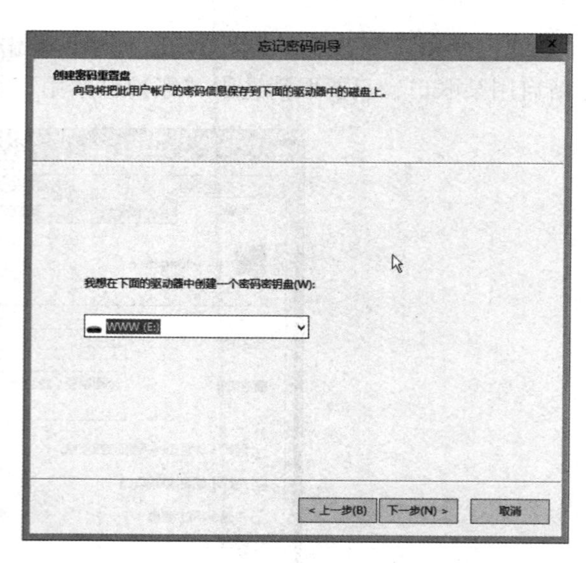

图 2－25　创建密码重置盘

③单击“下一步”按钮，弹出“当前用户账户密码”对话框，如图 2－26 所示，输入当前的密码，单击“下一步”按钮，开始创建密码重设盘。创建完毕后，单击“下一步”按钮，弹出“正在完成忘记密码向导”对话框，单击“完成”按钮，即可完成密码重设盘的创建，如图 2－27 所示。

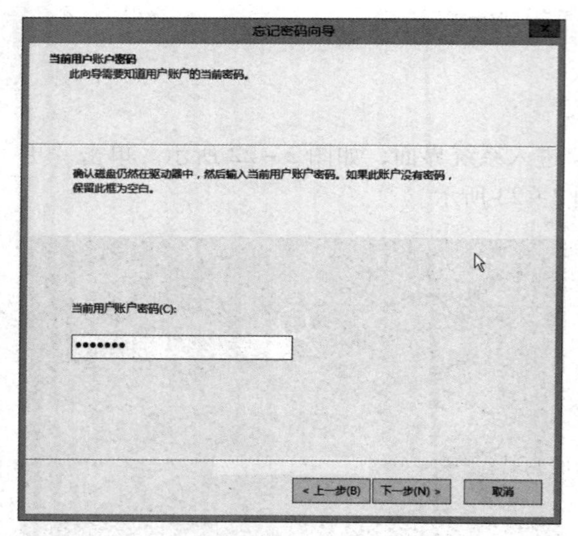

图 2－26　当前用户账户密码

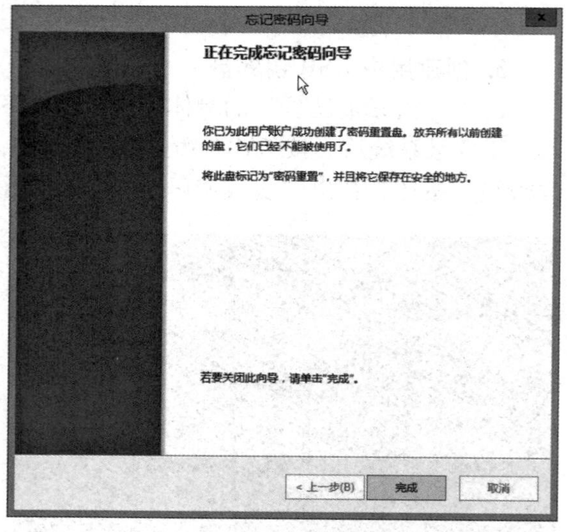

图 2－27　完成

创建密码重设盘后，如果忘记了密码，可以插入这张制作好的密码重设盘来设置新密码，基本的操作是上述过程的反过程，只是“创建密码重设盘”变为“插入密码重置盘”，之后用户可以重置用户账户和密码，此处不再累述。

4. 创建和管理本地组账户

（1）创建本地组账户

创建本地组账户的用户必须是 Administrators 组或 Account Operators 组的成员，才有权限建立本地组账户并在本地组中添加成员。以创建一个名称为“leaders”的本地用户组为例，具体操作步骤如下：

①在独立服务器上以 Administrator 身份登录，启动“本地用户和组”，右击“组”，选择“新建组”命令。

②弹出“新建组”对话框，如图 2－28 所示，输入组名、组的描述，单击“添加”按钮，即可把已有的账户或组添加到该组中，该组的成员在“成员”列表框中列出。

③单击“创建”按钮完成创建工作。本地组用背景为计算机的两个人头像表示，如图 2－29 所示。

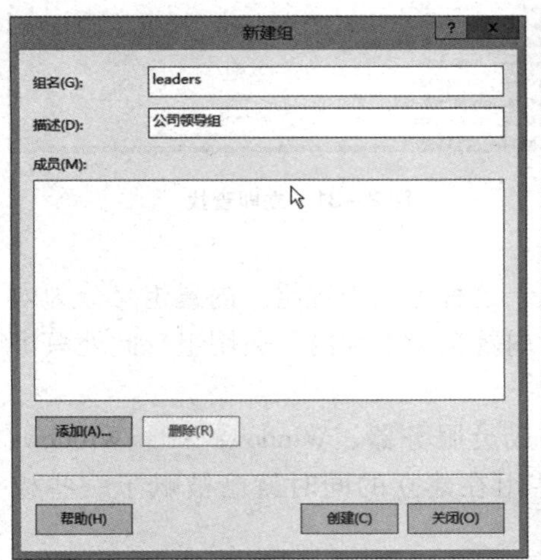

图 2－28　创建用户组

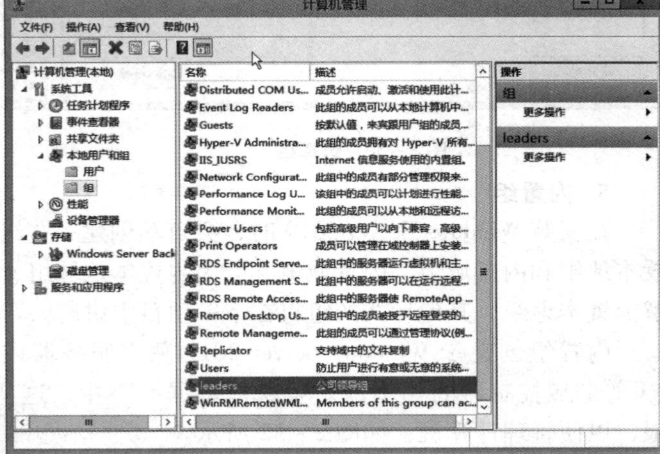

图 2－29　用户组“leaders”创建成功

④管理本地组的操作较简单，在“计算机管理”窗口右部的组列表中，右击选定的组，选择快捷菜单中的相应命令可以删除组、更改组名，或者为组添加或删除组成员。

（2）将用户账户加入组

如果让用户拥有其他组的权限，可以将该用户加入其他组中。例如将用户赵一龙（登录名为“yilongzhao”）加入公司领导组（名称为“leaders”）中，具体的操作步骤如下：

①在“计算机管理”窗口中，选择“本地用户和组”→“用户”命令，在列表中选择并右击账户“yilongzhao”，弹出“yilongzhao 属性”对话框，选择“隶属于”选项卡。

②单击“添加”按钮，弹出“选择组”对话框，如图 2－30 所示，单击“高级(A)…”按钮，在弹出的“选择组”对话框中，单击“立即查找(N)”按钮，然后在查找的结果中双击组名“leaders”，如图 2－31 所示，单击“确定”按钮。（注意：“leaders”组上一步已建立好。）

③这样“leaders”组就加入“隶属于”列表了，单击“确定”按钮即将此账户加入组。

如果将一个用户隶属于“Administrators”组，那么该用户就是系统管理员，拥有与用户“Administrator”同样的权限。出于安全考虑，这个 Administrators 组的成员要有一定的限制。

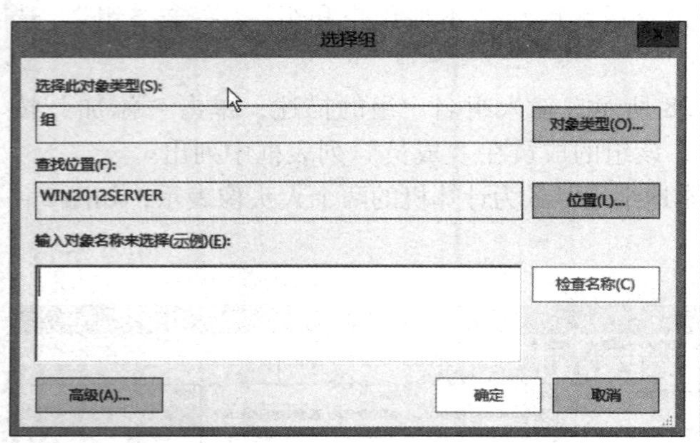

图 2－30　选择组

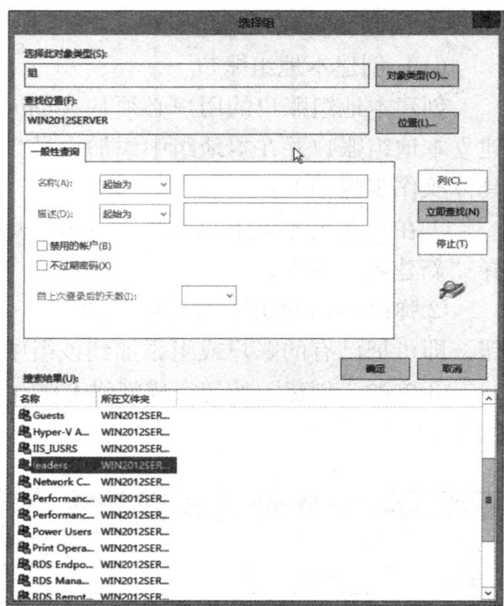

图 2－31　立即查找

5. 内置组

在安装 Windows Server 2019 时，会自动创建一些组，这种组叫内置组。内置组又分为内置本地组和内置域组，内置域组又分为内置本地域组、内置全局组和内置通用组。此处只讲解内置本地组，其他形式的组将在下一项目中讲解。

内置组创建于 Windows Server 2019 独立服务器或成员服务器、Windows XP、Windows NT 等非域控制器的“本地安全账户数据库”中，这些组在建立的同时就已被赋予一些权限，以便管理计算机，如图 2－32 所示。

图 2－32　内置组

管理员组(Administrators)：其成员具有对服务器的完全控制权限，可以根据需要向用户指派用户权利和访问控制权限。在系统内有最高权限，拥有赋予权限、添加系统组件、升级

系统、配置系统参数、配置安全信息等权限。内置的系统管理员账户(Administrator) 是 Administrators 组的成员。如果这台计算机加入域中,那么域管理员自动加入该组,并且有系统管理员的权限。

备份操作员组(Backup Operators):其成员可以备份和还原服务器上的文件,可以忽略文件系统权限进行备份和恢复,可以登录系统和关闭系统,可以备份加密文件。

IIS_IUSRS:这是 Internet 信息服务(IIS) 使用的内置组。

网络配置用户组(Network Configuration Users):成员可以执行常规的网络配置功能。该组内的用户可在客户端执行一般的网络配置,例如更改 IP,但不能添加/删除程序,也不能执行网络服务器的配置工作。

性能监视用户组(Performance Monitor Users):其成员可以监视本地计算机的性能。该组的成员可以从本地计算机和远程客户端监视性能计数器,而不用成为 Administrators 组或 Performance Log Users 组的成员。

超级用户组(Power Users):其成员可以创建用户账户,修改并删除所创建的账户,存在于非域控制器上,可以进行基本的系统管理,如共享本地文件夹、管理系统访问和打印机、管理本地普通用户;但是它不能修改 Administrators 组、Backup Operators 组,不能备份/恢复文件,不能修改注册表。

远程桌面用户组(Remote Desktop Users):其成员可以远程登录服务器,允许通过终端服务登录。

用户组(Users):其成员可以执行大部分普通任务。可以创建本地组,但是只能修改自己创建的本地组。是一般用户所在的组,新建的用户都会自动加入该组对系统有基本的权利,如运行程序、使用网络、不能关闭 Windows Server 2019、不能创建共享目录和本地打印机。如果这台机加入域,则域的用户自动被加入该组的 Users 组。

【任务总结】

Windows Server 2019 通过建立账户(包括用户账户和组账户)并赋予账户合适的权限,保证使用网络和计算机资源的合法性,以确保数据访问、存储和交换服从安全需要。如果是单纯的工作组模式的网络,需要使用“计算机管理”工具来管理本地用户和组;如果是域模式的网络,则需要通过“Active Directory 管理中心”和“Active Directory 用户和计算机”工具来管理整个域环境中的用户和组,这部分内容将在下面的项目中进行介绍。

任务2 Windows Server 2019 服务器本地安全策略管理

【任务描述】

本次任务主要是在学习 Windows Server 2019 关于服务器本地安全策略相关理论知识的基础上,掌握在 Windows Server 2019 服务器上进行本地安全策略设置的配置和管理方法。任务目标为实现在 Windows Server 2019 服务器上进行本地安全策略设置的配置和管理。

【任务分析】

本地安全策略是指通过设置一系列的规则,影响当前计算机的安全设置,用户登录后,会受安全策略的控制，从而保证本地计算机的安全。本地安全策略是 Windows Server 2019 中的系统安全管理工具，主要针对本地服务器、独立服务器管理。在此，简要介绍一下 Windows Server 2019 中本地安全策略的应用。

【知识准备及任务实施】

在创建用户账户的过程中，使用了本地安全策略，配置了账户密码的复杂度。

一、本地安全策略的打开

单击“开始”→“管理工具”→“本地安全策略”选项，即可打开“本地安全策略”对话框，如图 2－33 所示。

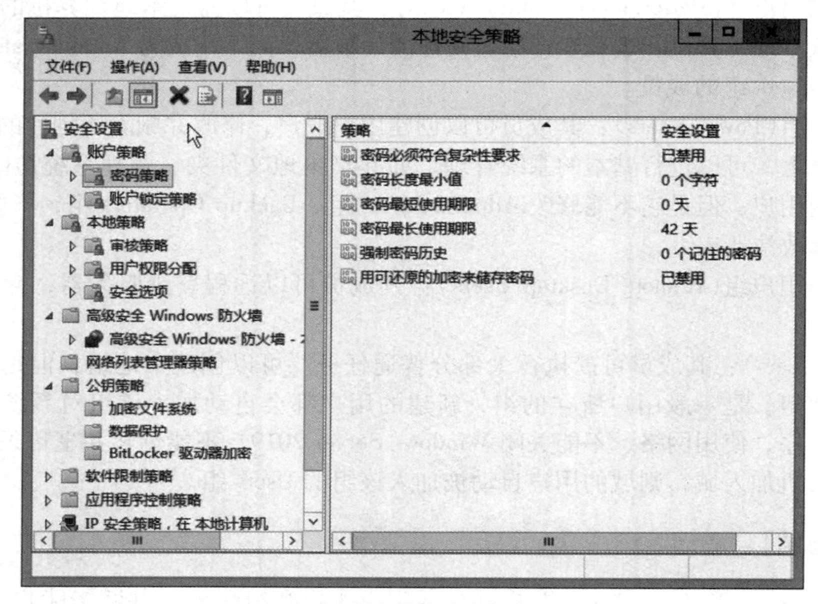

图 2－33　本地安全策略

也可以通过单击“开始”→“运行”，在弹出的“运行”对话框中键入“secpol.msc”命令，也可以打开“本地安全策略”对话框。

二、本地安全策略的组成

本地安全策略由以下项目组成：账户策略、本地策略、高级安全 Windows 防火墙、公钥策略、应用程序控制策略等。每一策略中又包含许多子项目。

三、本地安全策略的应用

1. 去掉账户密码复杂性限制

打开“本地安全策略”，在窗口的左边选择“账户策略”分支下的“密码策略”，在右边窗口双击“密码必须符合复杂性要求”，在弹出的对话框中选择“已禁用”，如图 2－34 所示，然后单击“确定”按钮，保存后退出。

设置完成后，单击“开始”→“运行”，在弹出的“运行”对话框中输入“gpupdate/force”命令，完成策略的刷新与即时生效即可。

2. 免除登录时按 Ctrl＋Alt＋Del 组合键的限制

打开“本地安全策略”窗口，在窗口的左边选择“本地策略”分支下的“安全选项”，

在窗口右边双击“交互式登录：无须按 Ctrl + Alt + Del”，如图 2－35 所示，在弹出的对话框中选择“已启用”，然后单击“确定”按钮，保存后退出。

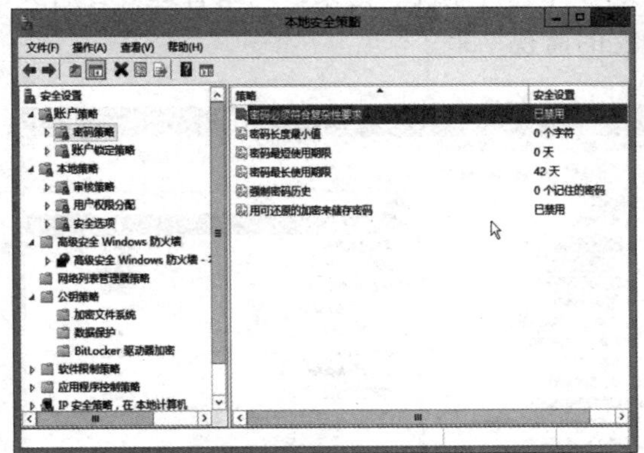

图 2－34　密码策略

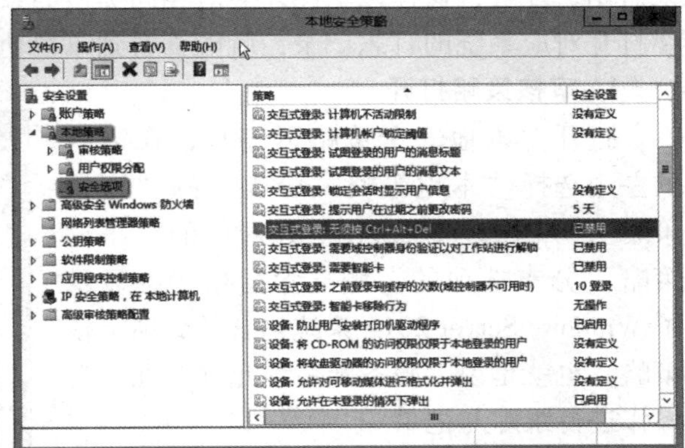

图 2－35　交互式登录

设置完成后，单击“开始”→“运行”，在弹出的“运行”对话框中输入“gpupdate/force”命令，完成策略的刷新与即时生效即可。

3. 账户锁定策略

利用账户锁定策略，可以控制用户登录时输入密码的次数，防止恶意登录情况出现。其设置过程为：打开“本地安全策略”窗口，在窗口的左边选择“账户策略”分支下的“账户锁定策略”，在窗口右边双击“账户锁定阈值”，如图 2－36 所示，在弹出的对话框中设置账户锁定阈值为 3，然后单击“确定”按钮，保存后退出。

设置完成后，单击“开始”→“运行”，在弹出的“运行”对话框中输入“gpupdate/force”命令，完成策略的刷新与即时生效即可。

注意：如果合法的用户账户被锁定，可以通过管理员账户在“本地用户与组”的用户账户管理中进行账户的解锁工作。

本地安全策略的简单应用请扫描如图 2－37 所示的二维码进行观看。

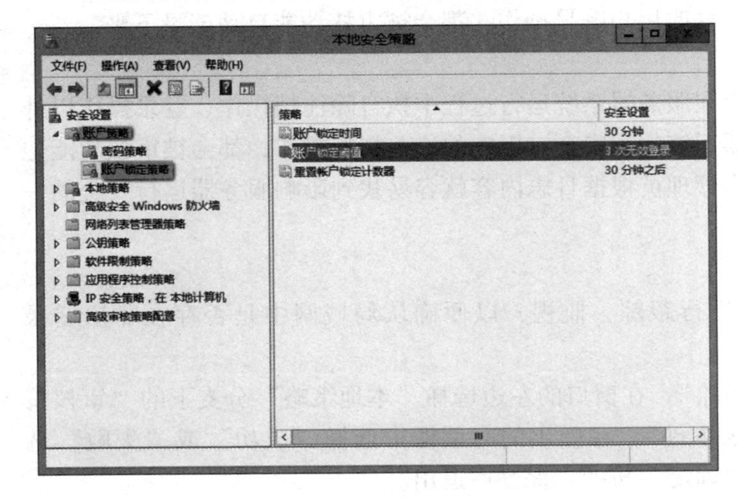

图 2－36　账户锁定阈值

图 2－37　本地安全策略的简单应用

四、本地安全策略中审核策略的应用

Windows Server 2019 系统的审核功能在默认状态下并没有启用，可以针对特定系统事件来启用、配置，这样该功能才会对相同类型的系统事件进行监视、记录，网络管理员日后只要打开对应系统的日志记录，就能查看到审核功能的监视结果了。

1. 审核策略打开

打开“本地安全策略”窗口，在窗口的左边选择“本地策略”分支下的“审核策略”，如图 2－38 所示。在对应的“审核策略”分支选项的右侧显示窗格中，显示了 Windows Server 2019 系统包含的 9 项审核策略，也就是说，服务器系统允许对九大类操作进行跟踪与记录。

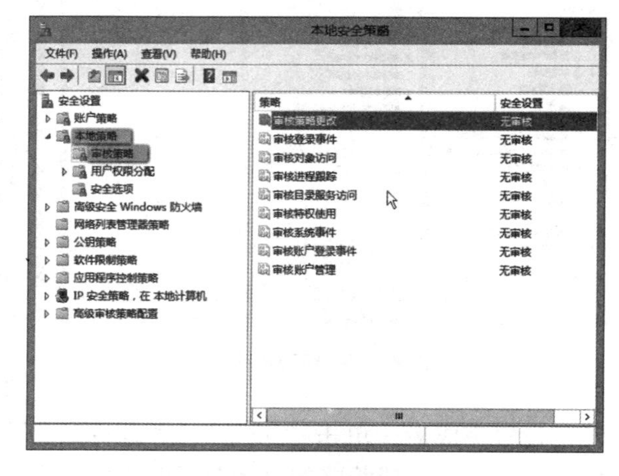

图 2－38 审核策略

（1）审核登录事件策略

此安全设置确定 OS 是否对尝试登录此计算机或从中注销的用户的每个实例进行审核。在已登录用户账户的登录会话终止时，将生成注销事件。如果定义此策略设置，则管理员可以指定是仅审核成功、仅审核失败、同时审核成功和失败还是根本不审核这些事件。

（2）审核进程跟踪策略

这是专门用来对服务器系统的后台程序运行状态进行跟踪记录的，例如服务器系统后台突然运行或关闭了什么程序、handle 句柄是否进行了文件复制或系统资源的访问等操作，审核功能都可以对它们进行跟踪、记录，并将监视、记录的内容自动保存到对应系统的日志文件中。

（3）审核账户管理策略

这是专门用来跟踪、监视服务器系统登录账号的修改、删除、添加操作的。任何添加用户账号操作、删除用户账号操作、修改用户账号操作，都会被审核功能自动记录下来。

（4）审核特权使用策略

这是专门用来跟踪、监视用户在服务器系统运行过程中执行除注销操作、登录操作以外的其他特权操作的。任何对服务器系统运行安全有影响的一些特权操作，都会被审核功能记录保存到系统的安全日志中，网络管理员根据日志内容就容易找到影响服务器运行安全的一些蛛丝马迹。

2. 审核策略的应用

①对服务器系统的登录状态进行跟踪、监视，以便确认局域网中是否存在非法登录行为。

实现过程：打开“本地安全策略”，在窗口的左边选择“本地策略”分支下的“审核策略”，在窗口右边双击“审核登录事件”，在弹出的对话框中选择“成功”或“失败”选项，如图 2－39 所示，然后单击“确定”按钮，保存后退出。

刷新策略后，Windows Server 2019 系统就会自动对本地服务器系统的所有系统登录操作

进行跟踪、记录，无论是登录服务器成功的操作还是登录服务器失败的操作，管理员都能通过事件查看器找到对应的操作记录，仔细分析这些登录操作的记录就能发现本地服务器中是否真的存在非法登录甚至非法入侵行为。

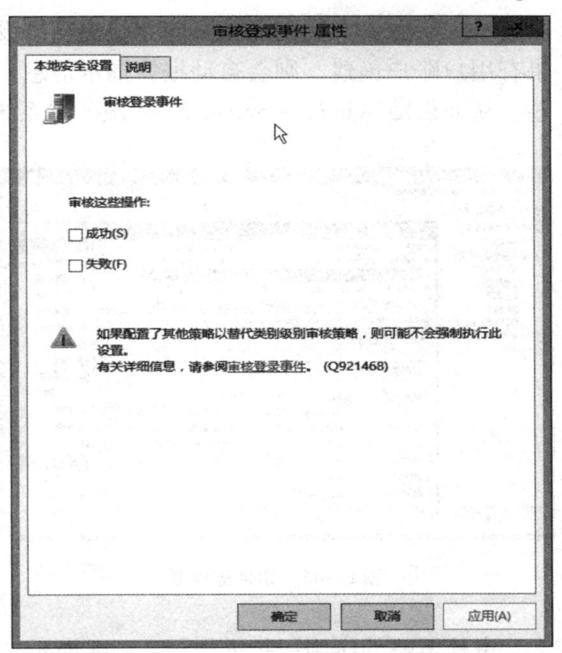

图2－39　审核登录

②账户管理审核，防止非法创建账户。

服务器系统在局域网环境中很容易受到攻击，例如，一些木马程序常常会在服务器系统中偷偷创建用户账号，以便窃取服务器系统的超级管理员权限。网络管理员可以利用审核功能来对各种攻击行为进行跟踪监控，可以通过监控用户账号来确定服务器系统中究竟是否存在非法用户账号。

审核账户的过程如下：打开“本地安全策略”，在窗口的左边选择“本地策略”分支下的“审核策略”，在窗口右边双击“审核账户管理”，在弹出的对话框中选择“成功”或“失败”选项，如图2－40所示，然后单击“确定”按钮，保存后退出。

策略生效后，无论用户账户创建成功还是失败，Windows Server 2019系统都会自动记录下用户账号创建事件。

为了把用户账号创建事件内容自动通知给网络管理员，还需要针对该事件附加执行自动报警的任务计划。在附加自动报警任务时，先依次单击Windows Server 2019系统桌面中的“开始”→“管理工具”→“事件查看器”，打开对应系统的“事件查看器”控制台窗口。在该控制台窗口的左侧区域依次单击“Windows日志”→“安全”子项，再从“安全”子项下面找到创建用户账号事件。如果找不到该事件内容，还需要采用手动方法随意在服务器系统中创建一个用户账号，这样用户账号创建事件就会出现在事件查看器中了，如图2－41所示。

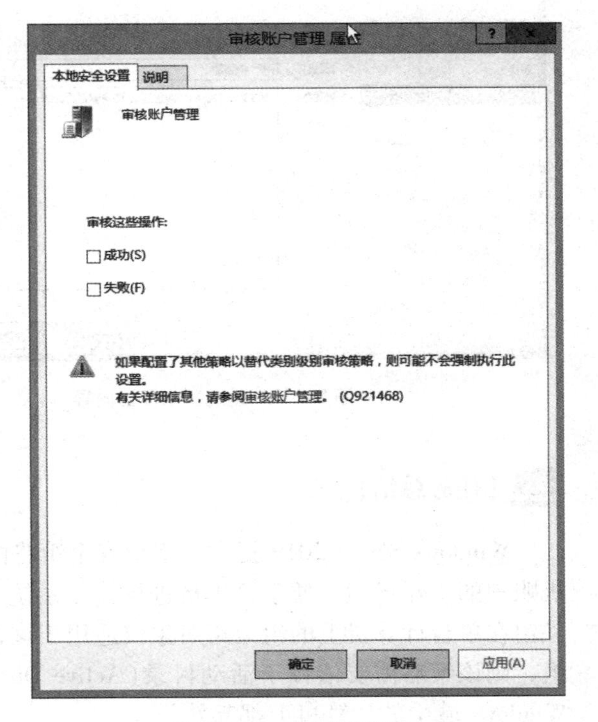

图2－40　审核账户管理

用鼠标右键单击用户账号创建事件，在弹出的快捷菜单中执行“将任务附加到此事件”，如图2－42所示。在出现的“创建基本任务向导”中，按系统提示设置即可，如

图 2－43 所示。本例只显示了向导中消息的设置，其他按向导提示完成。当设置完成后，如果有用户账户创建，则会自动报警提示信息，管理员就能在第一时间采取措施来解决相关问题，从而保障 Windows Server 2019 服务器系统不受非法攻击。

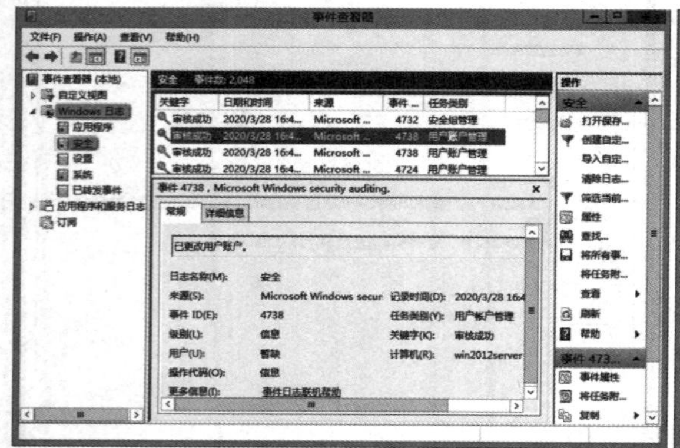

图 2－41　事件查看器

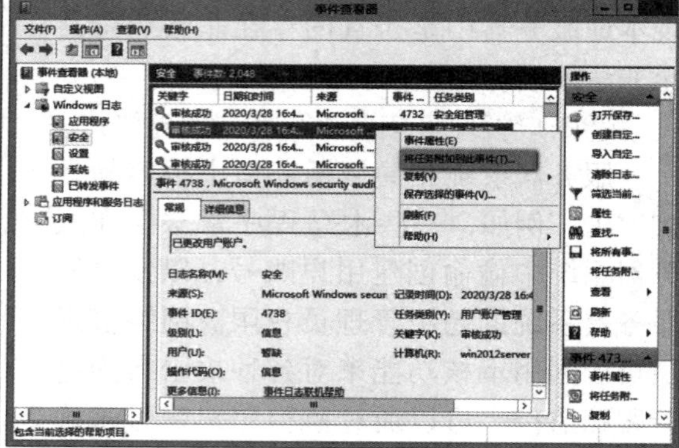

图 2－42　将任务附加到此事件

审核策略的应用请扫描如图 2－44 所示二维码观看操作视频。

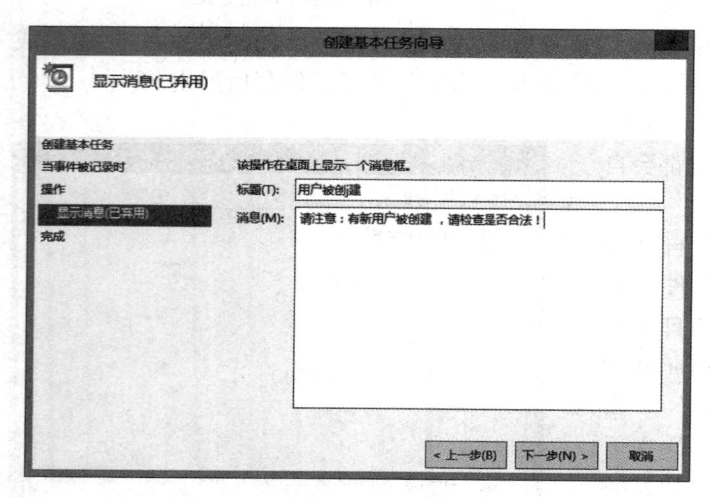

图 2－43　创建基本任务向导

图 2－44　审核策略应用视频

【任务总结】

Windows Server 2019 提供的本地安全策略内容非常丰富，可以灵活控制用户账户和计算机账户的工作环境，便于管理员进行操作系统、应用程序和用户的集中化管理和配置功能。驻留在单台计算机上的组策略对象仅适用于该台计算机。如果要应用一个策略到一个计算机组，则该策略需要依赖于活动目录（Active Directory）进行分发，从而使该策略可以在一个 Windows 域中的计算机上都起效。

任务3 Windows Server 2019 服务器本地磁盘管理

【任务描述】

本次任务主要是在了解和掌握 Windows Server 2019 关于本地磁盘管理的相关理论知识的基础上，学习并掌握在 Windows Server 2019 服务器上进行磁盘管理的方法。任务目标为实现在 Windows Server 2019 服务器上合理进行磁盘管理配置。

【任务分析】

在 Windows Server 2019 中，磁盘分为基本磁盘与动态磁盘，每个磁盘上有相应的分区，网络管理员通过对本地服务器磁盘的有效管理，通过设置权限、共享、数据读写等操作，可以达到管理要求，提高管理效率。

【知识准备及任务实施】

一、磁盘分区相关概念

1. 主分区与扩展分区

基本磁盘用于存储任何文件之前，必须被划分成分区。分区是能够存放一个或更多卷的物理磁盘区域，究竟是存放一个卷还是多个卷，取决于这个分区是主分区还是扩展分区。

主分区可用来启动操作系统，又称基本分区。它可以存储引导扇区，引导扇区在启动操作系统时使用。当然，要让主分区成为可启动的，必须将它指定为活动的，并且在该分区上安装合适的操作系统启动文件。每个主分区都可以被赋予一个驱动器号（盘符）。

扩展分区无法用来启动操作系统，只能被用来存储文件。扩展分区可以包含多个逻辑分区（逻辑驱动器）。扩展分区本身不能被赋予一个驱动器号（盘符），而位于扩展分区之中的逻辑分区可以被赋予一个驱动器号（盘符）。

2. MBR 磁盘分区体系

MBR 的意思是“主引导记录”，是 IBM 公司早年间提出的。它是存在于磁盘驱动器开始部分的一个特殊的启动扇区。这个扇区包含了已安装的操作系统信息，并用一小段代码来启动系统。如果用户安装 Windows，其启动信息就放在这一段代码中，如果 MBR 的信息损坏或误删，就不能正常启动 Windows，此时就需要找一个修复软件工具来修复它。在 Linux 系统中，MBR 通常是 GRUB 加载器。当一台电脑启动时，它会先启动主板自带的 BIOS 系统，BIOS 加载 MBR，MBR 再启动 Windows，这就是 MBR 的启动过程。

一个 MBR 磁盘内最多可以创建 4 个主分区。可使用扩展分区来突破这一限制，在扩展分区上划分任意数量的逻辑分区。因为扩展分区也会占用一条磁盘分区记录，所以一个 MBR 磁盘内最多可以创建 3 个主分区与 1 个扩展分区。必须先在扩展分区中建立逻辑分区，才能存储文件。每一个磁盘上只能够有一个扩展磁盘分区。

3. GPT 磁盘分区体系

GPT 的意思是 GUID Partition Table，即“全局唯一标识磁盘分区表”，是另外一种更加先进、新颖的磁盘组织方式，是一种使用 UEFI 启动的磁盘组织方式。最开始是为了更好的兼容性，后来因为其更大的支持内存(MBR 分区最多支持 2 TB 的磁盘)、更多的兼容而被广泛使用，特别是苹果的 MAC 系统全部使用 GPT 分区。GTP 不再有分区的概念，所有 C、D、E、F 盘都在一段信息中存储，可以简单地理解为更先进但是使用不够广泛的技术。因为兼容问题，GPT 其实在引导的最开始部分也有一段 MBR 引导，也叫作“保护引导”，为了防止设备不支持 UEFI 区别内存支持，MBR 最多支持 2 TB，而 GPT 理论上是无限制的。

一个 GPT 磁盘内最多可以创建 128 个主分区，其中包括 1 个 Microsoft 保留分区(System Reserved，MSR)，GPT 磁盘不必创建扩展分区或逻辑驱动器。

二、基本磁盘与动态磁盘

在 Windows 系统中，将磁盘分为基本磁盘和动态磁盘两种类型。所有磁盘一开始都是基本磁盘。基本磁盘带有数据结构（具体取决于这个磁盘是 MBR 类型还是 GPT 类型)，一方面便于操作系统识别该磁盘，另一方面存储一个磁盘签名，以唯一标识该磁盘。该签名信息在初始化过程中写入该磁盘，初始化通常发生在将磁盘添加到系统中的时候。

1. 基本磁盘

一块基本磁盘只能包含 4 个分区，它们是最多 3 个主分区和 1 个扩展分区，扩展分区可以包含数个逻辑盘，而动态磁盘没有卷数量的限制，只要磁盘空间允许，可以在动态磁盘中任意建立卷。

2. 动态磁盘

与基本磁盘相比，动态磁盘提供更加灵活的管理特性。用户可在动态磁盘上实现数据的容错、高速的读写操作、相对随意地修改卷大小等操作，这些操作不能在基本磁盘上实现。

3. 两者区别

①在基本磁盘中，分区是不可跨越磁盘的。然而，通过使用动态磁盘，可以将数块磁盘中的空余磁盘空间扩展到同一个卷中来增大卷的容量。

②基本磁盘的读写速度由硬件决定，不可能在不额外消费的情况下提升磁盘效率。而在动态磁盘上创建带区卷来同时对多块磁盘进行读写，显著提升了磁盘效率。

③基本磁盘不可容错，如果没有及时备份而遭遇磁盘失败，会有极大的损失。用户可以在动态磁盘上创建镜像卷，所有内容自动实时被镜像到镜像磁盘中，即使遇到磁盘失败，也不必担心数据损失了。还可以在动态磁盘上创建带有奇偶校验的带区卷，来保证在提高性能的同时为磁盘添加容错性。

三、基本卷

基本磁盘上的主分区和逻辑驱动器称为基本卷。当使用基本磁盘时，只能创建基本卷。基本卷由单个磁盘的连续区域构成，是可以被独立格式化的磁盘区域。

可以向现有的主分区和逻辑驱动器添加更多空间，方法是在同一磁盘上将原有的主分区和逻辑驱动器扩展到邻近的连续未分配空间。要扩展的基本卷，必须是使用 NTFS 文件系统格式化的。可以在包含连续可用空间的扩展分区内扩展逻辑驱动器。如果要扩展的逻辑驱动器大小超过了扩展分区内的可用空间大小，只要存在足够的连续未分配空间，扩展分区就会增大，直到能够包含逻辑驱动器的大小。

四、简单卷、跨区卷、带区卷、镜像卷、RAID5 卷

动态磁盘在日常的管理、服务器的性能和容错方面都能更好地为用户管理本地服务器

服务。

1. 基本磁盘升级到动态磁盘

在“计算机管理”控制台中，将基本磁盘升级到动态磁盘。详细过程如下：

依次单击“开始”→“管理工具”，选择并双击“计算机管理”，打开计算机管理控制台。在控制台左侧分支中，依次展开“存储”→“磁盘管理”，如图2－45所示。

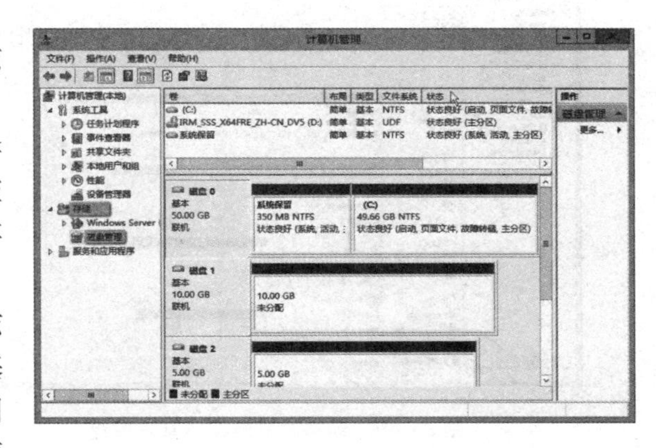

图2－45　磁盘管理

在“计算机管理”控制台中，单击“磁盘管理”，右键单击想升级到动态磁盘的基本磁盘，并选择“转换到动态磁盘”，如图2－46所示。在“转换为动态磁盘”对话框中选择想升级到动态磁盘的磁盘，如图2－47所示。如果想升级的磁盘中包含启动、系统分区或使用中的页面文件，需要重新启动计算机来完成升级过程。在升级之前，建议备份该磁盘中的所有文件。

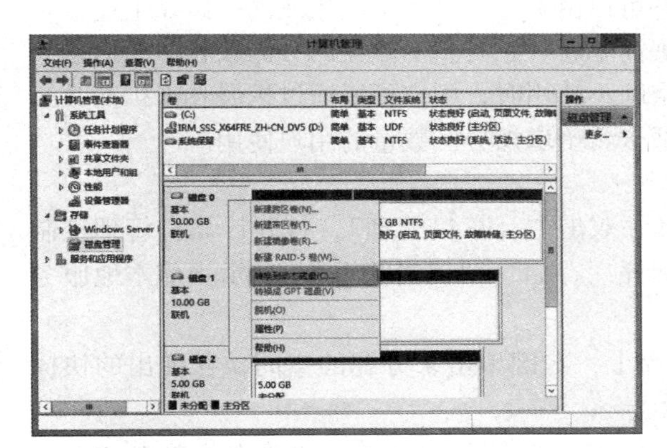

图2－46　转换到动态磁盘

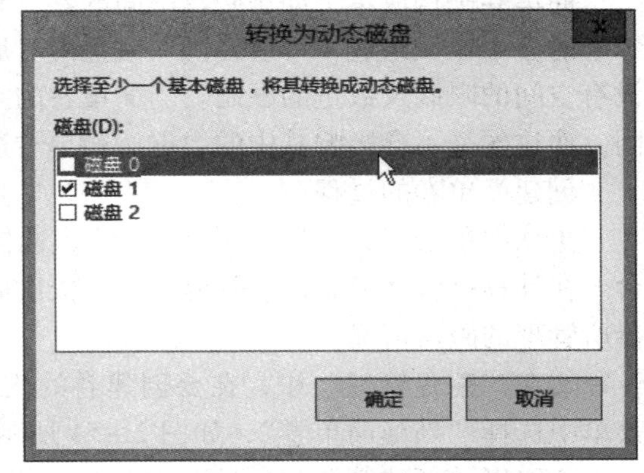

图2－47　选择磁盘

升级完成后，原系统、启动分区和主分区将成为简单卷；原扩展分区中的逻辑盘将成为简单卷，而空余空间将成为未分配的空间，如图2－48所示。

将动态磁盘转为基本磁盘的方法为：在动态磁盘上单击右键，选择“转换成基本磁盘”即可，如图2－49所示。注意，一旦磁盘被升级成动态磁盘，如果需要回转成基本磁盘，全部数据将会丢失。

基本磁盘与动态磁盘转换操作请扫描如图2－50所示的二维码在线观看。

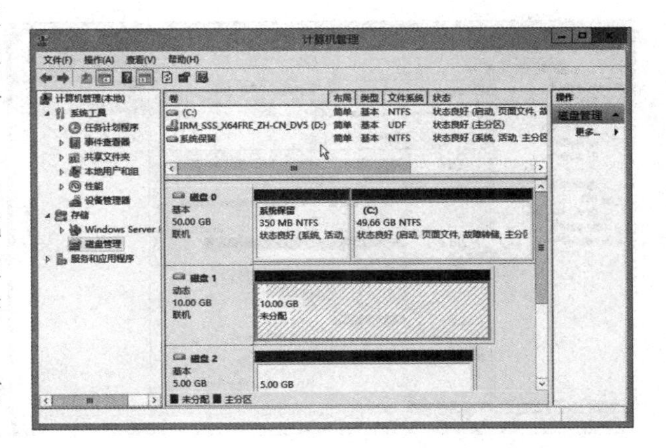

图2－48　基本磁盘转换为动态磁盘

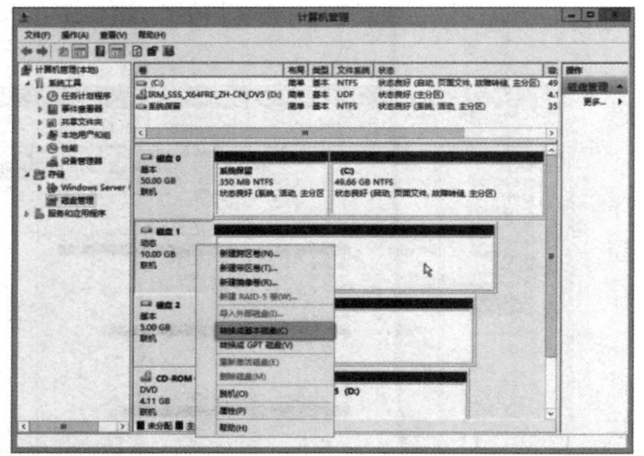

图2－49　动态磁盘转换为基本磁盘

图2－50　磁盘转换操作二维码

2. 动态磁盘分类和管理

动态磁盘分为5种卷类型，分别为简单卷、跨区卷、带区卷、镜像卷、RAID5卷。

(1) 简单卷

简单卷是构成单个动态磁盘空间的卷。它可以由磁盘上的单个区域或同一磁盘上连接在一起的多个区域组成，可以在同一磁盘内扩展简单卷。它与基本磁盘的分区较相似，但是它没有空间的限制及数量的限制。当简单卷的空间不够用时，用户可以通过扩展卷来扩充其空间，而这丝毫不会影响其中的数据。简单卷适合希望增加分区数量的用户使用。

创建简单卷的过程：

①依次单击“开始”→“管理工具”，选择并双击“计算机管理”，打开计算机管理控制台。在计算机管理控制台左侧分支中，依次展开“存储”→“磁盘管理”，显示当前本地服务器所管理的磁盘情况。

②在“磁盘管理”中，在要创建卷的磁盘上，右键单击未分配的空间，在弹出的快捷菜单中选择“新建简单卷”，如图2－51所示。

③弹出“新建简单卷向导”对话框，提示简单卷只能创建在单一磁盘上。单击“下一步”按钮，如图2－52所示。

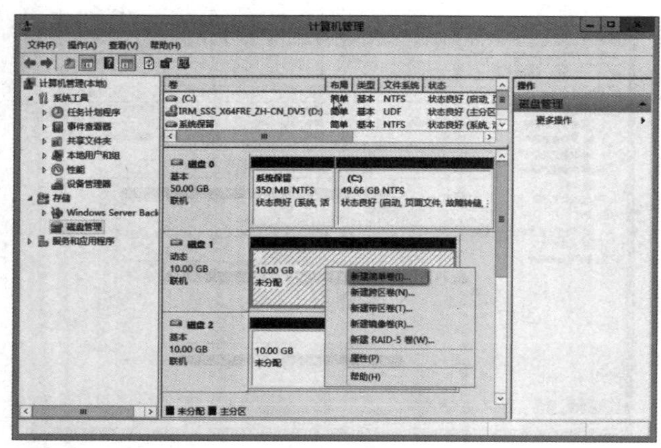

图2－51　新建简单卷

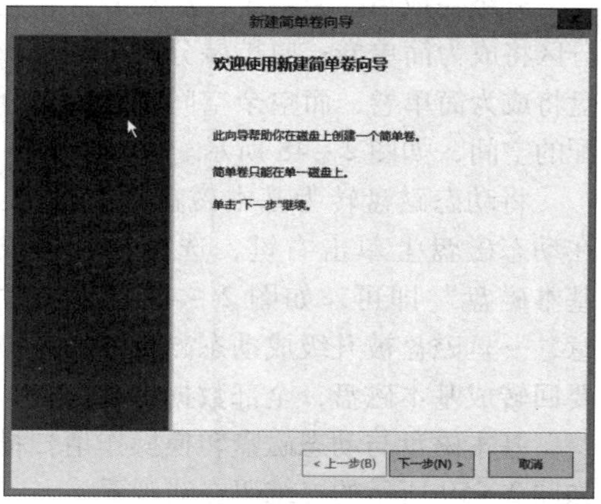

图2－52　新建简单卷向导

④在弹出的“指定卷大小”对话框中，可以根据当前磁盘空间量设置简单卷大小。设置完成后，单击“下一步”按钮继续，如图2－53所示。在“分配驱动器号和路径”对话框中，可以设置驱动器号，如图2－54所示。

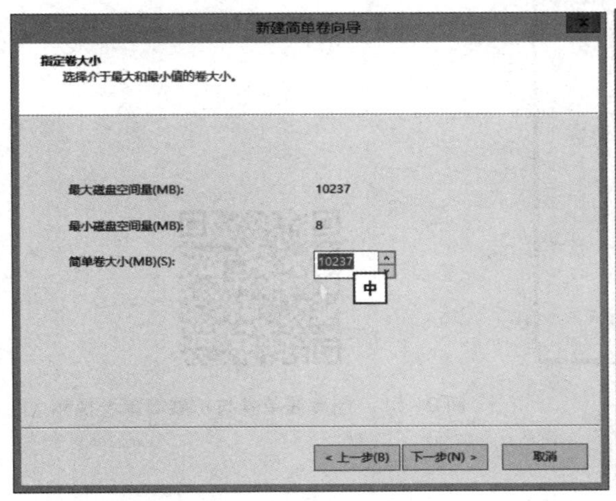

图2－53　指定卷大小

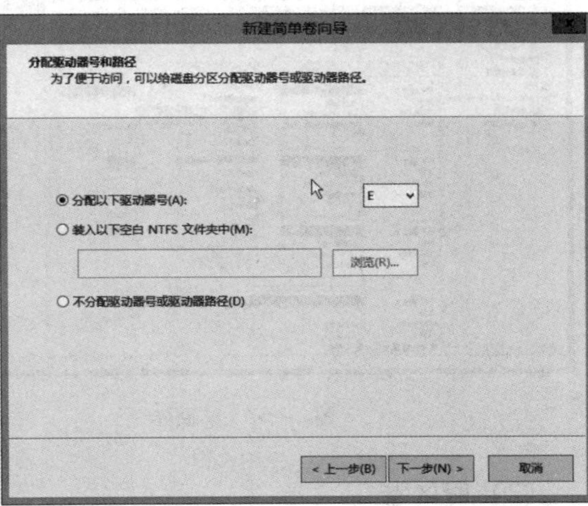

图2－54　分配驱动器号和路径

⑤在弹出的“格式化分区”对话框中，可以设置新建卷的文件系统。设置完成后，单击“下一步”按钮，如图2－55所示。

⑥在弹出的完成创建对话框中，对创建简单卷工作进行了总结，如果重新设置，可以单击“上一步”按钮进行更改。单击“完成”按钮，完成简单卷的创建，如图2－56所示。

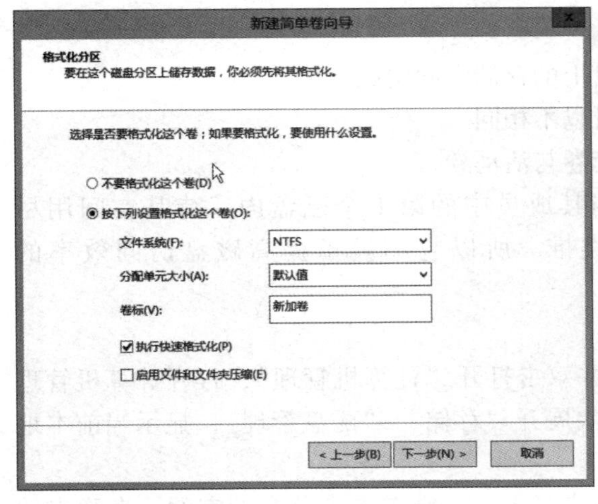

图2－55　格式化分区

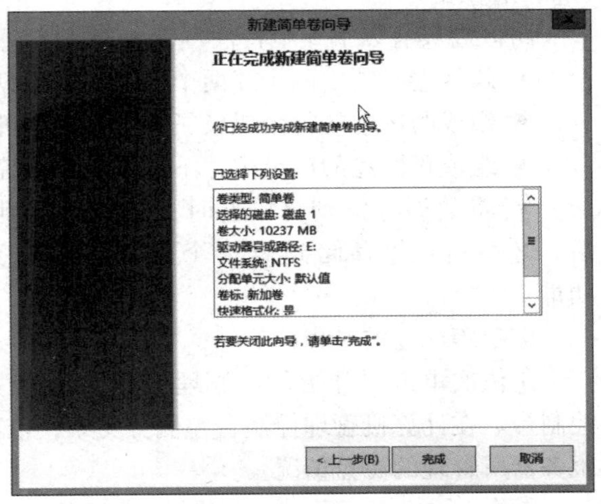

图2－56　新建简单卷向导

扩展简单卷的方法：

①单击“磁盘管理”，右键单击想扩展的简单卷，并选择“扩展卷”，如图2－57所示。

②根据“扩展卷”向导输入相关信息，并单击“完成”按钮即可。

创建简单卷与扩展卷的详细过程请扫描如图 2－58 所示二维码观看。

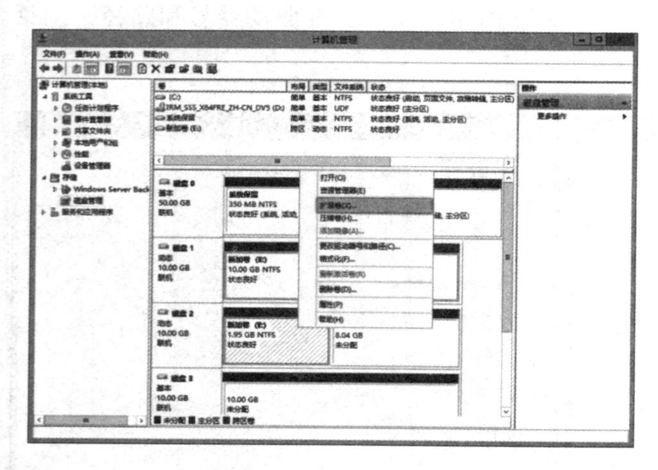

图 2－57　扩展卷

图 2－58　创建简单卷与扩展简单卷视频

（2）跨区卷

跨区卷是指多个位于不同磁盘的未分配空间所组成的一个逻辑卷。可将多个磁盘内的多个未分配空间合并成一个跨区卷，并赋予一个共同的驱动器号。

一个跨区卷是将多个磁盘（至少 2 个，最多 32 个）上的未分配空间合成一个逻辑卷，向跨区卷中存储数据信息的顺序是存满第一块磁盘再逐渐向后面的磁盘中存储。通过创建跨区卷，用户可以将多块物理磁盘中的空余空间分配成同一个卷，充分利用资源。但是，跨区卷并不能提高性能或容错。简单卷和跨区卷都不属于 RAID 范畴。跨区卷适合希望扩充分区（卷）容量的用户。

跨区卷具有以下 5 个特性。

- 跨区卷必须由两个或两个以上物理磁盘上的存储空间组成。
- 组成跨区卷的每个成员，其容量大小可以不相同。
- 组成跨区卷的成员中，不可以包含系统卷与活动卷。
- 将数据存储到跨区卷时，是先存储到其成员中的第 1 个磁盘内，待其空间用尽后，才会将数据存储到第 2 个磁盘，依此类推。所以它不具备提高磁盘访问效率的功能。

创建跨区卷的过程：

①依次单击“开始”→“管理工具”，选择并双击打开“计算机管理”，打开计算机管理控制台。在计算机管理控制台左侧分支中，依次展开“存储”→“磁盘管理”，显示当前本地服务器所管理的磁盘情况。

②在“磁盘管理”中，在要创建跨区卷的磁盘上，右键单击未分配的空间，在弹出的快捷菜单中选择“新建跨区卷”，如图 2－59 所示。

③此时弹出“新建跨区卷”向导对话框，对话框中提示跨区卷由多个磁盘上的磁盘空间构成。如果单个磁盘对于所需要的卷而言过小，则可以创建跨区卷。可以通过添加其他磁盘上的可用空间来扩展跨区卷。单击“下一步”按钮，如图 2－60 所示。

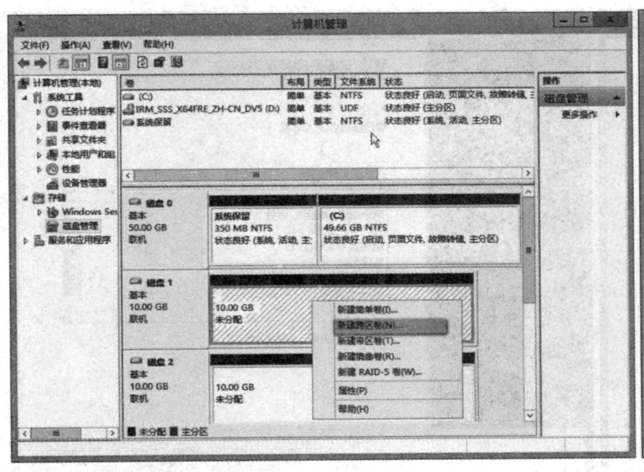

图 2-59　新建跨区卷

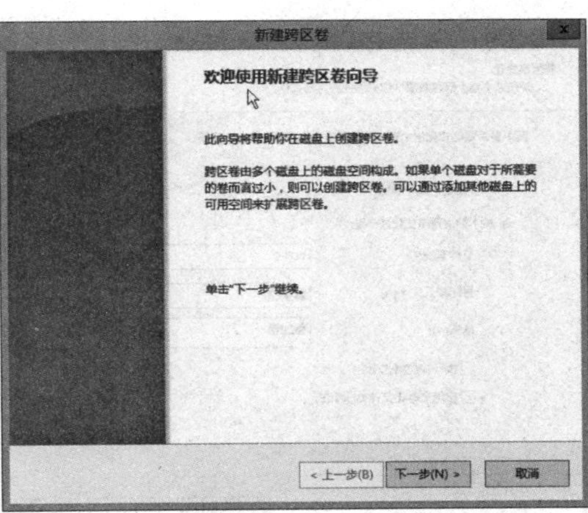

图 2-60　新建跨区卷向导

④在弹出的“选择磁盘”对话框中，可以选择跨区卷所使用的磁盘及设置跨区卷大小。对于跨区卷，至少由两块以上的硬盘空间组成，本例中，设置磁盘 1 和磁盘 2 的空间量分别为 5 GB，即跨区卷大小为 10 GB。设置完成后，单击“下一步”按钮继续，如图 2-61 所示。

⑤在弹出的“分配驱动器号和路径”对话框中，可以设置新建卷的驱动器号。设置完成后，单击“下一步”按钮继续，如图 2-62 所示。

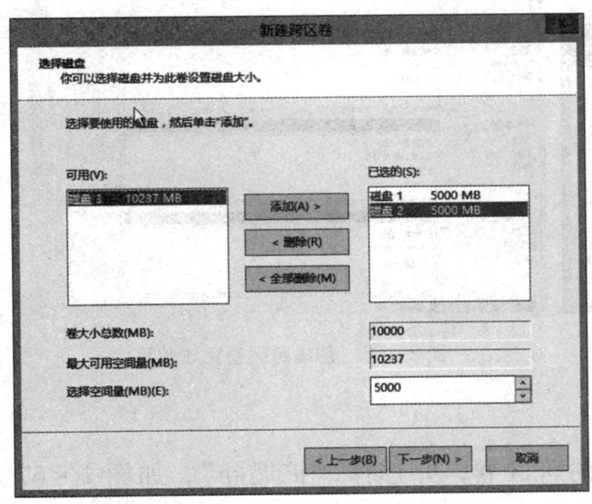

图 2-61　设置跨区卷磁盘及大小

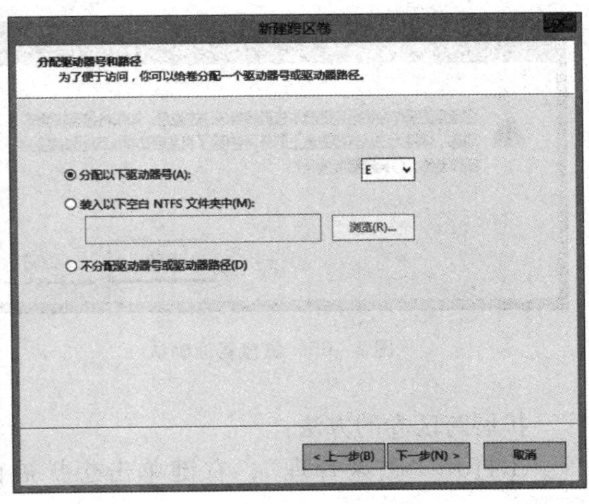

图 2-62　分配驱动器号和路径

⑥弹出如图 2-63 所示的“卷区格式化”对话框，可以设置跨区卷的文件系统。设置完成后，单击“下一步”按钮继续。

⑦在弹出的完成创建对话框中，对创建简单卷工作进行了总结。如果要重新设置，可以单击“上一步”按钮进行更改。单击“完成”按钮，完成跨区卷的创建，如图 2-64 所示。

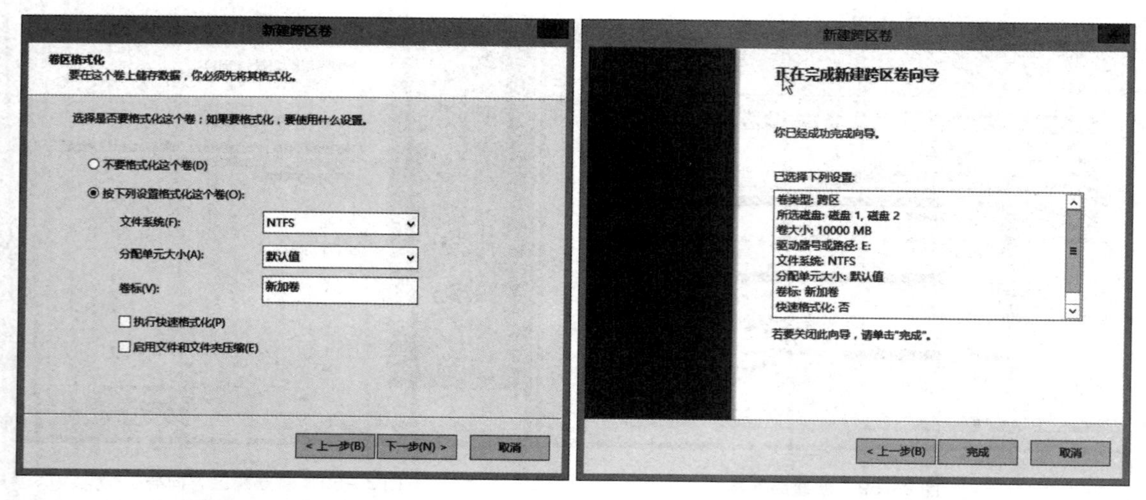

图 2-63　卷区格式化　　　　图 2-64　创建跨区卷完成

如果在创建跨区卷之前，未将基本磁盘升级为动态磁盘，会弹出如图 2-65 所示的对话框，此时单击“是”按钮即可，但要注意，此时原磁盘中的数据将会丢失。

创建完成后的跨区卷效果如图 2-66 所示。

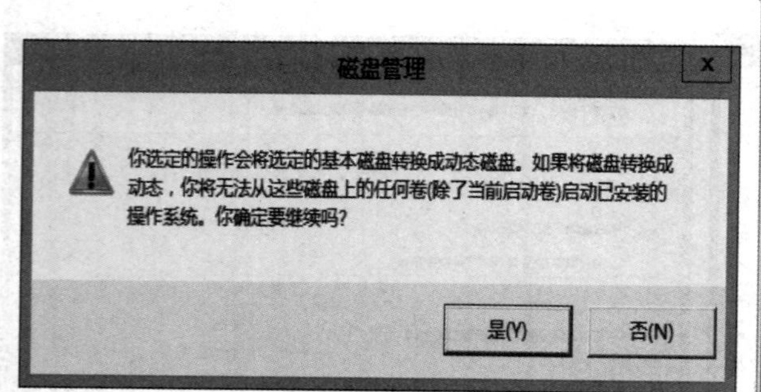

图 2-65　磁盘管理确认

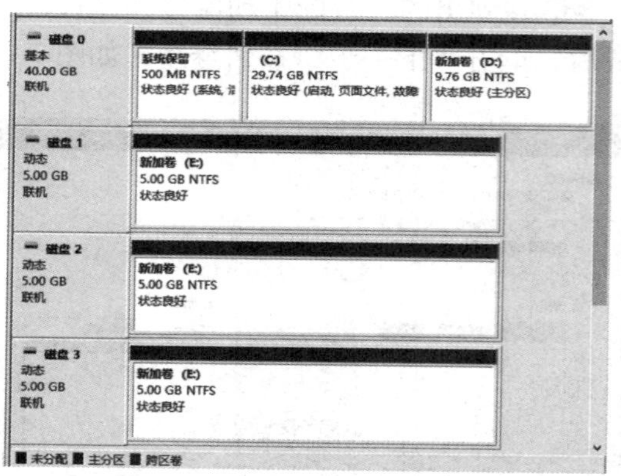

图 2-66　创建跨区卷完成效果

扩展跨区卷的方法：

①打开“磁盘管理”，右键单击想扩展的跨区卷，并选择“扩展卷”，如图 2-67 所示。

②根据“扩展卷”向导输入相关信息，并单击“完成”按钮即可。

跨区卷被视为一个整体，无法独立使用其中任何一个成员，除非将整个跨区卷删除。可以将未分配空间合并到跨区卷中，也就是扩展跨区卷的空间，以便扩大其容量。只有 NTFS 格式的跨区卷才可以被扩展。还可以通过压缩卷来缩小跨区卷的空间。

详细创建跨区卷与扩展卷的过程请扫描如图 2-68 所示二维码观看。

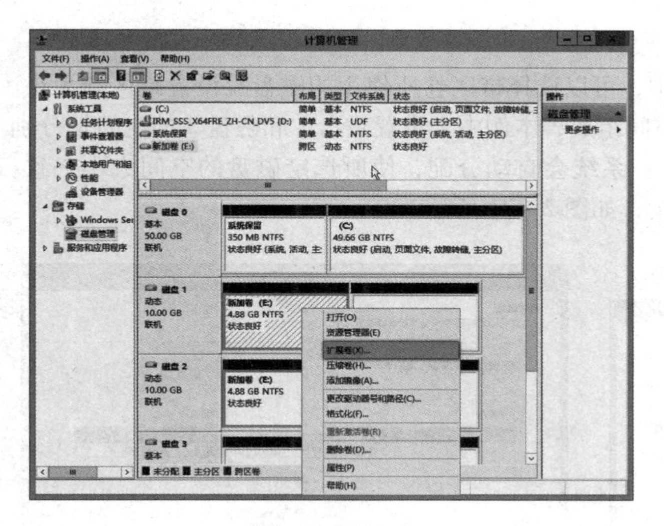

图 2－67　扩展卷

图 2－68　新建跨区卷与扩展卷视频

（3）带区卷

带区卷又称为条带卷 RAID0，是由两个或多个磁盘中的相同大小的空余空间组成的卷（最多 32 块磁盘）。带区卷提供最好的磁盘访问性能，但是带区卷不能被扩展，或镜像带区卷可以看作硬件 RAID 中的 RAID0。带区卷适合希望提高硬盘读写速度的用户。

创建带区卷的方法：

①依次单击“开始”→“管理工具”，选择并双击“计算机管理”，打开计算机管理控制台。在计算机管理控制台左侧分支中，依次展开“存储”→“磁盘管理”，显示当前本地服务器所管理的磁盘情况。

②在“磁盘管理”中，在要创建带区卷的磁盘上，右键单击未分配的空间，在弹出的快捷菜单中选择“新建带区卷”，如图 2－69 所示。

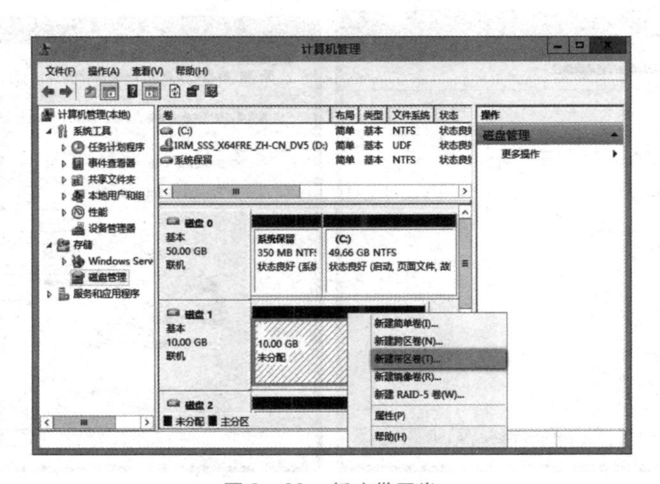

图 2－69　新建带区卷

③此时弹出新建带区卷向导对话框，对话框中提示：带区卷在两个或多个磁盘上的带区中存储数据，带区卷访问数据的速度要比简单卷或跨区卷的快。单击“下一步”按钮继续，

如图 2-70 所示。

④在弹出的“选择磁盘”对话框中，可以选择带区卷所使用的磁盘及设置跨区卷大小。对于带区卷，至少由两块以上的硬盘空间组成，本例中，设置磁盘 1 和磁盘 2 的空间量分别为 3 GB，即带区卷大小为 6 GB。注意：系统会自动分配，使所选定磁盘的空间大小一致。设置完成后，单击“下一步”按钮继续，如图 2-71 所示。

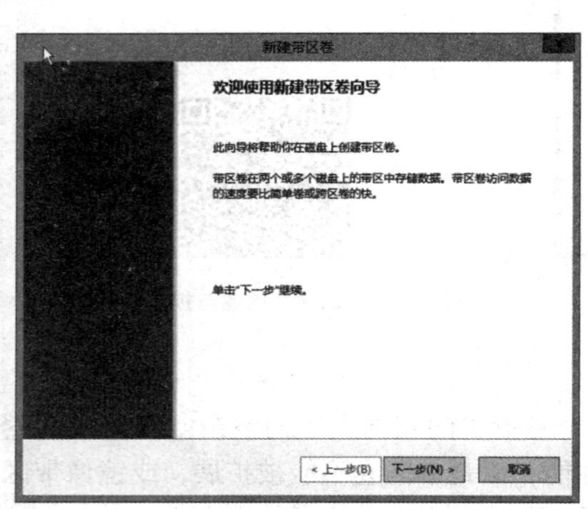

图 2-70　新建带区卷向导

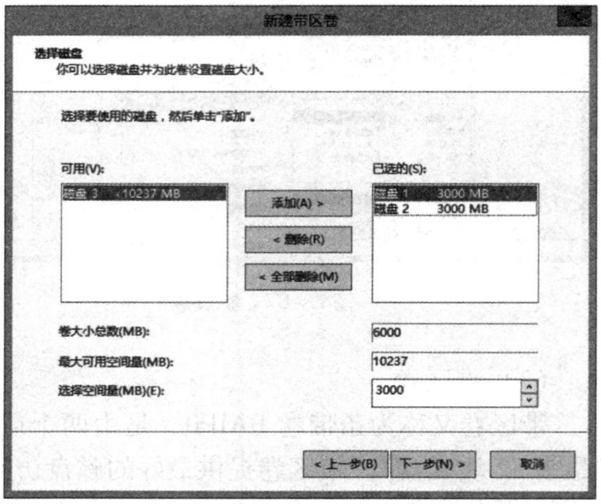

图 2-71　设置带区卷磁盘及大小

⑤在弹出的“分配驱动器号和路径”对话框中，可以设置新建卷的驱动器号。设置完成后，单击“下一步”按钮继续，如图 2-72 所示。

⑥在弹出的如图 2-73 所示的“卷区格式化”对话框中，可以设置带区卷的文件系统及格式化方式。设置完成后，单击“下一步”按钮继续。

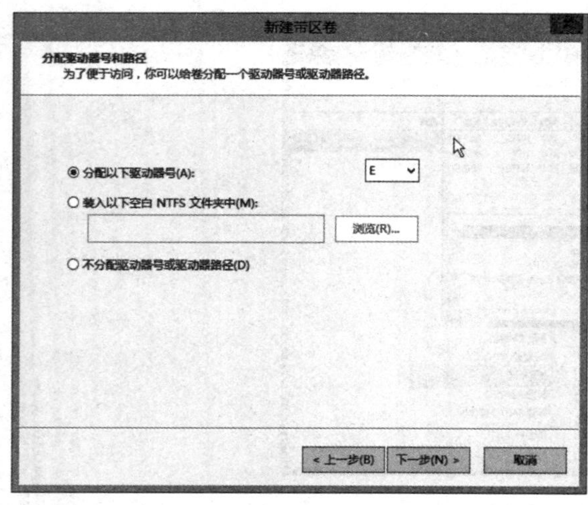

图 2-72　分配驱动器号和路径

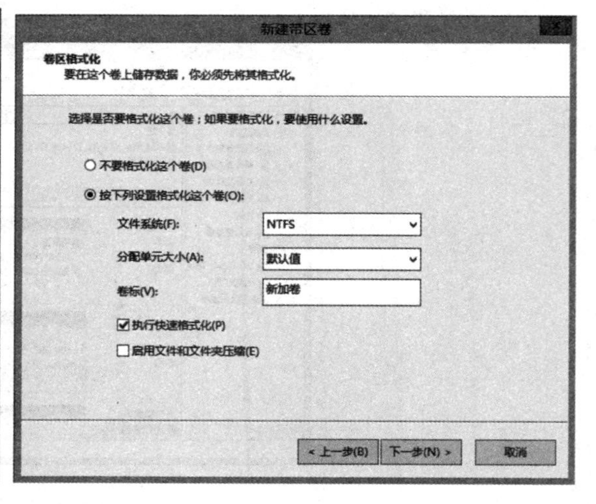

图 2-73　格式化分区

⑦在弹出的完成创建对话框中，对创建简单卷工作进行了总结。如果要重新设置，可以单击“上一步”按钮进行更改。单击“完成”按钮，完成带区卷的创建，如图 2-74 所示。

如果在创建跨区卷之前，未将基本磁盘升级为动态磁盘，会弹出如图 2－75 所示的对话框，单击“是”按钮即可，但要注意，此时原磁盘中的数据将会丢失。

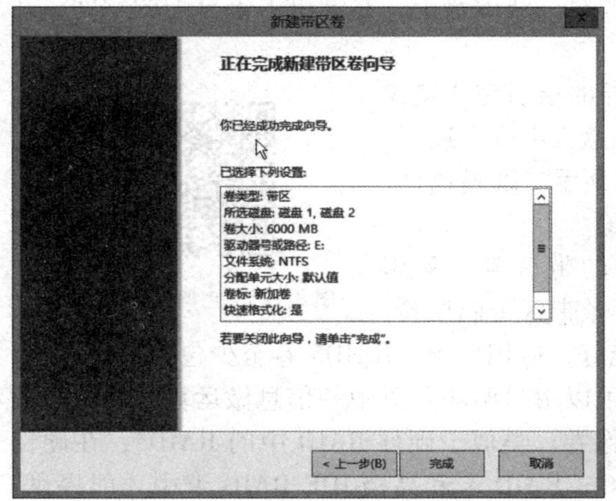

图 2－74　创建带区卷完成

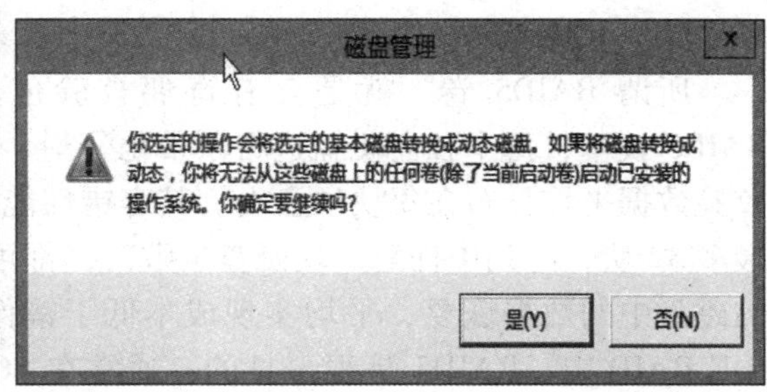

图 2－75　磁盘管理确认

创建完成后的带区卷效果如图 2－76 所示。

详细创建带区卷的过程请扫描如图 2－77 所示二维码观看。

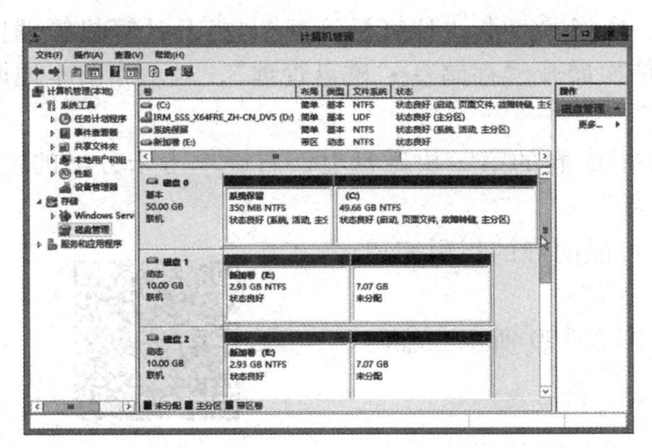

图 2－76　创建带区卷完成效果

图 2－77　新建带区卷视频

（4）镜像卷

镜像卷(Mirrored Volume) 又称 RAID1 技术，是将两个磁盘上相同尺寸的空间建立为镜像，有容错功能，但空间利用率只有 50%，实现成本相对较高。可以很简单地解释镜像卷为一个带有一份完全相同的副本的简单卷，它需要两块磁盘：一块存储运作中的数据，一块存储完全一样的那份副本，当一块磁盘出现问题时，另一块磁盘可以立即使用，避免了数据丢失。镜像卷提供了容错性，但是它不提供性能的优化。镜像卷可以看作硬件 RAID 中的 RAID1。镜像卷适合服务器用户在管理磁盘中应用。

创建镜像卷的方法：

①首先确保计算机包含两块磁盘，一块作为另一块的副本。

②依次单击“开始”→“管理工具”，选择并双击“计算机管理”，打开计算机管理控制

台。在计算机管理控制台左侧分支中，依次展开“存储”→“磁盘管理”，显示当前本地服务器所管理的磁盘情况。

③在“磁盘管理”中，在要创建镜像卷的第一块磁盘上，右键单击未分配的空间，在弹出的快捷菜单中选择“新建镜像卷”。

④在出现的创建镜像卷向导中，按照向导的指引完成镜像卷的创建。注意，创建过程中，选择的两块磁盘大小应一致。

创建镜像卷详细的操作请扫描如图 2－78 所示二维码观看。

图 2－78　创建镜像卷视频

（5）RAID5 卷

所谓 RAID5 卷，就是含有奇偶校验值的带区卷，采用 RAID5 技术，每个独立磁盘进行条带化分割、条带区奇偶校验，校验数据平均分布在每块硬盘上。其容错性能好，应用广泛。RAID5 卷至少包含 3 块磁盘，最多 32 块，阵列中任意一块磁盘失败时，都可以由另两块磁盘中的信息做运算，并将失败的磁盘中的数据恢复，平均实现成本低于镜像卷。类似于硬件 RAID 中的 RAID5，在硬件 IDE RAID 中，RAID5 是很少见的，通常在 SCSI RAID 卡和高档 IDE RAID 卡中才能提供，普通 IDE RAID 卡仅提供 RAID0、RAID1 和 RAID0＋1。RAID5 卷适合服务器用户在管理磁盘中应用。

创建 RAID5 卷的方法：

①确保计算机包含 3 块或以上磁盘。

②依次单击“开始”→“管理工具”，选择并双击“计算机管理”，打开计算机管理控制台。在计算机管理控制台左侧分支中，依次展开“存储”→“磁盘管理”，显示当前本地服务器所管理的磁盘情况。

③在“磁盘管理”中，在要创建 RAID5 卷的第一块磁盘上，右键单击未分配的空间，在弹出的快捷菜单中选择“新建 RAID5 卷”。

④在出现的创建 RAID5 卷向导上，按照向导的指引完成 RAID5 卷的创建。

创建 RAID5 卷的详细操作请扫描如图 2－79 所示二维码观看。

图 2－79　新建 RAID5 卷视频

【任务总结】

对于 Windows Server 2019 的存储管理，无论是技术上还是功能上，都比以前的版本有很大改进和提高，磁盘管理提供了更好的管理界面和性能。掌握基本磁盘和动态磁盘的配置和管理，是对一个网络管理员最基础的要求。

任务 4　CentOS 7 服务器常用 Shell 命令

【任务描述】

本次任务主要是在学习 CentOS 7 网络操作系统相关理论知识的基础上，掌握 CentOS 7 服务器常用 Shell 命令。任务目标为实现在 CentOS 7 服务器上使用 Shell 命令进行基本操作。

【任务分析】

Linux 操作系统的一个重要特点就是提供了丰富的命令，对用户来说，如何在文本模式和终端模式下实现对 Linux 系统的文件和目录进行浏览、操作等各种管理，是衡量用户 Linux 系统应用水平的一个重要方面，诸如复制、移动、删除、查看、磁盘挂载及进程和作业控制等命令，可根据需要完成各种管理操作任务，所以掌握常用的 Linux 命令是非常必要的。

【知识准备】

1. Shell 命令基础

Shell 是一个命令语言解释器，它是命令语言、命令解释程序及程序设计语言的统称。它拥有自己内建的 Shell 命令集，Shell 也能被系统中其他应用程序所调用。用户在提示符下输入的命令都由 Shell 先解释，然后传给 Linux 核心。

Shell 是使用 Linux 系统的主要环境，Linux 系统提供图形用户界面 X-window，就像 Windows 一样，也有窗口、菜单和图标。在图形化界面窗口，选择“应用程序”→“系统工具”→“终端”命令来打开虚拟终端，这时就启动了 Shell，如图 2-80 所示。

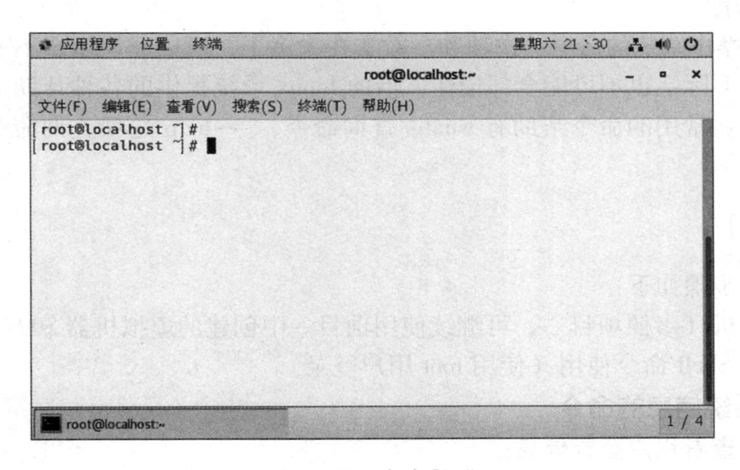

图 2-80　启动 Shell

2. Shell 命令格式

在 Linux 系统中看到的命令，其实就是 Shell 命令，Shell 命令的基本格式如下：

```
command[选项][参数]
```

①command 为命令名称，例如，查看当前文件夹下文件或文件夹的命令是 ls。

②［选项］表示可选的，是对命令的特别定义，以连接字符“-”开始，多个选项可以用一个连接字符“-”连接起来，例如，ls -l -a 与 ls -la 是相同的，有些命令不写选项和参数也能执行，有些命令在必要的时候可以附带选项和参数。

③［参数］为跟在可选项后的参数，或者是 command 的参数，参数可以是文件，也可以是目录，可以没有，也可以是多个，有些命令必须使用多个操作参数，例如，cp(copy 的缩写）命令必须指定源操作对象和目标对象。

④command[选项][参数]等项目之间以空格隔开，无论几个空格，Shell都视为一个空格。

3. Shell命令注意事项

①命令、文件名、参数等都要区分大小写，例如，md与MD是不同的。

②命令、选项、参数之间必须有一个或多个空格。

③命令太长时，可以使用“\”符号来转义Enter符号，可以实现一条命令跨多行。

4. Shell使用技巧

（1）自动补齐功能

在Linux命令行下，输入字符后，按两次Tab键，Shell就会列出以这些字符打头的所有可用命令。如果只有一个命令匹配到，按一次Tab键就自动将这个命令补全。当然，除了命令补全，还有路径、文件名补全。

（2）查看历史命令

若要查看最近使用过的命令，可以在终端中执行历史(history)命令。执行历史命令最简单的方法就是利用小键盘上的上、下方向键，可以把最近执行过的命令找回来，减少输入命令的次数，在需要使用重复执行的命令时非常方便，然后按Enter键执行该命令。例如，每按动一次向上的箭头，就会把上一次执行的命令行显示出来。

（3）命令帮助

由于Linux操作系统的命令、选项和参数实在太多了，所以建议用户不要去费力记住所有命令的用法，实际上也不可能全部记住，借助Linux系统提供的各种帮助工具，可以很好地解决此类问题。常用的命令帮助有whatis查询命令，--help选项查询命令、man查询命令、info查询命令。

【任务实施】

本任务实施步骤如下：

①创建虚拟机（参照项目一，可继续使用项目一中创建的虚拟机器S02(Linux)）。

②完成常用Shell命令使用（使用root用户登录）。

一、显示系统信息的命令

1. who——查看用户登录信息

who命令主要用来查看当前哪些用户登录到了本台机器上，命令如下：

```
#who  -a          //显示所有用户的信息
          系统引导 2021-09-05 06:43
          运行级别 5 2021-09-05 06:44
root     +pts/0     2021-09-05 07:03  .     10895(192.168.100.1)
root    ?:0          2021-09-05 07:04  ?     10969(:0)
```

2. whoami——显示当前操作用户

显示当前的操作用户的用户名，命令如下：

```
# whoami
root
```

3. hostname/hostnamectl——显示或设置当前系统主机名

①显示当前系统的主机名的命令，命令如下：

```
# hostname                //显示当前系统的主机名
localhost                              //主机名为 localhost
```

②设置当前系统的主机名的命令，命令如下：

```
# hostnamectl set - hostname www   //设置当前系统的主机名为 test1
# bash                           //执行命令
#
```

4. date——显示时间日期命令

显示当前时间日期，可以执行 date 命令来查看时间日期，命令如下：

```
# date
2021 年 09 月 05 日 星期日 6:57:43 CST
```

5. clear——清除屏幕命令

该命令用于清空当前屏幕，命令如下：

```
# clear                               //清空当前屏幕
```

二、文件及目录显示类命令

1. pwd——显示当前目录命令

pwd 是 print working directory 的缩写，显示当前工作目录，以绝对路径的形式显示。每次打开终端时，系统都会处在某个当前工作目录中，一般开启终端后，默认的当前工作目录是用户的主目录，命令显示如下：

```
# pwd                    //显示当前目录
/root
#
```

2. cd——改变当前目录命令

cd 用于改变当前目录，命令格式：cd［绝对路径或相对路径］。路径是目录或文件在系统中的存放位置，如果想要编辑 ifcfg-ens33 这个文件，首先要知道这个文件存放在哪里，这时就需要用路径来表示。路径是由目录和文件名组合构成的，例如，/etc 是一个路径，/etc/sysconfig 是一个路径，/etc/sysconfig/network-scripts/ifcfg-ens33 也是一个路径。一些特殊符号所表示的含义见表 2 – 1。

表 2 – 1　特殊符号表示的目录

特殊符号	特殊符号所表示的目录含义
~	代表当前登录用户的主目录
~用户名	表示切换至指定用户的主目录
–	代表上次所在目录
.	代表当前目录
..	代表上级目录

示例 1：以 root 身份登录到系统中，进行目录切换等操作，执行以下命令：

```
# pwd                               //显示当前目录
/root
# cd/etc                            //以绝对路径进入 etc 目录中
[root@ localhost etc]# cd yum. repos. d          //以相对路径进入 yum. repos. d 目录中
[root@ localhost yum. repos. d]# pwd
/etc/yum. repos. d
[root@ localhost yum. repos. d]# cd.           //当前目录
[root@ localhost yum. repos. d]# cd..          //上级目录
[root@ localhost etc]# pwd
/etc
[root@ localhost etc]# cd ~                    //当前登录用户的主目录
# pwd
/root
# cd -                              //上次所在目录
/etc
```

3. ls——显示目录文件命令

ls 命令是 list 的缩写，不加参数时，ls 用来显示当前目录清单，是 Linux 下最常用的命令之一。通过 ls 命令不仅可以查看 Linux 文件夹包含的文件，而且可以查看文件、目录的权限、目录信息等，命令格式如下：

```
ls[选项]目录或文件名
```

ls 命令各选项及功能说明见表 2－2。

表 2－2　ls 命令各选项及功能说明

选项	功能说明
－a	显示所有文件，包括隐藏文件、包括“.”和“..”
－d	仅可以查看目录的属性参数及信息
－h	以易于阅读的格式显示文件或目录的大小
－i	查看任意一个文件的节点
－l	长格式输出，包含文件属性，显示详细信息
－L	递归显示，即列出某个目录及子目录的所有文件和目录
－t	以文件和目录的更改时间排序显示

示例 2：使用 ls 命令，显示目录文件相关操作，执行以下命令：

①显示所有文件，包括隐藏文件、包括“.”和“..”。

```
# ls -a
.                  .bash_profile .esd_auth              mkfontdir  .tcshrc    文档
..                 .bashrc       font.map               mkfs.ext2  .Viminfo   下载
aa.txt             .cache        history.txt            mkfs.msdos 公共  音乐
anaconda-ks.cfg    .config       .ICEauthority          mkinitrd   模板  桌面
.bash_history      .cshrc        initial-setup-ks.cfg   mkrfc2734  视频
.bash_logout       .dbus         .local                 .mozilla   图片
```

②长格式输出，包含文件属性，显示详细信息。

```
# ls -l
总用量 16
-rw-r--r--.1 root root  85 9 月  25 14:04 aa.txt
-rw-------.1 root root 1647 9 月  8 01:27 anaconda-ks.cfg
-rw-r--r--.1 root root    0 9 月  20 22:37 font.map
…
#
```

4. stat——用来显示文件或文件系统状态信息命令

通过该命令可以查看文件的大小、类型、环境、访问权限、访问和修改时间等相关信息。显示/etc/passwd 的文件系统信息，执行以下命令：

```
# stat/etc/passwd
  文件:"/etc/passwd"
  大小:2398            块:8            IO 块:4096   普通文件
设备:fd00h/64768d      Inode:34166768      硬链接:1
…                                     //此处多行内容省略
创建时间:-
#
```

三、文件及目录操作类命令

1. touch——创建文件或修改文件的存取时间

touch 命令可以用来创建文件或用来修改文件的存取时间，如果指定的文件不存在，则会生成一个空文件，命令格式如下：

```
touch[选项]目录或文件名
```

示例 3：使用 touch 命令创建一个或多个文件时，执行以下命令：

```
# cd /mnt                                                    //切换目录
[root@ localhost mnt]# touch file01.txt                          //创建一个文件
[root@ localhost mnt]# touch file02.txt file03.txt file04.txt  //创建多个文件
[root@ localhost mnt]# touch *   //把当前目录下所有文件的存取和修改时间改为当前时间
[root@ localhost mnt]# ls  -l   //查看修改结果
总用量 0
-rw-r--r--.1 root root 0 9 月  25 16:10 file01.txt
-rw-r--r--.1 root root 0 9 月  25 16:10 file02.txt
-rw-r--r--.1 root root 0 9 月  25 16:10 file03.txt
-rw-r--r--.1 root root 0 9 月  25 16:10 file04.txt
[root@ localhost mnt]#
```

2. mkdir——创建新目录

建立新目录的命令是 mkdir，该命令创建指定的目录名，要求创建的用户在当前目录中具有写权限，并且指定的目录名不能是当前目录中已有的目录。目录可以是绝对路径，也可以是相对路径。命令格式如下：

```
mkdir[选项]目录名
```

示例4：使用mkdir命令创建新目录时，执行以下命令：

```
[root@ localhost mnt]# mkdir user01                                    //创建新目录user01
[root@ localhost mnt]# ls  -l
总用量 0
-rw-r--r--.1 root root 0 9月  26 2020 file01.txt
-rw-r--r--.1 root root 0 9月  26 2020 file02.txt
-rw-r--r--.1 root root 0 9月  26 2020 file03.txt
-rw-r--r--.1 root root 0 9月  26 2020 file04.txt
drwxr-xr-x.2 root root 6 9月  25 16:30 user01
```

3. rmdir——删除目录

rmdir是常用的命令，该命令的功能是删除空目录。一个目录被删除之前必须是空的；删除某目录时，也必须具有对父目录的写权限。命令格式如下：

```
rmdir[选项]目录名
```

示例5：使用rmdir命令删除目录时，执行以下命令：

```
# ls  -l  /mnt                    //显示目录下信息
…                                                    //此处多行内容省略
# rm  -r  -f  /mnt/*              //强制删除目录下所有文件和目录
[root@ localhost/]# ls  -l  /mnt                     //显示目录下信息
总用量  0
```

4. cp——复制文件或目录

要将一个文件或目录复制到另一个文件或目录中，可以使用cp命令。命令格式如下：

```
cp[选项]源目录或文件名 目标目录或文件名
```

示例6：使用cp命令复制文件或目录时，执行以下命令：

```
# cd/mnt
[root@ localhost mnt]# touch  a01.txt  a02.txt  a03.txt
[root@ localhost mnt]# mkdir  user01   user02   user03
[root@ localhost mnt]# dir
a01.txt  a02.txt  a03.txt  user01  user02  user03
[root@ localhost mnt]# ls -l
…                                                      //此处多行内容省略
[root@ localhost mnt]#cd ~
# cp  -r  /mnt/a01.txt  /mnt/user01/test01.txt
cp:是否覆盖"/mnt/user01/test01.txt"? y
# ls  -l  /mnt/user01/test01.txt
-rw-r--r--.1 root root 0 6月  25 20:41/mnt/user01/test01.txt
```

5. mv——移动文件或目录

使用mv命令可以为文件或目录改名，或将文件由一个目录移入另一个目录中，如果在同一目录下移动文件或目录，则该操作可理解成给文件或目录改名，相当于重命名。命令格式如下：

```
mv[选项]源目录或文件名 目标目录或文件名
```

示例7：使用 mv 命令移动文件或目录时，执行以下命令：

```
ls -l/mnt                          //显示/mnt 目录信息
…
                                                          //此处多行内容省略
# mv -f/mnt/a01.txt  /mnt/test01.txt  //将 a01.txt 改名为 test01.txt
# ls -l/mnt                           //显示/mnt 目录信息
总用量 0
…
                                                          //此处多行内容省略
#
```

四、vi、vim 编辑器的使用

可视化接口（visual interface，vi），也称为可视化界面，它为用户提供了一个全屏幕的窗口编辑器，窗口中一次可以显示一屏的编辑内容，并可以上下屏滚动。vi 是 Linux 中最基本的文本编辑器，学会它后，可以在 Linux 的世界畅通无阻，尤其是在终端中。

vim(visual interface improved，vim）可以看作是 vi 的改进升级版，vi 和 vim 都是 Linux 系统中的编辑器，不同的是，vim 比较高级，vi 用于文本编辑，但 vim 更适用于面向开发者的云端开发平台。

vim 有 3 种基本工作模式：命令模式、编辑模式、末行模式。考虑到各种用户的需要，采用状态切换的方法实现工作模式的转换。

1. 命令模式

命令模式是用户进入 vim 的初始状态，在此模式中，用户可以输入 vim 命令，让 vim 完成不同的工作任务，如光标移动、复制、粘贴、删除等操作，也可以从其他模式返回到命令模式。在编辑模式下按 Esc 键或在末行模式下输入了错误命令，都会回到命令模式。常用的 vim 命令模式的光标移动命令见表 2－3，vim 命令模式的复制和粘贴命令见表 2－4，vim 命令模式的删除操作命令见表 2－5，vim 命令模式的撤销与恢复操作命令见表 2－6。

表 2－3　vim 命令模式的光标移动命令

操作	功能说明
gg	将光标移动到文章的首行
G	将光标移动到文章的尾行
w 或 W	将光标移动到下一单词
H	将光标移动到该屏幕的顶端
M	将光标移动到该屏幕的中间
L	将光标移动到该屏幕的底端
h(←)	将光标向左移动一格
l(→)	将光标向右移动一格
j(↓)	将光标向下移动一格
k(↑)	将光标向上移动一格
0(Home)	数字 0，将光标移至行首
$(End)	将光标移至行尾
PageUp/PageDown	Ctrl + B/Ctrl + F 上下翻屏

表 2－4　vim 命令模式的复制和粘贴命令

操作	功能说明
yy 或 Y(大写)	复制光标所在的整行
3yy 或 y3y	复制三行（含当前行，后三行），如复制 5 行，即 5yy 或 y5y
y1G	复制至行文件首
yG	复制至行文件尾
yw	复制一个 word
y2w	复制两个字
p(小写)	粘贴到光标的后（下）面，如果复制的是整行，则粘贴到光标所在行的下一行
P(大写)	粘贴到光标的 前（上）面，如果复制的是整行，则粘贴到光标所在行的上一行

表 2－5　vim 命令模式的删除操作命令

操作	功能说明
dd	删除当前行
3dd 或 d3d	删除三行（含当前行，后三行），如删除 5 行，即 5dd 或 d5d
d1G	删除至文件首
dG	删除至文件尾
D 或 d$	删除至行尾
dw	删除至词尾
ndw	删除后面的 n 个词

表 2－6　vim 命令模式的撤销与恢复操作命令

操作	功能说明
u(小写)	取消上一个变动（常用）
U(大写)	取消一行内的所有变动
Ctrl + r	重做一个动作（常用），通常与“u”配置使用，将会为编辑提供很多方便
.	这就是小数点，意思是重复前一个动作。如果想重复删除、复制、粘贴等动作，按下小数点就可以（常用）

2. 编辑模式

在编辑模式下，可对编辑的文件添加新的内容及修改，这是该模式仅有的功能，即文本输入。常用的命令及功能说明见表 2－7。

表 2－7　vim 编辑模式命令

输入	功能说明
a(小写)	在光标之后插入内容
A(大写)	在光标当前行的末尾插入内容
i(小写)	在光标之前插入内容
I(大写)	在光标当前行的开始部分插入内容
o(小写)	在光标所在行的下面新增一行
O(大写)	在光标所在行的上面新增一行

3. 末行模式

末行模式主要用来进行一些文字编辑辅助功能，如查找、替换、文件保存等。在命令模式下输入“:”字符，就可以进入末行模式。若完成了输入的命令或命令出错，就会退出 vim 或返回到命令模式。常用的命令及功能说明见表 2－8，按 Esc 键返回命令模式。

表 2－8　vim 末行模式命令

输入	功能说明
ZZ(大写)	保存当前文件并退出
:wq 或:x	保存当前文件并退出
:q	结束 vim 程序，如果文件有过修改，则必须先存储文件
:q!	强制结束 vim 程序，修改后的文件不会存储
:w[文件路径]	保存当前文件，存储成另一个文件（类似于另存为新文件）
:r[filename]	在编辑的数据中，读入另一个文件的数据，即将 filename 这个文件内容加到光标所在行的后面
:!command	暂时退出 vim 到命令模式下执行 command 的显示结果，如“:!ls/home”即可在 vim 中查看/home 下以 ls 输出的文件信息
:set nu	显示行号，设定之后，会在每一行的前缀显示该行的行号
:set nonu	与:set nu 相反，为取消行号

示例 8：vim 编辑器的使用。

①在当前目录新建文件 newtest.txt，输入文件内容，执行以下命令：

```
# clear                              //清空当前屏幕
```

在命令模式下输入 a/A、i/I 或 o/O，转为编辑模式，完成以下内容输入：

```
1      hello
2      everyone
3      welcome
4      to
5      here
```

输入完以上内容后，按 Esc 键，从编辑模式切换为命令模式，再输入大写字母 ZZ 键，

保存文件内容并退出。

②复制第 2 行与第 3 行文本到文件尾，同时删除第 1 行文件内容。

按 Esc 键，从编辑模式切换为命令模式，将光标移动到第 2 行位置，在键盘上连续按 2yy 键，再按下大写字母 G 键，将光标移动到文件最后一行，再按下小写字母 p 键，复制第 2 行与第 3 行文本到文件尾，然后按下小写字母 gg 键，将光标移动到文件首行，按下小写字母 dd 键，删除第 1 行文件内容，执行以上操作命令，显示文件内容如下：

```
2       everyone
3       welcome
4       to
5       here
2       everyone
3       welcome
```

③在命令模式下，输入“:”字符，进入末行模式，在末行模式下进行查找与替换操作，执行以下命令操作：

```
:1,$ s/everyone/myfriend/g
```

对整个文件进行查找，用 myfriend 字符串替换 everyone，无询问进行替换操作，操作结果如下：

```
2       myfriend
3       welcome
4       to
5       here
2       myfriend
3       welcome
```

④在命令模式下，输入“?”或“/”，进行查询，执行以下命令操作：

```
/welcome
```

按 Enter 键后，可以看到光标在第 2 行 welcome 处闪烁显示。按小写字母 n 键，可以继续进行查找，可以看到光标已经移动到最后一行 welcome 处进行闪烁显示。按下 a/A、i/I 或 o/O 键，进入编辑模式，按 Esc 键切换到命令模式，然后再按大写字母 ZZ 键，保存后退出。

【任务总结】

Linux 的命令功能非常强大，但是因为命令很多且参数各异，给学习记忆这些命令带来了不小的难度。我们在刚开始学习的时候，主要是学习命令原理和用法，不必急于记住命令本身和参数，必要时可以查找 Linux 命令手册。

任务 5　CentOS 7 服务器用户管理

【任务描述】

本次任务主要是在学习 CentOS 7 用户管理相关理论知识的基础上，掌握在 CentOS 7 服

务器上创建和管理本地账户、内置组等。任务目标为实现 CentOS 7 服务器上本地用户的配置和管理。

【任务分析】

Linux 是一个多用户、多任务的操作系统，可以让多个用户同时使用系统，为了保证用户之间的独立性，允许用户保护自己的资源不受非法访问，用户之间可以共享信息和文件，也允许用户分组工作，对不同的用户分配不同的权限，使每个用户都能各自不受干扰地独立工作，因此，作为系统的管理员，掌握系统配置、用户权限设置与管理、文件和目录的权限的设置是至关重要的。

【知识准备】

1. Linux 的用户账户

（1）用户账户分类

Linux 系统下的用户账户分为三种：超级用户(root)、系统用户和普通用户。系统为每一个用户都分配一个用户 ID(UID)，它是区分用户的唯一标志，Linux 并不会直接认识用户的用户名，它认识的其实是以数字表示的用户 ID。

①超级用户(root)：也称为管理员账户，它具有一切权限，它的任务是对普通用户和整个系统进行管理。超级用户对系统具有绝对的控制权，如果操作不当，很容易对系统造成损坏，只有进行系统维护（如建立用户账户）或其他必要情况下才用超级用户登录，以避免系统出现问题。默认情况下，超级用户的 UID 为 0。

②系统用户：是 Linux 系统正常工作所必需的内建的用户，主要是为了满足相应的系统进程对文件属主的要求而建立的，系统用户不能用来登录，如 man、bin、daemon、list、sys 等用户。系统用户的 UID 一般为 1~999。

③普通用户：是为了让使用者能够使用 Linux 系统资源而建立的，普通用户在系统中只能进行普通工作，只能访问他们拥有的或者有权限执行的文件。大多数用户属于此类，普通用户的 UID 一般为 1 000~65 535。

Linux 系统继承了 UNIX 系统传统的方法，采用纯文本文件来保存账户的各种信息，用户可以通过修改文本文件来管理用户和组。用户默认配置信息从/etc/login. defs 文件中读取，用户基本信息在/etc/passwd 文件中，用户密码等安全信息在/etc/shadow 文件中。

因此，账户的管理实际上就是对这几个文件的内容进行添加、修改和删除记录的操作，可以使用 Vim 编辑器来更改它们，也可以使用专门的命令来更改它们，不管以哪种方式来管理账户，了解这几个文件的内容也是非常必要的。Linux 系统为了本身的安全，默认情况下只允许超级用户更改它们。

即使当前系统只有一个用户使用，也应该在超级用户账户之外再建立一个普通用户账户，在用户进行普通工作时，以普通用户账户登录系统，进行相应的操作。

（2）用户账户密码文件

passwd 文件中的每一行代表一个用户的资料，可以看到第一个用户是 root，然后是一些标准账户，每行由 7 个字段的数据组成，字段之间用“:”分隔，其格式如下：

```
账户名称:密码:UID:GID:用户信息:主目录:命令解释器(登录 Shell)
```

passwd 文件内容如图 2－81 所示。

```
[root@localhost ~]# cat -n /etc/passwd
     1  root:x:0:0:root:/root:/bin/bash
     2  bin:x:1:1:bin:/bin:/sbin/nologin
     3  daemon:x:2:2:daemon:/sbin:/sbin/nologin
     4  adm:x:3:4:adm:/var/adm:/sbin/nologin
     5  lp:x:4:7:lp:/var/spool/lpd:/sbin/nologin
     6  sync:x:5:0:sync:/sbin:/bin/sync
     7  shutdown:x:6:0:shutdown:/sbin:/sbin/shutdown
     8  halt:x:7:0:halt:/sbin:/sbin/halt
     9  mail:x:8:12:mail:/var/spool/mail:/sbin/nologin
    10  operator:x:11:0:operator:/root:/sbin/nologin
    11  games:x:12:100:games:/usr/games:/sbin/nologin
    12  ftp:x:14:50:FTP User:/var/ftp:/sbin/nologin
    13  nobody:x:99:99:Nobody:/:/sbin/nologin
    14  systemd-network:x:192:192:systemd Network Management:/:/sbin/nologin
    15  dbus:x:81:81:System message bus:/:/sbin/nologin
    16  polkitd:x:999:998:User for polkitd:/:/sbin/nologin
    17  libstoragemgmt:x:998:995:daemon account for libstoragemgmt:/var/run/lsm:/sbin/
    18  colord:x:997:994:User for colord:/var/lib/colord:/sbin/nologin
    19  rpc:x:32:32:Rpcbind Daemon:/var/lib/rpcbind:/sbin/nologin
    20  gluster:x:996:993:GlusterFS daemons:/run/gluster:/sbin/nologin
    21  saslauth:x:995:76:Saslauthd user:/run/saslauthd:/sbin/nologin
    22  abrt:x:173:173::/etc/abrt:/sbin/nologin
    23  rtkit:x:172:172:RealtimeKit:/proc:/sbin/nologin
    24  pulse:x:171:171:PulseAudio System Daemon:/var/run/pulse:/sbin/nologin
    25  radvd:x:75:75:radvd user:/:/sbin/nologin
    26  unbound:x:994:989:Unbound DNS resolver:/etc/unbound:/sbin/nologin
    27  chrony:x:993:988::/var/lib/chrony:/sbin/nologin
    28  rpcuser:x:29:29:RPC Service User:/var/lib/nfs:/sbin/nologin
```

图 2－81　查看/etc/passwd 文件内容

passwd 文件中的各字段功能说明见表 2－9。

表 2－9　passwd 文件各字段功能说明

字段	功能说明
账户名称	用户账号名称，用户登录时所使用的用户名
密码	用户口令，这里的密码显示为特定的字符×，真正的密码保存在 shadow 文件中
UID	用户的标识，是一个数值，Linux 系统内部使用它来区分不同的用户
GID	用户所在的主组的标识，是一个数值，Linux 系统内部使用它来区分不同的组，相同的组具有相同的 GID
用户信息	可以记录用户的个人信息，如用户姓名、电话等
主目录	用户的宿主目录，用户成功登录后的默认目录
命令解释器	用户所使用的 shell 类型，默认为/bin/bash

【任务实施】

本任务实施步骤如下：

①创建虚拟机器（参照项目一，可继续使用之前创建的虚拟机器 S02(Linux)）。

②完成 Linux 服务器上的用户账户配置和管理工作。

实现用户账号的管理，要完成的工作主要有如下几个方面：

- 用户账号的添加、删除与修改。
- 用户口令的管理。
- 用户组的管理。

一、Linux 系统用户账号的管理

用户账号的管理工作主要涉及用户账号的添加、修改和删除。添加用户账号就是在系统中创建一个新账号，然后为新账号分配用户号、用户组、主目录和登录 Shell 等资源。

1. 添加账户

使用 useradd 命令添加新的用户账号，其语法如下：

```
useradd 选项 用户名
```

参数说明：

选项：

- -c comment，指定一段注释性描述。
- -d 目录，指定用户主目录，如果此目录不存在，则同时使用 -m 选项，可以创建主目录。
- -g 用户组，指定用户所属的用户组。
- -G 用户组，指定用户所属的附加组。
- -s Shell 文件，指定用户的登录 Shell。
- -u 用户号，指定用户的用户号，如果同时有 -o 选项，则可以重复使用其他用户的标识号。

用户名：指定新账号的登录名。

示例 1：

```
# useradd -d  /home/sam -m sam
```

解释：此命令创建了一个用户 sam，其中 -d 和 -m 选项用来为登录名 sam 产生一个主目录/home/sam（/home 为默认的用户主目录所在的父目录）。

示例 2：

```
# useradd -s/bin/sh -g group -G adm,root gem
```

解释：

- 此命令新建了一个用户 gem，该用户的登录 Shell 是/bin/sh，它属于 group 用户组，同时又属于 adm 和 root 用户组，其中 group 用户组是其主组。
- 增加用户账号就是在/etc/passwd 文件中为新用户增加一条记录，同时更新其他系统文件，如/etc/shadow、/etc/group 等。

2. 删除账户

如果一个用户的账号不再使用，可以从系统中删除。删除用户账号就是要将/etc/passwd 等系统文件中的该用户记录删除，必要时还删除用户的主目录。要删除一个已有的用户账号，则使用 userdel 命令，其格式如下：

```
userdel 选项 用户名
```

常用的选项是-r，它的作用是把用户的主目录一起删除。

示例：

```
# userdel -r sam
```

解释：此命令删除用户 sam 在系统文件（主要是/etc/passwd、/etc/shadow、/etc/group 等）中的记录，同时删除用户的主目录。

3. 修改账户

修改用户账号就是根据实际情况更改用户的有关属性，如用户号、主目录、用户组、登录 Shell 等。要修改已有用户的信息，则使用 usermod 命令，其格式如下：

```
usermod 选项 用户名
```

常用的选项包括 -c、-d、-m、-g、-G、-s、-u 及 -o 等，这些选项的意义与 useradd 命令中的选项一样，可以为用户指定新的资源值。

另外，有些系统可以使用选项：

```
-l 新用户名
```

这个选项指定一个新的账号，即将原来的用户名改为新的用户名。

示例：

```
# usermod -s/bin/ksh -d/home/z -g developer sam
```

解释：此命令将用户 sam 的登录 Shell 修改为 ksh，主目录改为/home/z，用户组改为 developer。

4. 账户口令管理

用户管理的一项重要内容是用户口令的管理。用户账号刚创建时没有口令，但是被系统锁定，无法使用，必须为其指定口令后才可以使用，即使是指定空口令。指定和修改用户口令的 Shell 命令是 passwd。超级用户可以为自己和其他用户指定口令，普通用户只能用它修改自己的口令。命令的格式为：

```
passwd 选项 用户名
```

可使用的选项：

- -l，锁定口令，即禁用账号。
- -u，口令解锁。
- -d，使账号无口令。
- -f，强迫用户下次登录时修改口令。

如果默认用户名，则修改当前用户的口令。

示例：

- 如果当前用户是 sam，则下面的命令修改该用户自己的口令：

```
$ passwd
Old password:******
New password:*******
Re-enter new password:*******
```

- 如果是超级用户，可以用下列形式指定任何用户的口令：

```
# passwd sam
New password:*******
Re-enter new password:*******
```

解释：普通用户修改自己的口令时，passwd 命令会先询问原口令，验证后再要求用户输入两遍新口令，如果两次输入的口令一致，则将这个口令指定给用户；而超级用户为用户指定口令时，就不需要知道原口令。为了系统安全起见，用户应该选择比较复杂的口令，例如最好使用 8 位长的口令，口令中包含有大写、小写字母和数字，并且应该与姓名、生日等不相同。

二、Linux 系统用户组的管理

每个用户都有一个用户组，系统可以对一个用户组中的所有用户进行集中管理。不同 Linux 系统对用户组的规定有所不同，如 Linux 下的用户属于与它同名的用户组，这个用户组在创建用户时同时创建。

用户组的管理涉及用户组的添加、删除和修改。组的增加、删除和修改实际上就是对/etc/group 文件的更新。

①使用 groupadd 命令增加一个新的用户组。其格式如下：

```
groupadd 选项 用户组
```

可以使用的选项有：

- -g GID，指定新用户组的组标识号（GID）。
- -o，一般与 -g 选项同时使用，表示新用户组的 GID 可以与系统已有用户组的 GID 相同。

示例 1：

```
# groupadd group1
```

解释：此命令向系统中增加了一个新组 group1，新组的组标识号是在当前已有的最大组标识号的基础上加 1。

示例 2：

```
# groupadd -g 101 group2
```

解释：此命令向系统中增加了一个新组 group2，同时指定新组的组标识号是 101。

②如果要删除一个已有的用户组，使用 groupdel 命令，其格式如下：

```
groupdel 用户组
```

示例：

```
# groupdel group1
```

解释：此命令从系统中删除组 group1。

③使用 groupmod 命令修改用户组的属性。其语法如下：

```
groupmod 选项 用户组
```

常用的选项有：

- -g GID，为用户组指定新的组标识号。
- -o，与 -g 选项同时使用，用户组的新 GID 可以与系统已有用户组的 GID 相同。
- -n 新用户组，将用户组的名字改为新名字。

示例1：

```
# groupmod -g 102 group2
```

解释：此命令将组group2的组标识号修改为102。

示例2：

```
# groupmod -g 10000 -n group3 group2
```

解释：此命令将组group2的标识号改为10000，组名修改为group3。

④如果一个用户同时属于多个用户组，那么用户可以在用户组之间切换，以便具有其他用户组的权限。用户可以在登录后，使用命令newgrp切换到其他用户组，这个命令的参数就是目的用户组。例如：

```
$ newgrp root
```

这条命令将当前用户切换到root用户组，前提条件是root用户组确实是该用户的主组或附加组。

【任务总结】

用户的账号一方面可以帮助系统管理员对使用系统的用户进行跟踪，并控制他们对系统资源的访问；另一方面也可以帮助用户组织文件，并为用户提供安全性保护。类似于Windows服务器的用户账号的图形化管理方式，Linux服务器的用户和用户组的管理也可以通过集成的图形化系统管理工具来完成。

任务6 CentOS 7服务器磁盘管理

【任务描述】

本次任务主要是在学习CentOS 7磁盘管理相关理论知识的基础上，掌握在CentOS 7服务器上对本地磁盘进行配置和管理。任务目标为实现CentOS 7服务器上本地磁盘的配置和管理。

【任务分析】

对于任何一个通用操作系统，磁盘管理与文件管理都是必不可少的功能，同样，Linux操作系统提供了非常强大的磁盘与文件管理功能，Linux系统的网络管理员应掌握配置和管理磁盘的技巧，高效地对磁盘空间进行使用和管理。如果Linux服务器有多个用户经常存取数据，为了有效维护用户数据的安全与可靠，配置逻辑卷及RAID阵列管理磁盘。

【知识准备】

一、Linux系统中设备命名规则

在Linux系统中，每个硬件设备都有一个称为设备名称的特别名字，例如，接在IDE1的第一个硬盘（master主硬盘），其设备名称为/dev/hda，也就是说，可以用“/dev/hda”

来代表此硬盘。硬盘设备在 Linux 系统中的命名规则如下：

```
IDE1 的第 1 个硬盘(master)/dev/hda;
IDE1 的第 2 个硬盘(slave)/dev/hdb;
…
IDE2 的第 1 个硬盘(master)/dev/hdc;
IDE2 的第 2 个硬盘(slave)/dev/hdd;
…
SCSI 的第 1 个硬盘/dev/sda ;
SCSI 的第 2 个硬盘/dev/sdb ;
…
```

在 Linux 系统中，分区的概念和 Windows 的更加接近，硬盘分区按照功能的不同，可以分为以下几类：

1. 主分区（primary）

在划分硬盘的第 1 个分区时，通常会将其指定为主分区，Linux 最多可以让用户创建 4 个主分区，主要是用来启动操作系统的，它主要放的是操作系统的启动或引导程序。/boot 分区最好放在主分区上。

2. 扩展分区（extended）

由于 Linux 中一个硬盘最多只允许有 4 个主分区，如果想要创建更多的分区，怎么办？于是就有了扩展分区的概念。用户可以创建一个扩展分区，然后在扩展分区上创建多个逻辑分区。从理论上来说，逻辑分区没有数量上的限制。需要注意的是，创建扩展分区的时候，会占用一个主分区的位置，因此，如果创建了扩展分区，一个硬盘上便最多只能创建三个主分区和一个扩展分区。而且，扩展分区不是用来存放数据的，它的主要功能是创建逻辑分区。这个概念和 Windows 的一模一样。

3. 逻辑分区（logical）

逻辑分区不能够直接创建，它必须依附在扩展分区下，容量受到扩展分区大小的限制，通常逻辑分区是存放文件和数据的地方。

大部分设备的前缀名后面跟随一个数字，它唯一指定某一设备。硬盘驱动器的前缀名后面跟随一个字母和一个数字，字母用于指明设备，而数字用于指明分区。

二、磁盘分区

在安装 Linux 系统时，其中有一个步骤就是进行磁盘分区。可以采用 RAID 和 LVM 等方式进行分区，除此之外，在 Linux 系统中还有 fdisk、cfdisk、parted 等分区工具进行分区。

【任务实施】

本任务实施步骤如下：

①创建虚拟机器（参照项目一，可继续使用之前创建的虚拟机器 S02（Linux））

②完成 Linux 服务器上的本地磁盘的管理和配置工作。

一、Linux 磁盘管理常用的三个命令 df、du 和 fdisk

命令功能描述：

- df（disk full），列出文件系统的整体磁盘使用量。
- du（disk used），检查磁盘空间使用量。

- fdisk，用于磁盘分区。

下面逐个演示这些命令的使用方法。

1. df

df 命令参数功能：检查文件系统的磁盘空间占用情况。可以利用该命令来获取硬盘被占用了多少空间，目前还剩下多少空间等信息。命令格式：

```
df[ -ahikHTm][目录或文件名]
```

选项与参数：

- -a，列出所有的文件系统，包括系统特有的/proc 等文件系统。
- -k，以 KB 的容量显示各文件系统。
- -m，以 MB 的容量显示各文件系统。
- -h，以人们较易阅读的 GB、MB、KB 等格式自行显示。
- -H，以 M=1 000K 取代 M=1 024K 的进位方式。
- -T，显示文件系统类型，连同该 partition 的 filesystem 名称（例如 ext3）也列出。
- -i，不用硬盘容量，而以 inode 的数量来显示。

示例 1：将系统内所有的文件系统列出来。

```
# df
Filesystem      1K-blocks     Used Available Use% Mounted on
...                                     //此处多行内容省略
tmpfs              371332        0    371332   0% /dev/shm
```

解释：在 Linux 中，如果 df 没有加任何选项，那么默认会将系统内所有的（不含特殊内存内的文件系统与 swap）都以 1 Kb 的容量列出来。

示例 2：将容量结果以易读的容量格式显示出来。

```
# df -h
...                                  //此处多行内容省略
tmpfs                363M    0  363M  0% /dev/shm
```

示例 3：将系统内的所有特殊文件格式及名称都列出来。

```
# df -aT
Filesystem    Type 1K-blocks    Used Available Use% Mounted on
...                                     //此处多行内容省略
tmpfs         tmpfs   371332       0    371332   0% /dev/shm
```

示例 4：将/etc 下可用的磁盘容量以易读的容量格式显示。

```
# df -h/etc
Filesystem             Size  Used Avail Use% Mounted on
/dev/hdc2              9.5G  3.7G  5.4G  41% /
```

2. du

Linux 的 du 命令也是查看使用空间的，但是与 df 命令不同的是，du 命令是对文件和目录磁盘使用空间的查看，和 df 命令还是有一些区别的。命令格式如下：

```
du[ -ahskm]文件或目录名称
```

选项与参数：

-a，列出所有的文件与目录容量，因为默认仅统计目录下的文件量。

-h，以人们较易读的容量格式（G/M）显示。

-s，列出总量，而不列出每个目录占用容量。

-S，不包括子目录下的总计，与-s有点差别。

-k，以KB列出容量显示。

-m，以MB列出容量显示。

示例1：只列出当前目录下的所有文件夹容量（包括隐藏文件夹）：

```
# du
8        ./test4        <==每个目录都会列出来
…                                   //此处多行内容省略
12       ./.gconfd      <==包括隐藏文件的目录
220      .              <==这个目录(.)所占用的总量
```

解释：直接输入du，并且没有加任何选项时，du会分析当前所在目录里的子目录所占用的硬盘空间。

示例2：将文件的容量也列出来。

```
# du -a
12       ./install.log.syslog    <==有文件的列表了
…                                              //此处多行内容省略
12       ./.gconfd
```

示例3：检查根目录下每个目录所占用的容量。

```
# du -sm/*
…                                   //此处多行内容省略
3859     /usr     <==系统初期最大就是它了
```

解释：通配符*代表每个目录。

注意：与df不一样的是，du这个命令其实会直接到文件系统内去搜寻所有的文件数据。

3. fdisk

fdisk是Linux的磁盘分区表操作工具。

语法：

```
fdisk[-l]装置名称
```

选项与参数：

- -l，输出后面接的装置所有的分区内容。若仅有fdisk -l，则系统将会把整个系统内能够搜寻到的装置的分区均列出来。

示例1：列出所有分区信息。

```
# fdisk -l
Disk/dev/xvda: 21.5 GB, 21474836480 bytes
…                                   //此处多行内容省略
```

```
Device Boot     Start  End    Blocks     Id  System
/dev/xvda1*     1      2550   20480000   83  Linux
/dev/xvda2      2550   2611   490496     82  Linux swap/Solaris
Disk/dev/xvdb: 21.5 GB, 21474836480 bytes
255 heads, 63 sectors/track, 2610 cylinders
Units = cylinders of 16065 * 512 = 8225280 bytes
Sector size (logical/physical): 512 bytes/512 bytes
I/O size (minimum/optimal): 512 bytes/512 bytes
Disk identifier: 0x56f40944
Device Boot   Start  End    Blocks      Id  System
/dev/xvdb2    1      2610   20964793 +  83  Linux
```

示例2：找出系统中根目录所在磁盘，并查阅该硬盘内的相关信息。

```
# df/              <== 注意:重点是找出磁盘文件名
Filesystem            1K-blocks    Used Available Use%  Mounted on
/dev/hdc2               9920624  3823168  5585388  41% /

# fdisk/dev/hdc    <== 仔细看,不要加上数字
The number of cylinders for this disk is set to 5005.
…
                                                   //此处多行内容省略
Command (m for help):      <== 等待你的输入!
```

输入 m 后，就会看到以下命令介绍：

```
Command (m for help): m                  <== 输入 m 后,就会看到以下命令介绍
Command action
  a   toggle a bootable flag
  b   edit bsd disklabel
  c   toggle the dos compatibility flag
  d   delete a partition                 <== 删除一个 partition
…
                                                //此处多行内容省略
  n   add a new partition                <== 新增一个 partition
  o   create a new empty DOS partition table
  p   print the partition table          <== 在屏幕上显示分割表
  q   quit without saving changes        <== 不储存离开 fdisk 程序
…
                                                //此处多行内容省略
  w   write table to disk and exit       <== 将刚刚的动作写入分割表
  x   extra functionality (experts only)
```

离开 fdisk 时按下 q，那么所有的动作都不会生效；相反，按下 w 则动作生效。

```
Command (m for help): p   <== 这里可以输出目前磁盘的状态

Disk/dev/hdc: 41.1 GB, 41174138880 bytes                <== 这个磁盘的文件名与容量
255 heads, 63 sectors/track, 5005 cylinders             <== 磁头、扇区与磁柱大小
Units = cylinders of 16065 * 512 = 8225280 bytes  <== 每个磁柱的大小
…
                                                         //此处多行内容省略
# 装置文件名 启动区否 开始磁柱    结束磁柱  1 KB 大小容量 磁盘分区槽内的系统
Command (m for help): q
```

使用 p 可以列出目前这个磁盘的分割表信息，这个信息的上半部分显示整体磁盘的状态。

二、磁盘格式化

磁盘分割完毕后，要进行文件系统的格式化。格式化的命令非常简单，使用 mkfs（make filesystem）命令即可。命令格式：

```
mkfs[ -t 文件系统格式]装置文件名
```

选项与参数：

- -t：可以接文件系统格式，例如 ext3、ext2、vfat 等（系统有支持才会生效）。

示例 1：查看 mkfs 支持的文件格式。

```
#mkfs[tab][tab]
mkfs         mkfs.cramfs  mkfs.ext2    mkfs.ext3    mkfs.msdos  mkfs.vfat
```

解释：按下两次 Tab 键，会发现 mkfs 支持的文件格式如上所示。

示例 2：将分区/dev/hdc6（可指定你自己的分区）格式化为 ext3 文件系统。

```
#mkfs -t ext3/dev/hdc6
mke2fs 1.39 (29-May-2006)
Filesystem label =                 <==这里指的是分割槽的名称(label)
OS type: Linux
Block size =4096 (log =2)         <==block 的大小配置为 4 KB
Fragment size =4096 (log =2)
251392 inodes, 502023 blocks       <==由此配置决定的 inode/block 数量
…                                              //此处多行内容省略
Writing inode tables: done
Creating journal (8192 blocks): done <==有日志记录
Writing superblocks and filesystem accounting information: done
This filesystem will be automatically checked every 34 mounts or
180 days, whichever comes first.  Use tune2fs -c or -i to override.
#这样就创建了所需的 ext3 文件系统了
```

三、磁盘检验

fsck（file system check）用来检查和维护不一致的文件系统。若系统掉电或磁盘发生问题，则可利用 fsck 命令对文件系统进行检查。命令格式：

```
fsck[ -t 文件系统][ -ACay]装置名称
```

选项与参数：

- -t，给定档案系统的型式，若在/etc/fstab 中已有定义或 Kernel 本身已支援，则不需加上此参数。
- -s，依序一个一个地执行 fsck 的指令来检查。
- -A，对/etc/fstab 中所有列出来的分区（partition）做检查。
- -C，显示完整的检查进度。
- -d，打印出 e2fsck 的 debug 结果。
- -p，同时有- A 条件时，同时有多个 fsck 的检查一起执行。
- -R，同时有- A 条件时，省略，不检查。

- -V，详细显示模式。
- -a，如果检查有错，则自动修复。
- -r：如果检查有错，则由使用者回答是否修复。
- -y：选项指定检测每个文件是自动输入 yes，在不确定哪些是不正常时，可以执行 #fsck -y 全部检查修复。

示例 1：查看系统有多少文件系统支持的 fsck 命令。

```
# fsck[tab][tab]
fsck        fsck.cramfs   fsck.ext2     fsck.ext3     fsck.msdos    fsck.vfat
```

示例 2：强制检测/dev/hdc6 分区。

```
# fsck -C -f -t ext3/dev/hdc6
...                                                    //此处多行内容省略
vbird_logical:11/251968 files (9.1% non-contiguous),36926/1004046 blocks
```

解释：如果没有加上-f 选项，则由于这个文件系统不曾出现问题，检查的速度非常快；若加上-f 强制检查，则会一项一项显示过程。

四、磁盘挂载与卸除

1. 使用 mount 命令挂载

磁盘挂载语法：

```
mount[ -t 文件系统][ -L Label 名][ -o 额外选项][-n]装置文件名 挂载点
```

示例：用默认的方式将刚刚创建的/dev/hdc6 挂载到/mnt/hdc6 上面。

```
# mkdir/mnt/hdc6
# mount/dev/hdc6/mnt/hdc6
# df
Filesystem          1K-blocks       Used Available Use% Mounted on
...
/dev/hdc6              1976312     42072   1833836   3% /mnt/hdc6
```

2. 使用 umount 命令卸载

磁盘卸载语法：

```
umount[ -fn]装置文件名或挂载点
```

选项与参数：

- -f，强制卸除。可用于类似网络文件系统（NFS）无法读取到的情况下。
- -n，不升级/etc/mtab 情况下卸载。

示例：卸载/dev/hdc6。

```
# umount/dev/hdc6
```

【任务总结】

Linux 服务器的管理员应熟练掌握配置和管理磁盘的方法和技巧。受篇幅所限，这里主要介绍了 Linux 磁盘管理的基本方法和命令，并没有对磁盘配额、磁盘阵列等内容进行展开，想深入学习的同学可以进一步查找相关资料。

项目三

域服务配置与管理

【项目场景】

目前，慧心科技有限公司已经迈入了发展的快车道，专门成立了网络信息管理部门。为此，公司领导提出了一些网络管理方面的要求，希望网管部门完成以下项目任务：

如图3-1所示，要求建立统一的网络管理规划，出于统一管理及网络安全考虑，要求所有员工所使用的办公设备如计算机、打印机及日常办公事务统一在公司域环境管理之下。

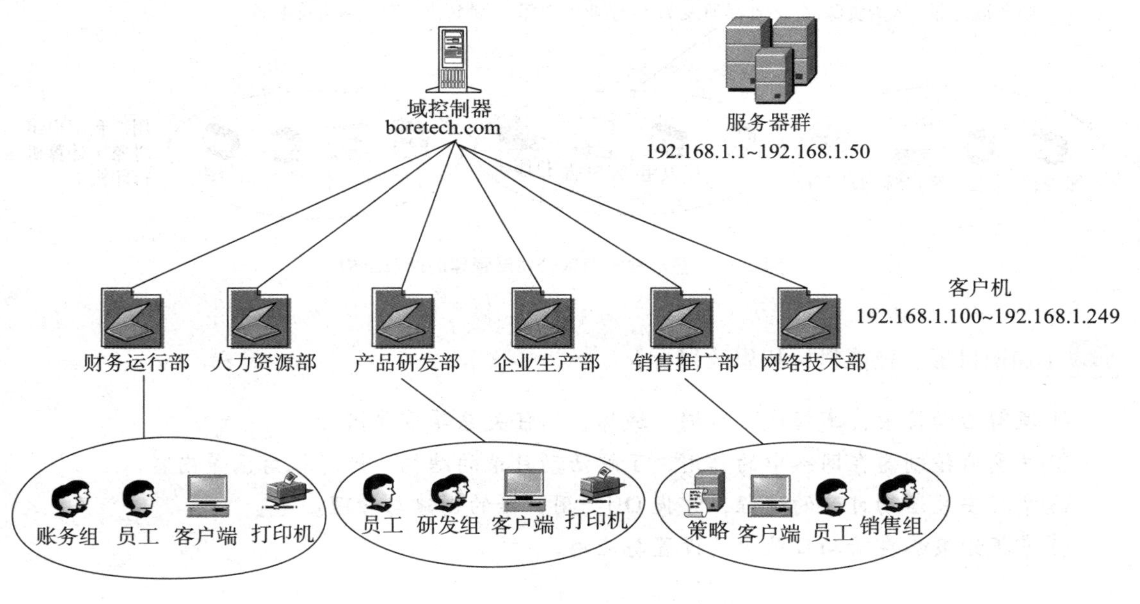

图3-1　慧心科技有限公司域管理

【需求分析】

域是计算机网络的一种形式，其中所有用户账户、计算机、打印机和其他安全主体都在位于称为域控制器的一个或多个中央计算机集群上的中央数据库中注册，身份验证在域控制器上进行。通过使用域，可以将网络中的多台计算机在逻辑上组织到一起，对网络资源进行集中管理，让用户可以更便捷地去访问网络资源，从而大大降低网络管理成本。为实现企业内部网络管理环境，可以利用服务器提供的域服务进行相应的网络管理。

【方案设计】

依据慧心科技有限公司的现有的网络规划及各部门情况，在网络管理中，搭建一个域服务器（域控制器），作为网络管理的核心。对于慧心科技公司的各个部门，在网络管理中，作为组织单元，用于对部门人员、设备等进行管理。所有用户及设备加入域中，接受域控制器的集中式管理。其域管理下的逻辑结构如图 3－2 所示。

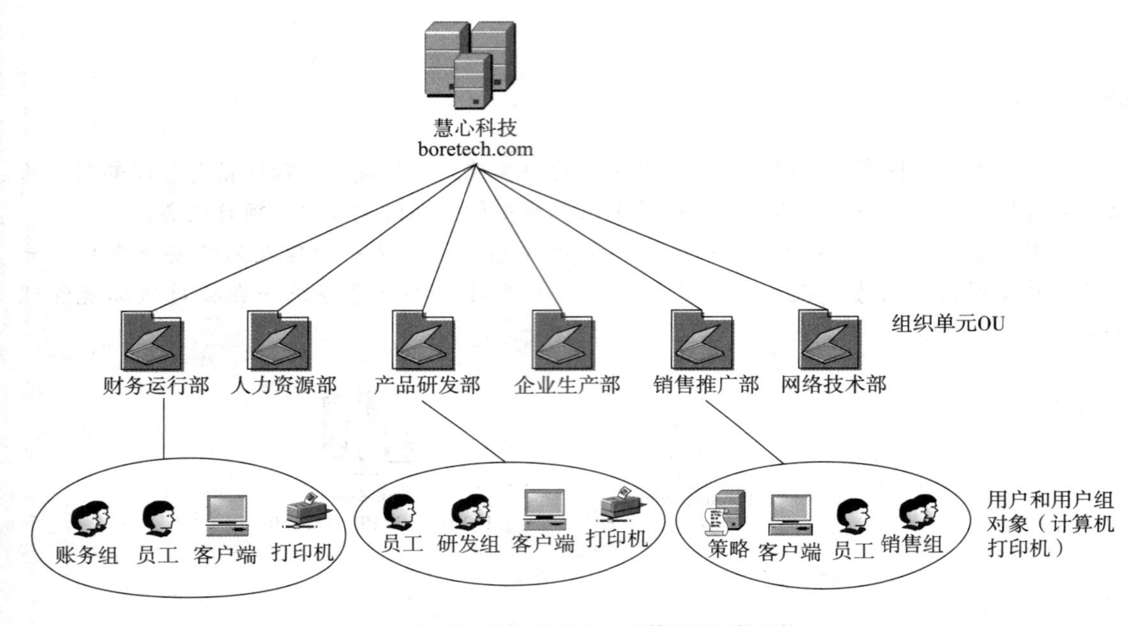

图 3－2　慧心科技有限公司域管理的逻辑结构

【知识目标、技能目标和思政目标】

①理解活动目录，掌握域、域树、域林、信任关系等重要概念。
②熟悉域控制器在网络中的作用，了解活动目录的结构、计算机角色等内容。
③掌握安装活动目录的过程，掌握 OU、用户等的创建与管理。
④掌握组策略在活动目录中的设置与应用。

任务 1　域服务器配置与管理

【任务描述】

目前，慧心科技有限公司已经迈入了发展的快车道，专门成立了网络信息管理部门。

公司建立统一的网络管理规划，出于统一管理及网络安全考虑，要求所有员工所使用的办公设备如计算机、打印机及日常办公事务统一在公司域环境管理之下，网络管理采用单域模式。

1. 域规模与 IP 地址规划

在本项目中，IP 地址采用 192.168.1.0/24 网段。计算机默认网关为 192.168.1.250 ~ 192.168.1.254 之间的 IP，服务器采用 192.168.1.1 ~ 192.168.1.50 之间的 IP，客户机占用 192.168.1.100 以上的 IP。

2. 域规划

根据网络规模、集中管理与结构简单原则，公司决定先采用单域结构，域名为 boretech.com。与多域结构相比，它能实现网络资源集中管理，并保证管理的简单性和低成本。在域内按照部门名称划分组织单位（OU），分别是财务运行部、人力资源部、产品研发部、企业生产部、销售推广部、网络技术部，用于存储和管理各部门的用户资源。整个域结构与公司管理结构相匹配，可以实现网络资源的层次管理。域控制器作为整个域的核心服务器，完成对公司所有员工的账户管理和安全策略的实施，如图 3－1 所示。

3. 用户账户和组规划

在各部门的 OU 中，分别为该部门员工创建唯一的域用户账户，并要求域用户账户在首次登录时更改密码。密码最小长度为 8 位，并且符合复杂性要求。为每个部门创建全局组，并将同部门的员工账户分别加入各部门的全局组。

4. 网络拓扑结构

为了验证慧心科技有限公司域网络，采用虚拟平台验证相应的管理与应用，虚拟平台网络拓扑结构如图 3－3 所示。

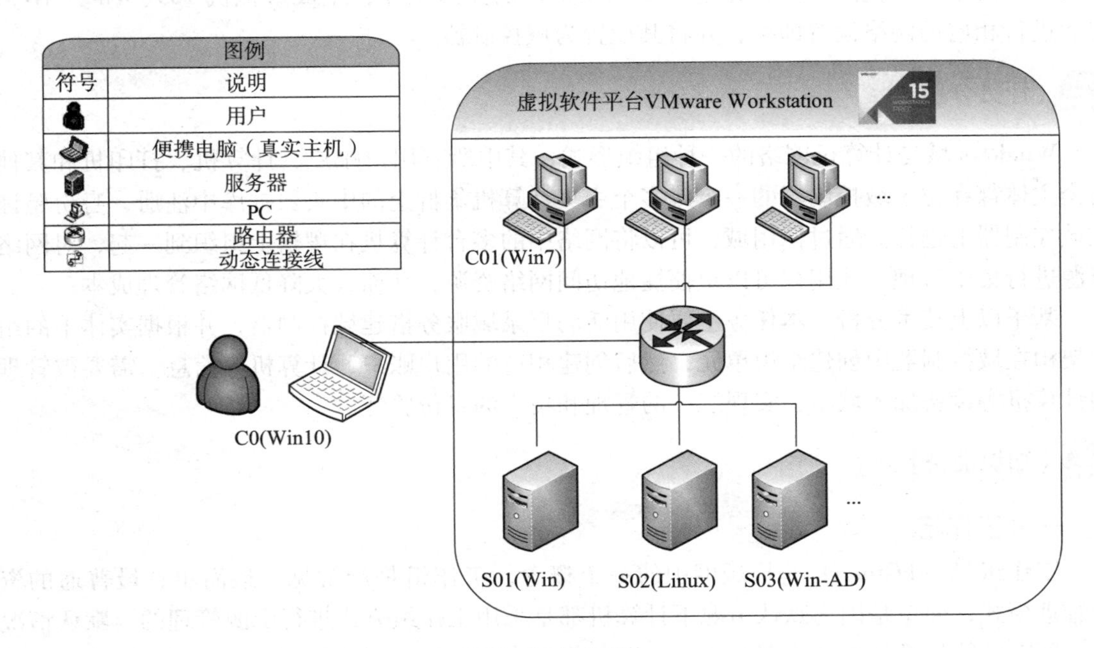

图 3－3　网络拓扑

表 3－1 中对搭建的虚拟网络中的机器进行了详细说明。

表 3-1　虚拟网络中的机器列表

序号	机器名称	硬件配置	操作系统	IP/网关	网络连接方式	备注
1	S01(Win)	1 块 60 GB 硬盘、内存 2 GB	Windows Server 2019 x64	IP：192.168.1.1/24 网关：192.168.1.254	桥接网络	虚拟机，服务器
2	S02(Linux)	硬盘 60 GB、内存 2 GB、单网卡	CentOS 7 64 位	IP：192.168.1.21/24 网关：192.168.1.254	桥接网络	虚拟机，服务器
3	S03 (Win-AD)	1 块 60 GB 硬盘、内存 2 GB	Windows Server 2019 x64	IP：192.168.1.12/24 网关：192.168.1.254 用户： 管理员：administrator 域用户：zhangsan，lisi	桥接网络	虚拟机，域控制器
4	C01(Win7)	硬盘 40 GB、3 块 10 GB 硬盘、内存 1 GB、双网卡	Windows 7	IP：192.168.1.107/24 网关：192.168.1.254	桥接网络	虚拟机，客户机
5	C0(Win10)		Windows 10	IP：192.168.1.110/24 网关：192.168.1.254		真实主机，客户机

说明：表 3-1 中，S01(Win) 与 S03(Win-AD) 采用相同的操作系统，可以按照本书项目一中的虚拟机克隆方法首先进行 S01(Win) 的克隆工作，生成虚拟机 S03(Win-AD)，然后进行相应的网络设置即可，并将其设置为域控制器。

【任务分析】

Windows 域是计算机网络的一种组织形式，其中所有用户账户、计算机、打印机和其他安全主体都在位于域控制器的一个或多个中央计算机集群上的中央数据库中注册，身份验证在域控制器上进行。通过使用域，可以将网络中的多台计算机在逻辑上组织到一起，对网络资源进行集中管理，让用户可以更便捷地访问网络资源，从而大大降低网络管理成本。

基于以上技术分析，本任务主要使用活动目录域服务搭建域控制器，并根据实体中的组织架构在域控制器中创建组织单元，然后创建相应的用户账户、计算机等信息。需要被管理的计算机等设备加入域中，实现统一的管理和集中的身份验证。

【知识准备】

一、工作组

工作组(WorkGroup) 是局域网中的一个概念，工作组是最常见、最简单、最普通的资源管理模式，简单是因为默认情况下计算机都是采用工作组方式进行资源管理的。默认情况下，所有计算机都处在名为 WorkGroup 的工作组中，工作组资源管理模式适用于网络中计算机不多、对管理要求不严格的情况。它的建立步骤简单，使用起来也很容易。大部分中小公司都采取工作组的方式对资源进行权限分配和目录共享。相同组中的不同用户通过对方主机

的用户名和密码可以查看对方共享的文件夹。

二、域

1. 定义

所谓域(Domain)，就是由网络管理员定义的共享用户账号、计算机账号及安全策略的一组计算机的集合。在域中使用计算机的每个人都会收到唯一的用户账户，然后可以为该账户分配对该域内资源的访问权限，只要用户和计算机在同一个 Active Directory 内，就认为它们都在域的安全边界之内。Active Directory 是负责维护该中央数据库的 Windows 组件。

2. 域的原理

在“域”模式下，至少有一台服务器负责每一台连入网络的计算机和用户的验证工作，相当于一个单位的门卫，称为域控制器(Domain Controller，DC)。域控制器中保存着整个域的用户账号、组、计算机、共享文件夹等活动目录对象的相关数据构成的数据库，管理员可以通过修改类似于数据库的配置，实现对整个域的管理和控制。当计算机连入网络时，域控制器首先要鉴别这台计算机是否属于这个域、使用的登录账号是否存在、密码是否正确。如果以上信息有一样不正确，那么域控制器就会拒绝这个用户从这台计算机登录。如果不能登录，用户就不能访问服务器上有权限保护的资源，他只能以对等网用户的方式访问 Windows 共享出来的资源，这样就在一定程度上保护了网络上的资源。

可以把域和工作组联系起来理解，在工作组中的设置，用户登录和密码验证都是在本机中完成的。而如果用户的计算机加入域，各种策略是域控制器统一设定的，用户名和密码也是放到域控制器上进行验证的，也就是说，用户的账号密码可以在同一域的任何一台计算机登录。

要把一台计算机加入域，仅仅使它和服务器在网上邻居中能够相互“看”到是远远不够的，必须要由网络管理员进行相应的设置，把这台计算机加入域中，这样才能实现文件的共享，集中统一，便于管理。

3. 工作组和域的区别

“域”和“工作组”都是由一些计算机组成的，主要的区别在于：

①域和工作组适用的环境不同，域一般用在比较大的网络中，工作组则用在较小的网络中。

②工作组是对等网络，在一个工作组里的所有计算机都是对等的，也就是没有服务器和客户机之分。域是 B/S 架构，集中式管理。

③工作组是一群计算机的集合，它仅仅是一个逻辑的集合，各自计算机还是由自己管理的，要访问其中的计算机，必须要到被访问计算机上实现用户验证。而域不同，域是一个有安全边界的计算机集合，在同一个域中的计算机彼此之间已经建立了信任关系，在域内访问其他机器，不再需要被访问机器的许可。

④创建方式不同。“工作组”可以由任何一个计算机的拥有者来创建，而“域”只能由服务器来创建。

⑤安全机制不同。在“域”中有可以登录该域的账号，这些由域管理员来建立。登录“域”时，要提交“域用户名”和“密码”，一旦登录，便被赋予相应的权限。在工作组方式下，计算机启动后自动就在工作组中。在“工作组”中不存在组账号，只有本机上的账号和密码。

三、活动目录 Active directory 域服务架构

1. AD DS

活动目录（Active Directory，AD）是 Windows Server 中的一种目录服务，负责架构中大型网络环境的集中式目录管理服务。活动目录域服务（Active Directory Domain Service，AD DS）存储有关网络对象（如用户、群组、计算机、组织单元、共享资源、打印机和联系人等）的信息，并向用户和网络管理员提供这些信息。同时，将结构化数据存储作为目录信息逻辑和分层组织的基础，使管理员比较方便地查找并使用这些网络信息。AD DS 使用域控制器，向网络用户授予通过单个登录进程访问网络上任意位置的允许资源的权限。启用目录的应用程序（例如 Microsoft Exchange Server）和其他 Windows Server 技术（例如组策略）也需要 AD DS。

2. AD DS 作用

（1）用户服务

管理用户的域账号、用户信息、企业通信录（与电子邮箱系统集成）、用户组、用户身份认证、用户授权及按需实施组管理策略等。

（2）计算机管理

管理服务器和客户端计算机账户、所有服务器和客户端计算机加入域，以及按需实施组策略。

（3）资源管理

管理打印机、文件共享服务、网络资源等实施组策略。

（4）应用系统的支持

对电子邮件，在线即时通信、企业信息管理、微软 CRM 和 ERP 等业务系统提供数据认证（身份认证、数据集成、组织规则等）。

（5）客户端桌面管理

系统管理员可以集中地配置各种桌面配置策略，如用户适用域中资源权限限制、界面功能限制、应用程序执行特征限制、网络连接限制、安全配置限制等。

3. AD DS 结构

活动目录结构主要是指网络中所有用户、计算机及其他网络资源的层次关系，就像是一个大型仓库中分出若干个小的储藏间，每一个小储藏间分别用来存放不同的东西一样。通常情况下，活动目录的结构可以分为逻辑结构和物理结构。

（1）活动目录的逻辑结构

活动目录的逻辑结构非常灵活，目录中的逻辑单元包括域、域树、域林和组织单元（Organizational Unit，OU）。

①域。域是一种逻辑的组织形式，是安全的边界，除非域管理员得到其他域的明确授权，否则只能在该域内有必要的管理权限。域是 AD 的根，是 AD 的管理单位，活动目录 AD 是实现域的方法。域中包含着大量的域对象，如组织单位（Organization Unit）、组（Group）、用户（User）、计算机（Computer）、联系人（Contact）、打印机、安全策略等。

②组织单位。组织单位是一个容器对象，可以把域中的对象组织成逻辑组，帮助网络管理员简化管理组。组织单位可以包含下列类型的对象：用户、计算机、工作组、打印机、安全策略、其他组织单位等。可以在组织单位基础上部署组策略，统一管理组织单位中的域

对象。

可以把域中的对象组成一个完全逻辑上的层次结构。对于企业来讲，可以按部门把所有的用户和设备组成一个组织单元层次结构，也可以按地理位置形成层次结构，还可以按功能和权限分成多个组织层次结构。由于组织单元层次结构局限于域的内部，所以一个域中的组织单元层次结构与另一个域中的组织单元层次结构没有任何关系，就像是 Windows 资源管理器中位于不同目录下的文件，可以重名或重复。

③组。组是一批具有相同管理任务的用户账户或者其他域对象的集合。例如一个公司的开发组、产品组、运维组等。

组分为两类：

安全组：用来设置有安全权限相关任务的用户或者计算机账户的集合。比如，产品组都可以登录并访问某 ftp 地址，并拿到某个文件。

通信组：用于用户之间通信的组，使用通信组可以向一组用户发送电子邮件。比如，要向团队内 10 位成员都发送同一封邮件，这里就要抄送 9 次，而如果使用组，直接可以一次性发送完成，所有产品组内的成员都会收到邮件。

④用户。用户是 AD 中最小的管理单位，域用户最容易管理又最难管理。如果赋予域用户的权限过大，将带来安全隐患；如果权限过小，域用户无法正常工作。

域中常见用户类型为：

普通用户：创建的域用户默认添加到“Domain Users”中。

域管理员：将普通域用户添加进“Domain Admins”中，则其权限升为域管理员。

企业管理员：将普通域管理员添加进“Enterprise Admins”，则其权限提升为企业管理员。企业管理员具有最高权限。

（2）活动目录的物理结构

在域结构的网络中，计算机身份是一种不平等的关系，存在着四种类型，如图 3－4 所示。

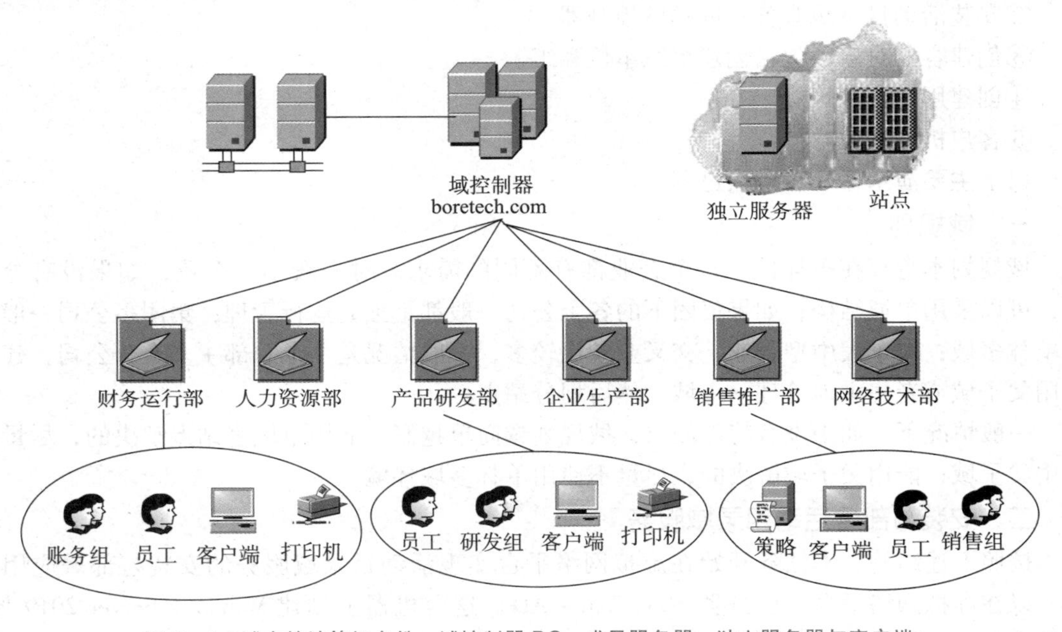

图 3－4　域中的计算机身份：域控制器 DC、成员服务器、独立服务器与客户端

①域控制器(Domain Control，DC)。在域架构中，最核心的就是DC。运行AD DS的服务器称为域控制器。要创建域，首先要创建DC，即安装AD DS，DC创建完成后，把所有的客户端加入DC，由网络管理员进行相应的设置，把这台电脑加入域中。这样才能实现文件的共享，集中统一，便于管理，这样就形成了域环境。

②成员服务器。成员服务器是指安装了Windows Server操作系统，又加入了域的计算机，但没有安装活动目录，这时服务器的主要目的是提供网络资源，也被称为现有域中的附加域控制器。成员服务器通常具有以下类型服务器的功能：文件服务器、应用服务器、数据库服务器、Web服务器、证书服务器、防火墙、远程访问服务器、打印服务器等。

③独立服务器。独立服务器和域没有什么关系，如果服务器不加入域中，也不安装活动目录，就称为独立服务器。独立服务器可以创建工作组，和网络上的其他计算机共享资源，但不能获得活动目录提供的任何服务。

④域中的客户端。域中的计算机还可以是安装了Windows其他操作系统的计算机，用户利用这些计算机和域中的账户，就可以登录到域，成为域中的客户端。域用户账号通过域的安全验证后，即可访问网络中的各种资源，

服务器的角色可以改变，例如服务器在删除活动目录时，如果是域中最后一个域控制器，则使该服务器成为独立服务器；如果不是域中唯一的域控制器，则将使该服务器成为成员服务器。同时，独立服务器既可以转换为域控制器，也可以加入某个域，成为成员服务器。

【任务实施】

企业活动目录域服务应用在Windows Server 2019中，域环境的搭建主要有以下工作任务：

①域规划。

②安装活动目录域服务，创建域控制器。

③创建容器对象，包括创建组织单位和组。

④创建用户账户。

⑤客户机加入域。

以下主要演示每一步搭建过程。

一、域规划

域规划本身存在多样性，每个企业都有不同的需求。对一般小型企业，如果没有分公司，可以采用单域结构；如果集团下的各个公司一般都是独立运行管理，集团多公司一般使用单林多域；对于大中型企业，交叉业务比较多，一般情况是一个总部+多个分公司，建议使用父子域或者集中地管理一个域，然后划分站点。

一般情况下，如果没有特殊需求，域规划越简单越好，能用单域多站点解决的，尽量不使用父子域；能用父子域解决的，尽量不使用单林多域环境。

二、安装与部署活动目录域服务

按照上述结构，本任务开始在虚拟网络平台实现活动目录域服务的安装与部署应用工作。以在虚拟网络平台上服务器S03(Win－AD)这台机器上创建Windows Server 2019域，域名为boretech. com为例，进行详细讲解。

在 Windows Server 2019 中，域环境的安装与配置分为两步：第一步为添加部署 AD DS，第二步将域服务提升为 DC。

1. 添加部署 AD DS

首先，启动服务器管理器。启动“服务器管理器”的过程为：单击“开始”菜单，在“管理工具”中选择“服务器管理器”，或者直接单击任务栏上的“服务器管理器”图标，打开“服务器管理器”窗口。在“服务器管理器”窗口中，首先显示的是“仪表板”界面，如图 3－5 所示，利用仪表板中的“配置此本地服务器”，可以添加角色和功能。

单击仪表板中的“添加角色和功能”选项，弹出“添加角色和功能向导”对话框，如图 3－6 所示。在图 3－6 中，安装向导提示如下：

> 在继续之前，请确认完成以下任务：
> - 管理员账户使用的是强密码
> - 静态 IP 地址等网络设置已配置完成
> - 已从 Windows 更新安装最新的安全更新
>
> 如果你必须验证是否已完成上述任何先决条件，请关闭向导，完成这些步骤，然后再次运行向导。

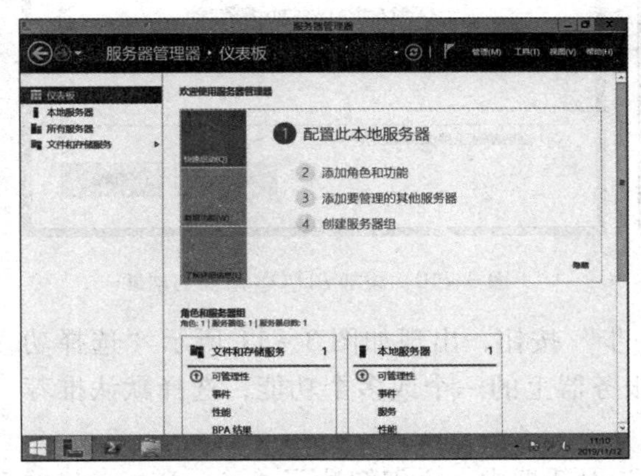

图 3－5 仪表板

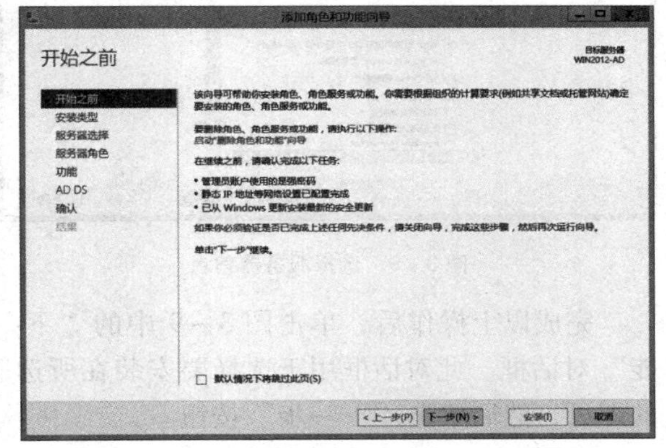

图 3－6 添加角色和功能向导－开始之前

注意这些先决条件，应该让服务器符合后才能继续进行安装。如果已满足相应的先决条件，单击图 3－6 中“下一步”按钮，出现如图 3－7 所示的“选择安装类型”对话框。在此对话框中，安装类型有两种选择：一是“基于角色或基于功能的安装”，主要用于通过添加角色、角色服务和功能来配置单个服务器；二是“远程桌面服务安装”，用于为虚拟桌面基础结构安装所需的角色服务，以创建基于虚拟机或基于会话的桌面布置。这里选择第一种，然后单击“下一步”按钮，出现如图 3－8 所示的“选择目标服务器”对话框。

在图 3－8 中，有两种类型：一是“从服务器池中选择服务器”；二是“选择虚拟硬盘”。选择第一种，然后单击“下一步”按钮，出现如图 3－9 所示的对话框。在此对话框中，选择“Active Directory 域服务”，此时会弹出如图 3－10 所示的“添加 Active Directory 域服务所需的功能”对话框，勾选“包括管理工具（如果适用）”，然后单击“添加功能”按钮关闭对话框。

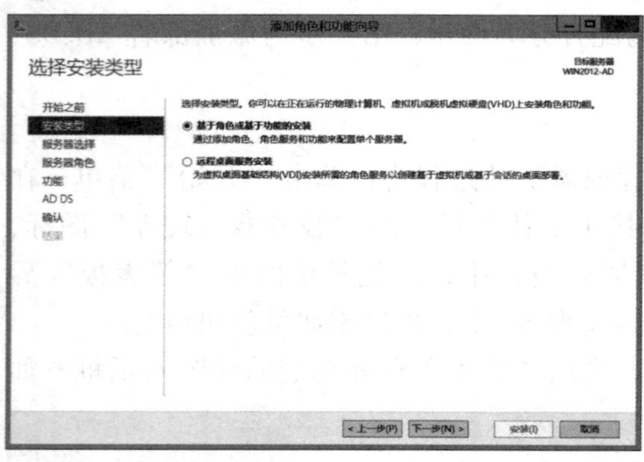

图 3-7　选择安装类型

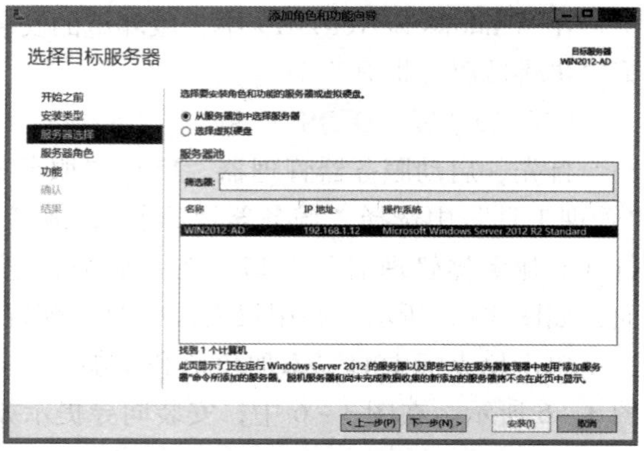

图 3-8　选择目标服务器

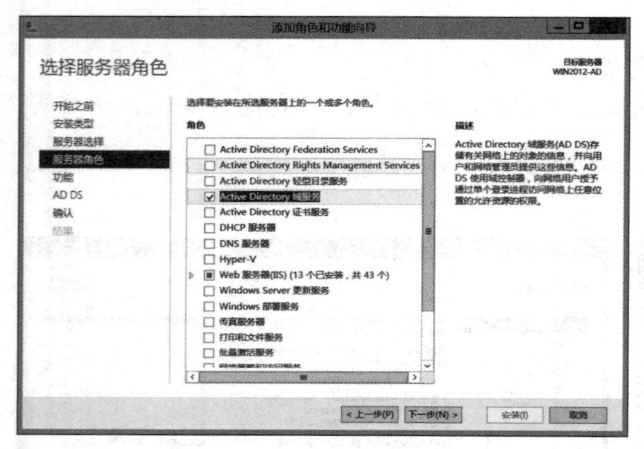

图 3-9　选择服务器角色

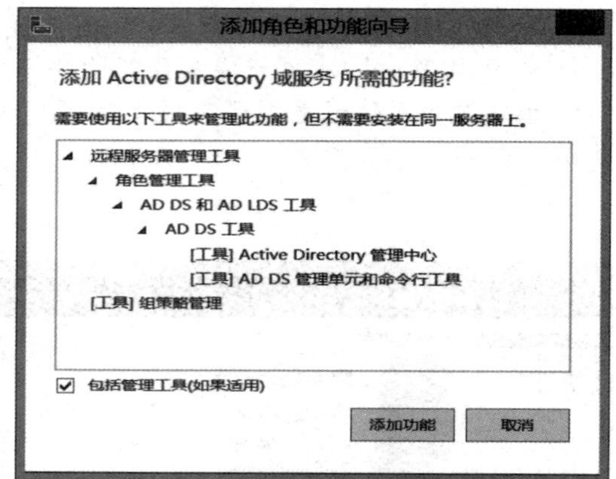

图 3-10　添加 AD DS 所需的功能

完成以上操作后，单击图 3-9 中的“下一步”按钮，出现如图 3-11 所示“选择功能”对话框。此对话框用于选择要安装在所选服务器上的一个或多个功能，选择默认推荐的即可，然后单击“下一步”按钮。

在图 3-12 所示的“Active Directory 域服务”对话框中，详细解读了 Active Directory 域服务的相关功能及注意事项，具体如下：

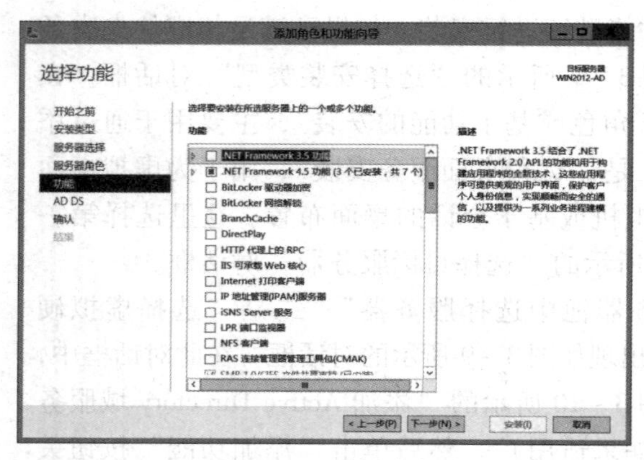

图 3-11　选择功能

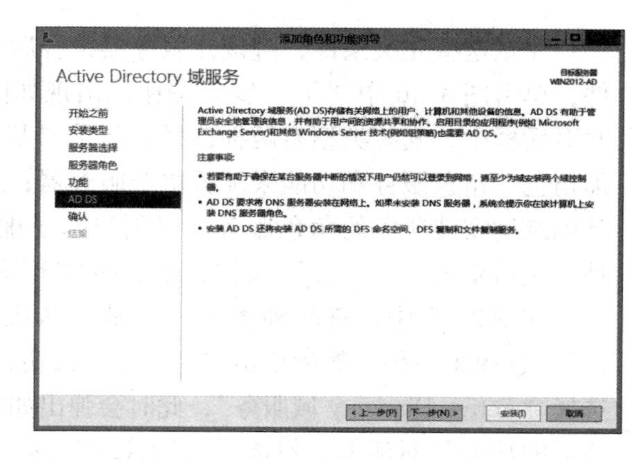

图 3-12　Active Directory 域服务

Active Directory 域服务(AD DS) 存储有关网络上的用户、计算机和其他设备的信息。AD DS 有助于管理员安全地管理该信息，并有助于用户间的资源共享和协作。启用目录的应用程序（例如 Microsoft Exchange Server）和其他 Windows Server 技术（例如组策略）也需要 AD DS。

注意事项：

①若要有助于确保在某台服务器中断的情况下用户仍然可以登录到网络，请至少为域安装两个域控制器。

②AD DS 要求将 DNS 服务器安装在网络上。如果未安装 DNS 服务器，系统会提示你在该计算机上安装 DNS 服务器角色。

③安装 AD DS 还将安装 AD DS 所需的 DFS 命名空间、DFS 复制和文件复制服务。

单击“下一步”按钮，显示如图 3－13 所示的“确认安装所选内容”对话框。在此对话框中，勾选“如果需要，自动重新启动目标服务器”选项，以便系统安装时自动按需重启服务器。同时，前面步骤中选择的可选功能在此页面中进行了汇总，如果不希望安装，可单击“上一步”按钮，重新选择。如果不需要重新选择，单击“安装”按钮，会进行 AD DS 的安装，当需要重启时，系统会自动重新启动。

2. 将域服务提升为 DC

AD DS 安装成功后，会出现如图 3－14 所示的已安装服务器“AD DS”选项。此时，服务器还未被配置为域控制器，需要进一步安装配置。

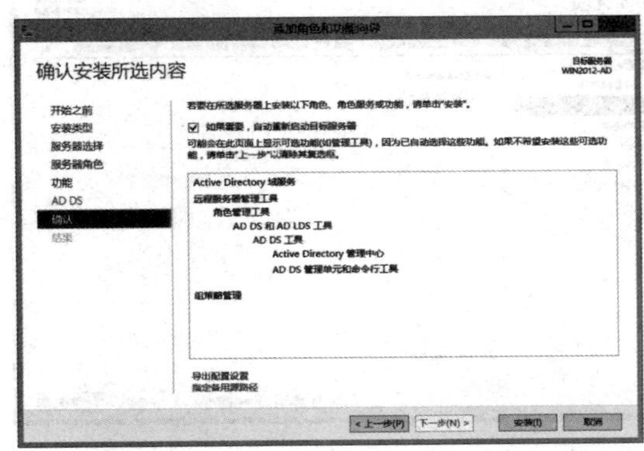

图 3－13　确认安装所选内容

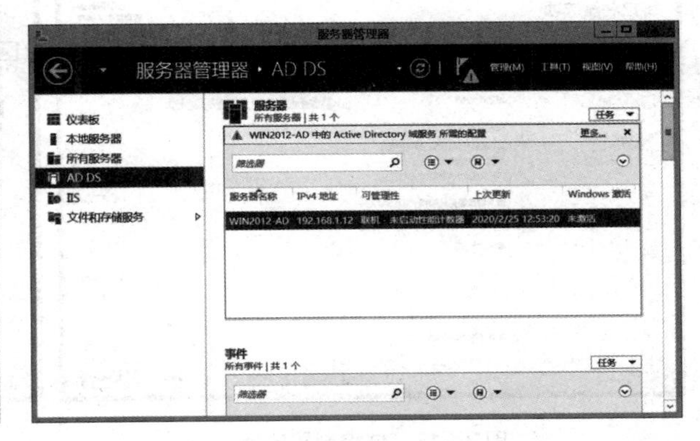

图 3－14　AD DS 安装成功

单击图 3－14 中的小三角旗图标，出现如图 3－15 所示的“部署后配置”选项，单击“将此服务器提升为域控制器”选项。

在出现的如图 3－16 所示的“Active Directory 域服务配置向导－部署配置”对话框中，部署操作有三个选项：将域控制器添加到现有域、将新域添加到现有林、添加新林。因为本服务器为新建域，所以选择第三个选项“添加新林”。同时，输入根域名“boretech.com”，此域名为本书项目中慧心科技有限公司域服务域名。完成以上操作后，单击“下一步”按钮。

弹出如图 3－17 所示的“域控制器选项”对话框，在此对话框中，需要选择新林和根域的功能级别，因为本服务器使用的操作系统为 Windows Server 2019 版本，所以直接选择系统默认版本即可。在“键入目录服务还原模式(DSRM) 密码”选项中输入密码，并且确认密码。注意，密码应该符合复杂性策略。

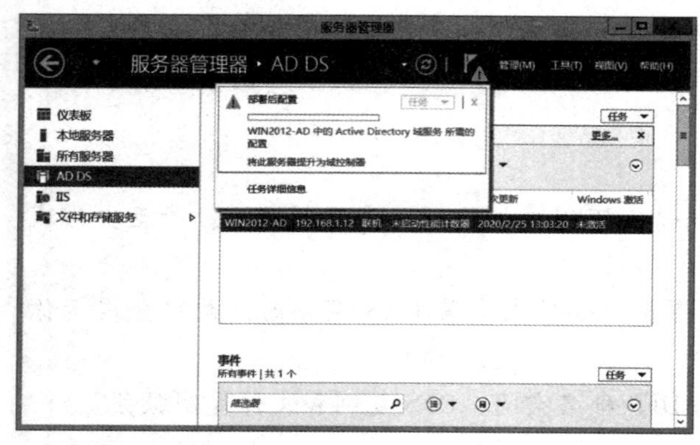

图 3－15　将服务器提升为域控制器

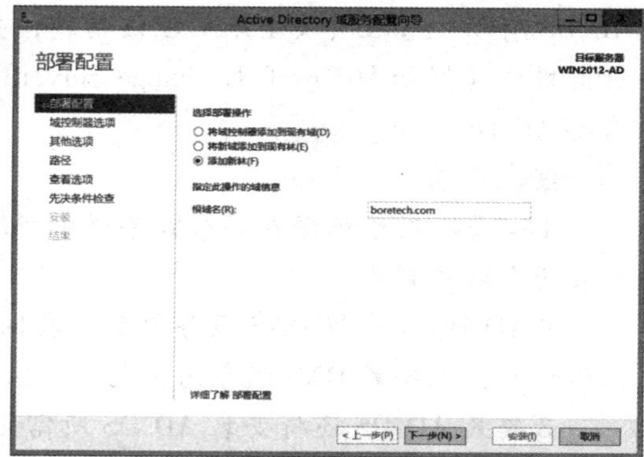

图 3－16　部署配置

单击“下一步”按钮，弹出如图 3－18 所示的“DNS 选项”对话框。在此对话框中，提示信息为“无法创建该 DNS 服务器的委派，因为无法找到有权威的父区域或者它未运行 Windows DNS 服务器。如果你要与现有 DNS 基础结构集成，应在父区域中手动创建对该 DNS 服务器的委派，以确保来自域‘boretech.com’以外的可靠名称解析。否则，不需要执行任何操作。”，此时不需要执行任何操作，直接单击“下一步”按钮。

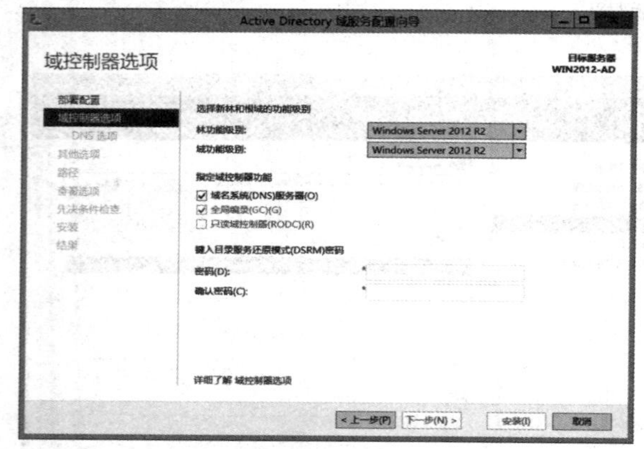

图 3－17　域控制器选项

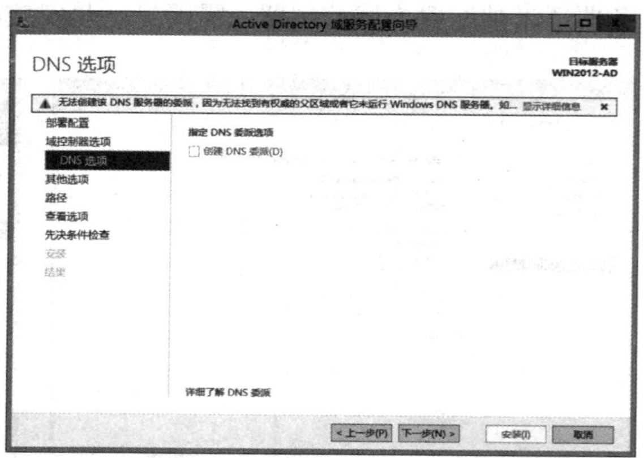

图 3－18　DNS 选项

弹出如图 3－19 所示的“其他选项”对话框。在此对话框中，自动为域分配 NetBIOS 名称，默认即可。

单击“下一步”按钮，弹出如图 3－20 所示的“路径”对话框，指定 AD DS 数据库、日志文件和 SYSVOL 的位置，默认即可。

单击“下一步”按钮，弹出如图 3－21 所示的“查看选项”对话框。在此对话框中，查看你的选择，如果需要重新选择，可以单击“上一步”按钮；如果确认无误，直接单击“下一步”按钮。

弹出如图 3－22 所示的“先决条件检查”对话框。在此对话框中，会将安装先决条件检查的结果进行显示。如果显示的为“所有先决条件检查都成功通过”，则单击“安装”按钮开始安装；如果先决条件检查未通过，可以单击“上一步”按钮，重新选择安装条件。

如果遇到“无法新建域，因为本地 administrator 账户密码不符合要求”的问题，则在命令行中运行“net user administrator/passwordreq:yes”命令即可解决。

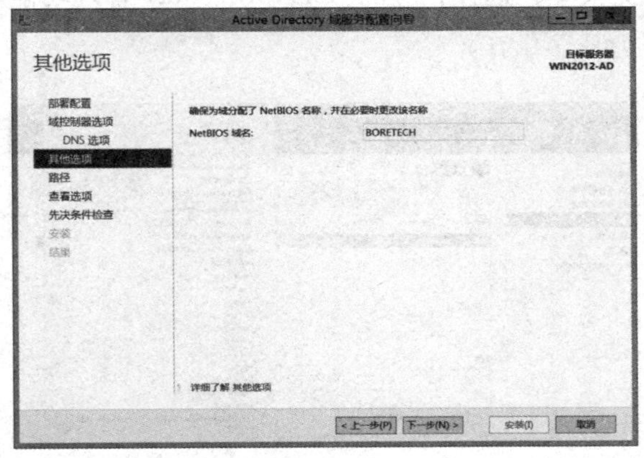

图 3－19　其他选项

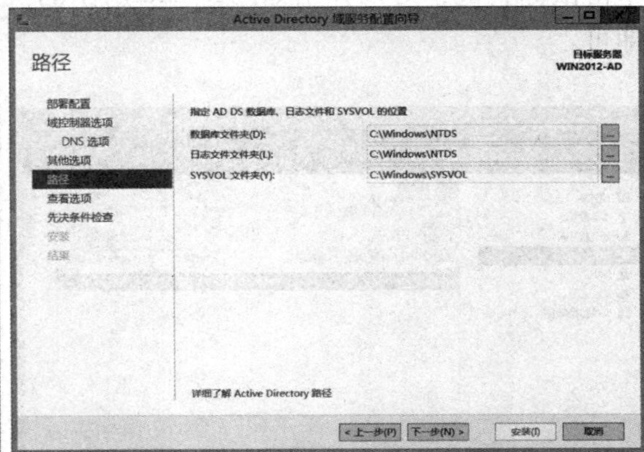

图 3－20　路径

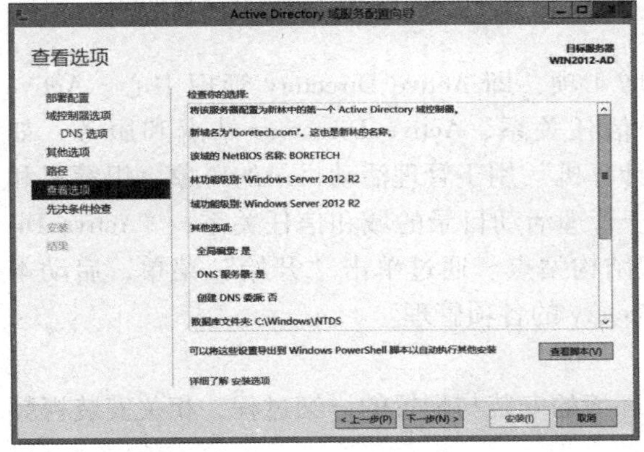

图 3－21　查看选项

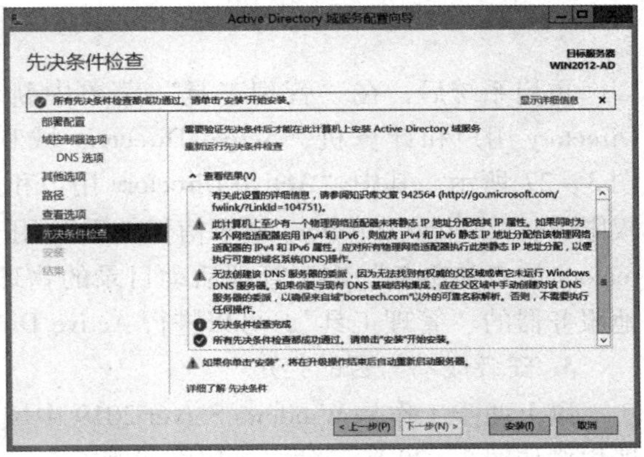

图 3－22　先决条件检查

接下来，系统会按上述向导的设置进行安装，安装过程与结果分别如图 3－23 和图 3－24 所示。

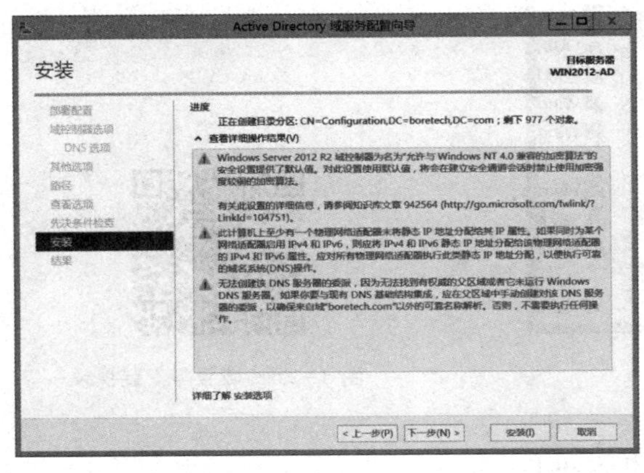

图 3－23　安装

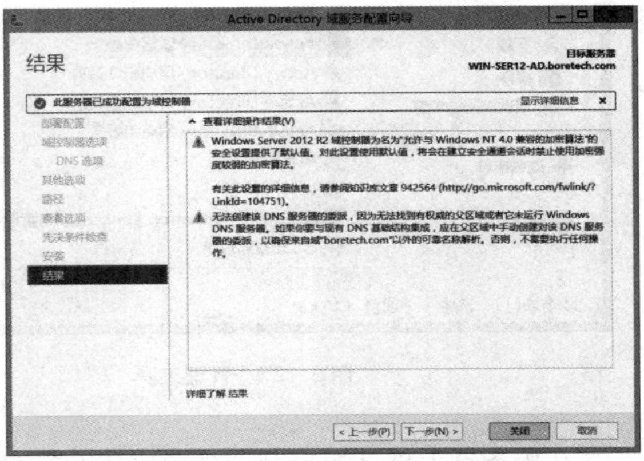

图 3－24　结果

安装过程中，操作系统会根据需要自动重新启动。安装完成后，在如图 3－25 所示的“服务器管理器”窗口中可以看到 AD DS 的安装结果。在安装成功的域控制器服务器名称上单击鼠标右键，可以弹出如图 3－26 所示的快捷菜单，选择相应的 Active Directory 管理功能即可。

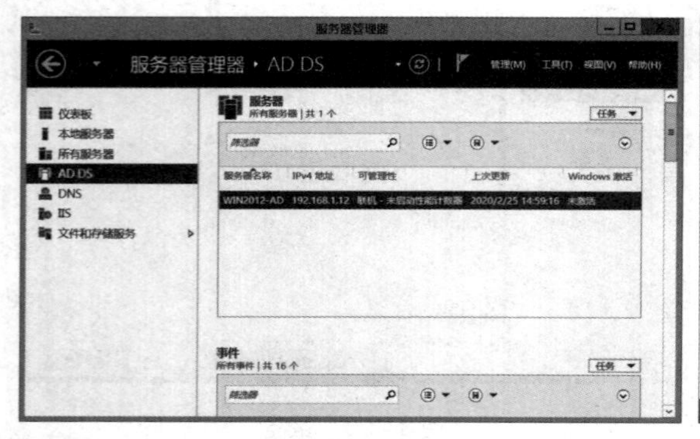

图 3－25　AD DS

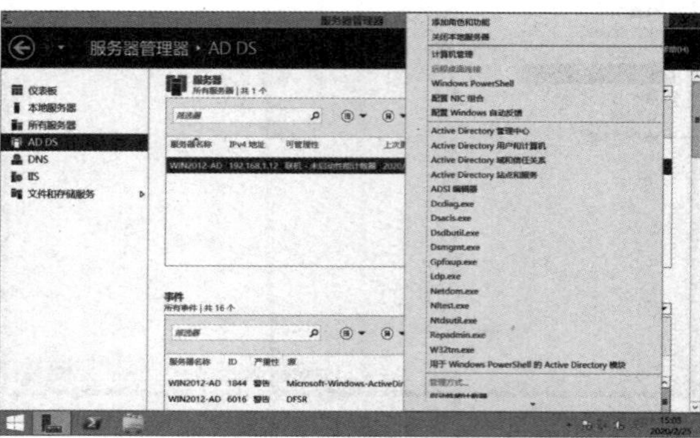

图 3－26　Active Directory 管理功能

重启系统后，在“管理工具”菜单中新增 4 项，即 Active Directory 管理中心、Active Directory 用户和计算机、Active Directory 域和信任关系、Active Directory 站点和服务，如图 3－27 所示。其中“Active Directory 用户和计算机”用于管理活动目录的对象、组策略和权限等；“Active Directory 域和信任关系”用于管理活动目录的域和信任关系；“Active Directory 站点和服务”用于管理活动目录的物理结构站点。通过单击“开始”菜单，启动本地服务器的“管理工具”，可以进行 Active Directory 的各项管理。

3. 安装成功与否的判定

以上两步工作是 Windows Server 2019 中域环境的安装与配置的详细过程，相关安装视频请扫描如图 3－28 所示的二维码在线观看。

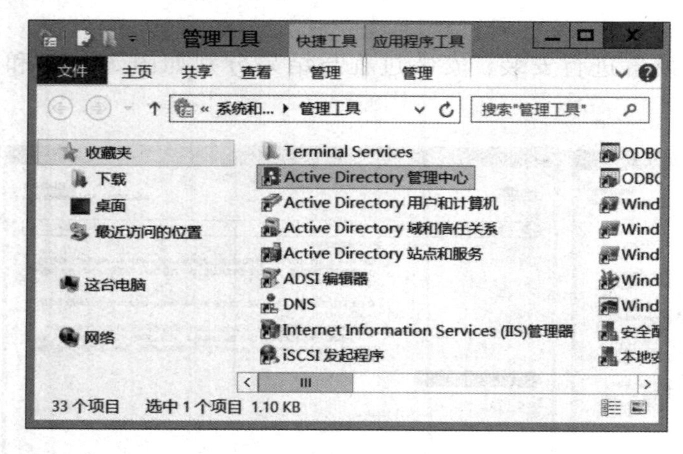

图 3－27　管理工具

图 3－28　域服务安装视频

在服务器上确认域控制器是否成功安装的方法如下：

①由于域中的所有对象都依赖于 DNS 服务，因此，首先应该确认与域控制器集成的

DNS 服务器的安装是否正确。测试方法：选择“开始”→“管理工具”→“DNS”命令，打开如图 3－29 所示的“DNS 管理器”窗口，选择“正向查找区域”选项，可以见到与域控制器集成的正向查找区域的多个子目录，这是域控制器安装成功的标志。

②选择“开始”→“管理工具”命令，在“管理工具”菜单选项的列表中，可以看到系统已经有域控制器的若干菜单选项。选择其中的“Active Directory 用户和计算机”选项，打开“Active Directory 用户和计算机”窗口，如图 3－30 所示。选择“Domain Controllers”选项，可以看到安装成功的域控制器。此外，在“控制面板”的“系统属性”对话框中，选择“计算机名”选项卡，也可以看到域控制器的完整域名。

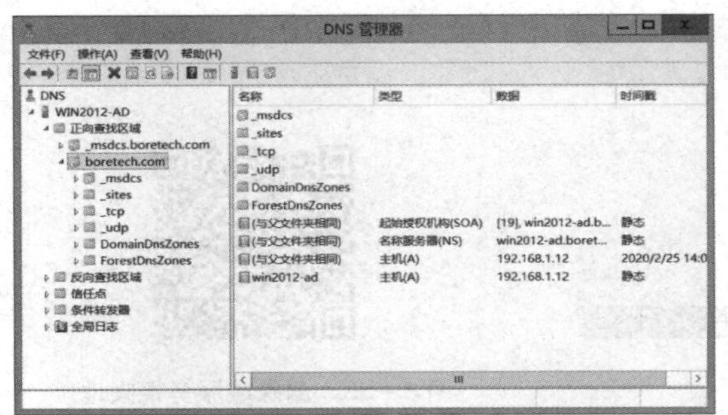

图 3－29　DNS 管理器

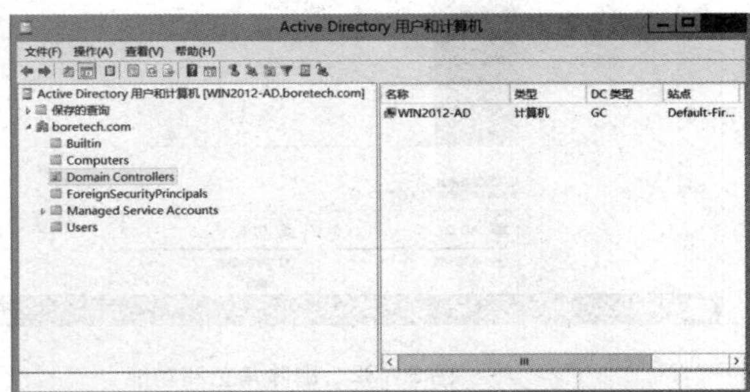

图 3－30　Active Directory 用户和计算机

③选择“开始”→“命令提示符”命令，进入 DOS 命令提示符状态，输入“ping boretech.com”，若能 ping 通，则代表域控制器成功安装，如图 3－31 所示。

图 3－31　安装域控制器成功的标志之 CMD 下 ping 命令

4. 删除域服务器角色

注意：在活动目录域服务安装之后，不但服务器的开机和关机时间变长，而且系统的执行速度也变慢，所以，如果用户对某个服务器没有特别要求或不把它作为域控制器来使用，可将该服务器上的活动目录删除，使其降级为成员服务器或独立服务器。

Active Directory 域服务的删除（卸载）工作分为两个步骤完成：一是删除 Active Directory

域服务，二是删除域控制器或降低域控制器级别。具体操作为：打开“服务器管理器”窗口，选择菜单项“管理”→“删除角色和功能”命令，如图 3－32 所示，打开“删除角色和功能向导”对话框，并按照向导的步骤进行删除。详细过程请扫描如图 3－33 所示二维码观看。

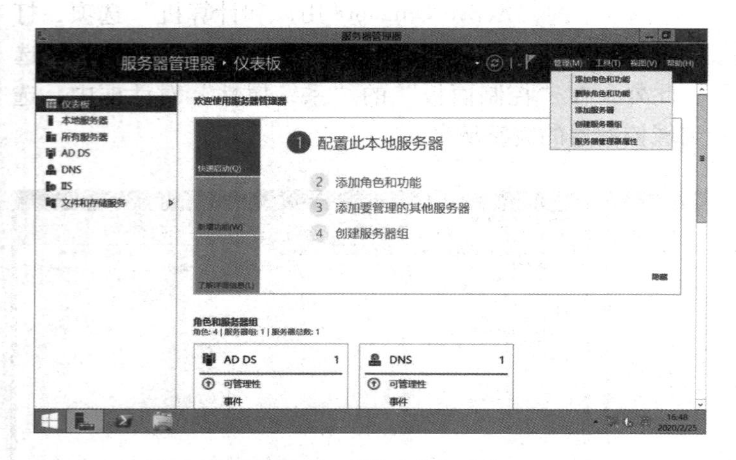

图 3－32　删除角色和功能

图 3－33　删除域服务视频地址

三、组织单位（OU）的创建与管理

OU 是活动目录对象，是基于管理的目的而创建的。组织单位不仅包含用户账户、组账户，还可以包含计算机账户、打印机、共享文件夹等其他活动目录对象，可以将用户、组、计算机和其他组织单位放入其中的 AD 容器。其是用于指派组策略设置或委派管理权限的最小作用域或单元。

由于组织单位具有通过设置相应组策略管理 OU 中的对象的作用，在企业域环境网络管理中，根据各部门管理工作的差异，通常针对不同部门设置不同的 OU，以便管理各部门内部的用户、组、计算机等资源。在慧心科技有限公司域环境设计中，根据部门工作性质不同，设计了不同的 OU，如图 3－34 所示，以便实施不同的网络管理。

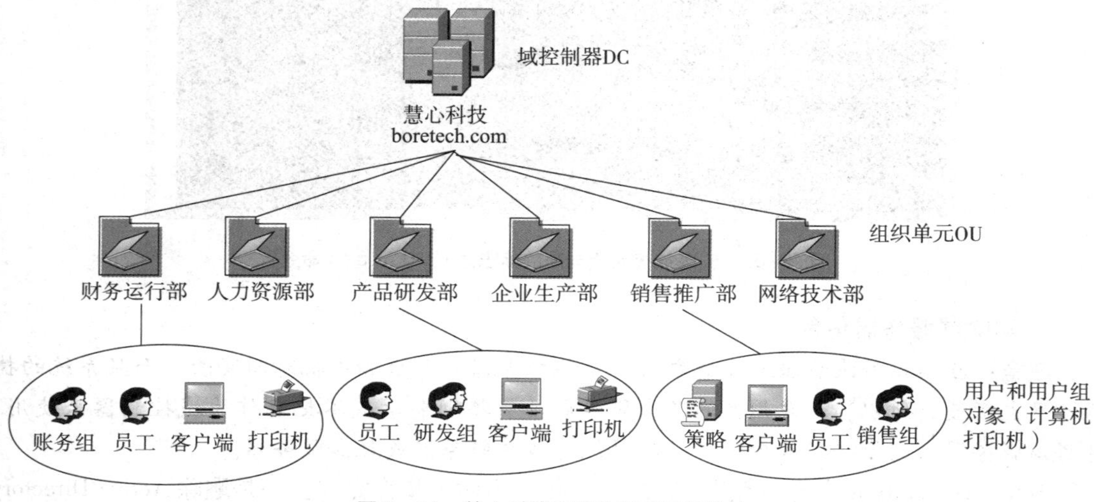

图 3－34　慧心科技有限公司域环境设计

接下来以慧心科技有限公司域环境为例进行 OU 创建与管理演示。

1. 组织单位 OU 的创建

①启动并进入域控制器窗口。

方法一：单击“开始”菜单，进入“管理工具”，选择“Active Directory 用户和计算机”，启动设置窗口，如图 3－35 所示。

方法二：打开“服务器管理器”窗口，在左窗口的“AD DS”选项上单击，在右侧窗口显示的域控制器名称上单击鼠标右键，在弹出的快捷菜单中选择“Active Directory 用户和计算机”，启动域控制器设置窗口，如图 3－36 所示。

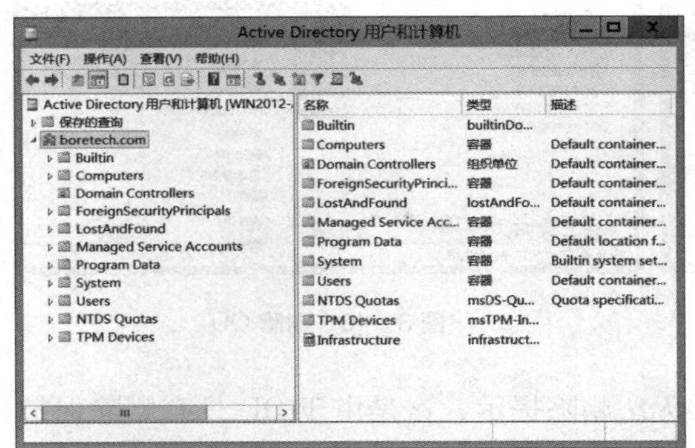

图 3－35　Active Directory 用户和计算机

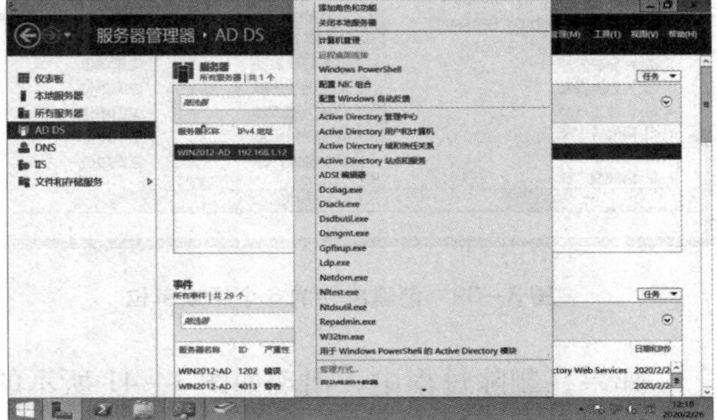

图 3－36　服务器管理器－AD DS

②在“boretech. com”域控制器名称图标上右击，选择“新建”→“组织单位”，如图 3－37所示。

③在弹出的如图 3－38 所示的“新建对象－组织单位”对话框中，输入“财务运行部”，然后单击“确定”按钮，完成一个新的组织单元的创建。如果要防止容器被意外删除，可以将此选项勾选上。

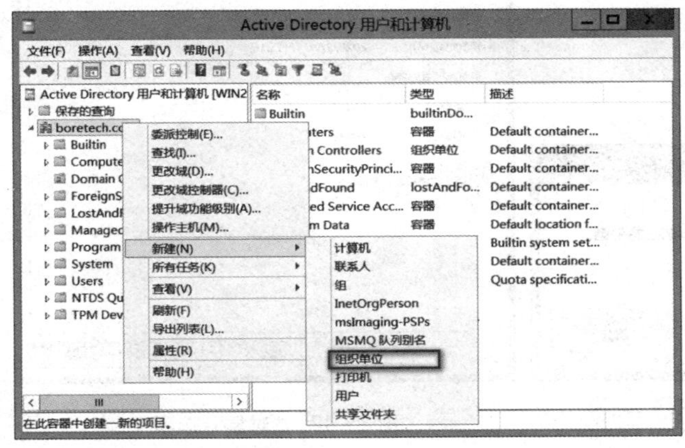

图 3－37　新建－组织单位

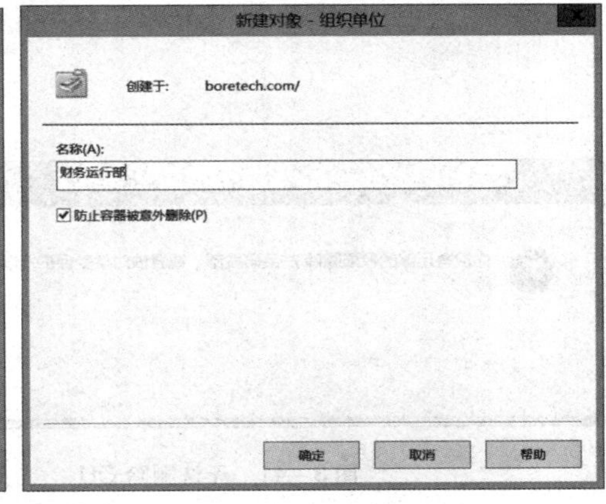

图 3－38　新建对象－组织单位

④同样，完成慧心科技有限公司另外 5 个部门 OU 的创建，如图 3－39 所示。

2. 组织单位 OU 的删除

如果不需要某个组织单位，可以进行删除操作。以删除“产品研发部”OU 为例，操作如下：

在要删除的 OU 上单击鼠标右键，在弹出的快捷菜单中选择“删除”选项，即可实现删除相应 OU 的操作，如图 3－40 所示。

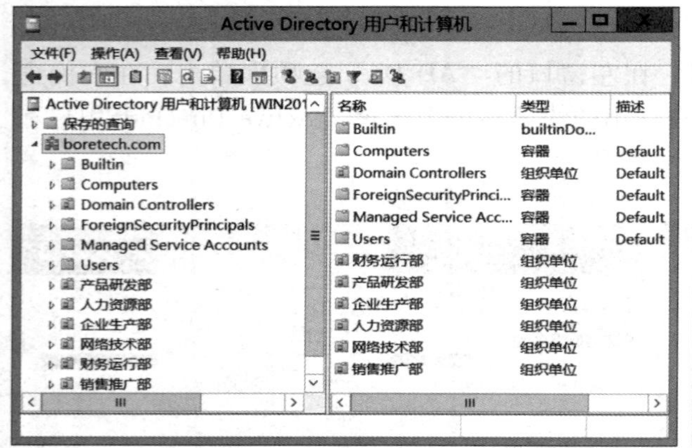

图 3－39　创建成功的 6 个组织单位

图 3－40　删除 OU

如果在删除过程中，出现如图 3－41 所示的无法删除提示，这是由于 OU 具有删除保护功能。解决办法如下：

使用域管理员身份登录，然后打开域控制器，右击想要删除的 OU。选择“属性”，单击“对象”选项卡，如图 3－42 所示，取消勾选“防止对象被意外删除”，单击“应用”按钮，再次尝试删除 OU 即可。

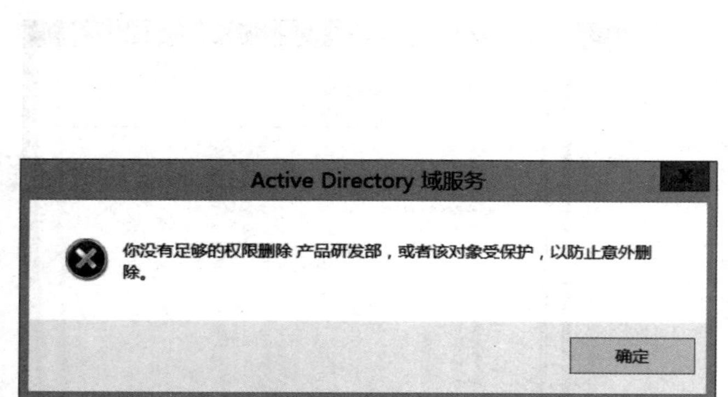

图 3－41　无法删除 OU

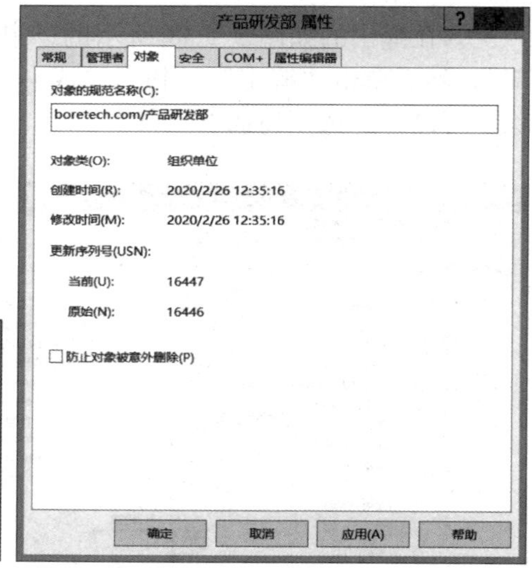

图 3－42　“对象”选项卡

如果在域控制器的右键属性里没有“对象”选项卡，应该是没有打开“高级”选项造成的。解决办法为：用域管理员身份登录 DC，打开域控制器，在右键菜单中选择“查看”→“高级功能”，如图 3－43 所示，此时 OU 的“属性”对话框中就会有“对象”选项卡。

以上是组织单位的创建与删除操作，详细操作请扫描如图 3－44 所示的二维码观看。

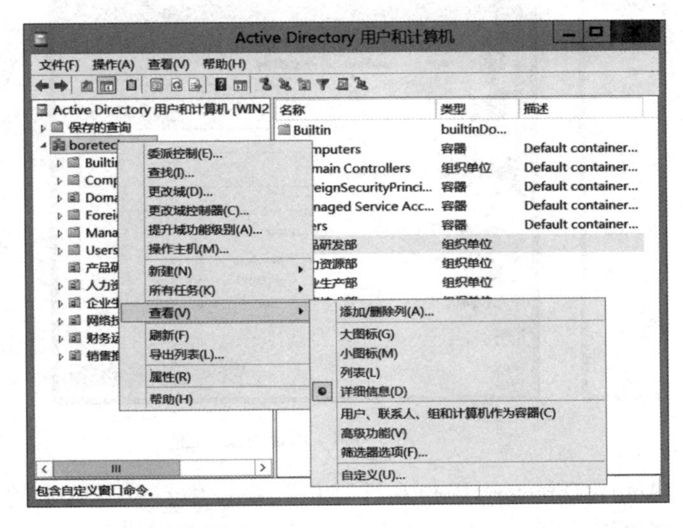

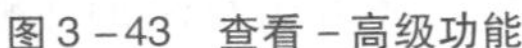
图 3－43 查看－高级功能

图 3－44 OU 操作视频

3. 组的创建与管理

组织单位(OU) 和组(Group) 账户都是活动目录对象，都是基于管理的目的而创建的。但是组账户中能够包含的对象类型比较有限，通常只能包含用户账户和组账户。组主要用于权限设置，只需向一组用户分配权限，而不必向每个用户分配权限，简化管理，为用户和嵌套在里面的组等单元提供对网络资源访问的权限。微软对组的作用的解释是：

①管理用户和计算机对资源（网络共享、文件、目录、打印机，以及 AD 内对象的属性）的访问。

②建立 E－mail 发送列表。

③过滤（或筛选）组策略。

- 组作用域(Group Scope)：

本地域(Domain Local)：可用于包含具有相似资源访问需求的用户和组，例如所有需要修改某一项目报告的用户。

全局(Global)：可用于通过不同条件例如工作职能、位置等区分用户。

通用(Universal)：用于从多个域收集用户和组。

- 组类型(Group Type)：

安全组(Security)：可以针对资源分配权限，还可以配置为电子邮件分发列表。

通信组(Distribution)：是针对电子邮件应用组，无法针对资源分配权限，只能用于不需要访问资源的电子邮件分发列表。

只有 Administrators 组的用户才有权限建立域组账户，域组账户要创建在域控制器的活动目录中。以慧心科技有限公司的财务运行部为例，如果要在系统中建立一个财务组，名称为“caiwu”，创建这个域组账户的步骤如下：

①选择“开始”→“管理工具”→“Active Directory 用户和计算机”命令，单击域名，右击组织单位名称（此处为财务运行部），选择“新建”→“组”命令，如图 3－45 所示。

②弹出“新建对象－组”对话框，如图 3－46 所示，输入组名 caiwu，选择组作用域和组类型后，单击“确定”按钮即可完成创建工作。

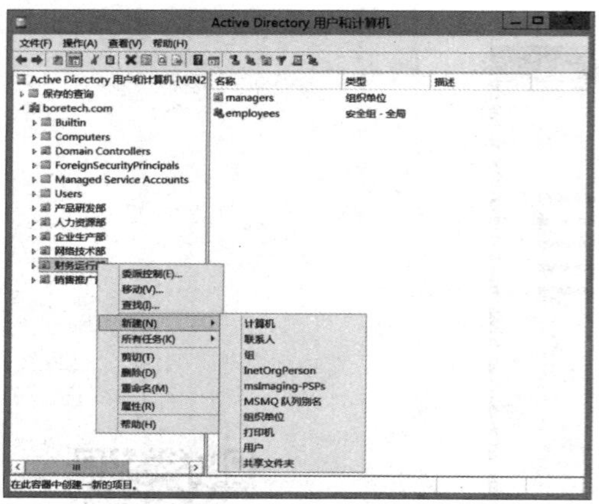

图 3-45　新建-组

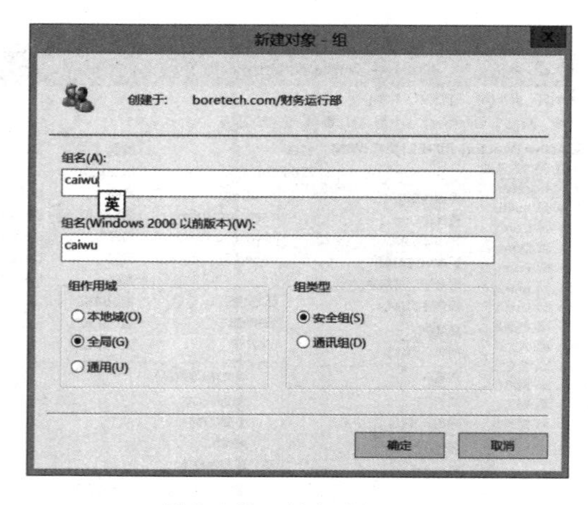

图 3-46　新建对象-组

和管理本地组的操作相似，在“Active Directory 用户和计算机”窗口中，右击选定的组，选择快捷菜单中的相应命令可以删除组、更改组名，或者为组添加或删除组成员。

四、域用户的创建与管理

在域环境下，当有新的用户需要使用网络上的资源时，管理员必须在域控制器中为其添加一个相应的用户账户，否则该用户无法访问域中的资源。另外，当有新的客户计算机要加入域中时，管理员必须在域控制器中为其创建一个计算机账户，以使它有资格成为域成员。

在如图 3-2 所示的慧心科技有限公司域环境设计中，如果利用组织单位的组策略对 OU 中的对象（用户、计算机等）进行管理，需要在 OU 中创建用户。以下以在产品研发部 OU 中创建一位名称为 zhangsanfeng 的用户为例，来演示创建域用户及对域用户进行相应管理。

1. 创建域用户

（1）创建域用户

①单击“开始”菜单，双击“管理工具”，选择“Active Directory 用户和计算机”选项，弹出“Active Directory 用户和计算机”窗口，如图 3-47 所示。在窗口的左部选中组织单位“产品研发部”，右击，选择“新建”→“用户”命令。

②弹出“新建对象-用户”对话框，如图 3-48 所示，输入用户的姓名及登录名等资料。注意，登录名才是用户登录系统所需输入的。

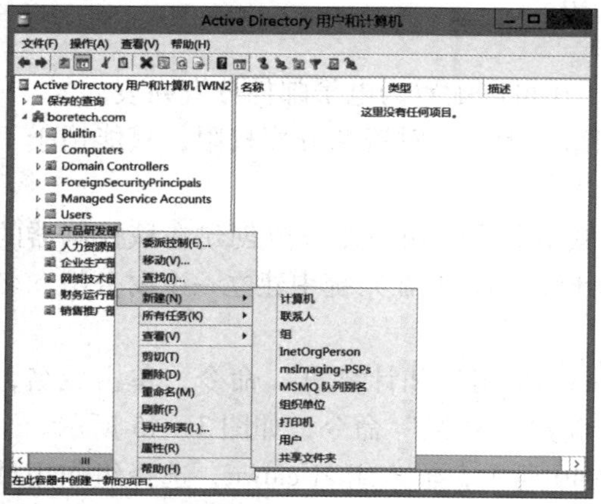

图 3-47　新建-用户

图 3-48　新建对象-用户

③单击“下一步”按钮，打开密码对话框，如图 3－49 所示，输入密码并选择对密码的控制项。单击“下一步”按钮，出现如图 3－50 所示的创建用户成功对话框，单击“完成”按钮。

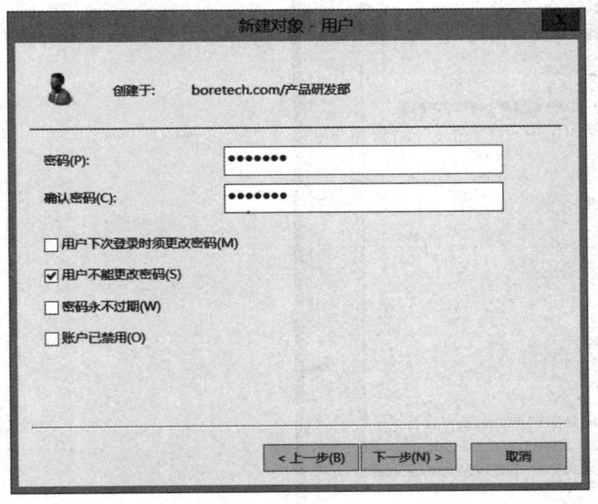

图 3－49　新建域用户－密码

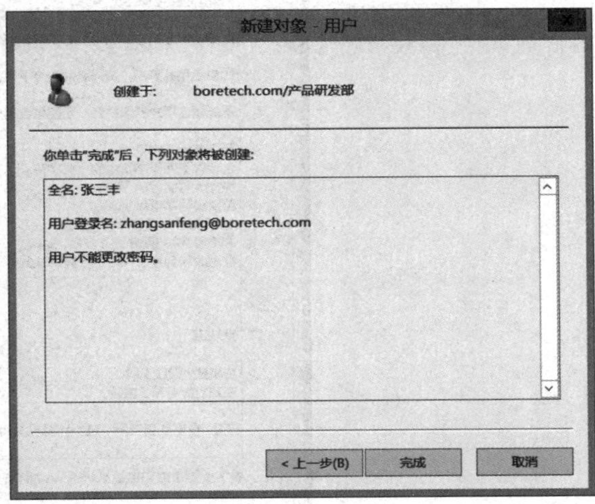

图 3－50　新建用户成功

关于密码的特别说明：系统完成安装域后，在“本地安全策略”中将默认启用“密码必须符合复杂性要求”，并且用户不能禁用该项，如图 3－51 所示。所以，如果在上一步设置的密码不符合系统要求，将弹出如图 3－52 所示的提示窗。

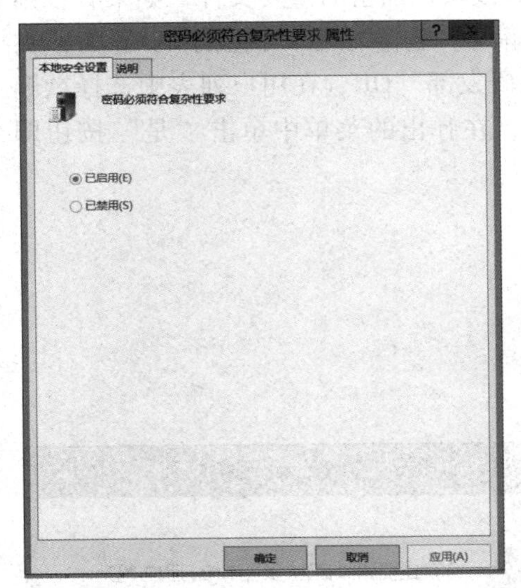

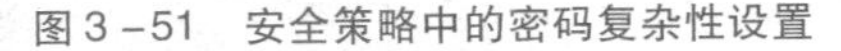

图 3－51　安全策略中的密码复杂性设置

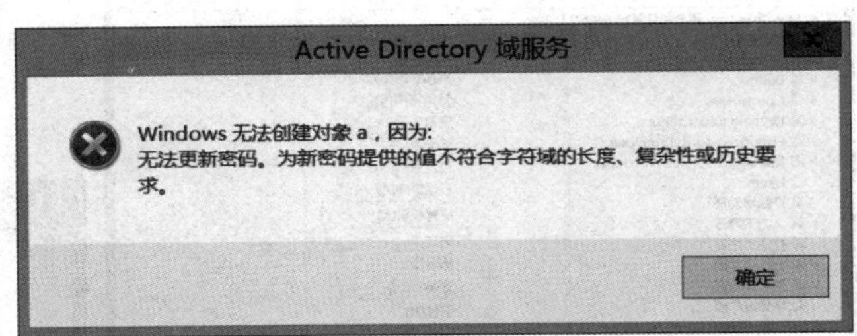

图 3－52　密码不符合复杂性要求提示窗

系统默认的系统复杂性必须符合以下条件：至少有六个字符长；包含以下四类字符中的三类字符：英文大写字母(A～Z)、英文小写字母(a～z)、10 个基本数字(0～9)、非字母字符(例如!、$、#、%)，如图 3－53 所示。

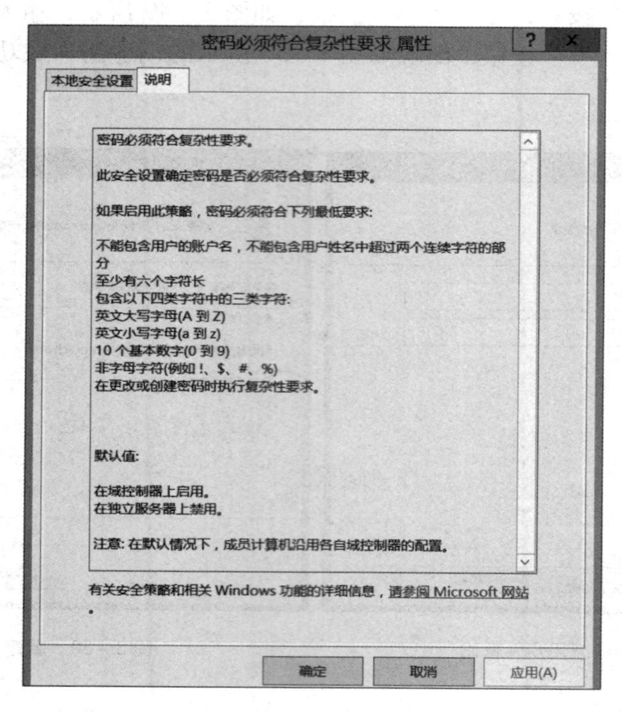

图 3－53 安全策略中的密码复杂性要求

（2）删除域用户

在删除域账户之前，要确定计算机或网络上是否有该账户加密的重要文件，如果有，则先将文件解密，再删除账户，否则该文件将不会被解密。删除域账户的操作步骤为：在“Active Directory 用户和计算机”窗口中，选择“产品研发部”OU，在用户列表中选择欲删除的用户，如“张三丰”，右击，选择“删除”命令，在弹出的菜单中单击“是”按钮即可实现删除域用户，如图 3－54 和图 3－55 所示。

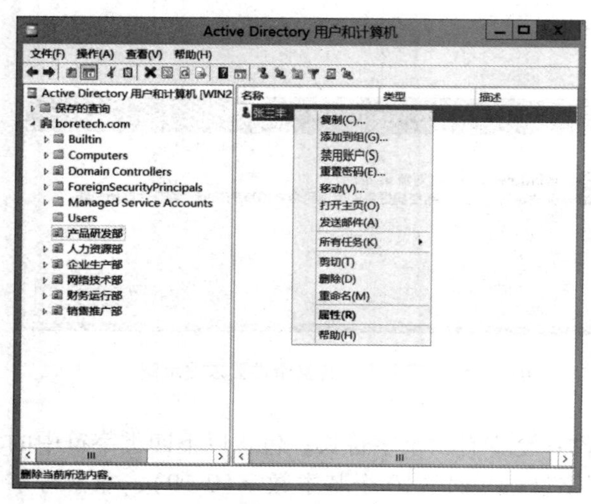

图 3－54 域用户的右键菜单

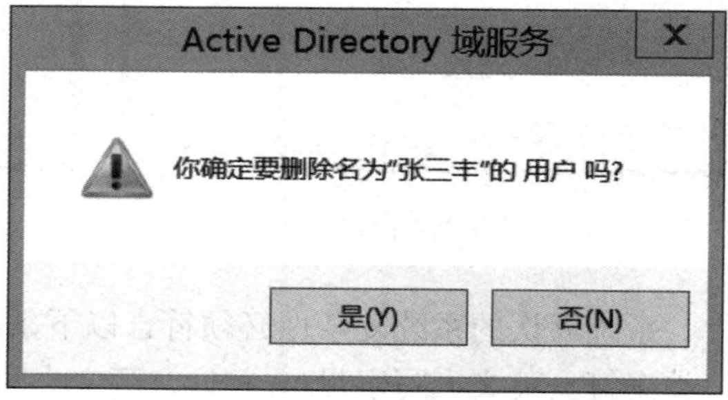

图 3－55 域用户删除确认提示窗

(3) 禁用域账户

如果某用户离开公司，就要禁用该账户，操作步骤与以上相同，只是在列表中选择要禁用的账户名，在弹出的快捷菜单中选择“禁用账户”命令即可。

(4) 复制域账户

同一部门的员工一般都属于相同的组，有基本相同的权限，系统管理员无须为每个员工建立新账户，只需要建好一个员工的账户，然后以此为模板，复制出多个账户即可。操作步骤与以上相同，在列表中右击选择作为模板的账户，选择“复制”命令，弹出“复制对象 - 用户”对话框，与新建用户账户步骤相似，依次输入相关信息即可，如图 3－56 所示。

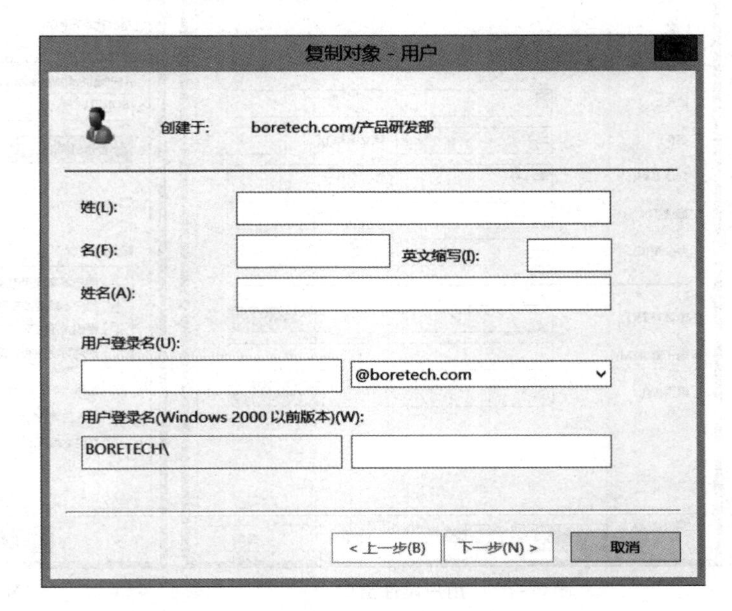

图 3－56　复制对象－用户

(5) 移动域账户

如果某员工调动到新部门，系统管理员需要将该账户移到新部门的组织单元中，用鼠标将账户拖曳到新的组织单元即可移动。

2. 域用户属性管理与设置

新建用户账户后，管理员要对账户做进一步的设置，例如添加用户个人信息、账户信息、进行密码设置、限制登录时间等，这些都是通过设置账户属性来完成的。

(1) 域用户个人信息设置

域用户属性相比于本地用户属性，项目要多出许多，包括常规、地址、账户、配置文件、电话、组织隶属于、拨入、环境、会话、远程控制、远程桌面服务配置文件和 COM + 等。管理员在账户属性中对应的选项卡中进行设置即可，如图 3－57 所示。

(2) 登录时间的设置限制

要限制账户登录的时间，需要设置账户属性的“账户”选项卡，默认情况下，用户可以在任何时间登录到域。例如，设置用户“张三丰”登录时间是星期一至星期五从 7:00 点到 17:00 点，操作步骤如下：

①在“Active Directory 用户和计算机”窗口中，在 OU 中，右击要设置登录时间的账户，选择“属性”命令，在弹出的对话框中，单击“账户”选项卡，如图 3－58 所示，单击“登录时间(L)…”按钮。

②打开“登录时间”对话框，如图 3－59 所示，选择星期一至星期五 7:00 点到 17:00 点时间段，选择“允许登录”单选按钮，单击“确定”按钮即可。注意，这里只能限制用户的登录域的时间，如果用户在允许时间段登录，但一直连到超过时间，系统不能自动将其注销。

图 3－57　用户属性窗口

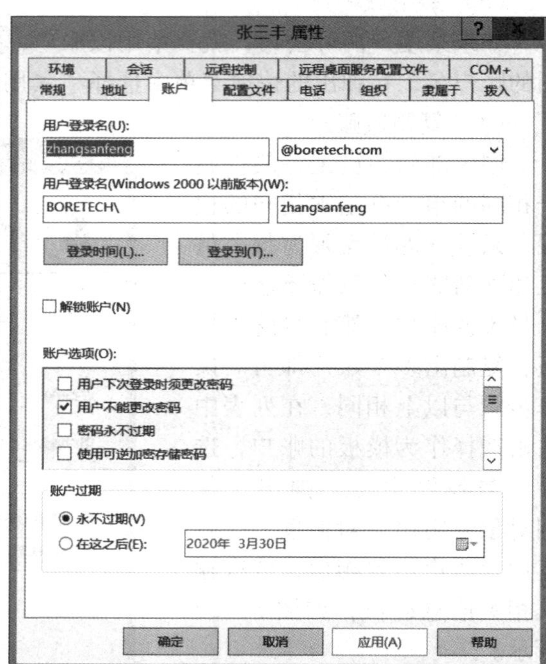

图 3－58　“账户”选项卡

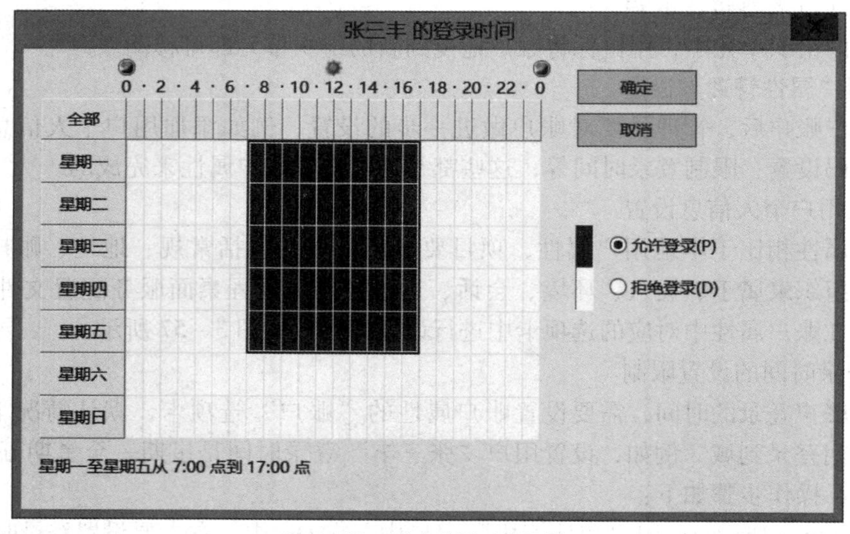

图 3－59　账户登录时间设置

（3）设置账户只能从特定计算机登录

系统默认用户可以从域内任一台计算机登录域，也可以限制账户只能从特定计算机登录。其方法就是，在“Active Directory 用户和计算机”窗口中，在 OU 中，右击要设置登录时间的账户，选择“属性”命令，在弹出的对话框中，单击“账户”选项卡，单击“登录到(T)…”按钮，在“登录工作站”对话框中，设置登录的计算机名，如图 3－60 和图 3－61 所示。

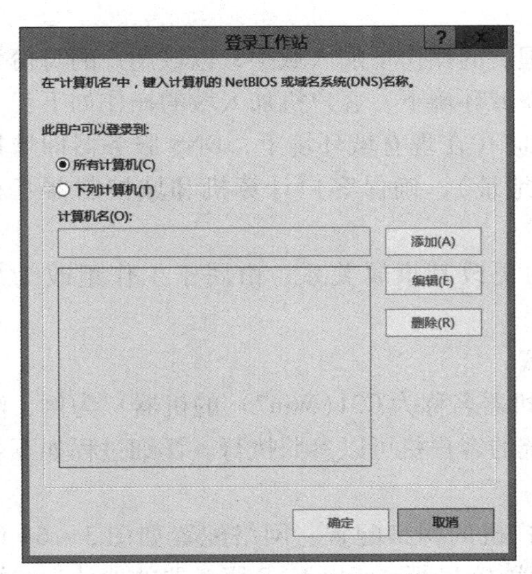

图 3-60　“登录工作站”对话框

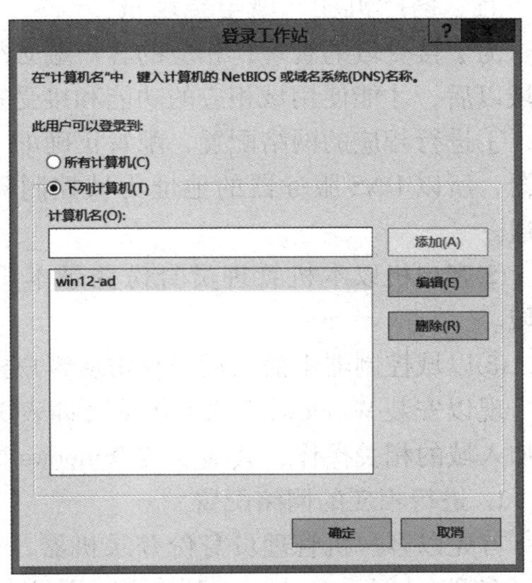

图 3-61　设置账户可以登录的计算机

（4）设置账户过期日

设置账户过期日，一般是为了不让临时聘用的人员在离职后继续访问网络，通过对账户属性事先进行设置，可以使账户到期后自动失效，省去了管理员手工删除该账户的操作。设置的步骤是：在“Active Directory 用户和计算机”窗口中，右击账户，选择“属性”命令，单击“账户”选项卡，在“账户过期”选项下，单击“在这之后”下拉菜单，在日期组件中选择想设定的时间即可。完成后，单击“确定”按钮退出。操作示意如图 3-62 所示。

以上为域用户的创建与设置，详细操作请扫描如图 3-63 所示的二维码观看。

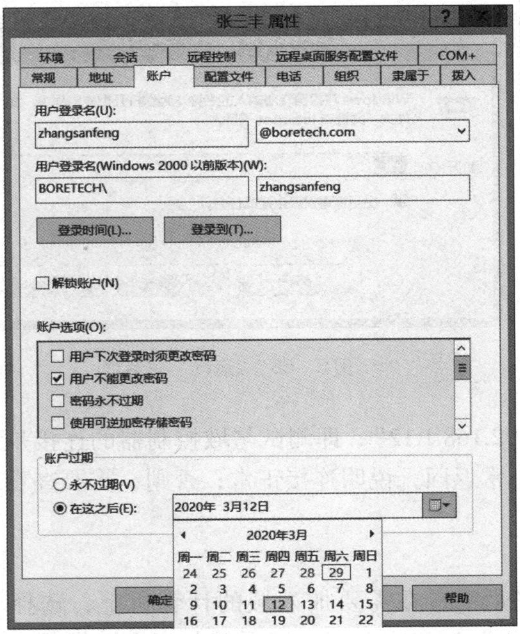

图 3-62　设定账户过期日

图 3-63　域用户创建与设置操作视频

五、客户机加入域与登录域

为了接受域的管理，相应的客户端必须在管理员的操作下加入域中，以域用户的身份登录域以后，才能使用域相应的功能和接受管理。在域环境下，客户机加入域的操作如下：

①进行相应的网络配置，配置正确的 DNS 地址（在现有域环境下，DNS 服务器即域控制器，所以 DNS 服务器的地址为域控制器的 IP 地址），确保客户计算机和域控制器互相连通。

②客户机以本机管理员身份登录本机，然后更改其隶属关系，由属于工作组改为加入域。

③以域控制器中的域用户身份从客户机登录域。

现以安装 Windows 7 的工作站（即表3－1 中机器名称为 C01（Win7）的机器）为例，演示加入域的相关操作，其他安装 Windows 操作系统的客户机可以参照执行。详细过程如下：

1. 进行相应的网络配置

首先以客户机管理员身份登录机器，查看客户机的网络配置。网络配置如图 3－64 所示，在现有域 boretech.com 环境下，DNS 服务器即域控制器，所以 DNS 服务器的地址为域控制器的 IP 地址 192.168.1.12。

单击“开始”菜单，选择“运行”，在“运行”对话框中，输入“cmd”命令，然后单击“确定”按钮，如图 3－65 所示。

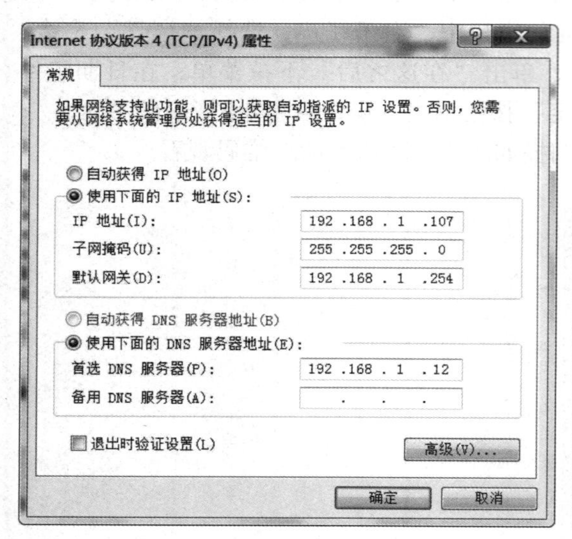

图 3－64　客户机网络配置

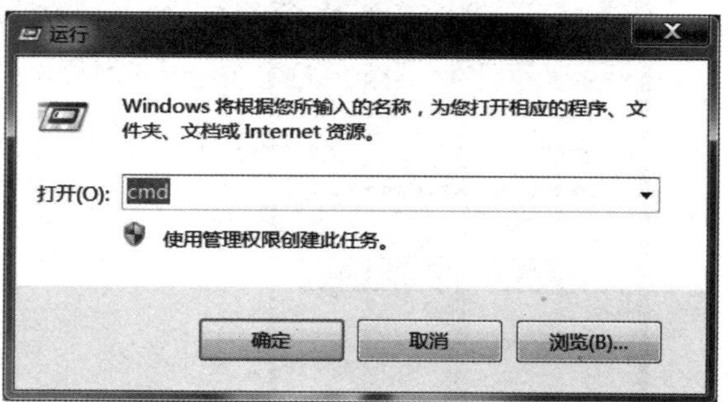

图 3－65　“运行”对话框

在弹出的命令窗口中，输入命令“ping 192.168.1.12”，即测试与域控制器的连接是否畅通，如图 3－66 所示。在此，显示数据能够正常返回，说明连接正常；否则，需要查看和重新进行网络配置，以确保连接可用。

2. 配置并加入域

①在确保客户机与域控制器网络连接畅通后，在需要加入域的计算机上，选择“开始”→“控制面板”命令，在打开的“控制面板”窗口中，双击“系统与安全”图标，在选项中，单击“系统”图标，然后单击“高级系统设置”按钮，在打开的如图 3－67 所示的

"系统属性"对话框中，选择"计算机名"选项卡。

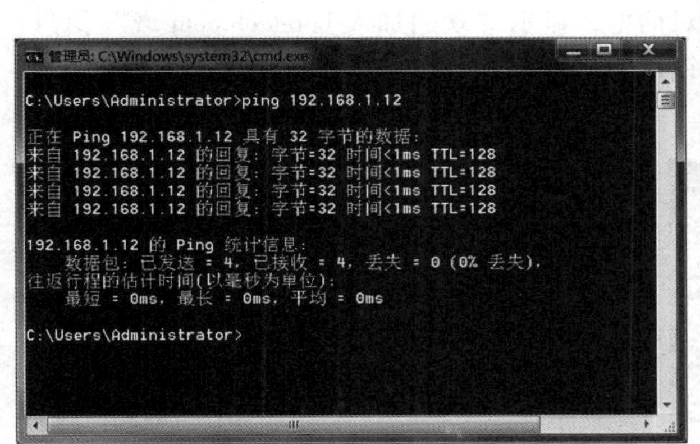

图 3－66　客户机 ping 域控制器

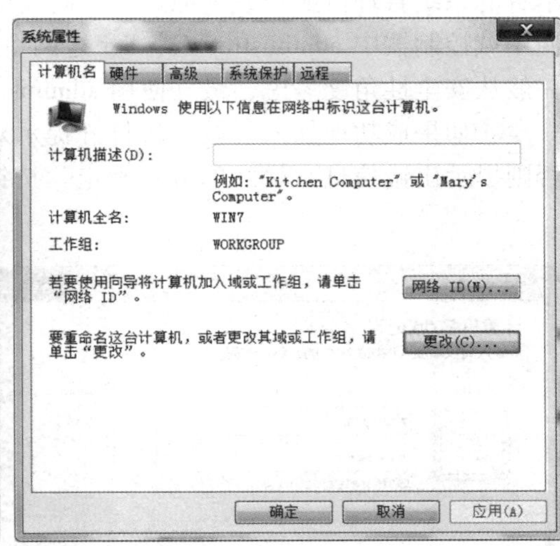

图 3－67　系统属性

②单击"更改"按钮，打开如图 3－68 所示的"计算机名/域更改"对话框。在此对话框中，确认计算机名正确，此处为了方便管理，将计算机名称改为"WIN7"。同时，显示此计算机隶属于工作组 WORKGROUP。

在"隶属于"选项区中，选中"域"单选按钮，输入此客户机要加入的域名，本例是"boretech.com"，最后单击"确定"按钮，如图 3－69 所示。

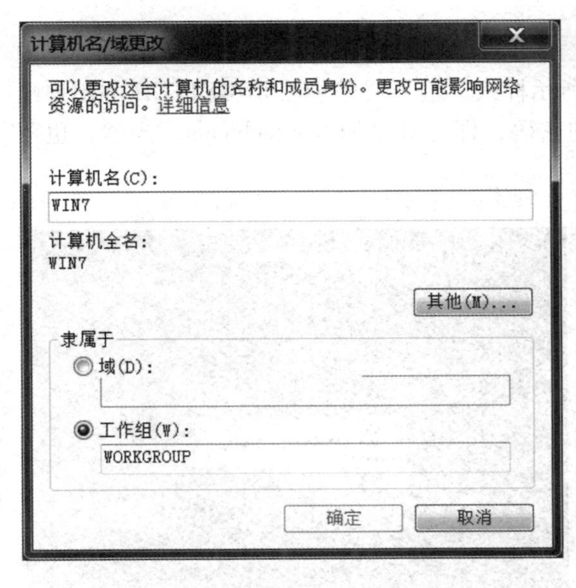

图 3－68　计算机名/域更改

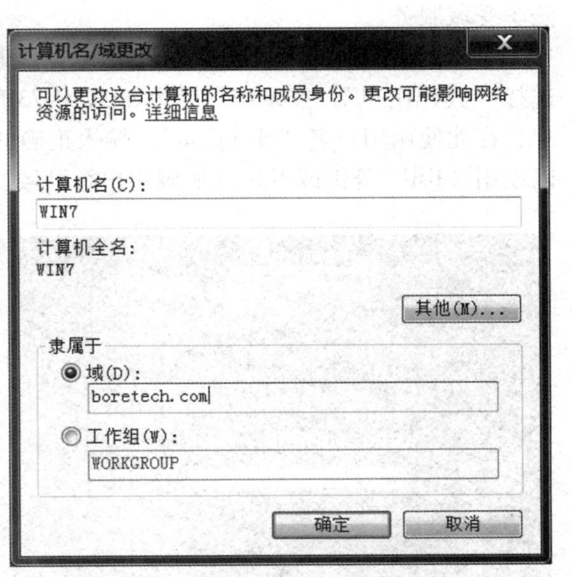

图 3－69　加入域"boretech. com"

③在出现的如图 3－70 所示的"Windows 安全"对话框中，输入在域控制器中具有将工

作站加入“域”权利的用户账号（在表3－1中，域控制器中有三个账户），而不是工作站本身的系统管理员账户或其他账户。此处使用“zhangsan”用户进行域加入，当然，也可以使用域控制器中 administrator 或 lisi 这两个账户加入域，前提是域用户具有加入域的权限，一般从安全性角度考虑，最好使用 administrators 组内的账户，即 administrator 类的账户。

④如果成功地加入了域，将打开提示对话框，显示“欢迎加入 boretech.com 域”信息，否则提示出错信息，最后单击“确定”按钮，如图3－71所示。

图3－70　Windows 安全

图3－71　客户端成功加入域 boretech. com

⑤当出现“必须重新启动计算机才能应用这些更改”的询问对话框时，单击“立刻重新启动”按钮。重新启动计算机后，客户机加入域成功。

3. 客户机登录域

客户机加入域后，其登录窗口会有所变化。接下来，演示客户机登录域的过程。

首先，启动客户机，出现如图3－72所示的登录窗口。此窗口用于客户机登录本机，无法享受域服务。

由于此时的目的是从客户机登录域，因此先单击“切换用户”按钮，在弹出的窗口中选择“其他用户”，登录窗口变为如图3－73所示样式。输入要登录域 BORETECH 的用户账户，在此使用用户名“zhangsan”，输入正确的密码，即可登录域 boretech.com。当然，也可以使用“lisi”身份或者是其他域用户登录域。

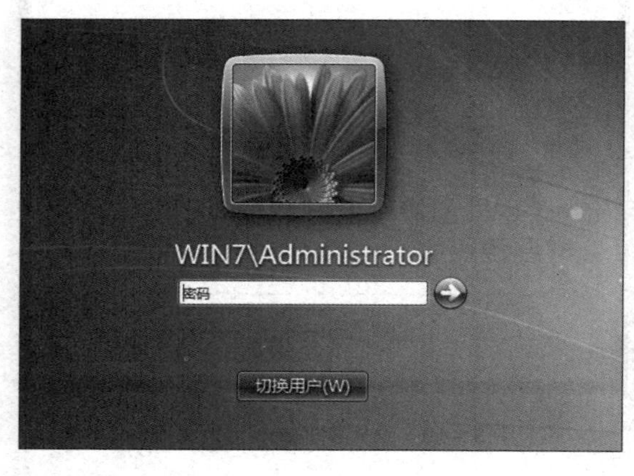

图3－72　Windows 7 登录窗口

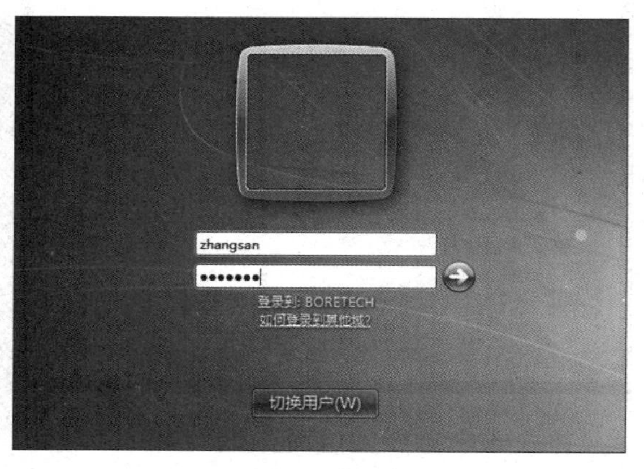

图3－73　Windows 7 登录窗口－登录域

说明：其他安装 Windows 操作系统的客户端在加入域和登录域时，界面稍有差异。

4. 客户机由域中退出，加入工作组

如果客户计算机不再接受域服务与管理，可以从域中退出，其过程与从客户计算机加入域类似，具体过程如下：

①客户机以本机管理员身份登录至本机。

②打开“系统属性”对话框中，将此计算机隶属于域改为隶属于工作组 WORKGROUP。

③重启客户机，生效。

以上加入域及登录域过程请扫描如图 3－74 所示二维码观看，从域中退出的过程请扫描如图 3－75 所示二维码观看。

图 3－74　客户机加入、登录域

图 3－75　客户机退出域

【任务总结】

本任务主要完成域服务的安装与配置过程，重点掌握域控制器的安装与配置、组织单元的建立与管理、域用户的创建与管理、客户机加入域的方法、登录域的过程。通过域服务的使用，可以有效实现集中式管理。

任务 2　组策略应用与管理

【任务描述】

慧心科技有限公司网络采用 Windows Server 2019 域环境进行管理，其网络逻辑结构与拓扑结构分别如图 3－76 所示。各部门员工用户账户都位于各自部门的 OU（财务运行部、产品研发部、企业生产部、人力资源部、网络技术部、销售推广部）中，其中，OU“产品研发部”中包含员工用户账户 zhangsan、lisi，OU“财务运行部”中包含用户账户 wangwu 和 zhaoliu，默认 OU“computer”中包含客户机 C01（Win7）。现在公司要求应用组策略设置用户工作环境及计算机工作环境。作为公司的网络管理员，请你使用组策略实现域管理。

表 3－2 中对搭建的虚拟网络中机器进行了详细说明。

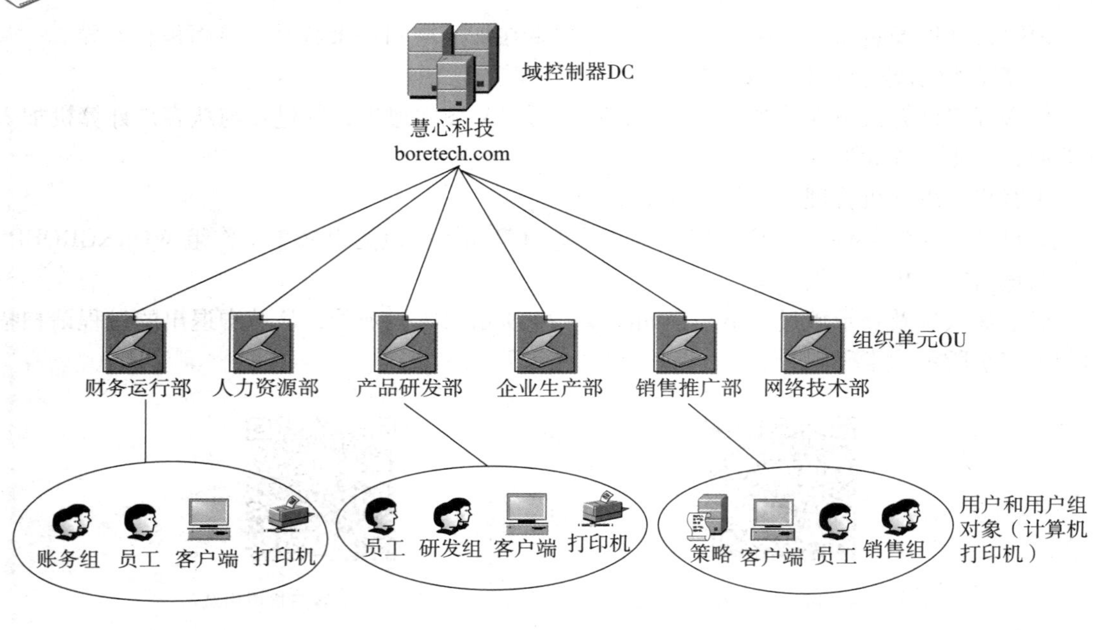

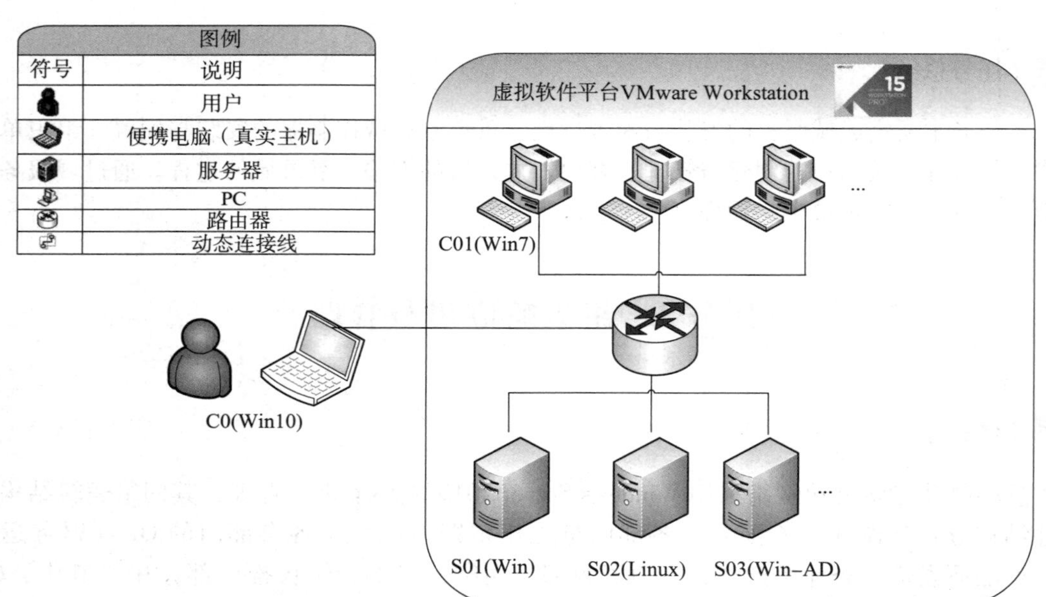

图 3-76　逻辑结构及网络拓扑结构

表 3-2　虚拟网络机器列表

序号	机器名称	硬件配置	操作系统	IP/网关	网络连接方式	备注
1	S01(Win)	1 块 60 GB 硬盘、内存 2 GB	Windows Server 2019 x64	IP：192.168.1.1/24 网关：192.168.1.254	桥接网络	虚拟机，服务器
2	S02(Linux)	硬盘 60 GB、内存 2 GB、单网卡	CentOS 7 64 位	IP：192.168.1.21/24 网关：192.168.1.254	桥接网络	虚拟机，服务器

续表

序号	机器名称	硬件配置	操作系统	IP/网关	网络连接方式	备注
3	S03（Win－AD）	1 块 60 GB 硬盘、内存 2 GB	Windows Server 2019 x64	IP：192. 168. 1. 12/24 网关：192. 168. 1. 254 用户： 管理员：administrator 域用户：zhangsan，lisi	桥接网络	虚拟机，域控制器 boretech. com
4	C01（Win7）	硬盘 40 GB、3 块 10 GB 硬盘、内存 1 GB、双网卡	Windows 7	IP：192. 168. 1. 107/24 网关：192. 168. 1. 254	桥接网络	虚拟机，客户机
5	C0（Win10）		Windows 10	IP：192. 168. 1. 110/24 网关：192. 168. 1. 254		真实主机，客户机

说明：表 3－2 中，S03（Win－AD）在上一任务中已创建完成域 boretech.com，并且提升为域控制器；创建了组织单元及用户；客户机 C01（Win7）已加入域中。

【任务分析】

在任务 1 中，活动目录网络环境搭建完成，接下来通过在域中实施组策略，管理员可以很方便地管理 Active Directory 中的所有用户账户和计算机账户的工作环境。

【知识准备】

一、组策略基础

组策略（Group Policy）是管理员为计算机和用户定义的，用来控制应用程序、系统设置和管理模板的一种机制。通俗来说，它是介于控制面板和注册表之间的一种修改系统、设置程序的工具。

组策略的其中一个版本名为本地组策略（缩写“LGPO”或“LocalGPO”），其可以在独立且非域的计算机上管理组策略对象。

通过在域中实施组策略，管理员可以很方便地管理 Active Directory 中的所有用户账户和计算机账户的工作环境。组策略提供了操作系统、应用程序和活动目录中用户设置的集中化管理和配置，如用户桌面环境、“开始”菜单、IE 浏览器及其他组件等许多设置、计算机启动/关机与用户登录/注销时执行的脚本文件、软件安装、安全设置等，大大提高了管理员管理和控制用户与计算机的能力。使用组策略来简化 IT 环境管理，已成为用户必须了解的技术。

在活动目录中利用组策略可以在站点、域、OU 等对象上进行配置，以管理其中的计算机和用户对象，可以说组策略是活动目录的一个非常大的功能体现。

组策略有如下一些特点：

①组策略的设置数据保存在 AD 数据库中，因此必须在域控制器上设置组策略。

②组策略主要管理计算机与用户。

③组策略不能应用到组，只能够应用到站点、域或组织单位（SDOU），即组策略的链接

遵从的是 SDOU 原则，即组策略只能作用于 S(Site，站点)、D(Domain，域)、OU(Organiz-ition Unit，组织单位)。

④组策略不会影响未加入域的计算机和用户，对于这些计算机和用户，应使用本地安全策略来管理。

使用组策略带来的优点如下：

①减少管理成本，因为只需设置一次，相应的用户或计算机即可全部应用规定的设置。

②减少用户单独配置错误的可能。

③可以针对特定对象（用户和计算机）实施特定策略。

通过此部分的学习，将让系统管理员更擅长、高效地管理组策略的设计、实施、应用和排错。

二、组策略类型

在 Windows Server 2019 中，组策略根据其应用范围和应用对象分为两种类型，分别为本地计算机策略和域组策略。

1. 本地计算机策略

本地计算机策略(Local Computer Policy) 主要用于成员服务器、独立服务器和域控制器等进行相应的设置，其使用范围为服务器本机，用于管理服务器。本地计算机策略中的计算机配置只会应用在此计算机中，用户策略将应用到在此计算机登录的所有用户。

2. 域组策略

域内的组策略(Domain Policy) 会被应用到域内的所有计算机和用户。其应用的优先级从高到低依次为站点策略、域策略、组织单元策略。

组策略类型及应用范围如图 3－77 所示。

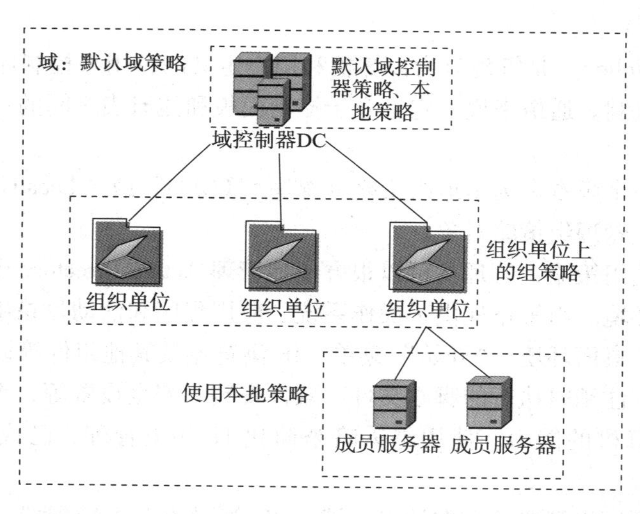

图 3－77　组策略类型及应用范围

（一）本地计算机策略

在 Windows Server 2019 中，本地计算机策略由本地组策略编辑器进行设置与应用。本地组策略编辑器是一个 Microsoft 管理控制台（MMC）管理单元，可以用来编辑本地组策略对象（GPO）。本地组策略的设置都存储在各个计算机内部，不论该计算机是否属于某个域。

本地组策略包含的设置要少于非本地组策略的设置，比如在“安全设置”上就没有域组策略那么多的配置，也不支持“文件夹重定向”和“软件安装”这些功能。

1. 启动本地组策略编辑器

启动本地组策略编辑器的方法如下：

单击“开始”菜单，选择“运行”选项，在弹出的如图 3－78 所示的“运行”对话框中，输入“gpedit. msc”命令，单击“确定”按钮，弹出如图 3－79 所示的“本地组策略编辑器”窗口。本地组策略编辑器主要用于本地计算机策略的设置与应用。

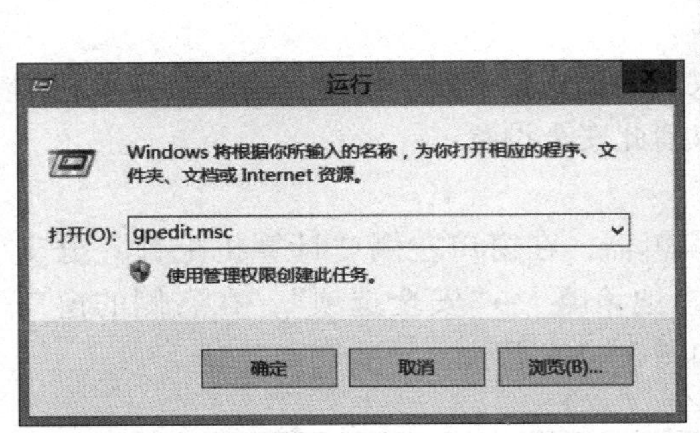

图 3－78　运行 gpedit. msc

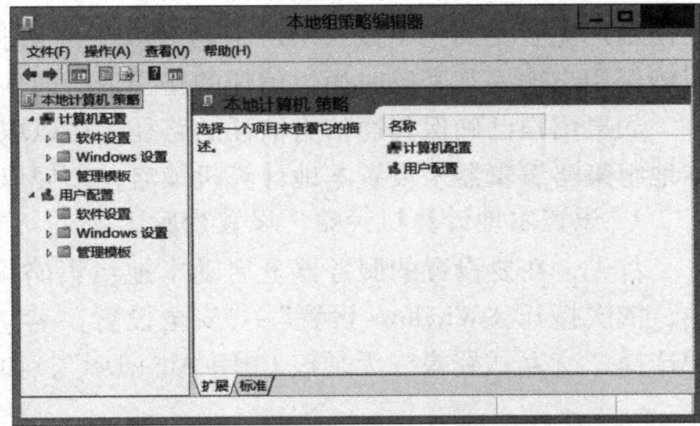

图 3－79　本地组策略编辑器

2. 本地计算机策略的组成

在如图 3－79 所示的“本地组策略编辑器”中，可以看出，本地计算机策略由两部分构成：

（1）计算机配置

计算机配置由软件设置、Windows 设置和管理模板组成，如图 3－80 所示。当计算机开机时，系统会根据计算机配置的内容来设置计算机环境，包括桌面外观、安全设置、应用程序分配、计算机启动和关机脚本运行等。

（2）用户配置

用户配置由软件设置、Windows 设置和管理模板组成，如图 3－81 所示。当用户登录时，

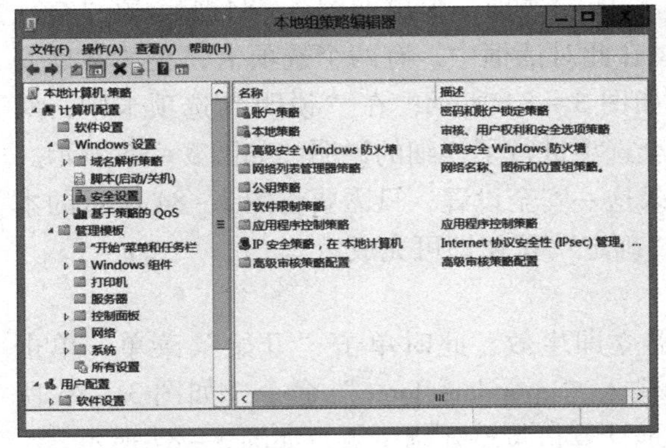

图 3－80　计算机配置

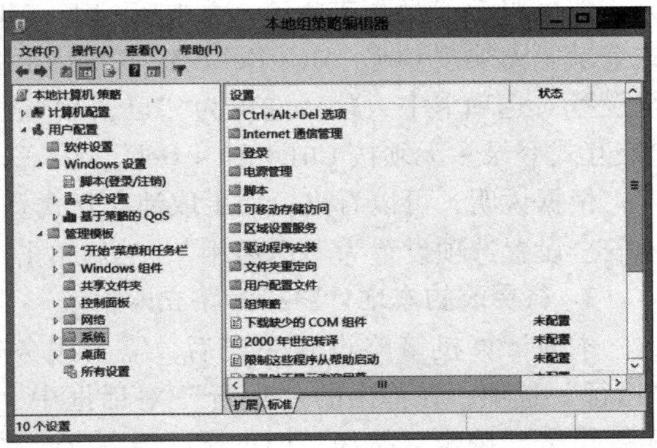

图 3－81　用户配置

系统会根据用户配置的内容来设置计算机环境，包括应用程序配置、桌面配置、应用程序分配、计算机启动和关机脚本运行等。

3. 本地计算机策略应用实例

在 Windows Server 2019 中，本地计算机策略主要用于独立服务器、成员服务器和域控制器等服务器本机设置，通常用于管理服务器本机。以下以常用的管理实例来演示本地计算机策略的应用。

当网络操作系统启动时，为安全起见，在弹出的如图 3 - 82 所示的启动界面中，要求用户按 Ctrl + Alt + Delete 组合键登录。此选项为 Windows 提供的安全策略交互式登录，主要目的使用户免于受到企图截获用户密码的攻击，要求用户登录之前按 Ctrl + Alt + Del 组合键，以确保用户输入其密码时通过信任的路径进行通信。

如果用户已确保其通信为信任的路径，可以取消交互式登录安全设置。接下来演示利用本地组策略编辑器来设置本地计算机策略，以便取消此安全设置。

1. 设置本地计算机策略，设置相应选项

首先，在要设置的服务器上启动本地组策略编辑器，在窗口左侧“计算机配置”分支中，依次打开“Windows 设置”→“安全设置”→“本地策略”→“安全选项”，在右侧的窗口中选择“交互式登录 - 无须按 Ctrl + Alt + Del”，如图 3 - 83 所示。

图 3 - 82　按 Ctrl + Alt + Delete 组合键登录

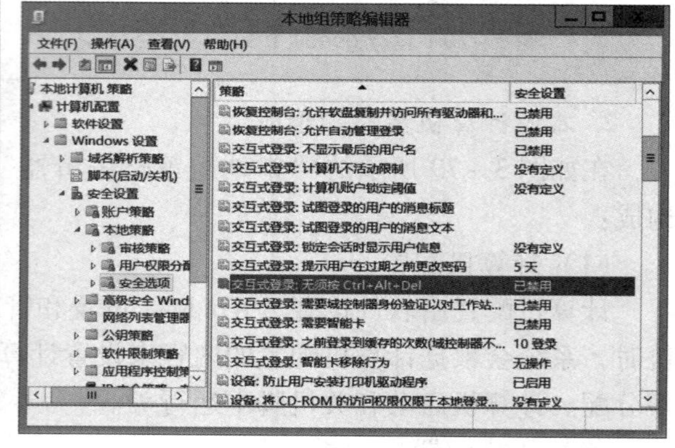

图 3 - 83　交互式登录配置

然后双击“交互式登录 - 无须按 Ctrl + Alt + Del”选项，弹出如图 3 - 84 所示的“交互式登录 - 无须按 Ctrl + Alt + Del 属性”对话框。在此对话框中，有两个选项卡，在“本地安全设置”选项卡中，默认选项为“已禁用”，如图 3 - 84 所示；在“说明”选项卡中，对“交互式登录 - 无须按 Ctrl + Alt + Del”这一安全选项进行了详细的说明，如图 3 - 85 所示。

根据说明，可以看出，如果取消交互式登录这一安全设置，只需要将图 3 - 84 所示的本地安全设置选项设置为“已启用”，然后单击“确定”按钮即可完成。

2. 将更改的本地计算机策略立即生效

本地计算机策略设置完成后，需要服务器立即生效。此时单击“开始”菜单，单击“运行”选项，在弹出的“运行”对话框中，输入“gpupdate/force”命令，如图 3 - 86 所示，单击“确定”按钮，即可让设置完成的本地计算机策略强制生效，如图 3 - 87 所示。

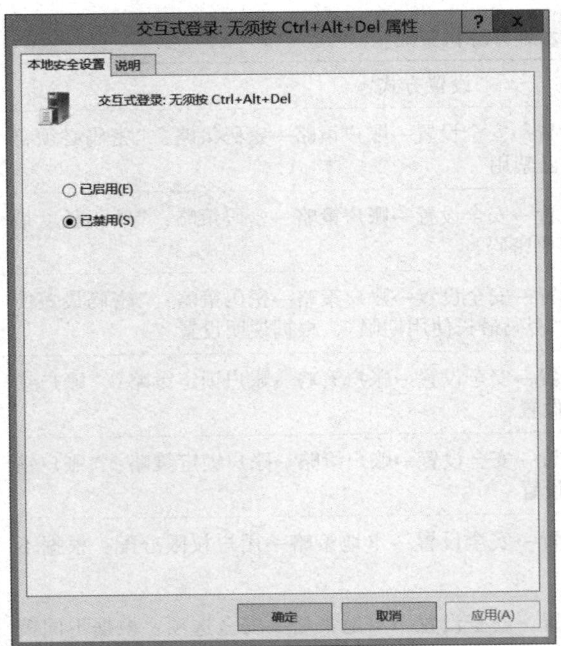

图 3－84　交互式登录属性(1)

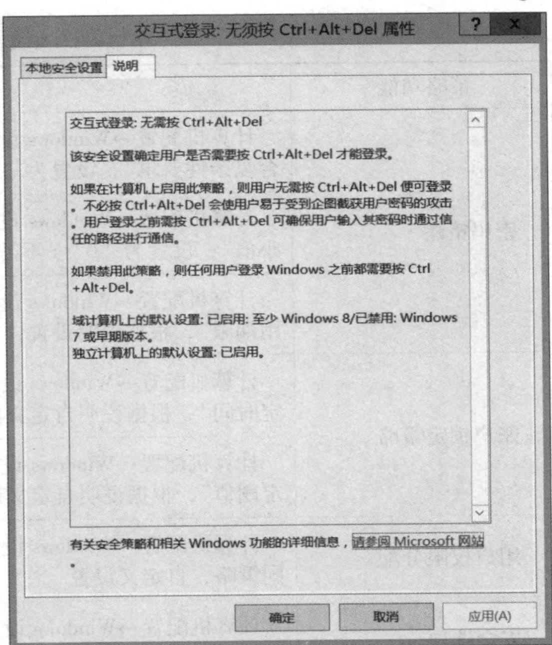

图 3－85　交互式登录属性(2)

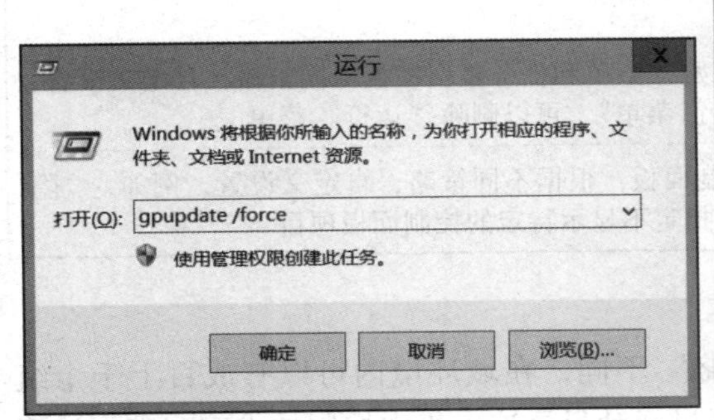

图 3－86　强制应用策略

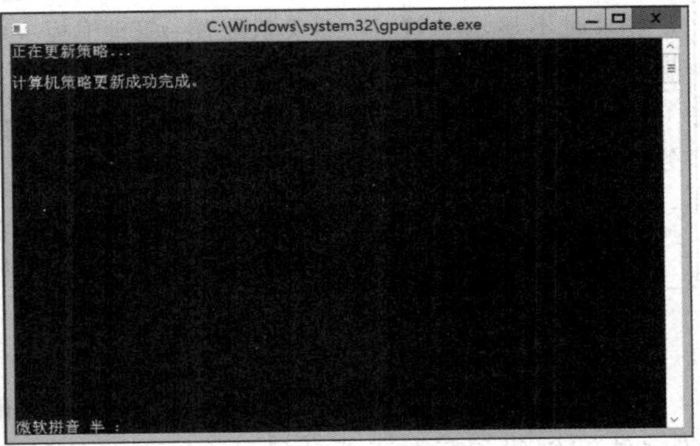

图 3－87　计算机策略更新完成

以上过程请扫描如图 3－88 所示的二维码在线观看。

图 3－88　交互式登录操作视频

本地计算机策略在安全方面还有其他设置，在此不再一一演示，常用的本地计算机策略见表 3－3。

表 3－3 常用本地计算机策略

策略功能	设置方式
密码策略	计算机配置→Windows 设置→安全设置→账户策略→密码策略：“密码必须符合复杂性要求”，设置为“已禁用”
	计算机配置→Windows 设置→安全设置→账户策略→密码策略：“密码长度最小值”，设置为“0”（不需要密码）
	计算机配置→Windows 设置→安全设置→账户策略→密码策略：“密码最短使用期限”，根据说明设置；“密码最长使用期限”，根据说明设置
账户锁定策略	计算机配置→Windows 设置→安全设置→账户策略→账户锁定策略：“账户锁定时间”，根据说明自定义设置
	计算机配置→Windows 设置→安全设置→账户策略→账户锁定策略：“账户锁定阈值”，根据说明自定义设置
用户权限分配	计算机配置→Windows 设置→安全设置→本地策略→用户权限分配：根据不同策略，自定义设置
安全选项	计算机配置→Windows 设置→安全设置→本地策略→安全选项：根据不同策略，自定义设置
关闭事件跟踪程序	计算机配置→管理模板→系统→显示“关闭事件跟踪程序”，设置为“已禁用”
登录时不显示“管理你的服务器”页	计算机配置→管理模板→系统→登录时不显示“管理你的服务器”页，设置为“已启用”
“开始”菜单和任务栏	用户配置→管理模板→“开始”菜单和任务栏：根据不同策略，自定义设置，例如，“从开始菜单删除‘运行’菜单”，可以删除“运行”菜单
控制面板	用户配置→管理模板→控制面板：根据不同策略，自定义设置，例如，“隐藏指定的控制面板项”，可以指定不显示特定的控制面板项目

（二）域组策略

域组策略与本地计算机策略的“一机一策略”不同，在域环境内可以有成百上千个组策略能够创建和存在于活动目录中，并且能够通过活动目录这个集中控制技术实现整个计算机、用户网络的基于组策略的控制管理。在活动目录中可以为站点、域、OU 创建不同管理要求的组策略，而且允许每一个站点、域、OU 能同时设施多套组策略。

授权用户或管理员可以去创建更多的组策略，并且能够根据需求将组策略应用到相应的站点、域、OU，实现对整个站点、整个域或某个特定 OU 的计算机和用户的管理控制。

域组策略的所有配置信息都存放在组策略对象（Group Policy Object，GPO）中，组策略被视为 Active Directory 中的一种特殊对象，可以将 GPO 和活动目录的容器（站点、域和 OU）连接起来，以影响容器中的用户和计算机。组策略是通过组策略对象来进行管理的。

1. 组策略管理器构成

域组策略通过组策略管理器来进行组策略管理，通过组策略管理器管理一个或多个林中的站点、域和组织单位的组策略。组策略管理器打开的过程如下：

单击“开始”菜单，打开“管理工具”选项，在打开的诸多选项中选择“组策略管

理”，如图 3 – 89 所示。双击此选项，即可打开组策略管理器，如图 3 – 90 所示。在组策略管理器中可以看到组策略是由组策略对象 GPO 来进行管理的。下面首先详细介绍一下组策略管理器的构成。

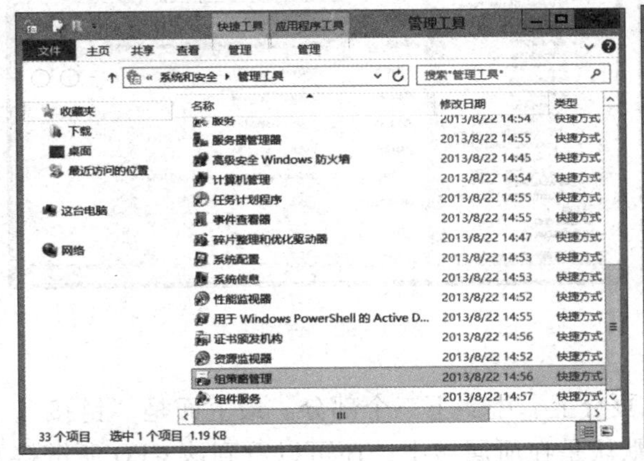

图 3 – 89　管理工具 – 组策略管理

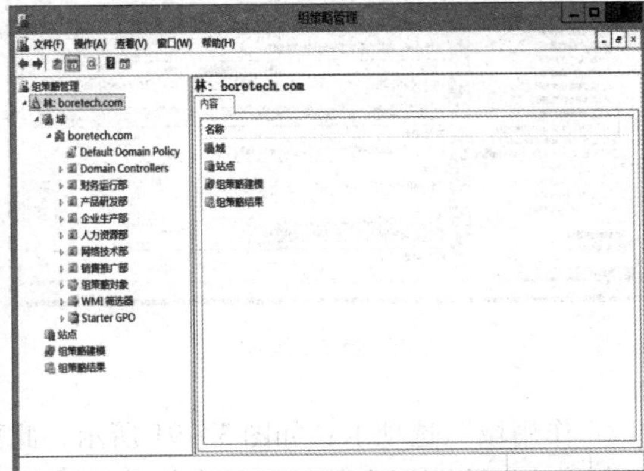

图 3 – 90　组策略管理

组策略管理器控制台的根节点是一个叫作“boretech.com”的森林根节点（这是本书的示例域），展开以后，可见如下几个主要节点：

域：默认情况下是与森林同名的域。

组策略对象（Group Policy Objects，GPO）：是存放所有组策略的节点，包括用户创建的和默认域策略，以及默认域控制器策略。

Starter GPO（初级使用者 GPO）：它衍生自一个 GPO，并且具有将一组管理模板策略集成在一个对象中的能力。可以把它理解为事先订制好的、针对不同使用环境的模板，对于不熟悉组策略配置的用户，直接使用即可。这会大大简化简单环境中组策略的配置，以及复杂环境组策略的部署，是一个非常实用的功能。

2. GPO 及其组成

GPO 主要用于存放组策略的配置信息，它是组策略设置的集合，GPO 中包含用于特定用户或计算机的策略信息和配置，可以将其看成是组策略工具所生成的文档。GPO 只能链接至 Active Directory 的站点、域或组织单位。此站点、域和组织单位统称为 SDOU（Site、Domain、Organizational Unit），即为活动目录的容器，容器中包含的用户和计算机这两种活动目录对象会受到组策略的控制。

GPO 是组策略管理器中管理的对象，它是组策略的载体，在它的内部“装载”了对于计算机和用户的各种配置选项，即“组策略”。在 Windows 中，这些策略一共有 3 000 多条，涉及域管理的方方面面。

（1）GPO 构成：作用域、详细信息、设置、委派

GPO 用来保存组策略，必须进一步指定 GPO 所链接的对象才能将组策略应用到指定对象。接下来选择一个已创建完成的 GPO 链接对象进行讲解，其他 GPO 所链接的对象的组成一致。

在如图 3 – 91 所示的窗口中，单击左侧窗口中的“组策略对象”下的“caiwu_wallpaper”，则会在右侧显示 5 个选项卡，这 5 个选项卡分别为“作用域”“详细信息”“设置”

“委派”“状态”（图 3 –92），它是用来对 GPO 进行设置的。

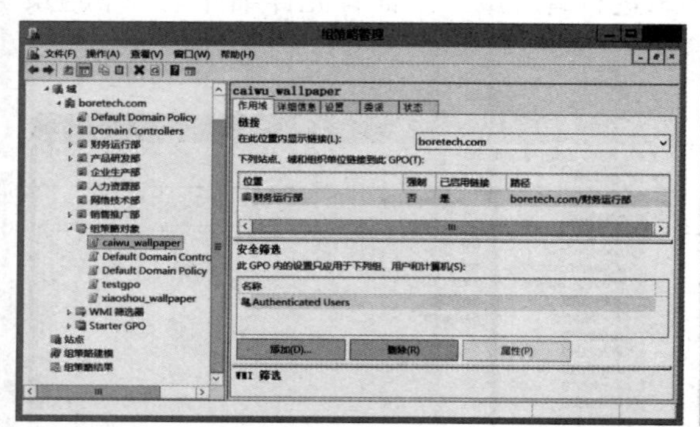

图 3 –91　作用域

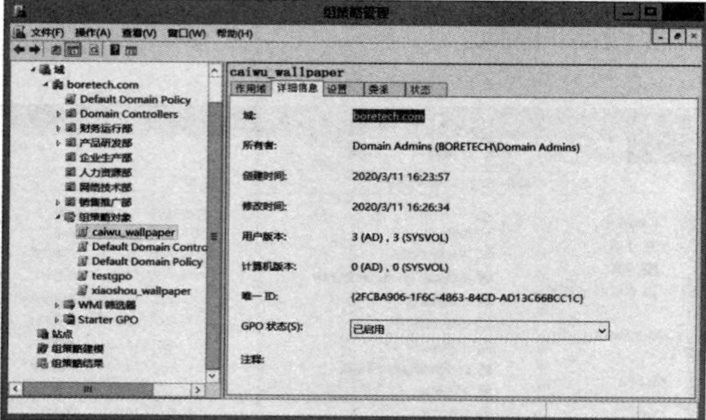

图 3 –92　详细信息

“作用域”选项卡：如图 3 –91 所示，此页分上、中、下三个部分。最上面是“链接”，在此可以选择此 GPO 能够在什么位置显示，默认是在所属域中；还可以看到该 GPO 所链接的位置，以及目前的状态是否启用，是否是强制的，路径是什么。这样可以非常直观地了解此 GPO 的状态。在中部，显示“安全筛选”项。在此处可以了解此 GPO 作用的对象，并可以添加和删除对象，这些对象包括组、用户和计算机。默认情况下，授权用户这个内置安全主体为授权对象。最下面是 WMI 筛选器，用来配合 Windows 脚本自动定义该 GPO 的作用域，此内容属于组策略高级管理范畴。

注意：虽然组策略被链接在了 OU 上，但是通过调整 GPO 的安全设置（在“安全筛选”中进行，例如为某一用户添加权限等），可以做到为处于同一个 OU 容器中的不同对象配置不同的选项。

“详细信息”选项卡：如图 3 –92 所示，在该页面中，可以查看该 GPO 的详细信息，包括所属域、所有者、创建及修改时间，最重要的是用户版本和计算机版本，这两个版本指明了该 GPO 中关于用户配置和计算机配置被更改的次数，以及这种更改在 AD 数据库和 SYSVOL 中的状态，即是否已经被同步到 AD 的数据库中了。

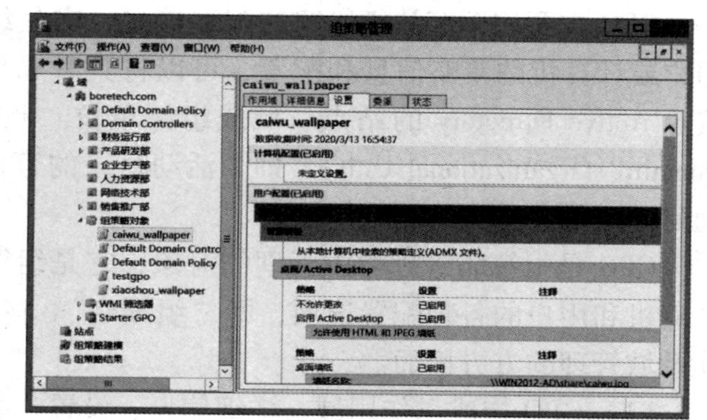

图 3 –93　设置

“设置”选项卡：如图 3 –93 所示，单击“设置”选项卡时，系统会搜集该 GPO 的详细配置信息，并在结果集中呈现给用户，以便用户详细了解对哪些配置项进行了什么样的配置，并可以将其导出或打印，非常方便。

“委派”选项卡：如图 3 –94 所示，熟悉 Windows 管理的用户应该了解这是做权限配置的地方，类似于 Windows 中的权限设置，在此可以添加用户、组，并为它们设置对于该 GPO 的权限。这里要强调的是，如果想让一个用户应用该 GPO 的配置项，那么最少要给他读取的权限。除此以外，还可以设置 GPO 的继承性。

（2）默认 GPO

当 Windows Server 2019 域创建完成后，对于创建成功的域，默认存在两个 GPO。一个是 Default Domain Policy（默认域策略），另一个是 Default Domain Controller Policy（默认域控制器策略）。查看这两个 GPO 的方法：在“开始”→“管理工具”中打开“组策略管理”控制台。展开左侧窗口中的各个节点，找到“组策略对象”，打开后就可以看到这两个默认的 GPO，如图 3－95 所示。

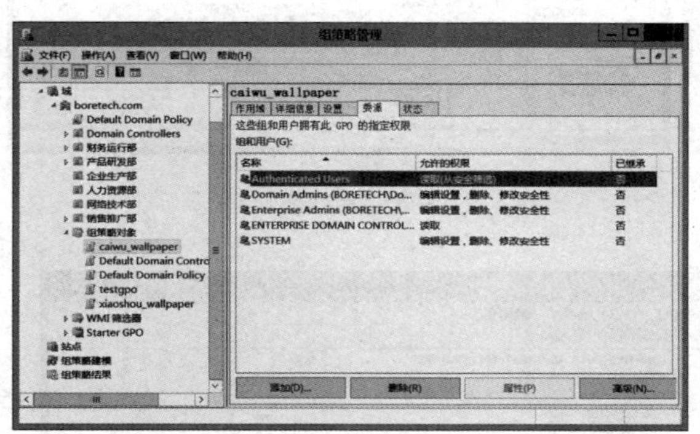

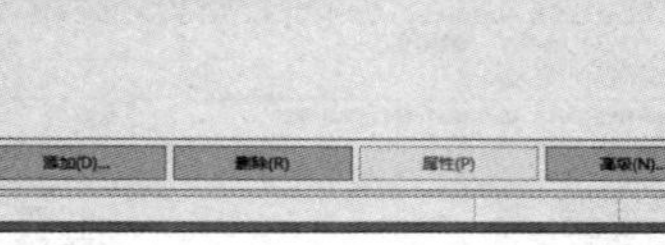

图 3－94　委派

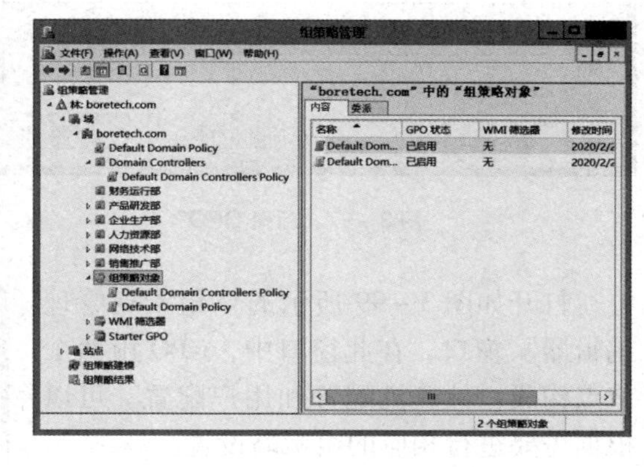

图 3－95　两个默认的 GPO

3. 组策略对象创建与编辑

前面已经讲述，组策略对象 GPO 主要用于存放组策略的配置信息。组策略对象 GPO 创建与编辑主要由组策略管理和组策略编辑管理器来完成，其过程分为如下步骤：

①新建并命名 GPO。

②利用组策略管理编辑器编辑 GPO。

接下来以在慧心科技有限公司域环境下为 OU“产品研发部”创建一个名为 testgpo 的 GPO 为例来进行讲解。注意，此新建的 GPO 只是用于测试。

①单击“开始”菜单，打开“管理工具”选项，在打开的诸多选项中选择“组策略管理”，双击此选项，即可打开“组策略管理”窗口。

在此窗口中，在需要创建 GPO 的组织单位上右击，在弹出的快捷菜单中选择“在这个域中创建 GPO 并在此处链接…”选项，如图 3－96 所示。

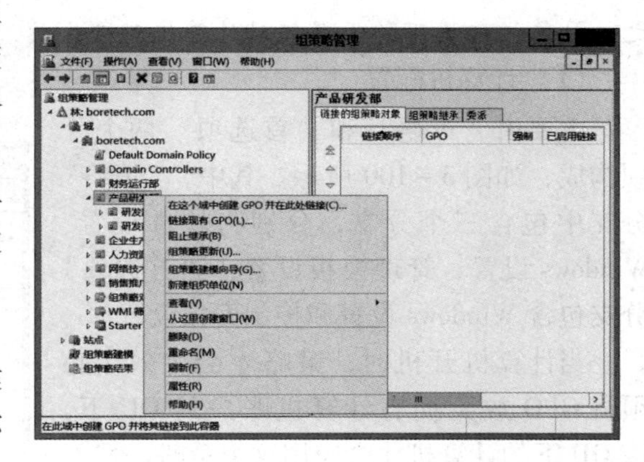

图 3－96　组策略管理－创建 GPO

在弹出的如图 3－97 所示的“新建 GPO”对话框中，输入新建的 GPO 名称“testgpo”。

②利用组策略管理编辑器编辑 GPO。

新建 GPO 完成后，会在组策略管理中显示新建成功的 GPO“testgpo”。在“testgpo”上单击鼠标右键，在弹出的快捷菜单中选择“编辑…”命令，如图 3－98 所示。

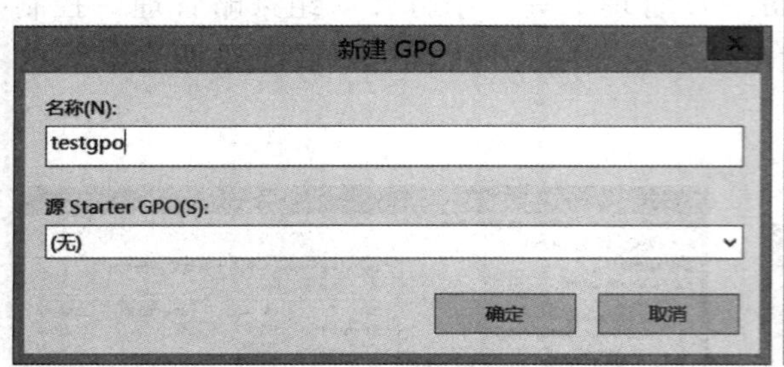

图 3－97　新建 GPO

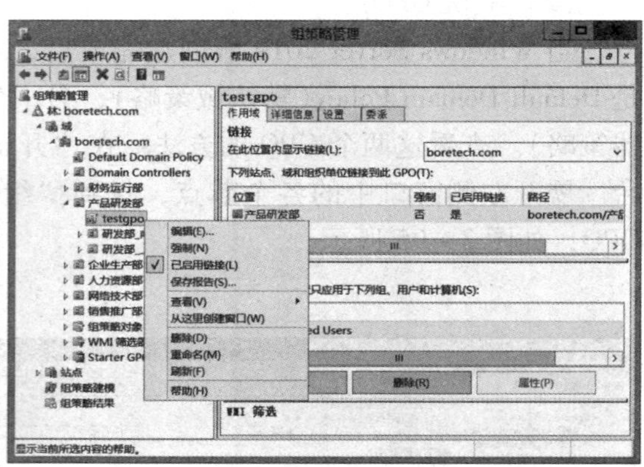

图 3－98　新建成功 GPO

打开如图 3－99 所示的“组策略管理编辑器”窗口，在此窗口中，GPO 由两个节点构成：计算机配置和用户配置。可以根据需要进行相应的组策略设置。

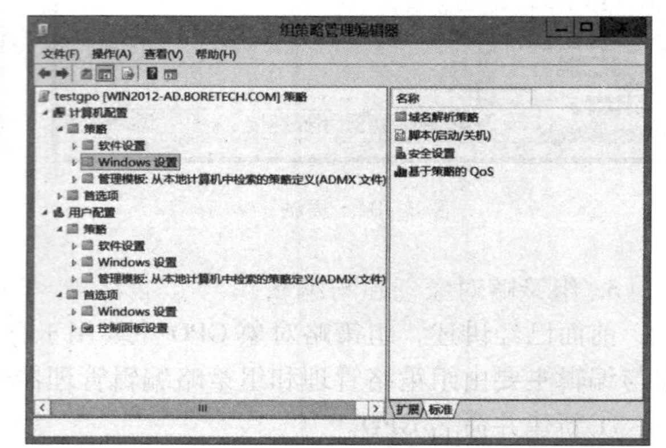

图 3－99　组策略管理编辑器

注意：无论编辑的是哪一个 GPO，都有且只有这两个节点。这两个节点中的配置项分别针对域中的计算机和用户生效。但每一个部分都有自己的独立性，因为它们配置的对象类型不同。计算机配置部分控制计算机账户，同样，用户配置部分控制用户账户。其中有些配置是在计算机配置部分执行的，需在用户部分也配置。它们是不会跨越执行的。假设希望某个配置选项计算机账户启用、用户账户也启用，那么就必须在计算机配置和用户配置部分都进行设置。总之，计算机配置下的设置仅对计算机对象生效，用户配置下的设置仅对用户对象生效。

（1）计算机配置

主要由“策略”和“首选项”两个分项构成，如图 3－100 所示。其中，“策略”分支中包含三个分支，分别为软件设置、Windows 设置、管理模板设置；“首选项”分支包含 Windows 设置和控制面板设置。

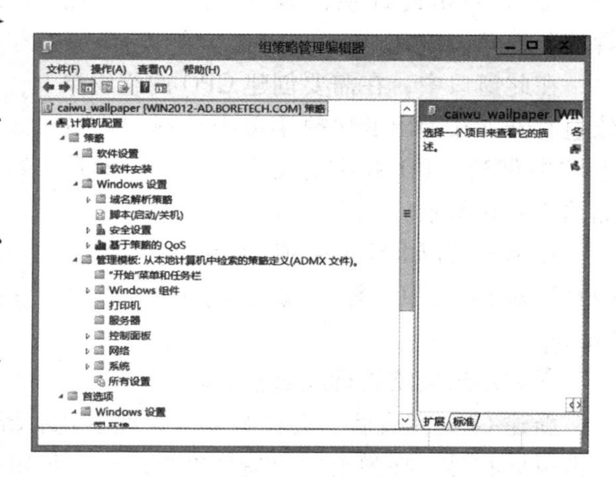

图 3－100　计算机配置节点

当计算机开机时，策略才会生效，必须将 GPO 放到拥有计算机账户的 OU 下，该 OU 下的计算机才会应用这个策略。

①软件设置。这一部分相对简单，它可以实现 MSI、ZAP 等软件部署分发。可以使用组策略软件按需进行软件安装和应用程序的自动修复。组策略提供了用于发送

软件的一种简便方法，特别是在已经将组策略用于其他目的时，例如保证客户端和服务器计算机的安全。

②Windows 设置。这一部分更复杂一些，包含很多子项。每个子项都提供很多选择，账户策略能够对用户账户密码等进行管理控制；本地策略则提供了更多的控制，如审核、用户权利及安全设置。特别是安全设置，其包括了超过 75 个策略配置项。还有其他的一些设置，如防火墙设置、无线网络设置、PKI 设置、软件限制等。

③管理模板。管理模板是基于注册表的策略设置，显示在“计算机配置”和“用户配置”节点的“管理模板”节点下。当组策略管理控制台读取基于 XML 的管理模板文件(.admx）时，便会创建此层次结构。

这一部分设置项最多，包含各式各样的对计算机的配置。这里有 5 个主要的配置管理方向：Windows 组件、打印机、控制面板、网络、系统。其中包含了超过 1 250 个设置选项，涵盖了一台计算的非常多的配置管理信息。

（2）用户配置

用户配置部分类似于计算机配置，主要不同在于这一部分配置的目标是用户账户，而相对于用户账户而言，会有更多对用户使用上的控制。其主要由策略和首选项两个分项构成，如图 3－101 所示。其中，“策略”分支中包含三个分支，分别为软件设置、Windows 设置、管理模板设置；“首选项”分支包含 Windows 设置和控制面板设置。

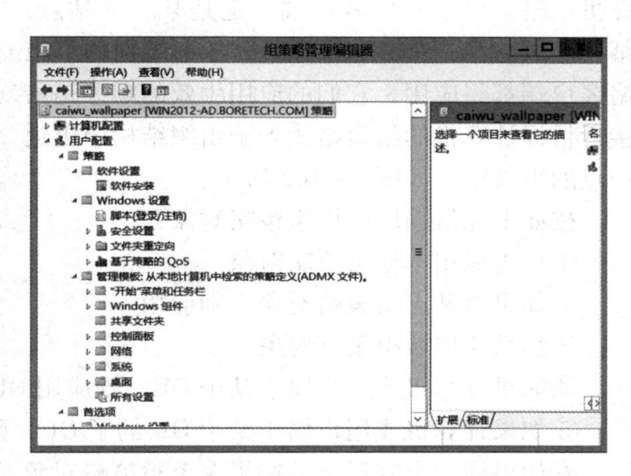

图 3－101　用户配置节点

当用户登录时，策略才会生效，当然，有一些比较特殊的用户策略，也必须重新启动电脑才会生效。必须将 GPO 放到拥有用户账户的 OU 下，该 OU 下的用户登录后，才会应用策略。

这一部分同样也包含三大部分：

①软件设置。可以通过在这里配置，实现针对用户进行软件部署分发。

②Windows 设置。这一部分与计算机配置里的 Windows 设置有很多的不同，可以看到，其中多了“远程安装服务”“文件夹重定向”“IE 维护”等，而在安全设置中，只有“公钥策略”和“软件限制”。

③管理模板。这一部分展开后，与计算机配置里的管理模板相比，这里有更多的配置，用户部分的管理模板可以用来管理控制用户配置文件，而用户配置文件可以影响用户对计算机使用体验，所以这里面出现了“开始”菜单和任务栏、共享文件夹等配置。

注意：如果用户配置和计算机配置有冲突，一般以计算机配置优先。

4. 组策略应用规则与顺序

根据组策略的组成，网络管理员对服务器进行策略设置时，可以根据网络环境的需要，设置本地计算机策略和域策略。当两种策略同时存在时，就存在策略应用的优先级别和累加与冲突等问题。

（1）组策略的累加与冲突

如果容器的多个组策略设置不冲突，则最终的有效策略是所有组策略设置的累加。

如果容器的多个组策略设置冲突（对相同项目进行了不同设置），组策略则按以下顺序被应用：L、S、D、OU。它表示本地（Local）、站点（Site）、域（Domain）、组织单位（Organizational Unit）。默认情况下，当策略设置发生冲突时，后应用的策略将覆盖前面的策略。

每台运行 Windows 版本系统的计算机都只有一个本地组策略对象。如果计算机在工作组环境下，将会应用本地组策略对象。如果计算机加入域，则除了受到本地组策略的影响外，还可能受到站点、域和 OU 组策略对象的影响。如果策略之间发生冲突，则后应用的策略起作用。

（2）组策略应用顺序

组策略根据应用范围，可以分为站点级别组策略、域级别组策略、OU 级别组策略及本地计算机策略。对于一台客户端一定是某一个站点、某一个域、某一个 OU 的，那么各个级别的组策略客户端都将应用，它们的应用生效的顺序是最接近目标计算机的组策略优先于组织结构中更远一点的组策略，如图 3－102 所示。

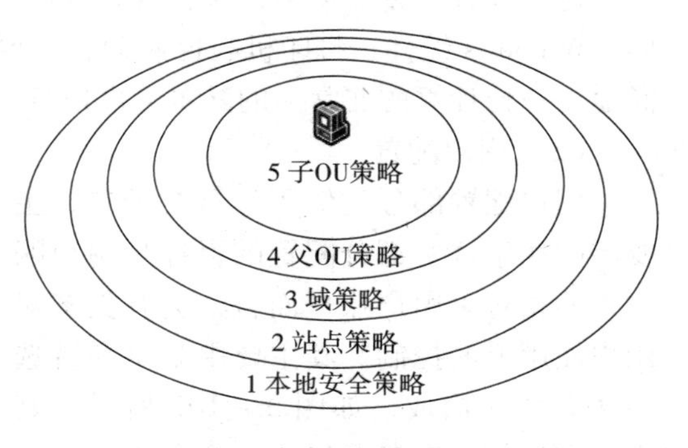

图 3－102　组策略应用顺序

按如下先后顺序应用组策略对象：

①首先应用本地组策略对象。

②如果有站点组策略对象，则应用。

③然后应用域组策略对象。

④如果计算机或用户属于某个 OU，则应用 OU 上的组策略对象。

⑤如果计算机或用户属于某个 OU 的子 OU，则应用子 OU 上的组策略对象。

⑥如果同一个容器下链接了多个组策略对象，则链接顺序最低的组策略对象最后处理，因此它具有最高的优先级。

该顺序意味着首先会处理本地组策略，最后处理链接到计算机或用户直接所属的组织单位的组策略，后处理的组策略会覆盖先处理的组策略中有冲突的设置（如果不存在冲突，则只是将之前的设置和之后的设置进行结合）。

（3）组策略的继承与阻止

组策略应用顺序其实就是一个默认继承的规则。在域内次一级的容器会默认继承使用上一级的容器链接的组策略。假设在域策略中设置了用户不允许更改桌面的策略配置，那么该域内的 OU 中的用户默认情况下都会应用该策略配置。但是可以根据实际应用需求去人为地干预默认的继承规则，可以阻止或强制继承。

继承：在默认情况下，下层容器会继承来自上层容器的 GPO。以慧心科技公司域网络逻辑结构图为例，“产品研发部”等 6 个 OU 会继承域“boretech.com”的组策略；子 OU“研发部_南京”和“研发部_上海”会继承其上级 OU“产品研发部”的组策略，如图 3－103 所示。testgpo 为“产品研发部”OU 的 GPO，其子 OU“研发部_南京”继承了 testgpo 这个上级容器的 GPO。

阻止继承：子容器也可以阻止继承上层容器的组策略。在图 3－103 中，若 OU“研发部_

南京”不需要应用来自上级 OU 的组策略，可以右击“研发部_南京”，在其弹出的菜单中选择“阻止继承”。图 3－104 所示为 OU“研发部_南京”阻止继承后的效果，此时 OU“研发部_南京”就不会应用任何组策略。

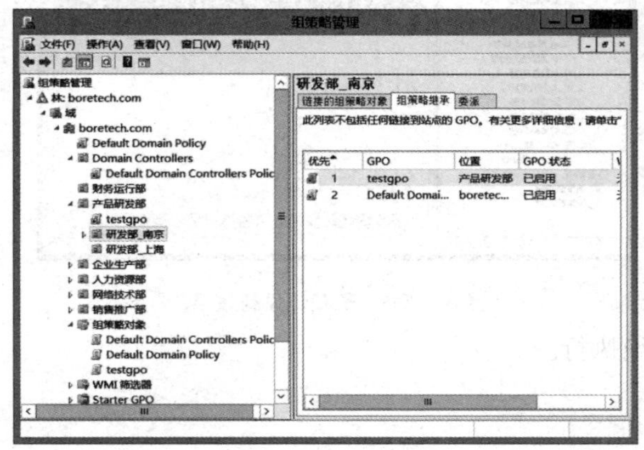

图 3－103　GPO 继承

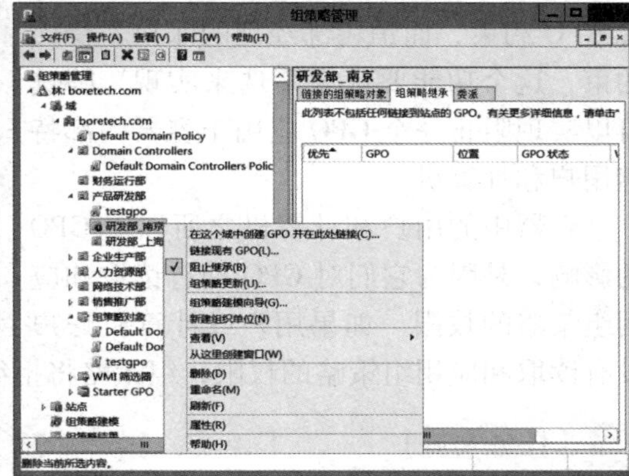

图 3－104　阻止继承

通过这种继承与阻止策略，可以在企业域网络实际应用中发挥重要作用，例如，某企业内部 OU 要求建立 GPO，实现 OU 内所有用户计算机桌面统一，并且不能更改，但此 OU 内领导可以更改桌面，此时可以利用继承与阻止策略实现。

（4）组策略的强制生效

根据上面的介绍，下级容器可以对上级容器的 GPO 采用阻止继承的操作，或者下级容器设置一个与上级容器相对冲突的 GPO，从而使上级容器的 GPO 不能生效。那么如何使上级容器的 GPO 强制生效呢？

强制继承：在实际应用中，有时需要上一级容器的组策略配置被应用到子容器中，并且要求在冲突时不被子容器的策略覆盖，这时就可以使用强制继承。利用“强制”策略可以使上级容器的 GPO 强制生效。

通过以下操作可以实现强制下级生效上级的某个 GPO，详细操作步骤为：

在要强制的上级容器的 GPO 上，单击右键，在弹出的快捷菜单（图 3－105）中，选择“强制”命令，实行强制操作。本例在上级容器“产品研发部”建立的 GPO“testgpo”上操作。

当在上级容器的 GPO 上实施强制后，在其子 OU 上，可以看到其继承当中显示了强制的结果，如图 3－106 所示。

“强制生效”会覆盖“阻止继承”设置，这也成为网络管理员对网络进行统一管理的一种方法。

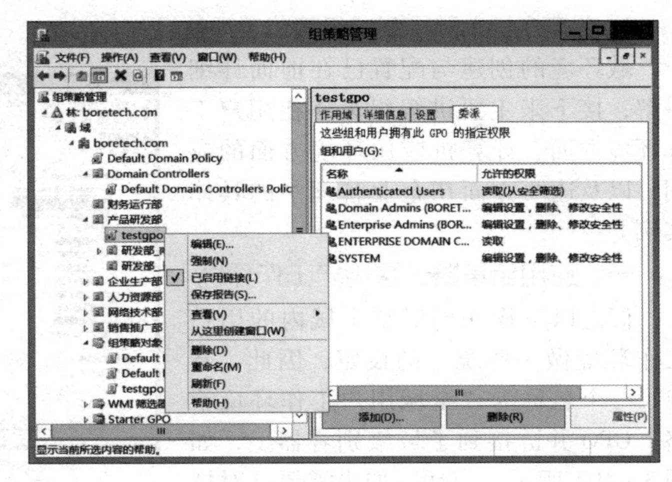

图 3－105　GPO 强制

（5）委派、筛选

上面介绍的 GPO 都应用于容器下的所有用户和计算机，但实际环境中会有这样的需求：例如，销售部的所有普通用户都受 GPO 约束，而销售部经理的账户不受此约束，这个功能要依靠筛选来实现。筛选可以实现阻止一个 GPO 应用于容器内部特定用户和计算机。

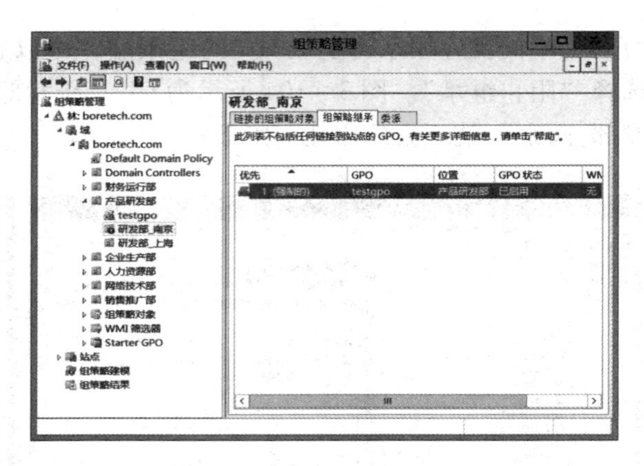

图 3－106　子 OU 强制效果

容器中的用户和计算机之所以受 GPO 的影响，是因为它们对 GPO 拥有读取和应用组策略的权限。如果用户或计算机账户没有读取和应用组策略的权限，组策略将拒绝执行。

【任务实施】

在 Windows Server 2019 域环境下，组策略应用可以分为以下步骤进行：

1. 创建并配置完成域环境

包括以下内容：

①域服务的创建及域控制器的建立。

②组织单位的创建。

③域用户的创建。

④客户端加入域。

2. 在域控制器上建立并应用组策略

包括以下内容：

①根据域网络环境管理需求，分析、设计组策略。

②根据管理需求在相应的容器（域或 OU）上创建组策略对象 GPO。

③编辑 GPO。

④启动组策略更新命令。

3. 在客户机上登录测试组策略管理效果

域环境的创建与配置已在前面详细讲解，接下来主要讲解组策略在用户工作环境方面、计算机应用环境方面的应用，以及这两方面在企业管理中的具体实例。

一、应用组策略设置用户工作环境

假定以下操作要对整个域内的用户工作环境做一些统一的设定，因此，新建了一个名称为“全域用户工作环境策略”GPO 并链接到了域级别容器上，如图 3－107 所示。当然，如果需要针对域

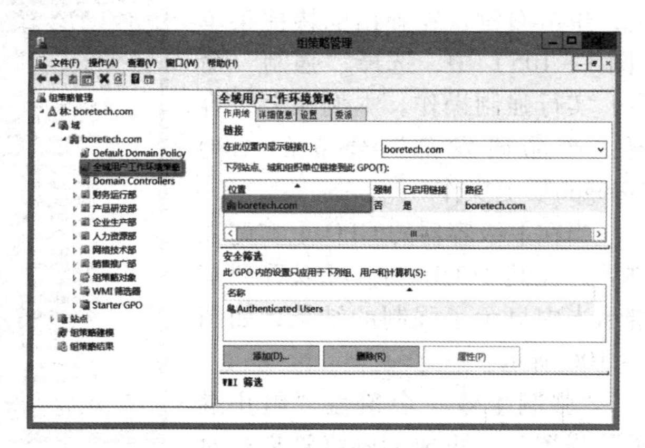

图 3－107　全域用户工作环境策略

内 OU 进行组策略设置，在相应 OU 上创建 GPO 即可。

应用组策略来设定工作环境的配置项非常多，下面分四种情况来介绍其应用。

1）实现“我的文档”文件夹重定向，确保用户在域网络中任意节点登录都可以访问各自的数据，并且确保不因为客户端故障导致“我的文档”中文件丢失。此功能可以实现漫游办公功能。

实现过程如下：

①在域内文件服务器上新建一个共享文件夹，并赋予此文件所有用户都有通过网络访问的读写权限。例如，在域控制下，建立一个名称为“alluserhome”的共享文件夹，并设置 Everyone 具有读取/写入权限，如图 3－108 所示。注意：此共享文件夹也可以创建在文件服务器上，注意保存其网络路径，以备接下来组策略设置。

②在组策略对象中，右击“全域用户工作环境策略”，选择“编辑”，打开“组策略管理编辑器”对话框，编辑“全域用户工作环境策略”，定位到“用户配置”→“策略”→“Windows 设置”→“文件夹重定向”→“文档”，右击，选择“属性”命令，如图 3－109 所示。

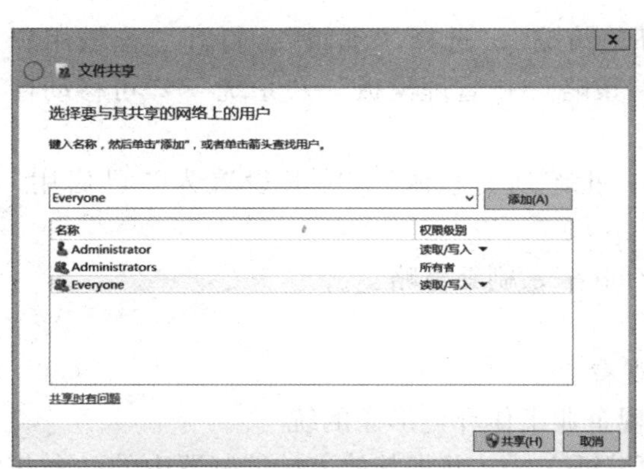

图 3－108　共享文件夹及共享权限

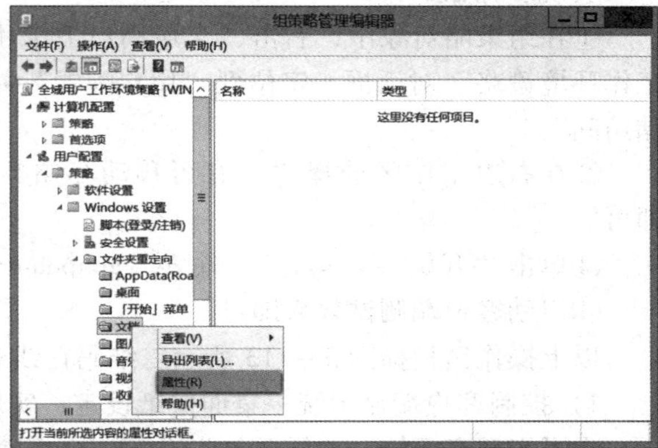

图 3－109　文件夹重定向

③在打开的“文档属性”对话框中，首先启用配置，然后进行属性配置与编辑，如图 3－110 所示。设置完成后，单击“确定即可”按钮。

④单击“开始”→“运行”，输入“gpupdate/force”，刷新策略。

⑤在客户端进行测试即可。分别以同一域用户在不同客户机上登录测试漫游办公功能。

以上案例请扫描如图 3－111 所示二维码在线观看。

2）实现客户端驱动器不自动播放，有时由于光驱的自动播放文件不好读取，会导致系统资源占用甚至死机，还有些时候刚插入 U 盘，机器就中毒了。这些现象都可以通过禁止驱动器自动播放的策略得到解决。

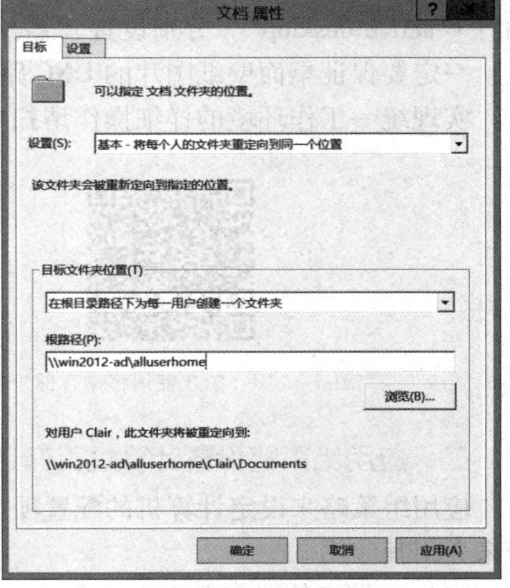

图 3－110　文档属性

图 3－111　文件夹重定向策略

实现步骤如下：

①在组策略对象中，右击“全域用户工作环境策略”，选择“编辑”，打开“全域用户工作环境策略”对话框，定位到“用户配置”→“策略”→“管理模板”→“Windows 组件”→“自动播放策略”。

②在右边工作区双击“关闭自动播放”进行配置，将其启用即可。

③单击“开始”→“运行”，输入“gpupdate/force”，刷新策略。

④启动客户端测试效果即可。

此策略应用设置过程请扫描如图 3－112 所示二维码在线观看。

图 3－112　禁止自动播放策略

3）限制移动磁盘使用，加强企业文件安全性。

在企业网络管理实际应用中，为了加强企业文件安全性，实现数据的安全，禁止客户端使用限制移动磁盘，既能防止病毒通过移动存储设备流入，又能防止客户端非法复制数据。

实现步骤如下：

①在组策略对象中，右击“全域用户工作环境策略”，选择“编辑”，打开“全域用户工作环境策略”对话框，定位到“用户配置”→“策略”→“管理模板”→“系统”→“可移动存储访问”。

②在右边工作区选择“所有可移动存储类：拒绝所有权限”，将其设置为“已启用”即可。

③单击“开始”→“运行”，输入“gpupdate/force”，刷新策略。

④启动客户端测试效果即可。

以上操作请扫描图 3－113 所示二维码在线观看。

4）控制客户端显示统一桌面壁纸设定，实现企业工作环境形象的统一。

为了实现桌面统一，需要事先准备一个桌面壁纸文件，并将其放入域控制器中的一个共享文件夹下，并且设置 Everyone 权限为读取。

创建组策略对象，然后设置其组策略。单击“用户配置”→“策略”→“管理模板”→“桌面”→“active desktop”，分别设置“启用 Active Desktop”“不允许更改”“桌面墙纸”。注意：一定要保证桌面壁纸图片的 UNC 路径位置正确，否则客户端不能正确显示。

实现统一工作环境的详细操作请扫描图 3－114 所示二维码在线观看。

图 3－113　禁止使用移动存储设备

图 3－114　统一用户桌面

二、应用组策略设置计算机工作环境

应用组策略来设定计算机的配置项在实际应用中有许多种类，接下来选择有代表性的几个来介绍其应用。

（1）应用组策略配置高级安全 Windows 防火墙

慧心科技有限公司所有计算机都在统一域环境内，并且该企业要求较高的安全网络通信，希望做到非域内的计算机或者非域内的用户无法正常访问域内数据。

Windows Server 2019 中的高级安全防火墙（WFAS）支持双向保护，可以对出站、入站通信进行过滤，而且还集成了“连接安全规则”设定，可以实现企业所需的方式配置密钥交换、数据保护及身份验证设置。更有实用价值的是，如果使用组策略在一个企业网络中配置高级安全 Windows 防火墙，可以配置一个域中所有计算机使用相同的防火墙设置，并且本地系统管理员是无法修改这个规则的属性的。

使用组策略配置过程如下：

①打开组策略管理控制台，定位到“组策略对象”，新建“域内安全网络通信策略”，如图 3－115 所示。

②在“组策略管理编辑器”窗口中打开“域内安全网络通信策略”进行编辑，定位到“计算机配置”→“策略”→“Windows 设置”→“安全设置”→“高级安全 Windows 防火墙”→“高级安全 Windows 防火墙”→“连接安全规则”，如图 3－116 所示。

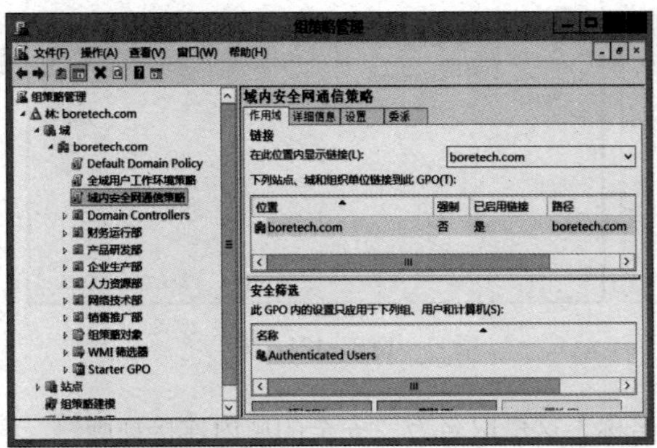

图 3－115　域内安全网络通信策略

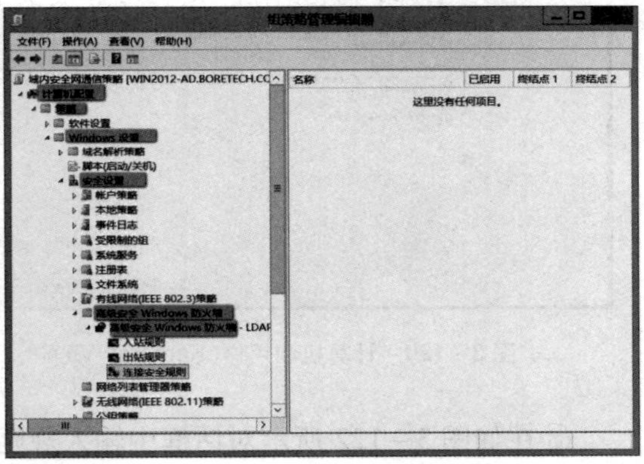

图 3－116　连接安全规则

③在“连接安全规则”上单击右键，并且选择“新规则”，如图 3－117 所示，弹出“新建连接安全规则向导”对话框。

④在“新建连接安全规则向导”中选择“隔离”，如图 3－118 所示，单击“下一步”按钮。

⑤如图 3－119 所示，选择“入站和出站连接要求身份验证”，然后单击“下一步”按钮。

⑥如图 3－120 所示，选择“计算机和用户（Kerberos V5）”，然后单击“下一步”按钮。

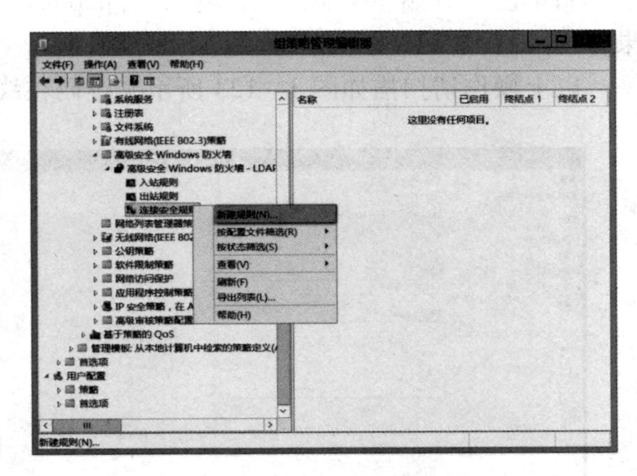

图 3－117　新建规则

⑦如图 3－121 所示，选择“域”，然后单击“下一步”按钮。

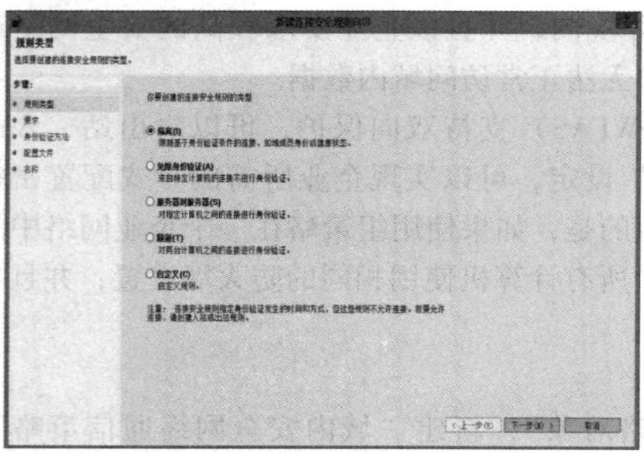

图 3－118　隔离

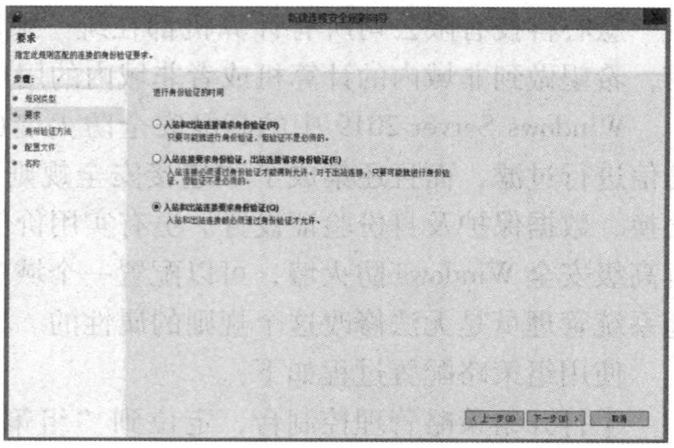

图 3－119　入站和出站连接要求身份验证

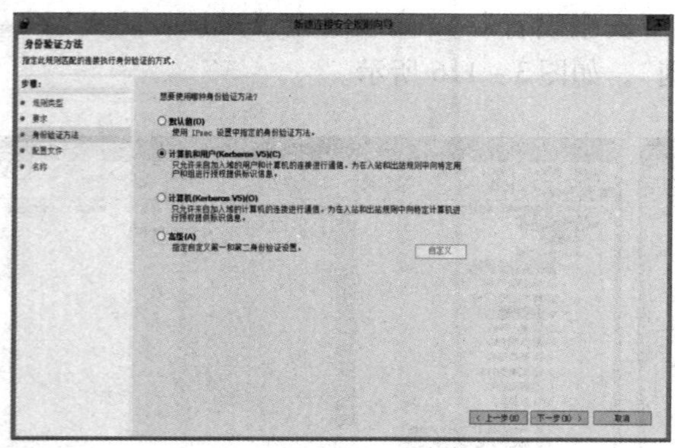

图 3－120　计算机和用户（Kerberos V5）

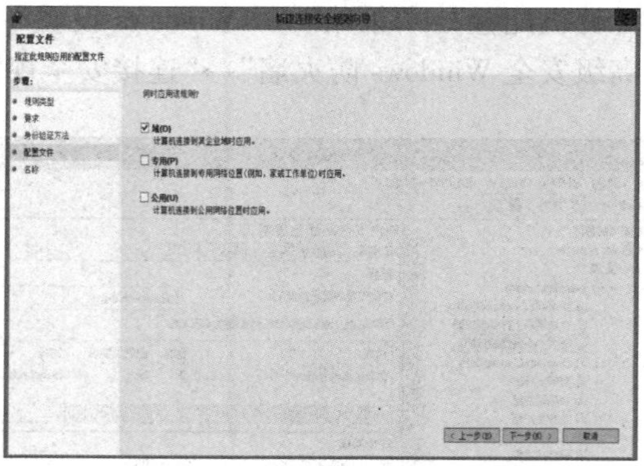

图 3－121　域

⑧在如图 3－122 所示对话框中输入规则名称，这里取名为“安全的域内连接规则”。

⑨将编辑好的“域内安全网络通信策略”链接到域，完成配置。

⑩单击“开始”→“运行”，输入“gpupdate/force”，刷新策略，然后启动客户端测试效果即可。

以上操作请扫描如图 3－123 所示二维码在线观看。

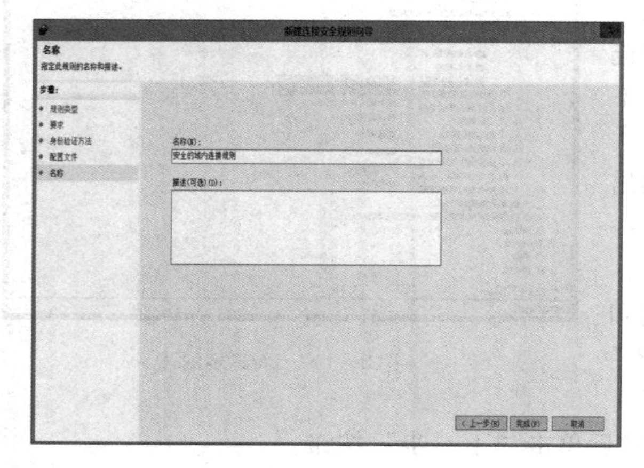

图 3－122　安全的域内连接规则

图 3－123　域内安全网络通信

（2）应用组策略实现软件部署

网络管理员在管理域中计算机中的软件过程中，常常需要在很多台计算机上对同一软件进行安装或卸载。如果在每台计算机上重复这些操作，工作量大而且容易出错。利用域组策略 GPO 设置软件分发策略，可以实现对容器下所有用户和计算机的软件管理，有效提升软件部署效率。

利用 GPO 给容器下的计算机或者用户分发软件，需要经过以下几个步骤：

①设置软件分发点。

②创建 GPO，该 GPO 包含软件分发的内容。

③编辑设置 GPO。

④域组策略更新，生效。

⑤客户端验证。

接下来以利用组策略实现对销售推广部所有成员计算机的软件部署为例进行相应的演示软件分发，实现过程如下。

①设置分发点。在域控制器上新建一个名称为 share 的共享文件夹，把要分发的安装程序包软件（格式为 .msi 的安装文件）都放置在 share 文件夹中。设置文件夹共享权限，让所有人都有读取的权限，其网络路径为“ \\WIN2012 - AD\share”，如图 3 - 124 所示（如果要下载演示用的 .msi 格式安装文件，请扫描如图 3 - 125 所示二维码。）

图 3 - 124　share 共享文件夹

图 3 - 125　.msi 格式安装文件下载

②打开“组策略管理”控制台，定位到组策略对象销售推广部分支，单击鼠标右键，新建“软件部署策略”GPO，如图 3 - 126 所示。

③打开“软件部署策略”GPO 进行编辑，定位到“计算机配置”→“策略”→“软件设置”→“软件安装”。然后在“软件安装”选项上单击鼠标右键，选择“新建”→“数据包”，如图 3 - 127 所示。

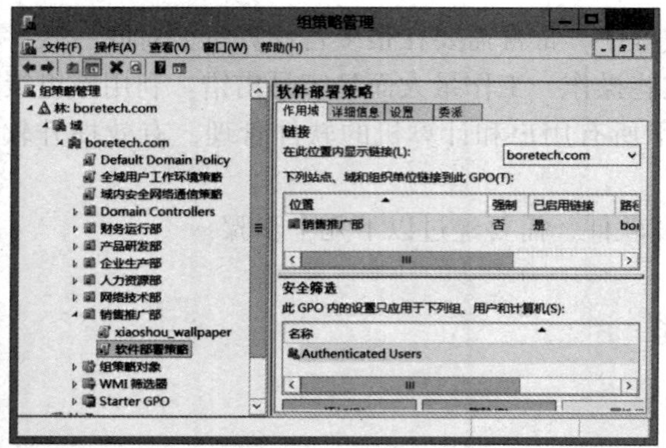

图 3－126　创建“软件部署策略”GPO

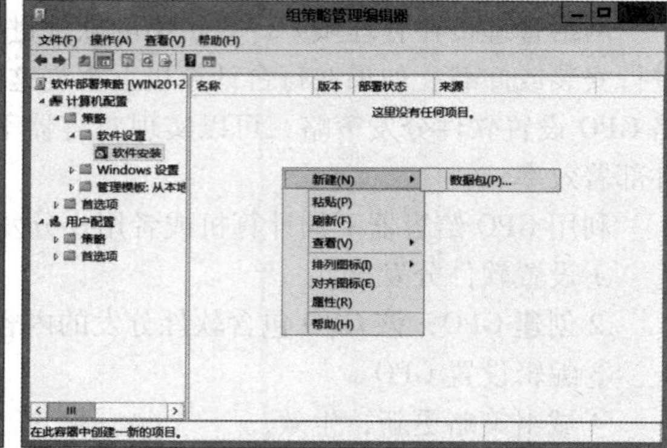

图 3－127　新建数据包

在弹出的“打开”对话框中，打开网络位置，找到第一步中设置的共享网络路径 \\WIN2012-AD\share，找到要部署的应用程序，单击 Windows Installer 程序包，如图 3－128 所示。

然后单击“打开”按钮，显示如图 3－129 所示“部署软件”对话框。在“部署软件”对话框中，选择“已分配”，然后单击“确定”按钮。

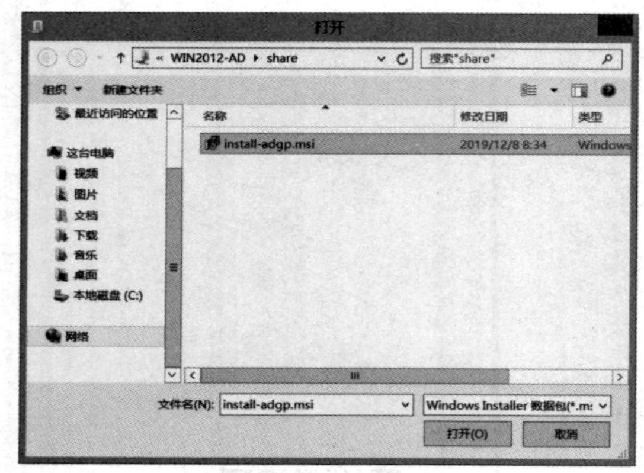

图 3－128　打开安装包网络位置

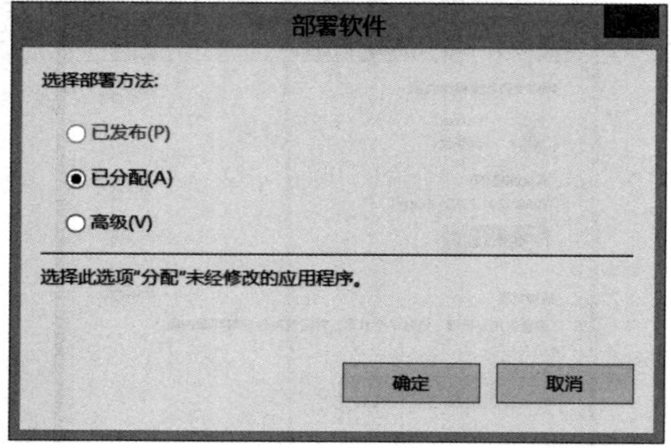

图 3－129　部署软件

在“软件安装”右侧窗口中显示已创建完成的软件包，如图 3－130 所示。版本为 1.0，部署状态为“已分配”，来源为设定的网络位置。

在已创建好的软件分发包条目上单击鼠标右键，在出现的快捷菜单中单击选择“属性”选项，如图 3－131 所示。

在弹出的“属性”对话框中，共有 6 个选项卡，此时需要分别设置“部署”选项卡和“安全”选项卡。

首先，单击选择“部署”选项卡，在选项内容中，先单击选择“部署类型”为“已分配”。勾选“在登录时安装此应用程序”选项，完成后，单击“应用”按钮，如图 3－132 所示。

然后，单击选择“安全”选项卡，在“组或用户名”中，添加“Everyone”，“Everyone”仅保留“读取”权限，完成后，单击“应用”和“确定”按钮，如图 3－133 所示。

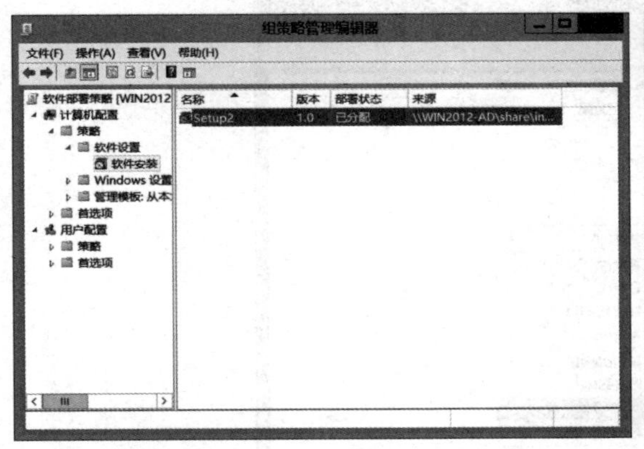

图 3－130　创建完成的分发包

图 3－131　软件分发包属性

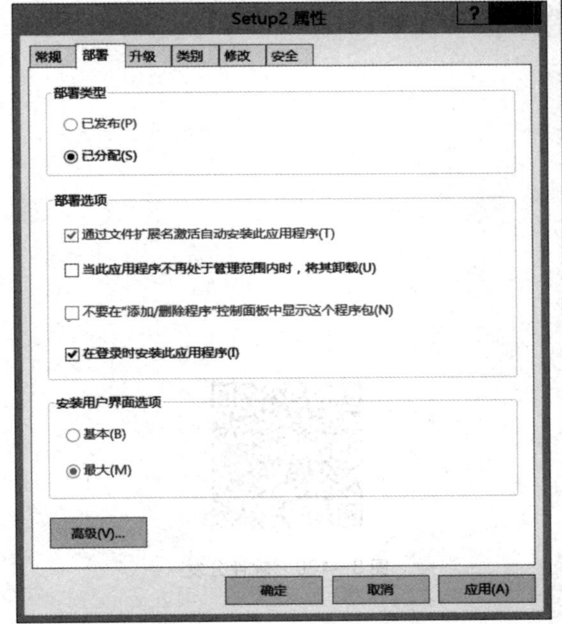

图 3－132　设置"部署"选项卡

图 3－133　设置"安全"选项卡

④一系列设置完成后，在如图 3－134 所示的右侧窗口中，在空白处单击鼠标右键，在弹出的快捷菜单选项中，选择"属性"选项，弹出"软件安装 属性"对话框。在此对话框中输入软件数据包的位置（软件网络共享所在的文件夹）\\WIN2012－AD\share\，选择"分配"，单击"应用"和"确定"按钮即可，如图 3－135 所示。

⑤单击"开始"→"运行"，输入"gpupdate/force"，刷新策略。然后启动客户端测试效果即可。

以上操作请扫描如图 3－136 所示二维码在线观看。

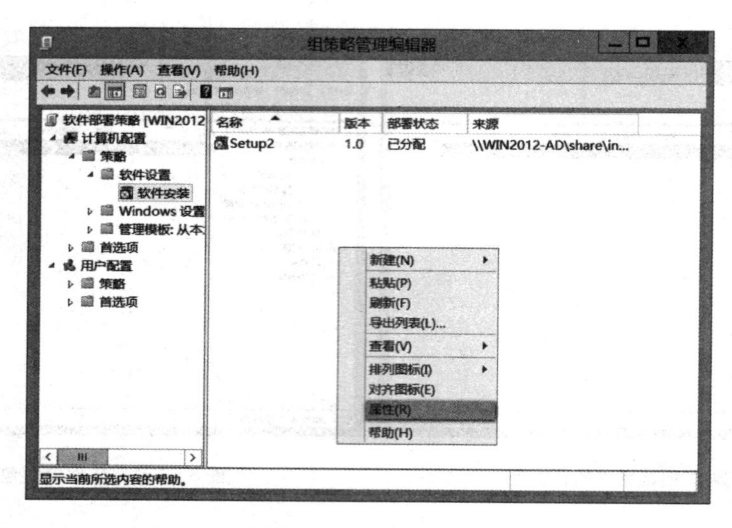

图 3－134　选择“属性”

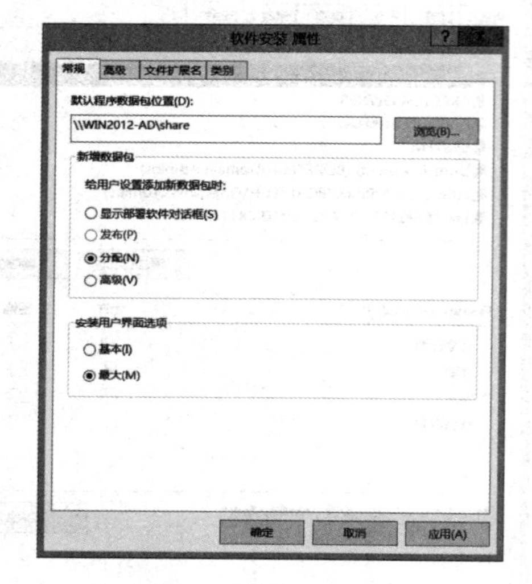

图 3－135　设置属性

图 3－136　软件分发

（3）应用组策略实现 QoS 带宽管理

QoS 带宽管理是网管在管理网络中一种必不可少的手段，可以有效地提高带宽的使用率，特别是针对企业的关键应用，使之得到优先的带宽保证。Windows Server 2012 提供了以前任何版本 Windows 服务器都不具备的 QoS 带宽管理策略，这就使得我们进行 QoS 带宽管理可以不再依赖于专用的设备，而且设置更为灵活简单。一般的 QoS 带宽管理设备都会有一定并发数量的限制，而用组策略来控制就没有这个问题，因为这些带宽的控制全都分布到每一个客户端自己网卡上去控制了。

使用组策略分配域内所有计算机的出口带宽的步骤如下：

①打开“组策略管理”控制台，新建组策略名为“全域出口带宽限制策略”，并进行配置，如图 3－137 所示。

②打开“全域出口带宽限制策略”，定位到“计算机配置”→“策略”→“Windows 设置”→

“基于策略的 QoS”，如图 3－138 所示，在“基于策略的 QoS”上单击鼠标右键，在弹出的快捷菜单中选择“新建策略”命令。

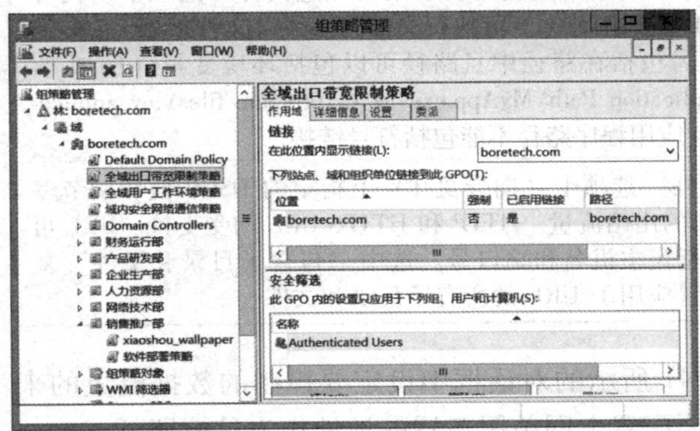

图 3－137　新建 GPO 带宽限制策略

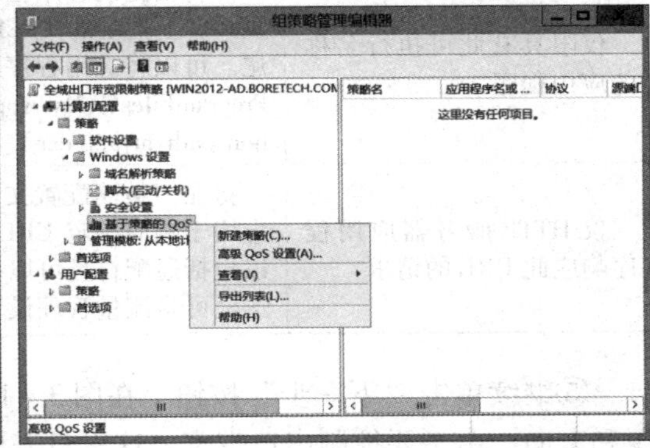

图 3－138　新建基于策略的 QoS

③在弹出的如图 3－139 所示的“基于策略的 QoS”对话框中，设定策略名称，指定最高使用带宽。“指定 DSCP 值”复选框可启用 DSCP 标记功能，然后键入一个介于 0 和 63 之间的 DSCP 值。“指定出站调节率”复选框可对出站流量启用终止功能，然后指定一个大于 1 的值（以千字节/秒（KB/s）或兆字节/秒（MB/s）为单位）。

④单击“下一步”后按钮，弹出如图 3－140 所示的对话框，设定相关的应用程序。也就是说，可以把上一步设定的带宽绑定到某个特定的应用程序上，比如 FTP 软件。这里选择选择“所有应用程序”。图 3－140 所示对话框中的各项详细信息见表 3－4。

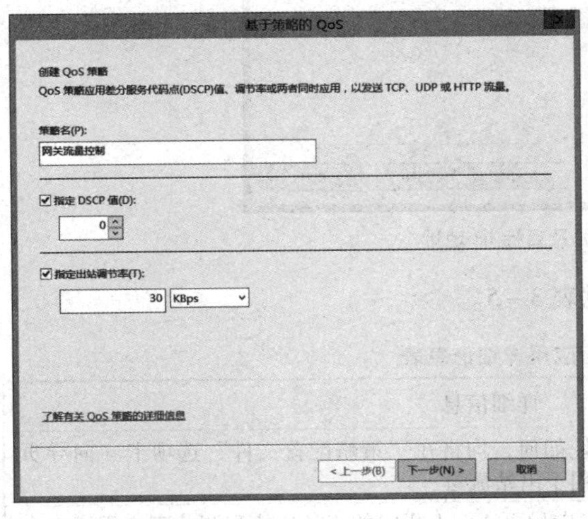

图 3－139　创建 QoS 策略

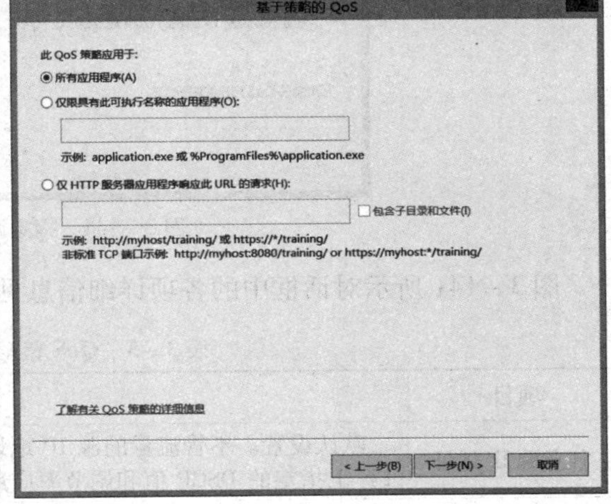

图 3－140　设置 QoS 策略应用于

表 3－4　QoS 策略应用详细信息表

项目	详细信息
仅 HTTP 服务器应用程序响应此 URL 的请求	默认设置。不管应用程序如何，均将在“策略配置文件”选项卡（向导页 1）上指定的 DSCP 值和调节率应用于出站流量

续表

项目	详细信息
仅限具有此可执行名称的应用程序	仅将指定的应用程序的出站流量应用在“策略配置文件”选项卡（向导页 1）上指定的 DSCP 值和调节率。可执行文件名必须以文件扩展名.exe 结尾。可以将应用程序名包括在路径中且路径可以包括环境变量（例如 %ProgramFiles%\My Application Path\MyApp.exe 或 c:\program files\my application path\myapp.exe）。应用程序路径不能包括符号链接
仅 HTTP 服务器应用程序响应此 URL 的请求	将在“策略配置文件”选项卡（向导页 1）上指定的 DSCP 值和调节率应用于响应指定 URL 的出站流量。HTTP 和 HTTPS URL 均受支持。URL 可以包括通配符且可以指定主机名和端口号。选中“包含子目录和文件”复选框可将流量管理设置应用于 URL 的所有子目录和文件

⑤继续单击“下一步”按钮，在图 3－141 所示的对话框中设定要控制的数据流量的来源和方向，由于要控制出口带宽，这里只需要配置上网关服务器的地址作为目标即可。

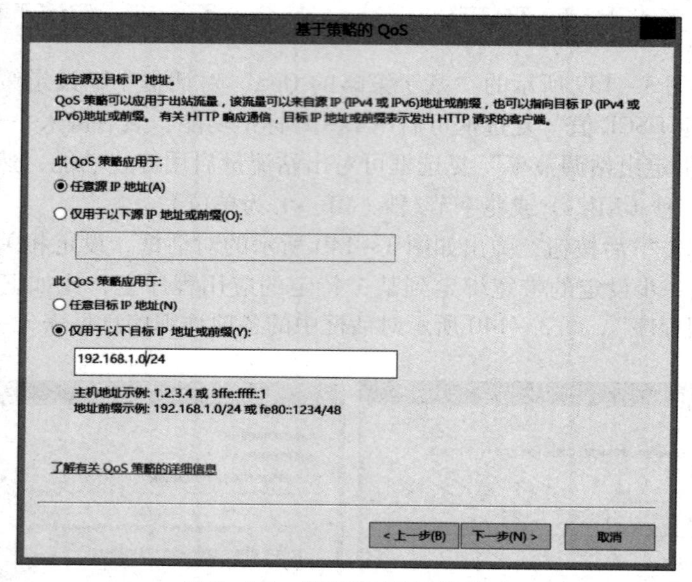

图 3－141　指定源及目标 IP 地址

图 3－141 所示对话框中的各项详细信息见表 3－5。

表 3－5　QoS 策略应用详细信息表

项目	详细信息
任意源 IP 地址	默认设置。不管流量的源 IP 地址如何，均将在“策略配置文件”选项卡（向导页 1）上指定的 DSCP 值和调节率应用于出站流量
仅用于以下源 IP 地址或前缀	将在“策略配置文件”选项卡（向导页 1）上指定的 DSCP 值和调节率应用于来自指定的源 IP 地址的出站流量。可以使用以下任一格式指定 IP 地址： Internet 协议版本 4（IPv4）地址，例如 1. 2. 3. 4。如果该地址属于链路本地作用域或由 RFC 1918 定义，则必须使用前缀长度表示法。 使用网络前缀长度表示法的 IPv4 地址前缀，例如 192. 168. 1. 0/24。 Internet 协议版本 6（IPv6）地址，例如 3ffe:ffff::1。如果该地址属于链路本地作用域或站点本地作用域，则必须使用前缀长度表示法。 IPv6 地址前缀，例如 fe80::1234/48

续表

项目	详细信息
任意目标 IP 地址	默认设置。不管流量的源 IP 地址如何，均将在“策略配置文件”选项卡（向导页 1）上指定的 DSCP 值和调节率应用于出站流量
仅用于以下目标 IP 地址或前缀	将在“策略配置文件”选项卡（向导页 1）上指定的 DSCP 值和调节率应用于去往指定目标 IP 地址的出站流量。可以使用以下任一格式指定 IP 地址： IPv4 地址，例如 1.2.3.4。如果该地址属于链路本地作用域或由 RFC 1918 定义，则必须使用前缀长度表示法。 使用网络前缀长度表示法的 IPv4 地址前缀，例如 192.168.1.0/24。 IPv6 地址，例如 3ffe:ffff::1。如果该地址属于链路本地作用域或站点本地作用域，则必须使用前缀长度表示法。 IPv6 地址前缀，例如 fe80::1234/48

⑥继续单击“下一步”按钮，在如图 3－142 所示对话框中设定需要参与控制的协议及端口号。由于要控制任何到出口网关的流量，所以选择所有协议和所有端口。

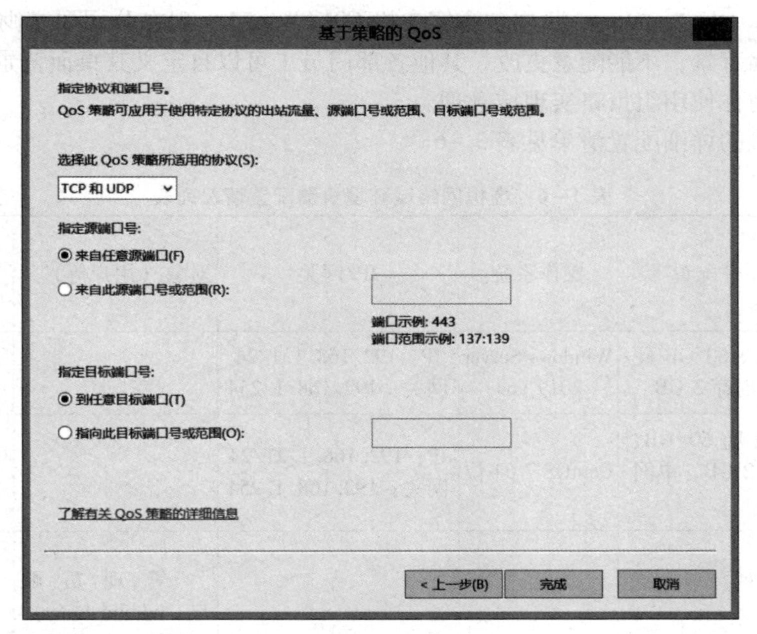

图 3－142　指定协议和端口号

⑦继续单击“完成”按钮，将配置好的组策略对象链接到域，完成配置。

⑧将策略生效后，可以在客户端测试策略应用前后网络带宽使用情况。可以通过客户端的性能监视器来查看策略使用前后的变化情况。

注意：基于策略的 QoS 不但可以控制出口带宽，还可以应用到更多场景，比如某些客户端访问特定服务器的流量控制、某些应用程序在网络中的流量控制。并且由于这个策略在组策略的用户配置部分也有，那么就可以控制不同通道的带宽。

以上操作请扫描如图 3－143 所示的二维码在线观看。

图 3－143　QoS 策略

【任务总结】

本任务主要完成应用组策略设置用户工作环境及应用组策略设置计算机工作环境，在组策略设计完成后，可以在客户机上登录至域中体验域组策略集中式管理的优势。

任务3 组策略应用：统一员工桌面

【任务描述】

慧心科技有限公司网络采用 Windows Server 2012 R2 域环境进行管理，其网络逻辑结构与拓扑结构分别如图 3－76 所示。各部门员工用户账户都位于各自部门的 OU（财务运行部、产品研发部、企业生产部、人力资源部、网络技术部、销售推广部）中，其中，OU“产品研发部”中包含员工用户账户 zhangsan 和 lisi，OU“财务运行部”中包含用户账户 wangwu 和 zhaoliu，默认 OU“computer”中包含客户机 C01（Win7）。现在公司要求财务运行部员工应用统一的桌面背景，不能随意更改，其他各部门员工可以自定义其桌面背景。作为公司的网络管理员，请你使用组策略实现域管理。

此网络环境的详细配置清单见表 3－6。

表 3－6　虚拟网络域环境机器配置情况列表

序号	机器名称	硬件配置	操作系统	IP/网关	对象（用户等）	网络连接方式	备注
1	S01（Win）	1 块 60 GB 硬盘、内存 2 GB	Windows Server 2019 x64	IP：192.168.1.1/24 网关：192.168.1.254		桥接网络	虚拟机，服务器
2	S02（Linux）	硬盘 60 GB、内存 2 GB、单网卡	CentOS 7 64 位	IP：192.168.1.21/24 网关：192.168.1.254		桥接网络	虚拟机，服务器
3	S03（Win－AD）	1 块 60 GB 硬盘、内存 2 GB	Windows Server 2019 x64	IP：192.168.1.12/24 网关：192.168.1.254 DNS：127.0.0.1	管理员账户：administrator 密码：abc@123 组织单位：财务运行部、产品研发部、企业生产部、人力资源部、网络技术部、销售推广部 域用户：zhangsan、lisi（产品研发部）；wangwu、zhaoliu（财务运行部） 用户密码自定	桥接网络	虚拟机，域控制器 boretech.com

续表

序号	机器名称	硬件配置	操作系统	IP/网关	对象（用户等）	网络连接方式	备注
4	C01（Win7）	硬盘 40 GB、3 块 10 GB 硬盘、内存 1 GB、双网卡	Windows 7	IP：192. 168. 1. 107/24 网关：192. 168. 1. 254	机器名称：Win7 管理员：administrator 密码：abc@12345	桥接网络	虚拟机，客户机
5	C0（Win10）		Windows 10	IP：192. 168. 1. 110/24 网关：192. 168. 1. 254			真实主机，客户机

【任务分析】

在本任务中，主要通过在域中实施组策略，完成在域环境下的管理实例操作。

【知识准备】

网络管理需求分析：根据企业网络管理需求，创建一个组策略对象 GPO，此 GPO 为 OU“财务运行部”所有，实现此 OU 下用户统一桌面，并且不能随意更改桌面。

为了统一桌面，需要事先准备一张桌面在此，事先准备一张名为 caiwu.jpg 的图片，以供财务运行部员工登录时显示。

【任务实施】

本任务的实施按如下步骤进行：

①配置域网络环境（域控制器创建、OU 创建及配置、用户创建等）。

②在域控制器上配置组策略及应用。

③客户机登录验证组策略管理效果。

在上一任务中，域网络环境及配置已完成。接下来，在域控制器上进行组策略配置与应用。

1. 准备共享统一桌面用的图片素材

首先，利用准备好的图片 caiwu.jpg，实现共享操作，以便在组策略中设置域用户登录时显示为桌面。

具体操作为：在域控制器 C 盘下，建立一个名称为 share 的文件夹，并将图片文件 caiwu.jpg 放入此文件夹内。设置 share 文件夹共享，并且 Everyone 用户共享权限为可读取。在如图 3 - 144 所示共享文件夹 share 的属性对话框中，注意其共享后的网络路径为“\\WIN2012-AD\share”，即名称为“WIN2012-AD”域控制器下的 share 共享文件夹，可以将此网络路径复制，以备在组策略设置中使用。

在图 3 - 145 所示的文件共享权限设置中，注意设置用户 Everyone 权限为可读取。

图 3－144　共享 share 文件夹

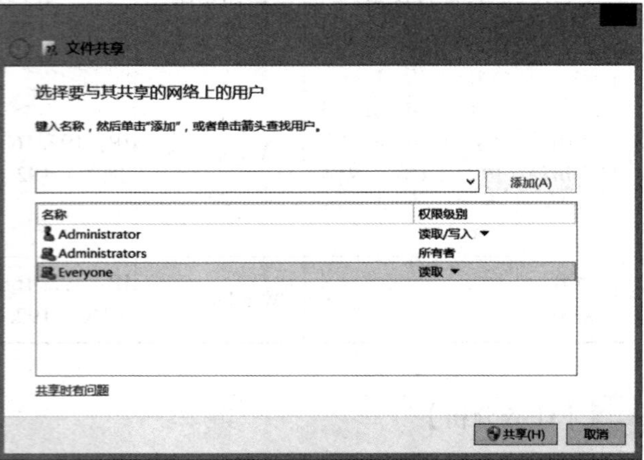

图 3－145　共享权限

2. 建立 GPO

依次单击“开始”→“管理工具”，然后双击“组策略管理”项目，打开“组策略管理”窗口，在此窗口中，展开域分支，在组织单位“财务运行部”上右击，在弹出的快捷菜单中选择“在这个域中创建 GPO 并在此处链接…”选项，如图 3－146 所示。

此时，弹出“新建 GPO”对话框，如图 3－147 所示。输入要创建的 GPO 名称，此处，GPO 名称命名为“caiwu_wallpaper”，完成后，单击“确定”按钮即可。

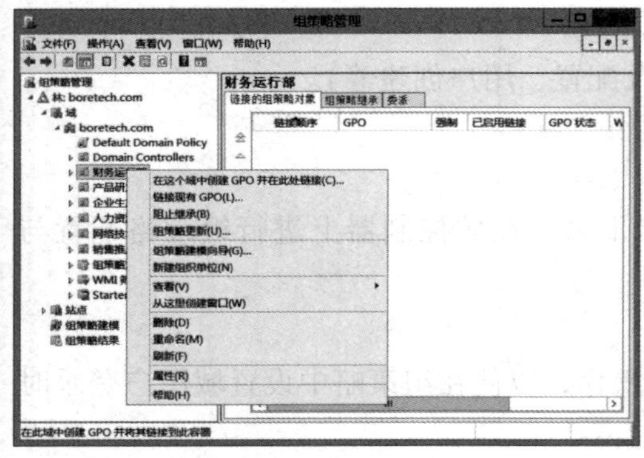

图 3－146　创建 GPO

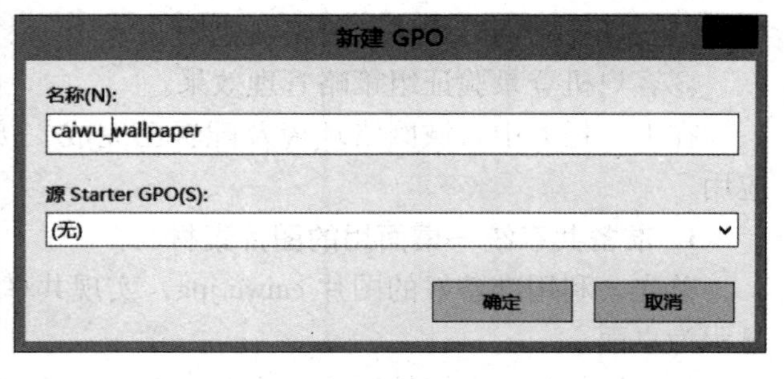

图 3－147　命名 GPO

3. 编辑 GPO

GPO 命名并创建完成后，在组策略管理窗口左侧“组策略管理”项目中，展开 OU“财务运行部”，可以看到新建完成的 GPO，如图 3－148 所示。

在新建成功的 GPO“caiwu_wallpaper”上右击，在弹出的菜单中选择“编辑…”菜单，可以弹出如图 3－149 所示的“组策略管理编辑器”窗口。

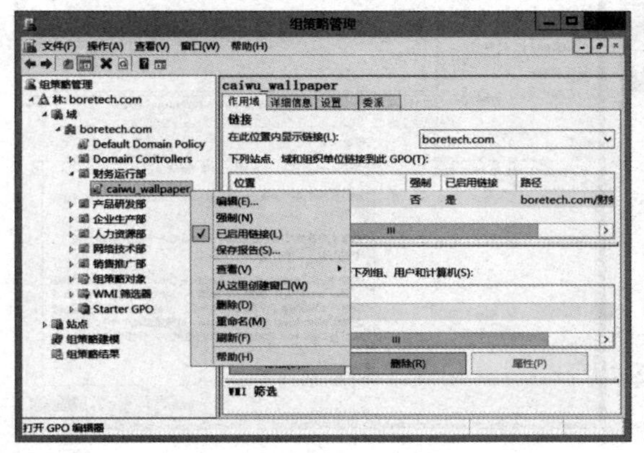

图 3－148　编辑 GPO

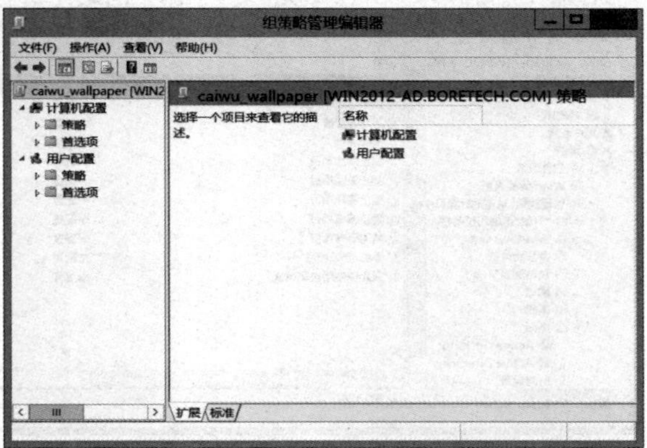

图 3－149　组策略管理编辑器

在如图 3－149 所示的“组策略管理编辑器”窗口中，依次单击左侧的“用户配置”→“策略”→“管理模板”→“桌面”→“Active Directory”分支，展开后的界面如图 3－150 所示。

在如图 3－150 所示的窗口右侧区域中，双击“桌面墙纸”选项，打开如图 3－151 所示的“桌面墙纸”对话框。在“桌面墙纸”对话框中，配置选项有三个单选按钮项：未配置、已启用、已禁用，系统默认为“未配置”，在此选择“已启用”项。在此对话框的左下方“选项”中，输入墙纸名称，在此输入 OU“财务运行部”共用的桌面墙纸共享网络地址及名称“\\win2012-ad\share\caiwu.jpg”。注意，一定要确保地址、名称及格式正确。同时，在“墙纸样式”中，可以自行选择拉伸、居中等，在此选择“拉伸”样式。设置完成后，单击“确定”按钮即可。详细设置及说明如图 3－151 所示。

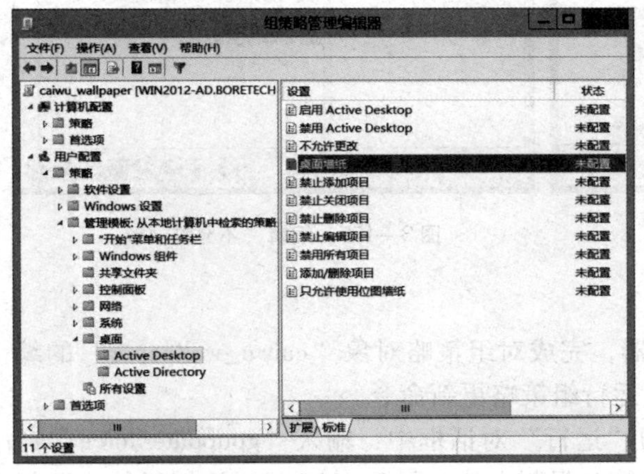

图 3－150　桌面－Active Desktop

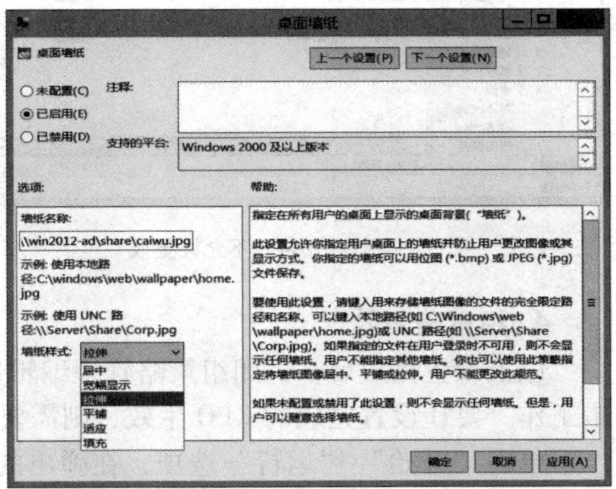

图 3－151　桌面墙纸设置

桌面墙纸设置完成后，在图 3－152 所示的“组策略管理编辑器”窗口中，双击“启用 Active Desktop”选项，弹出如图 3－153 所示对话框。在此对话框中，将选项“已启用”选中即可，完成后，单击“确定”按钮。

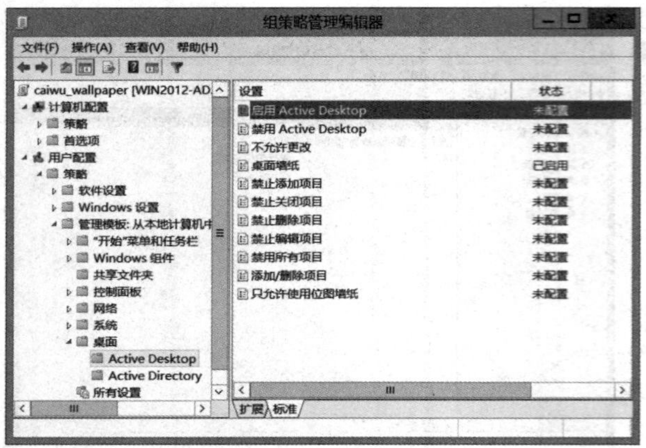

图 3－152　启用 Active Desktop

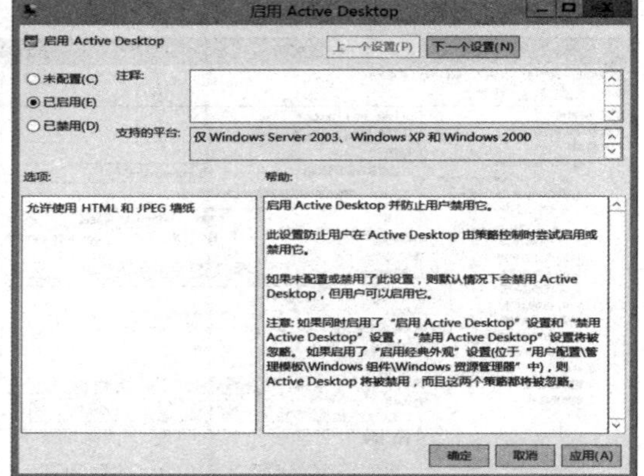

图 3－153　编辑“启用 Active Desktop”

桌面墙纸设置完成后，在如图 3－154 所示的“组策略管理编辑器”窗口中，双击“不允许更改”选项，弹出如图 3－155 所示对话框。在此对话框中，将选项“已启用”选中即可，即防止用户更改 Active Desktop 配置。完成后，单击“确定”按钮。

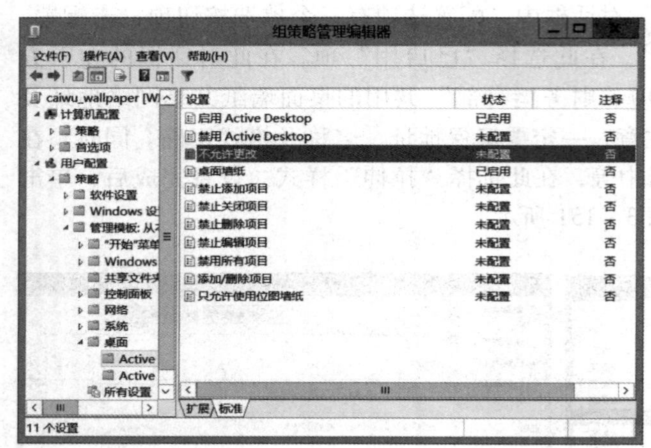

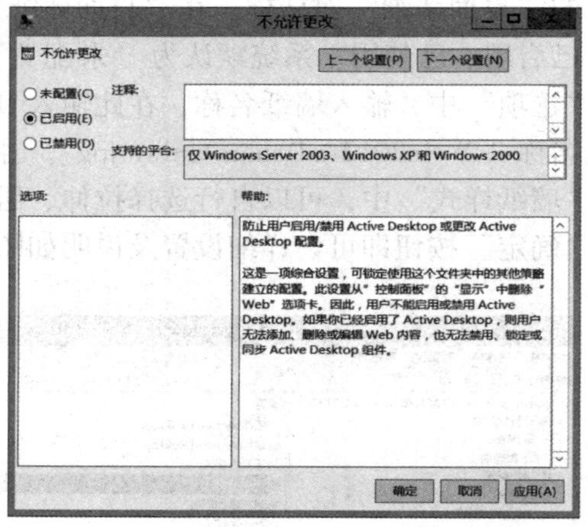

图 3－154　不允许更改　　　　图 3－155　编辑“不允许更改”

4. 组策略生效

以上设置完成后，关闭组策略管理编辑器，完成对组策略对象“caiwu_wallpaper”的编辑工作。要让设置完成的 GPO 生效，则需要运行组策略更新命令。

单击“开始”→“运行”选项，在弹出的“运行”对话框中，输入“gpupdate/force”命令，如图 3－156 所示，即可让设置完成的组策略强制生效。图 3－157 显示计算机策略更新完成。

5. 用户在客户端登录验证

可以登录验证设置的 GPO 是否对域用户生效。在本任务中，设置的统一桌面组策略只针对财务运行部员工，并且不允许更改，其他部门员工不受此限制。接下来，以财务运行部员工 wangwu 身份登录域，测试是否统一桌面，并且不能更改桌面。同时，为了对比效果，以产品研发部 zhangsan 身份登录域，进行验证。

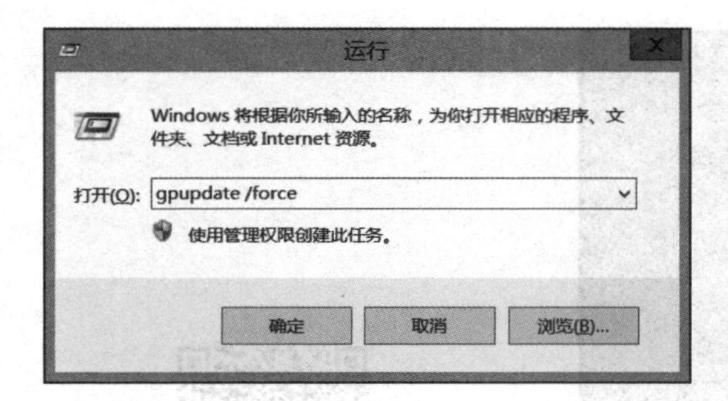

图 3－156　强制应用策略

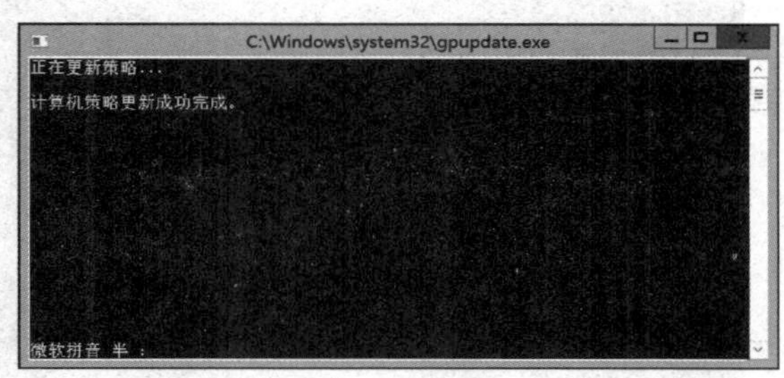

图 3－157　组策略更新完成

首先，在客户端(Win7 这台机器）上以 wangwu 身份登录至域，登录窗口如图 3－158 所示。图 3－159 所示为登录成功的界面，在此界面中，显示其桌面已应用 caiwu.jpg 这张图片。

在如图 3－159 所示的 wangwu 登录成功桌面上，单击鼠标右键，选择“个性化”，更改桌面，如图 3－160 所示，此时系统会提示不能更改警告。

然后，在客户端(Win7 这台机器）上以 zhangsan 身份登录至域，登录窗口如图 3－161 所示。图 3－162 所示为登录成功的界面，在此界面中，显示其桌面为正常登录时的桌面。

至此，组策略在域中应用成功。

以上操作视频请扫描如图 3－163 所示的二维码在线观看。

图 3－158　wangwu 登录

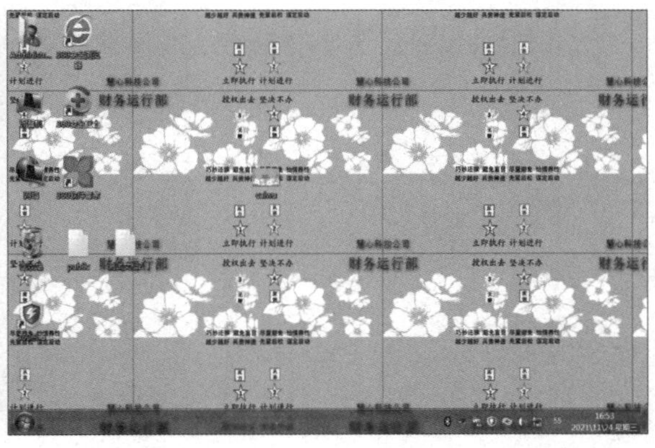

图 3－159　wangwu 登录成功

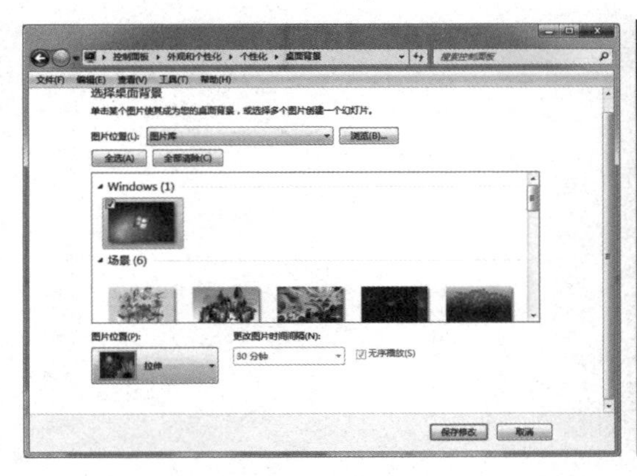

图 3－160　更改桌面

图 3－161　zhangsan 登录

图 3－162　zhangsan 登录成功

图 3－163　操作视频二维码

【任务总结】

本任务主要利用组策略实现统一所有客户机桌面，以便实现统一管理。特别需要注意整个域服务的实现过程。

项目四

文件共享服务与管理

【项目场景】

在慧心科技有限公司网络的管理中，每天基于办公的需要，需要进行许多文件之间的交换与信息共享。例如，许多客户出差在外或在家工作时，需要远程上传和下载文件；同时，公司的各种共享软件、应用软件、杀毒工具等需要及时提供给广大用户；此外，当网络中各部分使用的操作系统不同时，需要在不同操作系统之间传递文件。基于以上需求，公司决定在网络中架设不同的文件共享服务器，可以方便地使用各种共享资源，特别是当需要远程传输文件时，当上传或下载的文件尺寸较大，而无法通过邮箱传递时，或者无法直接共享时，这些服务器就很容易解决此类问题。公司网络拓扑图如图 4 – 1 所示。

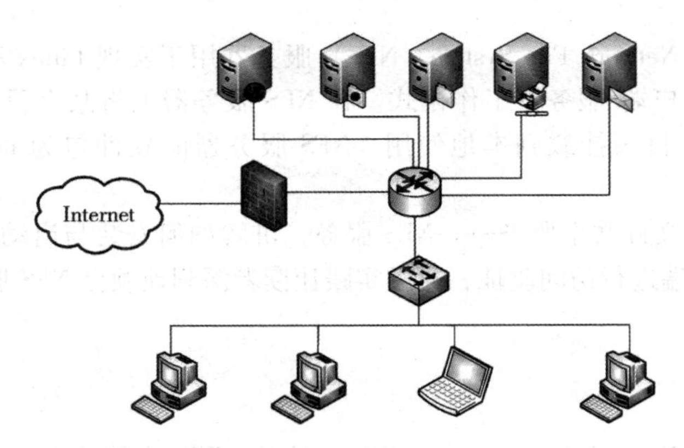

图 4 – 1　公司网络拓扑图

【需求分析】

为模拟企业真实网络环境，需要利用虚拟机搭建出一个和真实网络环境相同的虚拟平台，此虚拟网络平台可以实现网络组建架构中服务器端环境（包含常见的服务器操作系统主流版本 Windows Server 和 Linux 操作系统 CentOS 7）、客户机常用操作系统环境的仿真模拟搭建与真实运行、服务器端各种文件共享服务的安装与配置管理，以及客户机服务测试与应用工作。

【方案设计】

作为一名网络管理人员，必须熟练掌握计算机网络管理及服务器配置的基础知识，所有上岗前的网络管理人员必须熟练掌握所要管理的网络基本架构及服务器操作系统的运用。

【知识目标、技能目标和思政目标】

①掌握 Linux 操作系统平台 NFS 服务器的应用。
②掌握 Linux 操作系统平台 Samba 服务器的应用。
③掌握 Windows 操作系统平台 FTP 服务器的应用。
④具备中小企业文件共享服务器的搭建、配置和管理能力。
⑤树立网络安全法制意识，自觉依法进行网络信息技术活动。

任务1 Linux NFS 服务器安装与配置

【任务描述】

本项目的主要任务是通过 NFS 服务器的搭建，了解搭建服务器的基本步骤，理解 NFS 服务器的实现文件共享的功能，了解如何配置 NFS 服务器配置文件等。

【任务分析】

网络文件系统（Network File System，NFS）服务器用于实现 Linux 和 UNIX 系统之间的文件共享。它采用客户端/服务器工作模式。在 NFS 服务器上将某个目录设置为共享目录，然后在客户端将这个目录挂载到本地使用。NFS 服务器的软件包为 nfs - utils，服务名称为 nfs。

本任务介绍网络文件共享服务——NFS 服务，讲解如何安装与启动、配置、挂载服务，以及通过 Linux 客户端进行访问验证，通过实践让读者深刻地领会 NFS 服务网络文件共享服务的优势。

【知识准备】

网络文件系统（Network File System，NFS）是 FreeBSD 支持的文件系统中的一种，它允许网络中的计算机之间通过 TCP/IP 网络进行资源共享。

生产环境中很少使用单机部署应用，由于单机存在单点故障，一旦宕机，将无法为前端业务提供服务，这是客户所无法容忍的。双机备份在一些小的应用中成了主流，图 4 - 2 所示是一种简单的集群场景，应用分别部署在 A 服务器及 B 服务器上，前端

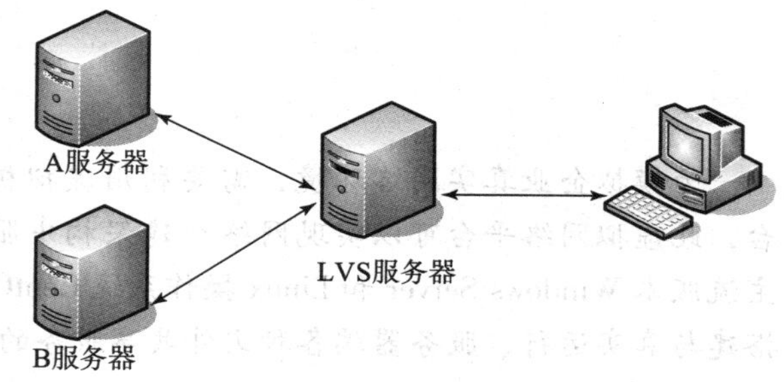

图 4 - 2 LVS 简单集群场景图

通过 LVS 虚拟服务器访问应用。

当客户端发出一个请求时，LVS 按照一定的机制进行转发，有可能由 A 服务器进行响应，也有可能由 B 服务器进行响应。而在 Web 应用中上传一些静态文件（如图片、文档等）是一种很常见的功能。假设用户在某一时间通过 Web 服务上传了一张照片到 A 服务器上，然而下次访问时被 LVS 指向 B 服务器，由于 B 服务器上并没有存储上传的照片，所以用户无法看到自己上传的照片。

通过一台公用的服务器（文件服务器）存储数据，不管访问的是 A 服务器还是 B 服务器，读/写文件都只存在一份，这样就能解决上面存在的问题、演变后的架构如图 4－3 所示。

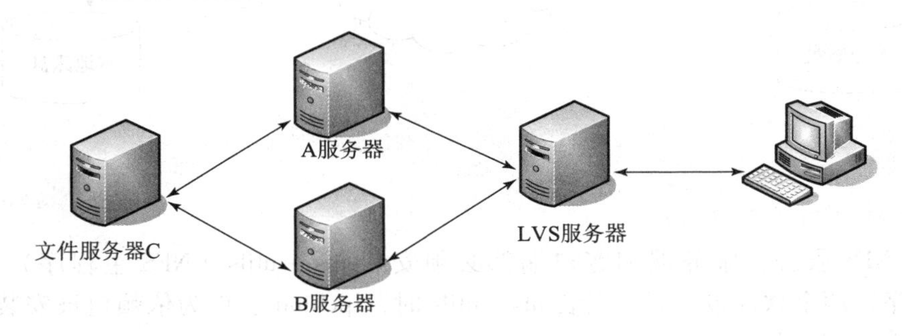

图 4－3　LVS 简单集群演变架构图

为了解决 Linux 系统 A、B 访问 C 中的一个共享目录的问题，NFS 提供了一种机制，访问共享目录就像是操作本地文件一样，类似于 Windows 系统的网络共享，适用于中小型企业共享部署。

NFS 包括服务端和客户端两部分，同时进程通信必须使用 TCP/UDP 协议，而 NFS 服务功能很多，导致端口多且不固定，那么客户端就无法与服务器进行通信，这时就需要一个中间的桥接机制，111 端口的 RPC 进程就充当这样一个角色。

当 NFS 启动时，会向 RPC 进行注册，那么客户端 RPC 就能与服务器 RPC 进行通信，从而进行文件的传输。

在 NFS 的应用中，本地 NFS 的客户端应用可以透明地读/写位于远端 NFS 服务器上的文件，就像访问本地文件一样。为了提高并发性能，RPC 进程及 NFS 进程都有多个。当客户端用户打开一个文件或目录时，内核先判断该文件是本地文件还是远程共享目录文件；如果是远程文件，那么通过 RPC 进程访问远程 NFS 服务端的共享目录，如果是本地文件，就直接打开。NFS 的工作原理简图如图 4－4 所示。

【任务实施】

本任务实施步骤如下：

①NFS 服务的安装、启动。

②NFS 服务的配置。

③NFS 服务的挂载。

④NFS 服务的客户端测试。

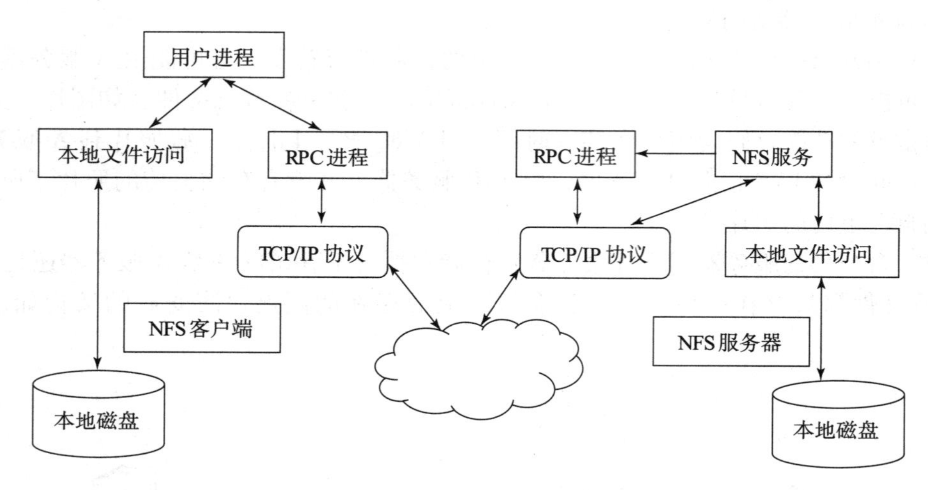

图 4-4　NFS 的工作原理简图

一、安装与启动 NFS 服务

要部署 NFS 服务，服务端和客户端都必须安装 nfs - utils（NFS 主程序）和 rpcbind（RPC 主程序）两个软件包，而在安装 nfs - utils 时，rpcbind 会作为依赖包被安装，因此无须再单独安装 rpcbind。

1. NFS 软件安装

（1）查看 NFS 软件包

使用命令查看系统是否安装了 NFS 相关软件包，若未安装，则利用 dnf 方式进行安装。

```
# rpm -qa egrep "nfs rpcbind"
```

（2）安装 NFS 和 RPC 服务

挂载光驱，然后搭建好 yum/dnf 源进行 nfs - utils 软件包的安装。

```
# mount /dev/cdrom /mnt
# cat /etc/yum.repos.d/soft.repo
[localREPO]
name = software
baseurl = file:///mnt/BaseOS
enabled =1
gpgcheck =0
[localREPO_App]
name = software
baseurl = file:///mnt/AppStream
enabled =1
gpgcheck =0
# dnf -y install nfs-utils
……省略部分信息……
Installed:
nfs-utils-1:2.3.3-14.el8.x86_64
rpcbind-1.2.5-3.el8.x86_64
Complete!
```

```
#rpm  -qa  egrep  "nfs rpcbind"
rpcbind-1.2.5-3.el8.x86_64
nfs-utils-2.3.3-14.el8.x86_64
```

2. 启动 NFS 及相关服务

通过命令查询 NFS 的各个程序是否正常运行，如果没有看到 nfs 和 mountd 选项，表示 NFS 服务没有运行，需要启动它。

```
#rpcinfo -p
```

（1）启动 RPCBind 服务

```
#systemctl  status  rpcbind  //查看状态
…省略部分信息……
Active:inactive (dead)
Docs:man:rpcbind(8)
#systemctl  start  rpcbind  //启动服务
#systemctl  enable  rpcbind  //设置开机自启
```

（2）启动 NFS 服务

启动 NFS 服务之前，一定要先开启 RPCBind 服务。

```
#systemctl  status  nfs-server//查看状态
……省略部分信息……
Active:inactive (dead)
#systemctl  start  nfs-server  //启动服务
#systemctl  enable  nfs-server//设置开机自启
```

（3）查看 NFS 进程

```
#ps -ef egrep "rpc nfs"
rpc       26872  1  0  02:16  ?  00:00:00/usr/bin/rpcbind -w-f
rpcuser   26912  1  0  02:22  ?  00:00:00/user/sbin/rpc.statd
Root26984        1  0  02:23  ?  00:00:00/user/sbin/rpc.mountd
……省略部分信息……
Root26998        2  0  02:23  ?  00:00:00[nf sd]
```

与 NFS 服务相关的进程有多个，而 rpcbind、nfsd 和 rpc.mountd 三个进程是必需的，rpcbind 的主要功能是进行端口映射工作；nfsd 是最主要的 NFS 服务提供程序，其主要功能是判断、检查客户端是否具备登录主机的权限，以及是否能够使用服务器文件系统挂载信息，还包含判断这个登录用户的 ID；rpc.mountd 的主要功能则是管理 NFS 的文件系统。

当客户端顺利通过 rpc.nfsd 登录主机后，在开始使用 NFS 服务器提供的文件之前，它会读取 NFS 的配置文件/etc/exports，以此来检查客户端的权限，通过这一关之后，客户端也就取得使用 NFS 文件的权限。

（4）查看 NFS 服务

```
#rpcinfo -p
Program  vers  proto  port    service
100000   4     tcp    111     portmapper
100000   4     udp    111     portmapper
```

```
100024    1    udp    46510    status
100024    1    tcp    39467    status
100005    1    udp    20048    mountd
100005    1    tcp    20048    mountd
100003    4    tcp    2049     nfs
100021    1    udp    55620    nlockmgr
100021    3    tcp    39055    nlockmgr
……省略部分信息……
```

NFS 服务需要开启 mountd、nfs、nlockmgr、portmapper、rquotad 这 5 个服务，其中 mountd、nfs 和 portmapper 的端口是固定的 20048、2049 和 111，另外两个服务的端口是随机分配的。

二、配置 NFS 服务

NFS 的主要配置文件为/etc/exports，其内容默认为空，若无此文件，则可以利用 vi 建立，当编辑好主要配置文件后，重启 NFS 服务即可。

主配置文件/etc/exports：

```
# mkdir/share
# echo  "welcome"  >>  /share/test.txt
# vi/etc/exports
/share 192.168.136.0/24(rw)
```

每一行最前面是填写要共享的目录，此目录可以按照不同的权限共享给不同的客户端主机，主机后面紧连着小括号里的设置权限，以“,”分隔多个权限参数。在配置文件中，空格只能用于分开共享目录和客户端，以及分隔多台客户端，其他情形都不可以使用空格。

由于 NFS 服务不能随便重启，因此，按照格式编辑好主配置文件后，可以利用 exportfs 命令使配置文件重新生效。

```
# exportfs  -arv
exporting 192.168.136.0/24:/share
```

①共享目录：共享的实际路径，一定要使用绝对路径。

②客户端：可以使用 FQDN、IP 地址、网段、DNS 区域等方式进行表示，具体见表 4－1。

表 4－1　NFS 客户端匹配

客户端指定方法	示例	解释
IP 指定单一主机	192.168.136.150	客户端 IP 地址为 192.168.136.150
指定网段	192.168.136.0/24	客户端所在 192.168.136.0/24 网段
域名单一主机	www.fishyoung.com	客户端 FQDN 为 www.fishyoung.com
域名指定范围	*.fishyoung.com	客户端 FQDN 的 DNS 后缀为 fishyoung.com
所有主机	*	任何访问 NFS 服务器的客户端

③权限：/etc/exports 文件配置格式中小括号中的参数集，具体见表 4－2。

表 4－2　NFS 权限匹配

参数内容说明	内容说明
rw	表示可读写，最终还与文件系统的 rwx 及身份有关
ro	表示只读，最终还与文件系统的 rwx 及身份有关
sync	同步，数据同步写入内存与磁盘中，效率低，但可以保证数据的一致性
async	异步，数据先暂存于内存中，必要时才写入磁盘
no_root_squash	有 root 权限，不建议使用
root_squash	对于访问 NFS Server 共享目录的用户，如果是 root，会被压缩成 nfsnobody 用户身份
all_squash	不论登录 NFS Server 的用户身份如何，它的身份都会被压缩成匿名用户，即 nfsnobody
anonuid = ×××	匿名的 UID，可自行设定，但 ××× 必须先存在于/etc/passwd 中，默认情况下是 nfsnobody，UID 为 65534
anongid = ×××	同 anongid，把 UID 换成 GID 而已

/share 目录，192. 168. 136. 0/24 网段客户端能进行读/写操作，192. 168. 1. 12 主机只能进行读操作。

```
/share 192.168.136.0/24(rw) 192.168.1.12(ro)
```

/up 目录，作为 192. 168. 136. 0/24 网段的数据上传目录，其中，/up 的用户和所属组为 nfs－upload 名字，它的 UID 和 GID 均为 888。

```
/up 192.168.136.0/24(rw,all_squash,anonuid=888,anongid=888)
```

/nfs_share 目录，属性为只读，除了可以向网段内的工作站提供数据内容外，还可以向 Internet 提供数据内容。

```
/nfs_share 192.168.136.0/24(ro) *(ro,all_squash)
```

三、挂载 NFS 文件系统

1. NFS 客户端安装 nfs－utils 软件包

```
#dnf -y install nfs-utils//安装软件包
……省略部分信息……
Installed:
nfs-utils-1:2.3.3-14.el8.x86_64
rpcbind-1.2.5-3.el8.x86_64
Complete!
# rpm  -qa  egrep "nfs rpcbind"  //查看 rpcbind-1.2.5-3.el8.x86_64
nfs-utils-2.3.3-14.el8.x86_64
```

2. 查看 NFS 服务器共享目录

使用 showmount 命令查询 NFS 服务器的远程共享信息，其输出格式为“共享的目录名称允许使用客户端地址”，必要的参数见表 4－3。

表 4-3　showmount 命令必要参数及作用

参数	作用
-e	显示 NFS 服务器的共享列表
2	显示本机挂载的文件资源情况
-V	显示版本号

```
# showmount -e 192.168.136.134
clnt_create:RPC:Unable to receive
```

（1）关闭防火墙

此方案虽然可解决问题，但是危险性较大，不推荐。

```
#systemctl stop firewalld
```

（2）根据协议/端口，设置防火墙

```
firewall-cmd  --add-port=111/tcp  --permanent
firewall-cmd  --add-port=111/udp  --permanent
firewall-cmd  --add-port=20048/tcp  --permanent
firewall-cmd  --add-port=20048/udp  --permanent
firewall-cmd  --add-port=2049/tcp  --permanent
systemctl  -reload firewalld 或 firewall-cmd  -reload
```

按解决方案进行设置后，再运行 showmount 命令查看 NFS 服务器共享信息。

```
# showmount -e 192.168.136.134
Export list for 192.168.136.134:
/share 192.168.136.0/24
```

3. 挂载 NFS 服务器共享目录

```
# mkdir/nfs_mnt//创建挂载目录
//挂载 NFS 共享目录至/nfs_mnt 目录
# mount -t nfs 192.168.136.128:/share/nfs_mnt
# df -h//查看挂载信息
Filesystem  Size  Used  Avail  Use%  Mounted on
………省略部分信息……
192.168.136.128:/share  16G  2.0G  15G  13%  /nfs_mnt
# ls  /nfs_mnt/
test.txt
# cat  /nfs_mnt/test.txt
welcome
# umount  /nfs_mnt//卸载
```

4. 自动挂载 NFS

若使系统开机就挂载共享目录，则可在/etc/fstab 中加入开机挂载命令。

```
# vi/etc/fstab
```

```
……省略部分信息……
192.168.136.128:/share/nfs_mnt nfs defaults 0 0
```

NFS 客户端与 NFS 服务器之间通过不断地发送数据包来保证其正常的连接，若 NFS 服务器上有很多客户端一直保持连接，则会承受很大的带宽压力，这对 NFS 服务器的正常使用也会造成影响。

autofs 自动挂载服务可以解决这一问题，它是一种 Linux 系统守护进程，当检测到用户试图访问一个尚未挂载的文件系统时，将自动挂载该文件系统，从而节约了网络资源和服务器的硬件资源。

```
#rpm  -qa  grep  autofs  //查询是否安装
#dnf  -y  install  autofs//若没有,则安装
……省略部分信息……
Installed:
autofs-1:5.1.4-29.el8.x86_64
Complete!
#vi  /etc/auto.master//编辑配置文件
……省略部分信息……
/nfs_mnt  /etc/auto.nfs  --timeout=60
//添加规则:左边是指需要挂载的目录,中间是指关联到所需自动挂载的配置文件
//右边是指若 60 s 没有数据请求,则断开
#vi/etc/auto.nfs//新建刚刚设置的自动挂载文件
nfs_client  -rw  192.168.136.128:/share
//添加规则:左边是指自动挂载目录,中间是权限,右边是指 NFS 共享资源路径
#systemctl  start  autofs  //启动服务或重启
#systemctl  enable  autofs//设置开机自启
#df  -h  //查看挂载信息,暂无共享
#cd  /nfs_mnt  //访问自动挂载目录
#ls
#cd  nfs_client  //cd 访问触发自动挂载
#pwd  ;  ls
/nfs_mnt/nfs_client
test.txt
#cat  test.txt
welccme
#df  -h//再次查看挂载信息
Filesystem           Size  Used  Avail  Use%  Mounted on
……省略部分信息…….
192.168.136.128:/share 16G  2.0G   15G    13%   /nfs_mnt/nfs_client
```

5. NFS 维护操作

(1) 日志文件

NFS 服务器的日志文件都放到/var/lib/nfs/目录中，在该目录下有一个 etab 文件，主要记录了 NFS 所分享出来的目录的完整权限设定值。

```
#cat/var/lib/nfs/etab
```

```
/share* (rw.syc,wdelay,hide,nocrossmnt,secure,root_squash,no_all_squash,
no_subtree_check,secure_locks,acl,no_pnfs,anonuid=65534,anongid=65534,sec=
sys,rw,secure,root_squash,no_all_squash)
```

(2) 卸载问题

在对 nfs 挂载目录进行卸载时，可能会出现卸载不了的问题，一般是因为有程序/用户占用该目录。如有客户正在该目录中进行某种操作，可按如下步骤解决：

```
#umount/nfs_mnt/
Umount:/nfs_mnt:target is busy
(In some cases useful info about processes that use the device is found by lsof
(8) or fuser(1))
```

①查找占用进程。

```
# yum  -y  install  psmisc  //安装软件包
……省略部分信息…….
Installed:
psmisc.x86_64 0:22.20-15.el7
Complete!
# fuser  /nfs_mnt/  //得到进程号
/nfs_mt:  1484
```

②查找进程。

```
#ps  -ef |grep  1484
root  1484  1  0  14:07 ?  00:00:00  /usr/sbin/automount  -pid-file  /run/
autofs.pid
```

③杀死进程。

```
# kill  -9  1484
# umount  /nfs_mnt/
```

若仍无法完成，则重新启动 NFSD，再执行上述命令卸载文件系统。

四、慧心科技有限公司 FTP 服务器搭建与管理

慧心科技有限公司公司服务器的 IP 地址为 192.168.136.128，需要为不同部门、网段、主机等提供资源共享，按需进行配置。

/home/share 目录，可读写，并且不限制用户身份，共享给 192.168.136.0/24 网段的所有主机。

/home/zs_ data 目录，仅共享给 192.168.136.130 这台主机，以供此主机上的 zs 用户使用，zs 在 192.168.136.131 和 192.168.136.130 上均有账号，并且账号均为 zs。

/home/upload 目录，作为 192.168.136.0/24 网段的数据上传目录，其中/home/upload 的用户和所属组为 nfs-upload，它的 UID 和 GID 均为 1111。

/home/nfs 目录，属性为只读，可被网段内的工作站读取，也向 Internet 提供数据内容(匿名只读)。

NFS 服务端实操如下：

1. 编辑/etc/exports 内容

```
# vi  /etc/exports
/home/share  192.168.136.0/24(rw,no_root_squash)
/home/zs_data  192.168.136.130(rw)
/home/upload  192.168.136.0/24(rw,all_squash,anomuid=1111,anongid=1111)
/home/nfs  192.168.136.0/24(ro) * (ro,all_squash)
```

2. 按要求创建每个对应目录并设置必要的权限、属性等

①创建/home/share 目录。任何人都可以在/home/share 内新增、修改文件，但仅有该文件/目录的建立者与 root 用户能够删除自己的文件或目录。

```
# mkdir  /home/share
# chmod 1777  /home/share
# ll  -d  /home/share
drwxrwxrwt. 2  root  root  6  12月18  01:54  /home/share
```

②创建/home/zs_data 目录，并创建用户、设置权限和属性。

```
# mkdir  /home/zs_data
# useradd  zs
# echo "zs" |passwd  --stdin  zs//添加密码
# chmod  700  /home/zs_data
# chown  -R  zs:zs  /home/zs_data
# ll  -d  /home/zs_data
drwx---. 2  zs  zs  6  12月  18  01:56  /home/zs_data
```

③创建/home/upload 目录，并创建用户、设置权限和属性。

```
# groupadd  -g  1111  nfs-upload
# useradd  -g  1111  -u  1111  -M  nfs-upload
# mkdir  /home/upload
# chown  -R  nfs-upload:nfs-upload  /home/upload
# ll  -d  /home/upload
drwxr-xr-x. 2  nfs-upload  nfs-upload  6  12月18  02: 05  /home/upload
```

④创建/home/nfs 目录。

```
# mkdir/home/nfs
# ll -d/home/nfs
drwxr-xr-x.2 root root 19 12月18 01: 47/home/nfs
```

3. 重新加载，并查看 NFS 服务器共享目录

```
# systemctl  reload  nfs-server
# showmount  -e  localhost
Export list for localhost:
/home/nfs     (everyone)
/home/upload   192.168.136.0/24
/home/share    192.168.136.0/24
/home/zs_data  192.168.136.130
```

【任务总结】

本任务主要要求能够理解 NFS（网络文件系统）工作原理；理解 NFS 是用于 Linux 系统文件共享服务器；熟练配置 NFS 服务器。

任务 2 Linux Samba 服务器搭建与管理

【任务描述】

本项目的主要任务是能够通过 Samba 服务器的搭建，了解搭建服务器的基本步骤，理解 Samba 服务器的实现文件共享的功能，了解如何配置 Samba 服务器等。

【任务分析】

Samba 服务器用于实现 Windows 和 Linux 系统之间的文件共享。本任务讲解如何安装与启动、配置、挂载 Samba 服务，以及通过 Linux 或 Windows 客户端进行访问验证，通过实践让读者深刻地领会 Samba 服务网络文件共享服务的优势。

【知识准备】

Samba 是一款自由软件，用来将（类）UNIX 操作系统与 Windows 操作系统的 SMB/CIFS（Server Message Block/Common Internet File System）网络协议进行连接。在目前的 v3 版本中，其不仅可以存取及分享 SMB 的目录资料和打印机，还可以整合加入 Windows Server 的网域，成为域控（Domain Controller）及活动目录服务（Active Directory Service，ADS）成员。简而言之，Samba 搭起 Windows 和 Linux 沟通的桥梁，让两者的资源可互通有无。

Samba 是典型的 C/S 模式，并且有两个进程：

一个主要用来管理共享文件的 smbd 进程，运行在 TCP 的 139、445 端口。

一个用来实现主机名到 IP 地址转换的 nmbd 进程，若该进程不运行，则客户端只能通过 IP 地址来访问 Samba 服务器，其运行在 UDP 的 137、138 端口。

Samba 的特点是可以实现跨平台文件传输并支持在线修改。

Samba 的作用：

①分享资源与打印机服务。

②提供用户登录 Samba 服务器时的身份验证。

③进行 Windows 网络上的主机名解析。

【任务实施】

本任务实施步骤如下：

①Samba 服务的安装、启动。

②Samba 服务的配置。

③Samba 服务的客户端测试。

一、安装与启动 Samba 服务

1. 安装 Samba 软件包

使用命令查看系统是否安装了 Samba 软件包，若未安装，则利用 dnf 方式进行安装（先要搭建好 dnf 源）。

```
# rpm -qa |grep smaba //查询软件包是否被安装
# dnf -y install samba//安装软件包
……省略部分信息……
Installed:
samba-4.9.1-8.el8.x86_64
Complete!
# rpm -qa |grep samba
samba-client-libe-4.9.1-8.el8.x86_64
samba-libs-4.9.1-8.el8.x86_64
samba-common-4.9.1-8.el8.noarch
samba-common-lihs-4.9.1-8.el8.x86_64
samba-common-tools-4.9.1-8.el8.x86 64
Samba-4.9.1-8.el8.x86_64
```

2. 启动 Samba 服务

```
# systemctl  start  smb  //启动服务
# systemctl  enable  smb  //设置开机启动
# systemctl  restart  smb  //修改配置须重启系统
```

二、配置 Samba 服务

1. 主配置文件/etc/samba/smb. conf

Samba 配置文件一般放在/etc/samba 目录中，主配置文件为 smb.conf，更详细的配置文档为 smb.conf.example，smb.conf 中的信息比较精简。同时，可以通过 grep 命令的“-v”参数来过滤以“#”“;”开头的注释行及空白行，剩余的 Samba 服务程序参数并不复杂，表 4-4 列出了必要参数及相应的注释说明。

还有一些设置在 smb.conf.example 中。例如，“log file =/var/log/samba/log.%m”定义日志文件的存放位置与名称，参数%m 为来访的主机名，而“max log size =50”定义日志文件的最大容量，单位为 KB。

表 4-4　Samba 服务程序参数及作用

Samba 全局参数	功能说明
workgroup = 工作组名称	设置工作组名称，使用 Samba 服务的主机的工作组名称要相同
netbios name = NetBIOS Name	同一工作组内的主机拥有唯一的 NetBIOS Name
server string = 服务器描述信息	默认显示 Samba 版本，改为有实际意义的服务器描述信息
interfaces = 网络接口	指定 Samba 监听哪些网络接口
hosts allow = 允许主机列表	设置主机白名单，白名单里的主机可以访问 Samba 服务器资源
hosts deny = 禁止主机列表	设置主机黑名单，黑名单里的主机禁止访问 Samba 服务器资源

续表

Samba 全局参数	功能说明
log file = 日志文件名	设置 Samba 服务器上日志文件的存储位置和日志文件名称
max log size = 最大容量	设置日志文件的最大容量，以 KB 为单位，值为 0 表示不做限制
security = 安全性级别	设置 Samba 客户端的身份验证方式
Samba 共享参数	功能说明
comment	共享目录的描述信息
path	共享目录的绝对路径
browseable	共享目录是否可以浏览
public	是否允许用户匿名访问共享目录
read only	共享目录是否只读，当与 writable 发生冲突时，以 writable 为准
writable	共享目录是否可写，当与 read only 发生冲突时，忽略 read only
valid users	允许访问 Samba 服务的用户和组
invalid users	禁止访问 Samba 服务的用户和组
read list	对共享目录只有读权限的用户和组
write list	可以在共享目录内进行写操作的用户和组
hosts allow	允许访问该 Samba 服务器的主机 IP 或网络
hosts deny	不允许访问该 Samba 服务器的主机 IP 或网络

2. 配置共享资源

利用 vi 编辑器在 smb. conf 文档中增加对应的共享资源，并对其进行区域参数设置，此参数仅对该资源有效。

```
#cat smb.conf egrep -v"#;^ $"
[global]
workgroup=WORKGROUP //修改工作组
security=user
passdb backend=tdbsam
load printers=yes
cups options=raw
……省略部分信息……
[share]  //共享资源名
comment=samba home s share  //共享资源描述
path=/home/share  //共享路径,绝对路径
public=no  //是否允许匿名访问(no),默认为 no
writable=yes  //是否可写(yes),默认为 no
read only=no  //是否可读(no),默认为 yes
```

配置完成后，先用如下命令测试配置文件 smb. conf 是否存在语法错误。

```
#testparm smb.conf
```

（1）创建访问共享资源的账户信息

Samba 服务的 Security 默认采用 user 密码认证模式，因此需要建立信息数据才能进行密码认证，并且 Samba 服务程序的数据库要求的账户必须存在于系统/etc/passwd 文件中。

用 smbpasswd 或 pdbedit 命令管理 smb 服务程序的账户信息数据库，格式为：

```
smbpasswd 或 pdbedit[参数选项]账户
```

smbpasswd 或 pdbedit 命令的参数及作用见表 4－5。

表 4－5　smbpasswd 或 pdbedit 命令的参数及作用

命令及参数选项	作用
smbpasswd/pdbedit －a 账户	建立 Samba 账户信息
smbpasswd/pdbedit －x 账户	删除 Samba 账户信息
smbpasswd －d/－e 账户	禁用/恢复账户
pdbedit －L	列出账户列表，读取 passdb. tdb 数据库文件
pdbedit －Lv	列出账户详细信息
pdbedit－c"[D]"/"[]" 账户	暂停/恢复账户

```
#useradd apache  //创建系统用户 zs
#pdbedit -a apache  //添加 Samba 数据库账户
new password:  //设置数据库账户密码
retype new password:
Unix username:apache
……省略部分信息……
```

（2）创建共享资源目录

由于共享目录在/home 目录下，因此需要考虑 SELinux 安全上下文类型，在 smb. conf. example 文档中的第 27 ~39 行有关于 SELinux 安全上下文策略的详细说明。

```
#cat  /etc/samba/smb.conf.example
27 #setsebool  -P  samba_enable_home_dirs on
……省略部分信息……
39 #chcon  -t  samba_share_t/path/to/directory
#mkdir  /home/webdata  //创建共享目录
#chown  -Rf  apache:apache/home/webdata  //修改拥有者和所属组
#chcon  -t  samba_share_t  /home/webdata  //修改安全上下文类型
#ls  -Zd  /home/webdata  //查看安全上下文
unconfined_u;object_r:samba_share_t:s0/home/webdata
#getsebool  -a  grep  samba  //查看规则状态
samba_enable_home_dirs -- >on
……省略部分信息……
#setsebool  -P  samba enable home dirs =1  //设置规则状态为 on
```

（3）重启 smb 服务，防火墙添加对应服务

```
#systemctl restart smb
#firewall-cmd --add-service=samba--permanent
#systemctl  reload  firewalld  //或者 firewall-cmd-reload
```

三、配置 Samba 客户端

慧心科技有限公司公司服务器的 IP 地址为 192.168.137.129，需要为不同部门、网段、主机等提供资源共享，按需进行配置。修改工作组为 WORKGROUP。注释［homes］和［printers］的内容。共享名为 webdata。webdata 可以浏览且可写。共享目录为/webdata，并且 apache 用户对该目录有读写执行权限，用 setfacl 命令配置目录权限。添加一个 apache 用户对外提供 Samba 服务。

第 1 步：配置 yum 源并安装 Samba 软件。

第 2 步：新建系统用户 apache，然后添加同名的 Samba 用户。

```
# useradd  apache
# passwd  apache
# smbpasswd  -a  apache
```

第 3 步：在/data 目录下新建子目录 webdata 并设置权限。

```
# mkdir  -p  /data/webdata
# setfacl  -m  u:apache:rwx  /data/webdata/
```

第 4 步：修改主配置文件 smb.smf。在全局参数部分，设置 workgroup 和 security 两个参数，其他参数保留默认值。在［homes］和［printers］两个共享域的行首加上“#”。

```
[global]
        workgroup = WORKGROUP
        security = user
#[homes]
#       comment = Home Directories
#       ……                          <== 此处省略部分参数
#[printers]
#       comment = All Printers
#       ……                          <== 此处省略部分参数
```

第 5 步：添加共享域 webdata。设置 webdata 共享域的 path、writable、valid users 等几个属性以控制用户对共享资源的访问。

```
[webdata]
        comment = webdata
        path = /data/webdata
        browseable = Yes
        writable = Yes
        valid users = apache
        hosts deny = all
```

第 6 步：保存对 Samba 主配置文件的修改，然后使用 systemctl restart smb 命令重启 Samba 服务。

1. Linux 客户端

（1）直接访问法

若 Linux 系统安装了 samba-client 软件包，则可用“smbclient//IP/共享资源名 -U 账户名%密码”方式来访问 Samba 服务；若未安装，则需要先安装。

```
# rpm  -qa  grep samba-client  //查询,已安装
samba-client-4.6.2-8.el7.x86_64
# smbclient  //192.168.137.129/webdata  -U  apache%apache
Try "help" to get a list of possible commands.
smb:\>
```

按照格式输入，显示如上信息时，可以输入“?”或“help”并按 Enter 键列出所有可以使用的命令，常用的命令有 cd、ls、rm、pwd、tar、mkdir、chown、get、put 等，其中 get 表示下载，put 表示上传。使用“help + 命令”可以显示该命令的使用方法。

(2) 挂载访问法

Linux 客户端访问 Samba 服务需要安装支持文件共享服务的 cifs - utils 软件包，安装完成后，使用“mount -t cifs//IP/共享资源名 本地挂载点”方式挂载使用。注意，共享资源名后面不能有斜杠。

mount 挂载完成后，就可以像使用本地目录一样使用共享目录了。

```
# rpm -qa grep cifs-utils//查询,已安装
cifs-utils-6.2-10.el7.x86_64
#mount -t cifs//192.168.137.129/webdata/webdata -o username=apache,
password=apache  //账户名和密码选项
# df  -h
Filesystem                    Size  Used  Avail  Use%  Mounted on
……省略部分信息……
//192.168.137.129/webdata  16G  2.0G  14G   13%  /webdata
# umount/webdata
```

(3) 自动挂载法

修改/etc/fstab 文件。为了保证账户和密码相关信息的安全性，可以把账户、密码及共享域以行为单位写入一个认证文件中，并设置权限不让其他人随意查看。

```
# vi  /root/auth.smb
username=apache
password=apache
domain=WORKGROUP
# chmod  600  /root/auth.smb
# vi  /etc/fstab  //挂载信息写入/etc/fstab
.…省略部分信息……
//192.168.137.129/webdata/webdata cifs credentials=/root/auth.smb 0 0
# mount  -a  //强制刷新挂载
# df  -h
Filesystem                    Size  Used  Avail  Use%  Mounted on
……省略部分信息……
//192.168.137.129/webdata  16G  2.0G  14G   13%  /webdata
```

2. Windows 客户端

(1) 地址访问法

Samba 共享服务部署在 Linux/Windows 系统上，并通过 Windows 客户端来访问 Samba 服务，只需在 Windows 的地址栏或运行命令框中输入“\\IP 地址”，然后按 Enter 键，在弹出

的对话框中输入用户名和密码，如图 4－5 和图 4－6 所示。

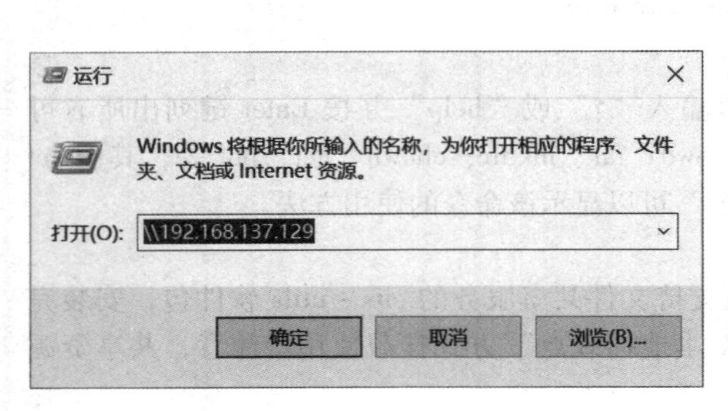

图 4－5　Windows 客户端访问共享资源

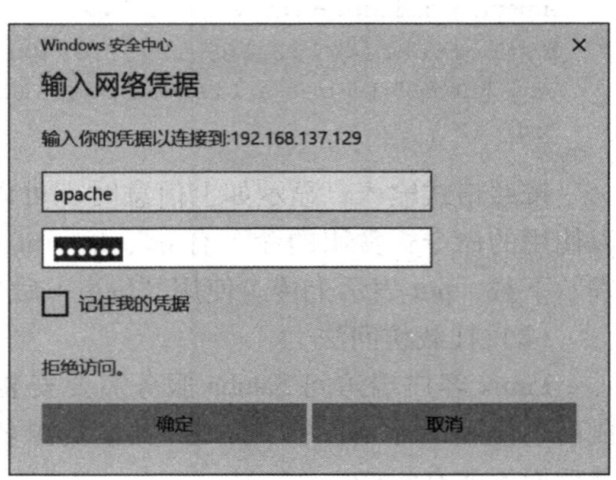

图 4－6　Windows 客户端访问登录

正确输入 Samba 服务程序信息数据库中的用户名和密码，单击“确定”按钮，就可以登录到共享界面了，如图 4－7 所示，此时可以尝试增、删、改、查等操作。

（2）共享映射法

右击“此电脑”图标，在弹出的快捷菜单中选择“映射网络驱动器”选项，在打开的“要映射的网络文件夹”界面中，按需填写相关信息，如图 4－8 所示。单击“完成”按钮，将会弹出“输入网络密码”界面。

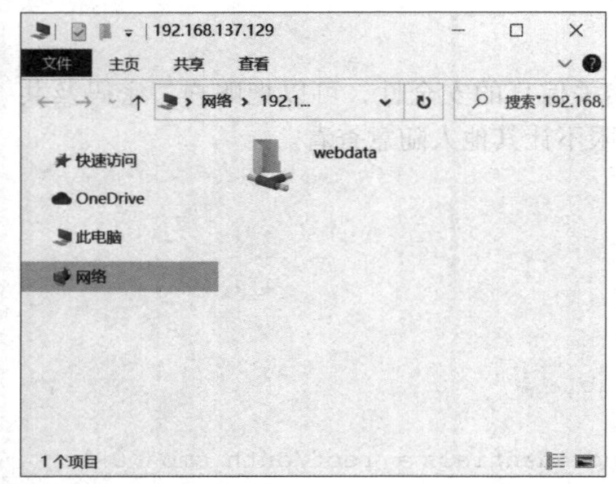

图 4－7　成功访问 Samba 共享资源

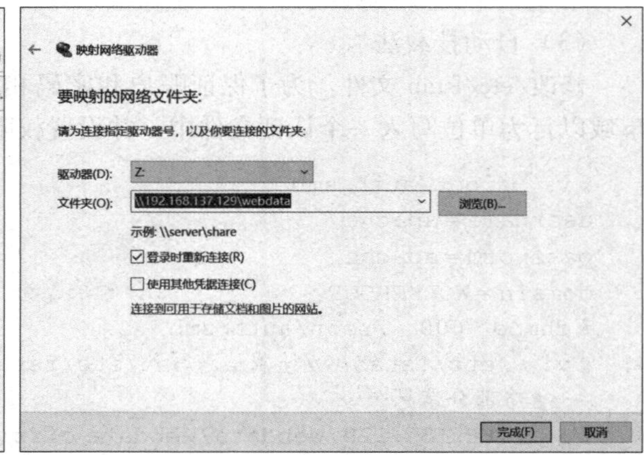

图 4－8　打开“要映射的网络文件夹”界面

单击“确定”按钮，将 Samba 共享目录映射到本地网络驱动器，这样就能像访问本地磁盘一样访问共享文件了。

【任务总结】

本任务主要要求能够理解 Samba 工作原理；理解 Samba 是用于 Linux/Windows 系统文件共享的服务器；熟练配置 Samba 服务器。

任务3　Windows FTP 服务器配置与管理

【任务描述】

本项目的主要任务是在理解 Windows 系统中 FTP 文件服务器的工作原理的基础上，能够掌握 FTP 文件服务器是在互联网环境下进行文档共享。任务目标是能熟练配置 FTP 服务器。

【任务分析】

FTP 服务器是基于文件传输协议服务器，它支持互联网环境下文档的上传和下载。本任务是安装 FTP 服务，用户能够“下载”（Download）和“上传”（Upload）所需的文件。

【知识准备】

1. FTP 服务器简介

文件传输协议（File Transport Protocol，FTP）用于实现客户端与服务器之间的文件传输，尽管 Web 也可以提供文件下载服务，但是 FTP 服务的效率更高，对权限控制更为严格。

FTP 服务和文件共享服务的区别在于，文件共享服务只可以用于局域网，而 FTP 服务既可以用于局域网，也可以用于广域网。

FTP 有两个意思，其中一个指文件传输服务，FTP 提供交互式的访问，用来在远程主机与本地主机之间或两台远程主机之间传输文件；另一个意思是指文件传输协议，是 Internet 上使用最广泛的文件传输协议，它使用客户端/服务器模式，用户通过一个支持 FTP 协议的客户端程序，连接到在远程主机上的 FTP 服务器程序，用户通过客户机程序向服务器程序发出命令，服务器程序执行用户所发出的命令，并将执行的结果返回到客户端。一般来说，用户联网的主要目的就是实现信息共享，文件传输是信息共享非常重要的内容之一。Internet 是一个非常复杂的计算机环境，有 PC、工作站、MAC、大型机，而这些计算机运行不同的操作系统，有运行 UNIX 的服务器，也有运行 DOS、Windows 的 PC 机和运行 MacOS 的苹果机等，要实现传输文件，并不是一件容易的事。基于不同的操作系统有不同的 FTP 应用程序，而所有这些应用程序都遵守 FTP 协议，这样任何两台 Internet 主机之间可以通过 FTP 复制拷贝文件。

2. FTP 的使用

在 FTP 的使用中，用户经常遇到两个概念：“下载”（Download）和“上传”（Upload）。“下载”文件就是从远程主机复制文件至自己的计算机上，“上传”文件就是将文件从自己的计算机中复制至远程主机上，用 Internet 语言来说，用户可通过客户端程序向（从）远程主机上传（下载）文件。

在 Internet 上有两类 FTP 服务器：一类是普通的 FTP 服务器，连接到这种 FTP 服务器上时，用户必须具有合法的用户名和口令；另一类是匿名 FTP 服务器，所谓匿名 FTP，是指在访问远程计算机时，不需要账户或口令就能访问许多文件、信息资源，用户不需要经过注册就可以与它连接，并且进行下载和上传文件的操作，通常这种访问限制在公共目录下。系统管理员建立了一个特殊的用户ID，名为anonymous，Internet上的任何人在任何地方都可使用该用户ID。值得注意的是，匿名FTP不适用于所有Internet主机，它只适用于那些提供了这项服务的主机。

当远程主机提供匿名FTP服务时，会指定某些目录向公众开放，允许匿名存取。系统中的其余目录则处于隐匿状态。作为一种安全措施，大多数匿名FTP主机都允许用户从其下载文件，而不允许用户向其上传文件，也就是说，用户可将匿名FTP主机上的所有文件全部复制到自己的计算机上，但不能将自己计算机上的任何一个文件复制至匿名FTP主机上。即使有些匿名FTP主机确实允许用户上传文件，用户也只能将文件上传至某一指定上传目录中。随后，系统管理员会去检查这些文件，他会将这些文件移至另一个公共下载目录中，供其他用户下载。利用这种方式，远程主机的用户得到了保护，避免了有人上传有问题的文件。

FTP提供的命令十分丰富，涉及文件传输、文件管理、目录管理、连接管理等。目前世界上有很多文件服务系统，为用户提供公用软件、技术通报、论文研究报告等，这就使Internet成为目前世界上最大的软件和信息流通渠道。Internet是一个资源宝库，有很多共享软件、免费程序、学术文献、影像资料、图片、文字、动画等，它们都允许用户用FTP下载。人们可以直接使用WWW浏览器去搜索所需要的文件，然后利用WWW浏览器所支持的FTP功能下载文件。

【任务实施】

本任务实施步骤如下：

①理解并掌握FTP服务器的配置与管理。

②掌握FTP站点的日常设置。

③掌握FTP站点的维护与管理工作。

④掌握如何利用客户端软件访问FTP站点。

一、安装与配置FTP服务器

1. 安装FTP服务

Windows Server 2019内置的FTP服务在默认情况下并没有安装，以下以在虚拟机（192.168.1.2）中安装并配置FTP服务器为例进行详细讲解。

安装FTP服务必须具备条件管理员权限，使用Administrator管理员权限登录，这是Windows Server 2019新的安全功能，具体的操作步骤如下。

①在服务器中选择“开始”→“管理工具”→“服务器管理器”命令，打开“服务器管理器”窗口，选择左侧“仪表板”一项之后，单击右侧的“添加角色和功能”链接，如图4-9所示。此时出现“添加角色和功能向导”对话框，如图4-10所示。“开始之前”选项提示用户在继续之前请确认完成以下任务：

- 管理员账户使用的是强密码。
- 静态IP地址等网络设置已配置完成。
- 已从Windows更新安装最新的安全更新。

如果必须验证是否已完成上述任何先决条件，请关闭向导，完成这些步骤，然后再次运

行向导。单击“下一步”按钮继续。

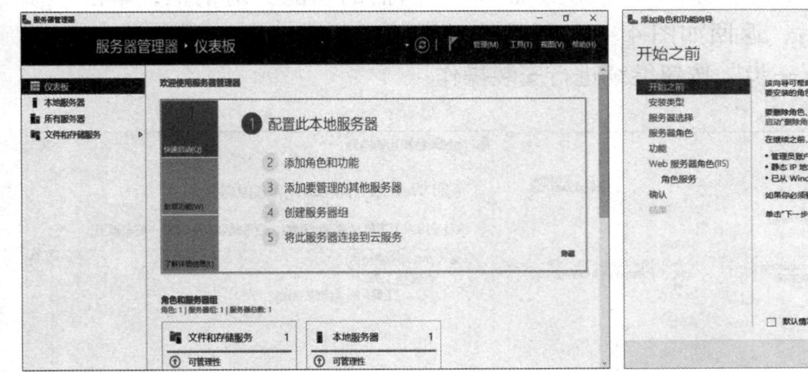

图4－9　添加角色和功能

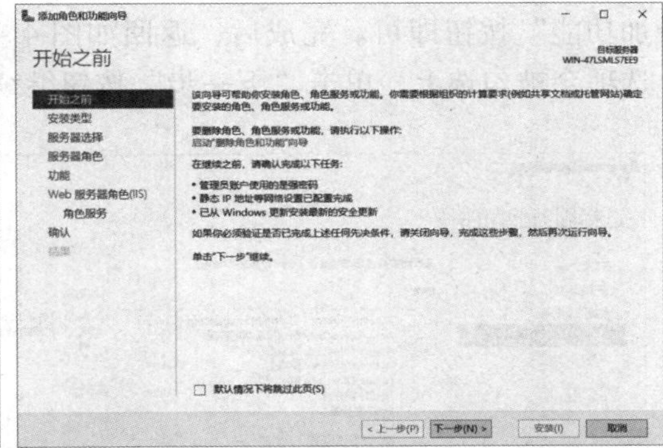

图4－10　添加角色和功能向导

单击“下一步”按钮，进入“选择安装类型”对话框，如图4－11所示，有两个单选按钮，分别为：

● 基于角色或基于功能的安装

通过添加角色、角色服务和功能来配置单个服务器。

● 远程桌面服务安装

为虚拟桌面基础结构（VDI）安装所需的角色服务以创建基于虚拟机或基于会话的桌面部署。

选择默认选项“基于角色或基于功能的安装”，然后单击“下一步”按钮继续操作。

②单击“下一步”按钮后，进入“选择目标服务器”对话框，在如图4－12所示。在对话框中，有两个选项：一是“从服务器池中选择服务器”，二是“选择虚拟硬盘”。此时，选中第一个选项，在当前服务器池中选择IP地址为192.168.1.2的计算机，直接单击“下一步”按钮继续操作。

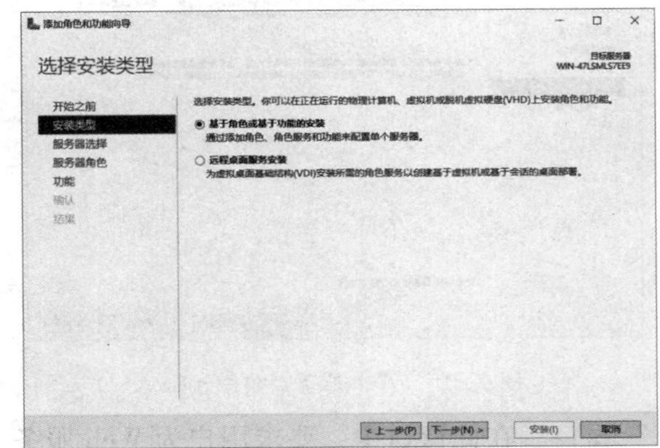

图4－11　安装类型

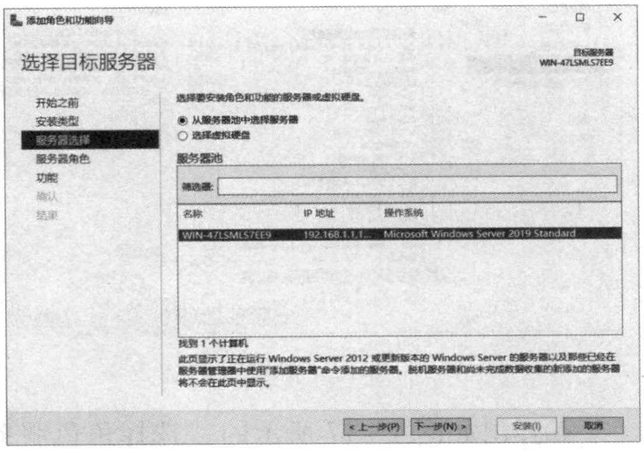

图4－12　服务器选择

③进入“选择服务器角色”对话框，如图4－13所示，单击对话框中“角色”列表框中的“每一个服务器角色”选项，在右边会显示该服务相关的详细描述说明，一般采用默

认的选择即可，如果有特殊要求，则可以根据实际情况进行选择。在此勾选“Web 服务器(IIS)”，弹出如图 4－14 所示的“添加 Web 服务器(IIS) 所需的功能”对话框，单击“添加功能”按钮即可。完成后，返回如图 4－13 所示的对话框，此时“Web 服务器（IIS)”选项会被勾选上，单击“下一步”按钮继续进行安装操作。

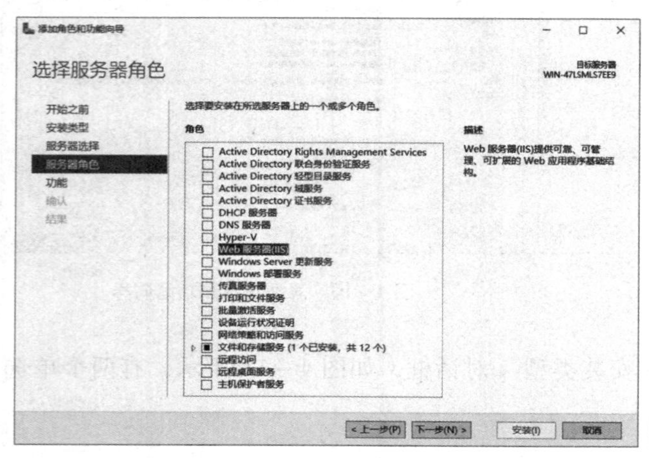

图 4－13　服务器角色

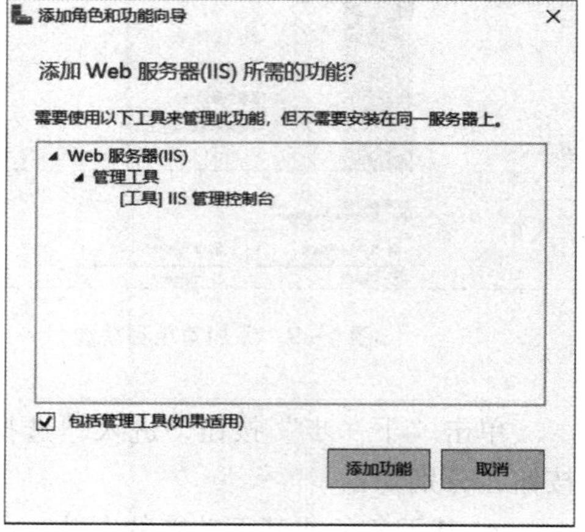

图 4－14　添加 Web 服务器（IIS）所需的功能

④单击“下一步”按钮后，进入“选择功能”窗口，如图 4－15 所示，要求用户选择要安装在所选服务器上的一个或多个功能，同时，在“功能”列表框中列出多个功能供用户选择。此时可以选择默认功能，直接单击“下一步”按钮继续。

⑤弹出如图 4－16 所示的“Web 服务器角色(IIS)”窗口。在此窗口中，对 Web 服务器进行了详细介绍。单击“下一步”按钮继续。

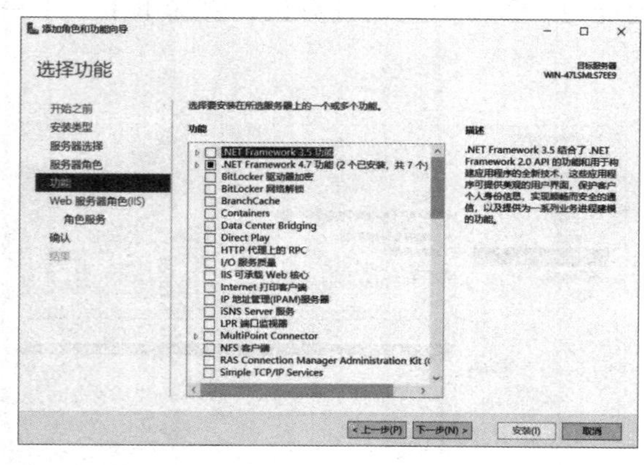

图 4－15　功能

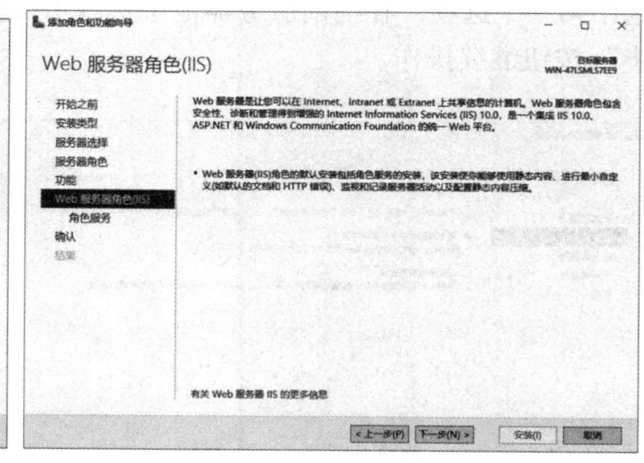

图 4－16　Web 服务器角色（IIS）

⑥弹出如图 4－17 所示的“选择角色服务”窗口。在此窗口中，要求用户为 Web 服务器（IIS）选择要安装的角色服务。系统列出角色服务供用户选择，此时可以根据 Web 服务的需求进行相应选择，本例安装 FTP 服务器，所以在如图 4－18 所示的“角色服务”列表框中，勾选“FTP 服务器”，其他功能选择系统默认即可。

完成上述操作之后，单击“下一步”按钮继续安装操作。

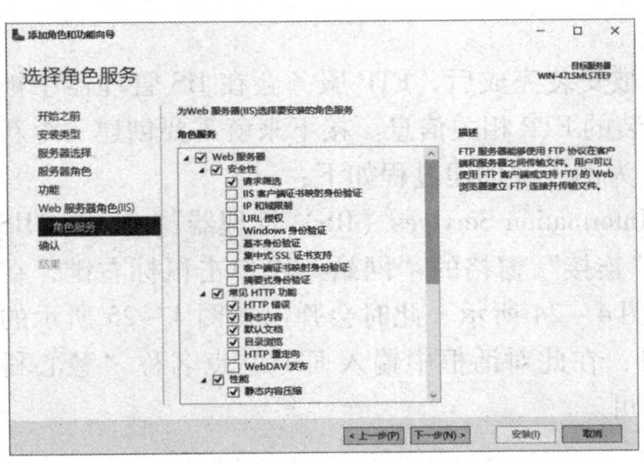

图 4－17　角色服务

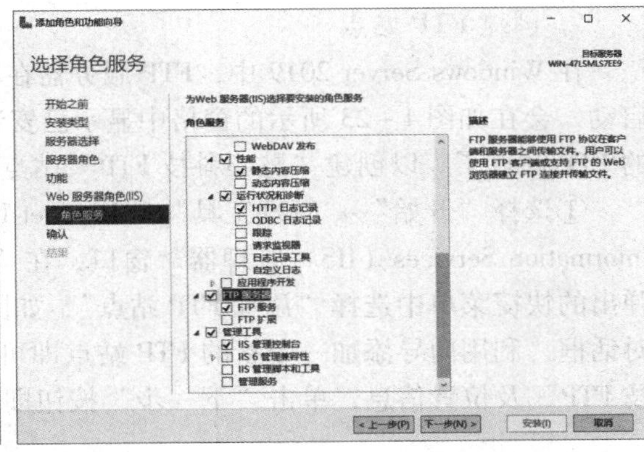

图 4－18　FTP 服务器

⑦弹出如图 4－19 所示的“确认安装所选内容”窗口。在此窗口中，列出用户安装所选的内容，用户需要确认安装所选内容，如果需要更改，可以单击“上一步”按钮进行相应设置。如果不需要更改，单击“安装”按钮进行确认，即可进入安装界面。

在如图 4－20 所示的“安装进度”窗口中，显示系统安装进度。

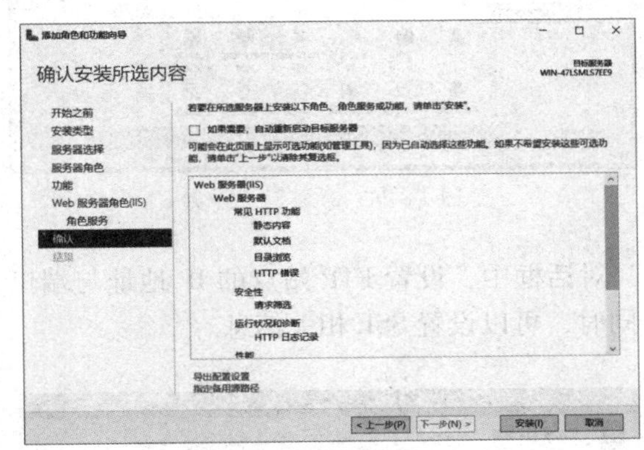

图 4－19　确认

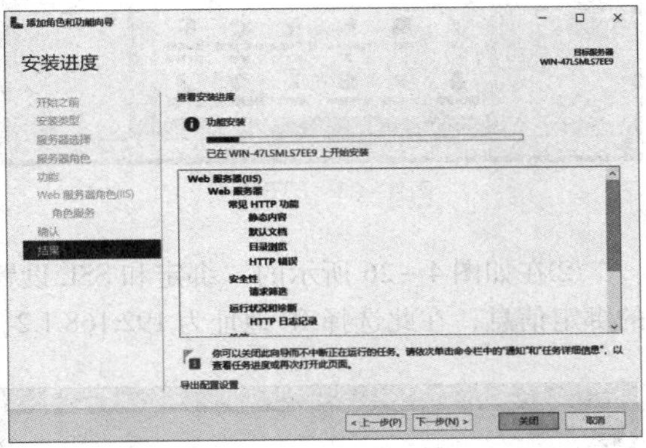

安装进度

图 4－20　结果

安装完成后，如图 4－21 所示，单击“关闭”按钮完成全部安装任务。

FTP 服务器的安装过程请扫描如图 4－22 所示的二维码在线观看。

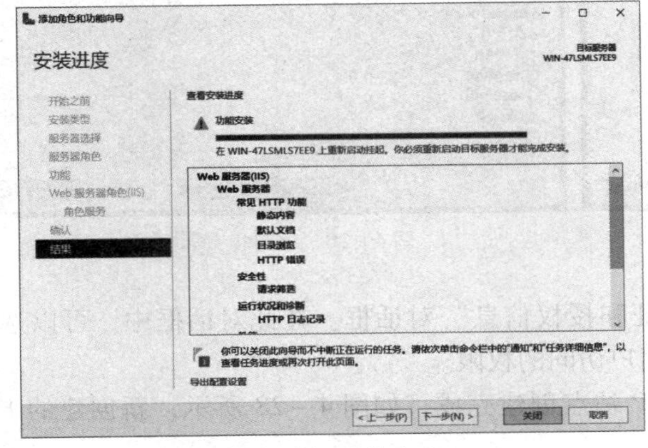

图 4－21　安装完成

图 4－22　安装 FTP 服务器过程

2. 创建 FTP 站点

在 Windows Server 2019 中，FTP 服务器在被安装完成后，FTP 服务会在 IIS 管理器中被启动，会在如图4－23 所示的窗格中显示已安装的 FTP 相关信息。接下来就需要创建一个新的 FTP 站点了。以创建“慧心科技 FTP”站点为例，其创建过程如下：

①选择“开始”→“管理工具”→“Internet Information Services（IIS）管理器”，打开“IIS Information Services（IIS）管理器”窗口，在“连接”窗格的“网站”上单击鼠标右键，在弹出的快捷菜单中选择“添加 FTP 站点”，如图 4－24 所示。此时会弹出如图 4－25 所示的对话框，利用向导添加一个新的 FTP 站点即可，在此对话框中输入 FTP 站点名称“慧心科技 FTP”及位置信息，单击“下一步”按钮即可。

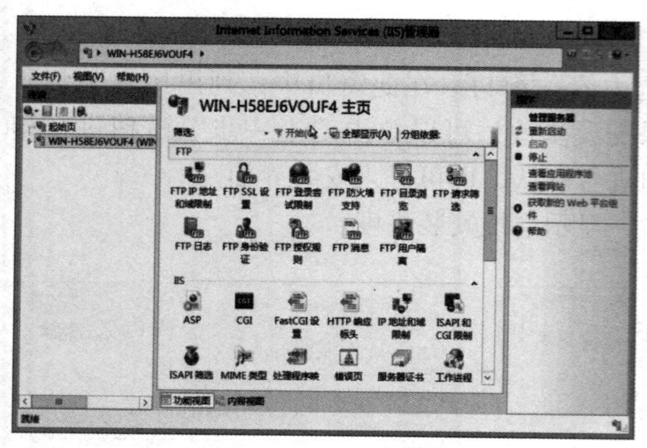

图 4－23　FTP 服务

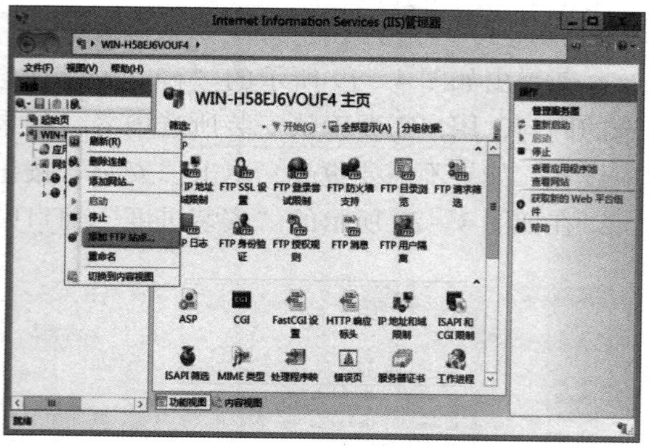

图 4－24　添加 FTP 站点

②在如图 4－26 所示的“绑定和 SSL 设置”对话框中，设置 FTP 站点的 IP 地址与端口的绑定信息，在此选择 IP 地址为 192.168.1.2，同时，可以设置 SSL 相关信息。

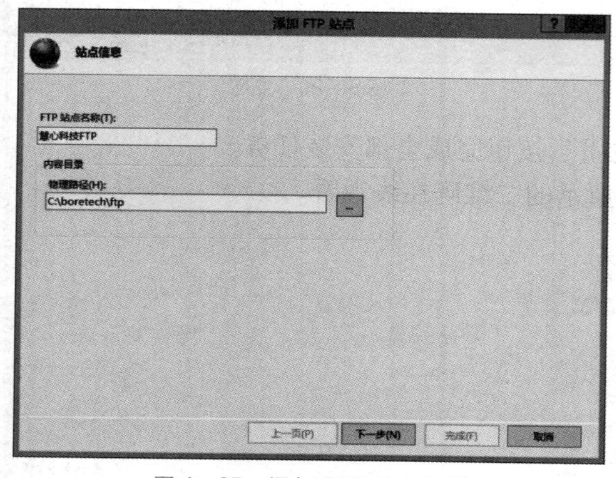

图 4－25　添加 FTP 站点向导

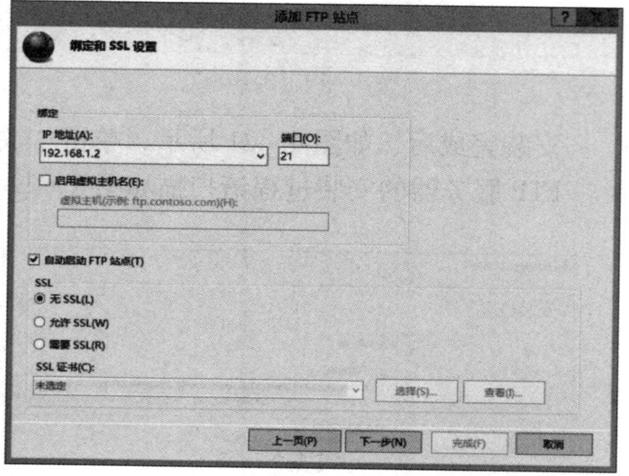

图 4－26　绑定和 SSL 设置

③弹出如图 4－27 所示的“身份验证和授权信息”对话框。在此对话框中，可以选择身份验证方式及授权用户，还可以设置用户访问的权限。

④单击“完成”按钮，一个新的 FTP 站点创建完成，如图 4－28 所示，新创建的 FTP 站点为“慧心科技 FTP”。

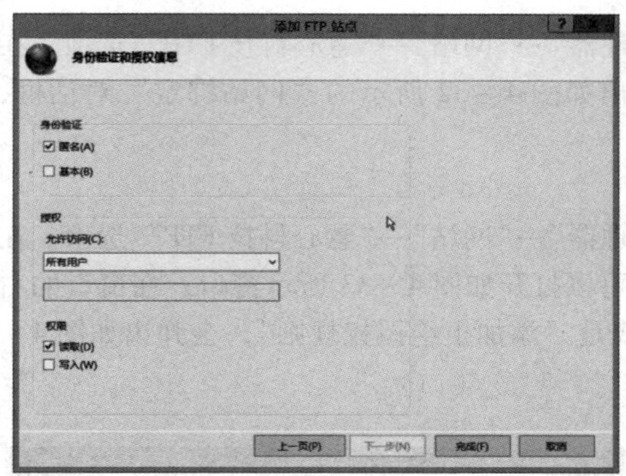

图 4－27　身份验证和授权信息

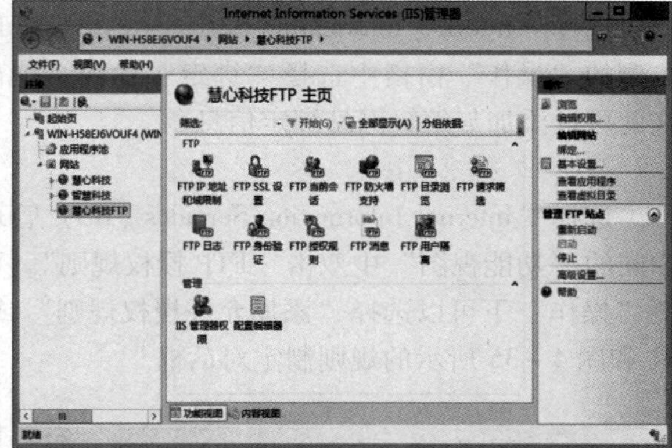

图 4－28　慧心科技 FTP 站点

详细创建过程请扫描如图 4－29 所示的二维码在线观看。

图 4－29　创建 FTP 站点过程

二、FTP 的基本设置

接下来利用创建的“慧心科技 FTP”站点来说明 FTP 站点的站点标识、主目录、目录安全性等基本属性的设置。

1. 名称与路径设置

计算机上每个 FTP 站点都必须有自己的主目录，可以设定 FTP 站点的主目录。选择“Internet Information Services（IIS）管理器”→“网站”→“慧心科技 FTP”选项，在右侧的“操作”窗格中选择“基本设置”命令，弹出如图 4－30 所示的“编辑网站”对话框。在此可以设置网站名称、物理路径等信息。

2. FTP 目录浏览

选择“Internet Information Services（IIS）管理器”→“网站”→“慧心科技 FTP”选项，在中间的“功能视图”中双击“FTP 目录浏览”，可以打开如图 4－31 所示窗口，在此可以进行 FTP 目录浏览的相关设置。设置完成后，需要单击“操作”窗格中的“应用”按钮启用设置。

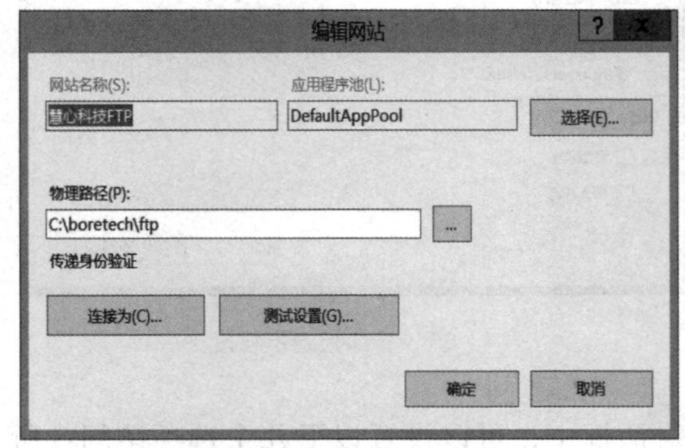

图 4－30　编辑 FTP 站点

图 4－31　FTP 目录浏览

3. 网站绑定

选择“Internet Information Services（IIS）管理器”→“网站”→“慧心科技 FTP”选项，在右侧的“操作”窗格中选择“绑定”命令，弹出如图 4－32 所示的“网站绑定”对话框，在此可以添加与编辑网站绑定信息。

4. FTP 授权规则

选择“Internet Information Services（IIS）管理器”→“网站”→“慧心科技 FTP”选项，在中间的“功能视图”中双击“FTP 授权规则”，可以打开如图 4－33 所示窗口，在窗口的右侧“操作”下可以选择“添加允许授权规则”或是“添加拒绝授权规则”，会弹出如图 4－34 和图 4－35 所示的规则制定对话框。

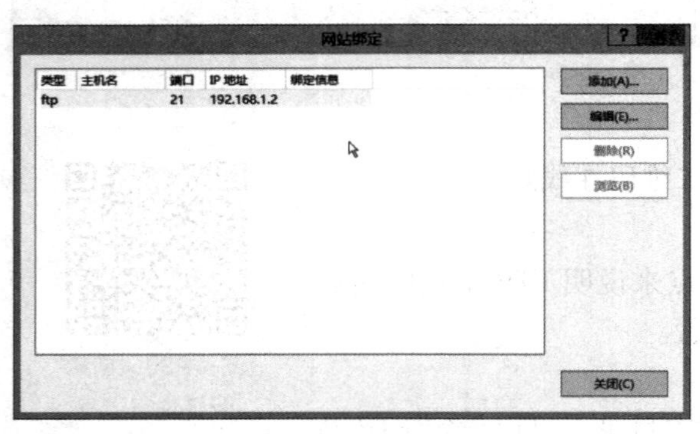

图 4－32　网站绑定

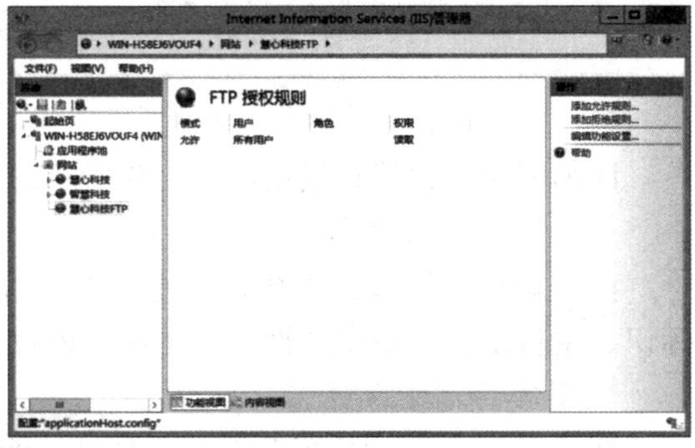

图 4－33　FTP 授权规则

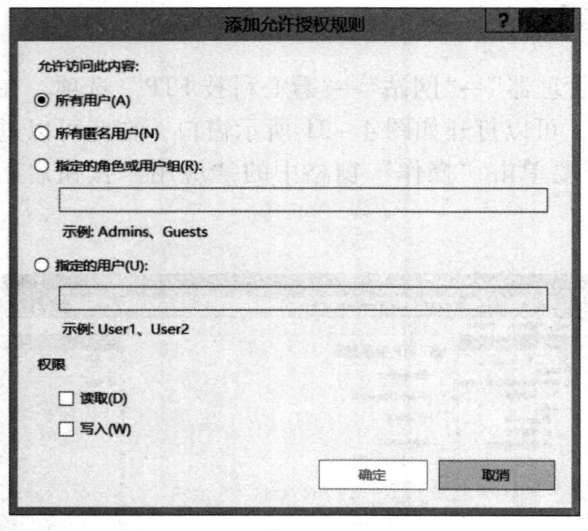

图 4－34　添加允许授权规则

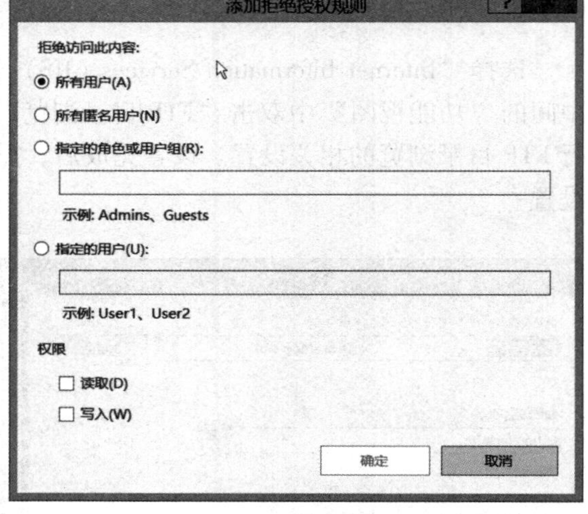

图 4－35　添加拒绝授权规则

在图 4－34 所示的“添加允许授权规则”对话框中，可以设置以下几个选项访问：所有用户、所有匿名用户、指定的角色或用户组、指定的用户（注意：如果要指定用户或用户组，应事先创建用户或组），同时，还可以设置“读取”和“写入”权限。

用户的详细情况见表 4－6。

表 4－6 权限用户一览表

元素名称	描述
所有用户	确保将此规则置于任何授予内容访问权限的规则之下。如果此规则在规则列表的顶部，则将拒绝所有用户访问内容
所有匿名用户	选择此选项可为没有经过身份验证的用户管理内容访问权限。 注意：如果使用此规则，则所有用户都必须具有有效的基本或自定义身份验证用户账户和密码，才能进行身份验证
指定的角色或用户组	选择此选项以便为特定的 Microsoft Windows 角色或用户组管理内容访问权限。 注意：如果使用此规则，则指定角色和组的所有成员都必须具有有效的基本或自定义身份验证用户账户和密码，才能进行身份验证
指定的用户	选择此选项以便为特定用户账户管理内容访问权限。 注意：如果使用此选项，则所有用户都必须具有有效的基本或自定义身份验证用户账户和密码，才能进行身份验证
读取	指定所指定的用户是否具有读取权限
写入	指定所指定的用户是否具有写入权限

在图 4－35 所示的“添加拒绝授权规则”对话框中，可以设置以下几个选项拒绝：所有用户、所有匿名用户、指定的角色或用户组、指定的用户（注意：如果要指定用户或用户组，应事先创建用户或组），同时，还可以设置“读取”和“写入”权限。

利用以上组合，管理员可以设置 FTP 站点中用户的访问权限。注意：配置 FTP 授权设置时，还应配置 FTP 身份验证设置。

5. FTP 身份验证

选择“Internet Information Services（IIS）管理器”→“网站”→“慧心科技 FTP”选项，在中间的“功能视图”中双击“FTP 身份验证”，可以打开如图 4－36 所示窗口。在 FTP 身份验证中，允许管理员设置相关身份验证。

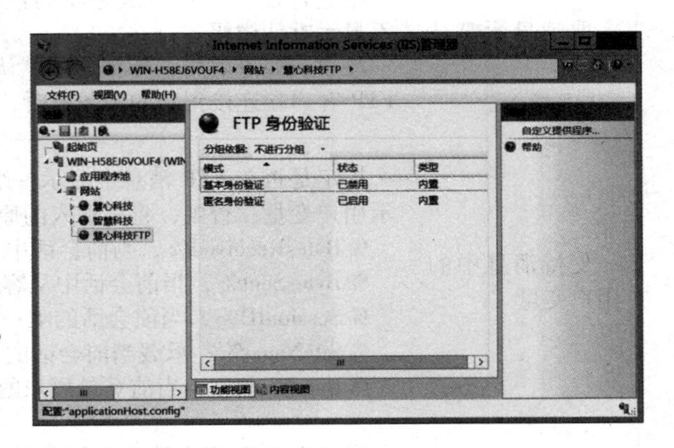

图 4－36 FTP 身份验证

（1）基本身份验证

基本身份验证是一种内置的身份验证方法，它要求用户提供有效的 Windows 用户名和密码才能获得内容访问权限。用户账户可以是 FTP 服务器的本地账户，也可以是域账户。基本身份验证将配合 Active Directory（AD）用户隔离一起使用。但是，如果在已启用 AD 用户隔离的情况下启用自定义身份验证或任何其他形式的身份验证，则这种其他形式的身份验证将不起作用。

（2）匿名身份验证

匿名身份验证是一种内置的身份验证方法，它允许任何用户通过提供匿名用户名和密码访问任何公共内容。默认情况下，禁用匿名身份验证。注意：当希望访问 FTP 站点的所有客户端都能查看站点内容时，请使用匿名身份验证。

6. FTP 消息

选择“Internet Information Services（IIS）管理器”→“网站”→“慧心科技 FTP”选项，在中间的“功能视图”中双击“FTP 消息”，可以打开如图 4－37 所示窗口。

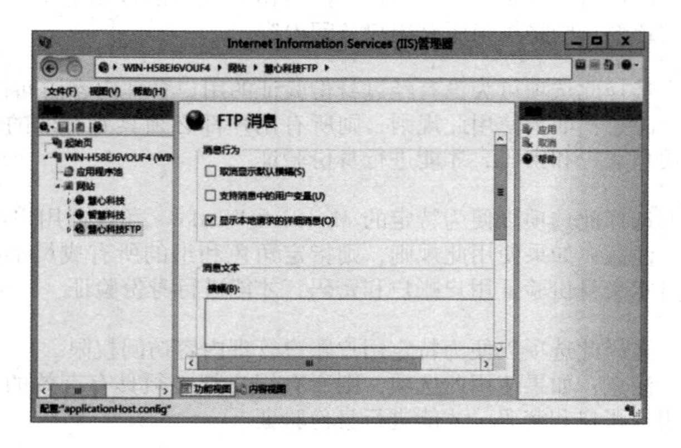

图 4－37　FTP 消息

消息元素的详细情况见表 4－7。

表 4－7　消息元素详细情况

元素名称	描述
取消显示默认横幅	指定是否显示 FTP 服务器的默认标识横幅。如果启用，则显示默认横幅；否则，不显示默认横幅。 注意：如果启用“取消显示默认横幅”，并且在“横幅”中未指定横幅消息，则当 FTP 客户端连接到您的服务器时，FTP 服务器将显示空的横幅
支持消息中的用户变量	指定是否在 FTP 消息中显示一组特定的用户变量。如果启用，则在 FTP 消息中显示用户变量；否则，将按输入的原样显示所有消息文本。支持的用户变量有： %BytesReceived%，当前会话中从服务器发送到客户端的字节数。 %BytesSent%，当前会话中从客户端发送到服务器的字节数。 %SessionID%，当前会话的唯一标识符。 %SiteName%，承载当前会话的 FTP 站点的名称。 %UserName%，当前登录用户的账户名
显示本地请求的详细消息	指定当 FTP 客户端正在服务器自身上连接 FTP 服务器时，是否显示详细错误消息。如果启用，则仅向本地主机显示详细错误消息；否则，不显示详细错误消息。 注意：仅向本地主机显示详细错误消息
横幅	指定当 FTP 客户端首次连接到 FTP 服务器时，FTP 服务器所显示的消息。 注意：默认情况下，此消息为空。如果启用“取消显示默认横幅”，并且在“横幅”中未指定横幅消息，则当 FTP 客户端连接到您的服务器时，FTP 服务器将显示空的横幅
欢迎	指定当 FTP 客户端已登录到 FTP 服务器时，FTP 服务器所显示的消息。 注意：默认情况下，此消息为空
退出	指定当 FTP 客户端从 FTP 服务器注销时，FTP 服务器所显示的消息。 注意：默认情况下，此消息为空

续表

元素名称	描述
最大连接数	指定当客户端尝试连接，但由于 FTP 服务已达到所允许的最大客户端连接数而无法连接时，FTP 服务器所显示的消息。 注意：默认情况下，此消息为空

7. FTP 用户隔离

选择“Internet Information Services（IIS）管理器”→“网站”→“慧心科技 FTP”选项，在中间的“功能视图”中双击“FTP 用户隔离”，可以打开如图 4-38 所示窗口。

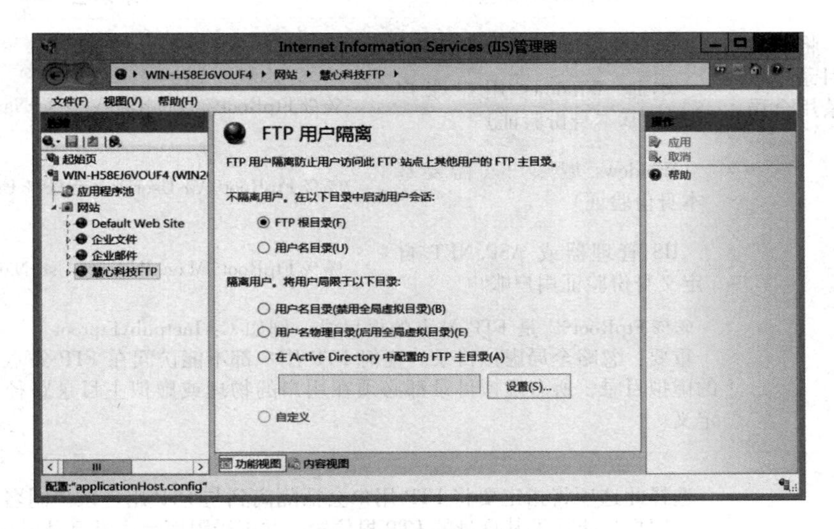

图 4-38　FTP 用户隔离

用户隔离的相关元素及设置情况表见表 4-8。

表 4-8　隔离用户详细情况表

元素名称	描述
不隔离用户。在以下目录中启动用户会话：FTP 根目录	选择此选项将指定不想隔离的用户。 所有 FTP 会话都将在 FTP 站点的根目录中启动。 如果有足够的权限，则任何 FTP 用户可能都可以访问任何其他 FTP 用户的内容
不隔离用户。在以下目录中启动用户会话：用户名目录	选择此选项将指定不想隔离的用户。 所有 FTP 会话都将在与当前登录用户同名的物理或虚拟目录中启动（如果该文件夹存在）；否则，FTP 会话将在 FTP 站点的根目录中启动。 注意：若要指定开始目录供匿名访问，请在 FTP 站点的根目录中创建一个名为 default 的物理或虚拟目录文件夹。 小心：如果有足够的权限，则任何 FTP 用户可能都可以访问任何其他 FTP 用户的内容

续表

<table>
<tr><th>元素名称</th><th>描述</th></tr>
<tr><td>隔离用户。将用户局限于以下目录：用户名目录（禁用全局虚拟目录）</td><td>选择此选项将指定要将 FTP 用户会话隔离到与 FTP 用户账户同名的物理或虚拟目录中。用户只能看见其自身的 FTP 根位置，并因受限而无法沿目录树再向上导航。
注意：若要为每个用户创建主目录，首先必须在 FTP 服务器的根文件夹下创建一个物理或虚拟目录，该目录以您的域命名，对于本地用户账户，则命名为 LocalUser。接下来必须为将访问 FTP 站点的每个用户账户创建一个物理或虚拟目录。下表列出了用于 FTP 服务所附身份验证提供程序的主目录语法：
<table>
<tr><th>用户账户类型</th><th>主目录语法</th></tr>
<tr><td>匿名用户</td><td>%%FtpRoot%\LocalUser\Public</td></tr>
<tr><td>本地 Windows 用户账户（需要基本身份验证）</td><td>%%FtpRoot%\LocalUser\%UserName%</td></tr>
<tr><td>Windows 域账户（需要基本身份验证）</td><td>%%FtpRoot%\%UserDomain%\%UserName%</td></tr>
<tr><td>IIS 管理器或 ASP. NET 自定义身份验证用户账户</td><td>%%FtpRoot%\LocalUser\%UserName%</td></tr>
</table>
%%FtpRoot% 是 FTP 站点的根目录，例如 C:\Inetpub\Ftproot。
重要：忽略全局虚拟目录。任何 FTP 用户都不能访问在 FTP 站点根级别配置的虚拟目录，所有虚拟目录都必须在用户的物理或虚拟主目录路径下进行显式定义</td></tr>
<tr><td>隔离用户。将用户局限于以下目录：用户名物理目录（启用全局虚拟目录）</td><td>选择此选项将指定要将 FTP 用户会话隔离到与 FTP 用户账户同名的物理目录中。用户只能看见其自身的 FTP 根位置，并因受限而无法沿目录树再向上导航。
注意：若要为每个用户创建主目录，首先必须在 FTP 服务器的根文件夹下创建一个物理目录，该目录以您的域命名，对于本地用户账户，则命名为 LocalUser。接下来必须为将访问 FTP 站点的每个用户账户创建一个物理目录。下表列出了用于 FTP 服务所附身份验证提供程序的主目录语法：
<table>
<tr><th>用户账户类型</th><th>主目录语法</th></tr>
<tr><td>匿名用户</td><td>%%FtpRoot%\LocalUser\Public</td></tr>
<tr><td>本地 Windows 用户账户（需要基本身份验证）</td><td>%%FtpRoot%\LocalUser\%UserName%</td></tr>
<tr><td>Windows 域账户（需要基本身份验证）</td><td>%%FtpRoot%\%UserDomain%\%UserName%</td></tr>
<tr><td>IIS 管理器或 ASP. NET 自定义身份验证用户账户</td><td>%%FtpRoot%\LocalUser\%UserName%</td></tr>
</table>
注意：%%FtpRoot% 是 FTP 站点的根目录，例如 C:\Inetpub\Ftproot。
重要：启用全局虚拟目录。如果所有 FTP 用户有足够的权限，则这些用户都可以访问在 FTP 站点根级别配置的所有虚拟目录。
小心：启用全局虚拟目录后，如果所有 FTP 用户有足够的权限，则这些用户可能都可以访问其他 FTP 用户的内容</td></tr>
</table>

续表

元素名称	描述
隔离用户。将用户局限于以下目录：在 Active Directory 中配置的 FTP 主目录	选择此选项将指定要将 FTP 用户会话隔离到在 Active Directory 账户设置中为每个 FTP 用户配置的主目录中。当用户的对象位于 Active Directory 容器中时，将提取 FTPRoot 和 FTPDir 属性，以提供用户主目录的完整路径。如果 FTP 服务可以成功访问该路径，则将用户放置在其主目录（代表其 FTP 根位置）中。用户只能看见其自身的 FTP 根位置，并因受限而无法沿目录树再向上导航。如果 FTPRoot 或 FTPDir 属性不存在，或这两个属性在一起无法组成有效且可访问的路径，则拒绝用户访问。 注意：此模式需要使用 Windows Server 2003 操作系统或更高版本操作系统运行的 Active Directory 服务器，也可以使用 Windows 2000 Active Directory，但是需要手动扩展用户对象架构
自定义	此选项指定希望通过使用自定义提供程序来隔离 FTP 用户会话。 重要：此选项为高级功能，只能通过修改 ApplicationHost. config 文件中的 FTP 配置设置进行选择

8. FTP IPv4 地址和域复制

选择“Internet Information Services（IIS）管理器”→“网站”→“慧心科技 FTP”选项，在中间的“功能视图”中双击“FTP IP 地址和域复制”，可以打开如图 4-39 所示窗口。

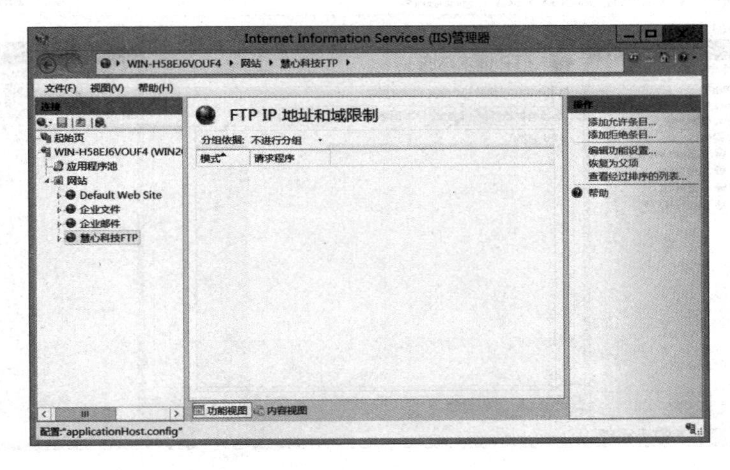

图 4-39　FTP IP 地址和域复制

在窗口的右侧“操作”下可以选择“添加允许条目”或是“添加拒绝条目”，会弹出如图 4-40 和图 4-41 所示的规则制定对话框。打开“添加允许限制规则”对话框，可以从该对话框中为特定 IP 地址、IP 地址范围或 DNS 域名定义允许访问内容的规则。打开“添加拒绝限制规则”对话框，可以从该对话框中为特定 IP 地址、IP 地址范围或 DNS 域名定义拒绝访问内容的规则。

9. FTP 请求筛选

如何禁止用户上传某种类型的文件？例如扩展名为.exe 的文件。使用 FTP 的“请求筛选”功能页可以为 FTP 站点定义请求筛选设置。FTP 请求筛选是一种安全功能。通过此功能，Internet 服务提供商（ISP）和应用服务提供商可以限制协议和内容行为。例如，使用“文件扩展名”选项卡可以列表指定要允许或拒绝的文件扩展名。

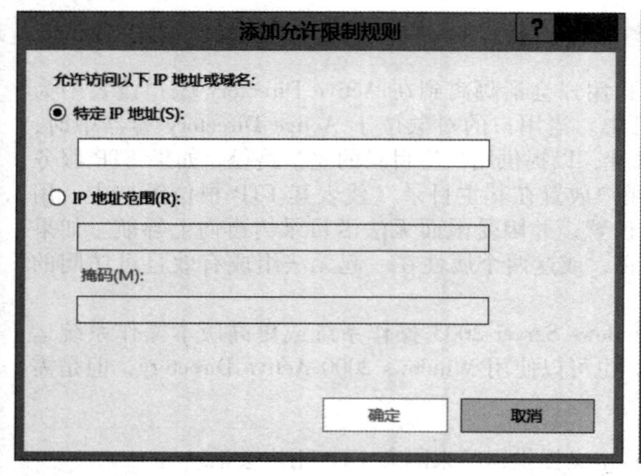

图 4-40　添加允许限制规则

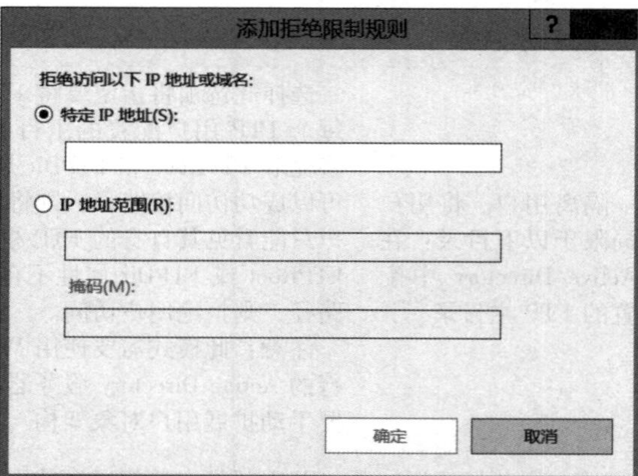

图 4-41　添加拒绝限制规则

选择“Internet Information Services（IIS）管理器”→“网站”→“慧心科技 FTP”选项，在中间的“功能视图”中双击“FTP 请求筛选”，可以打开如图 4-42 所示的窗口。

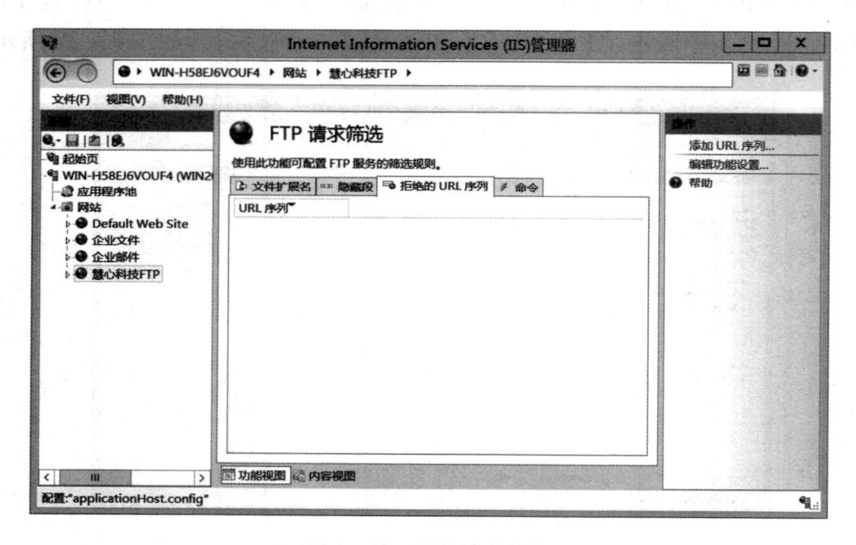

图 4-42　FTP 请求筛选

在 FTP 请求筛选中，功能页元素和相应的操作窗格元素见表 4-9 与表 4-10，可以根据操作需要选择相应设置。

表 4-9　功能页元素

元素名称	描述
文件扩展名	列表指定 FTP 服务将允许或拒绝其访问的文件扩展名
隐藏段	列表指定 FTP 服务将拒绝其访问，并且将不在目录列表中显示的隐藏段
拒绝的 URL 序列	列表指定 FTP 服务将拒绝其访问的 URL 序列
命令	列表指定 FTP 服务将允许或拒绝其访问的 FTP 命令

表 4-10 “操作”窗格元素

元素名称	描述
编辑功能设置	打开“编辑 FTP 请求筛选设置”对话框，从中可以配置常规属性和 FTP 请求限制
允许文件扩展名	打开“允许文件扩展名”对话框，从中可以向要允许的文件扩展名的列表添加文件扩展名
拒绝文件扩展名	打开“拒绝文件扩展名”对话框，从中可以向要拒绝的文件扩展名的列表添加文件扩展名。例如，拒绝用户上传 EXE 文件
添加隐藏段	打开“添加隐藏段”对话框，从中可以向隐藏段的列表添加隐藏段
添加 URL 序列	打开“添加拒绝 URL 序列”对话框，从中向拒绝的 URL 序列的列表添加 URL 序列
允许命令	打开“允许命令”对话框，从中可以向要允许的 FTP 命令的列表添加 FTP 命令
拒绝命令	打开“拒绝命令”对话框，从中可以向要拒绝的 FTP 命令的列表添加 FTP 命令。 警告：此功能若使用不当，会阻止对服务器的访问。例如，如果拒绝对 USER 和 PASS 命令的访问，用户将无法登录 FTP 服务器
删除	从列表中删除文件扩展名、隐藏段、URL 序列或命令

详细 FTP 站点管理请扫描如图 4-43 所示的二维码在线观看。

图 4-43　FTP 站点管理

三、访问 FTP 站点

FTP 服务器安装成功后，可以测试默认 FTP 站点是否可以正常运行。在客户端计算机上采用以下三种方式来连接 FTP 站点。

1. 命令提示符

进入客户端操作系统，运行 cmd，打开 DOS 命令提示符窗口，输入命令：ftp FTP 站点地址，然后根据屏幕上的信息提示登录、使用即可。

登录成功后，可以进入 ftp 站点，但是看不到文件。接下来需要输入命令“dir”，提示文件传输程序是否允许访问，选择“允许”，得到站点中的文件。要获取帮助，可以输入命令“help”。

2. 利用浏览器或资源管理器访问 FTP 站点

Microsoft 的 Internet Explorer 和 Netscape 的 Navigator 也都将 FTP 功能集成到浏览器中，可以在浏览器地址栏输入一个 FTP 地址（例如 ftp://FTP 站点地址）进行 FTP 匿名登录，这是较为简单的访问方法。如果 IE 浏览器不能访问 FTP 站点，则可以按照如下方法进行设置后打开 FTP 站点：

①打开 IE 的菜单“工具”→“Internet 选项”。

②单击“高级”标签卡。

③取消勾选“浏览”节点下的“使用被动 FTP（为防火墙和 DSL 调制解调器兼容性）”。

以上设置完成后，就可以在 IE 中正常访问 FTP 站点了。

如果在 IE 中访问站点时出现“若要在文件资源管理器中查看此 FTP 站点，请单击‘视图’，在文件资源管理器中打开 FTP 站点”之类的提示信息，此时需要在 IE 浏览器打开的状态下，按 Alt 键，会出现一条菜单栏，单击“查看”(或者快捷键 Alt+V）菜单，然后选择“在文件资源管理器中打开 FTP 站点”即可。

若要在 IE 或资源管理器状态下出现登录窗口，只需要在相应的空白处单击鼠标右键，选择“登录”选项即可。

3. 利用 FTP 客户端软件访问 FTP 站点

FTP 客户端软件以图形窗口的形式访问 FTP 服务器，操作非常方便，不像字符窗口的 FTP 的命令那样复杂、繁多。目前有很多很好的 FTP 客户端软件，比较著名的软件主要有 CuteFTP、LeapFTP、FlashFXP 等，从网络上下载安装即可使用。

四、慧心科技有限公司 FTP 服务器的搭建与管理

为了更方便地对企业内文件资源进行共享操作及安全管理，慧心科技有限公司决定在现有服务器的基础上搭建 FTP 服务器。慧心科技有限公司的 FTP 服务器网络拓扑图如图 4－44 所示。

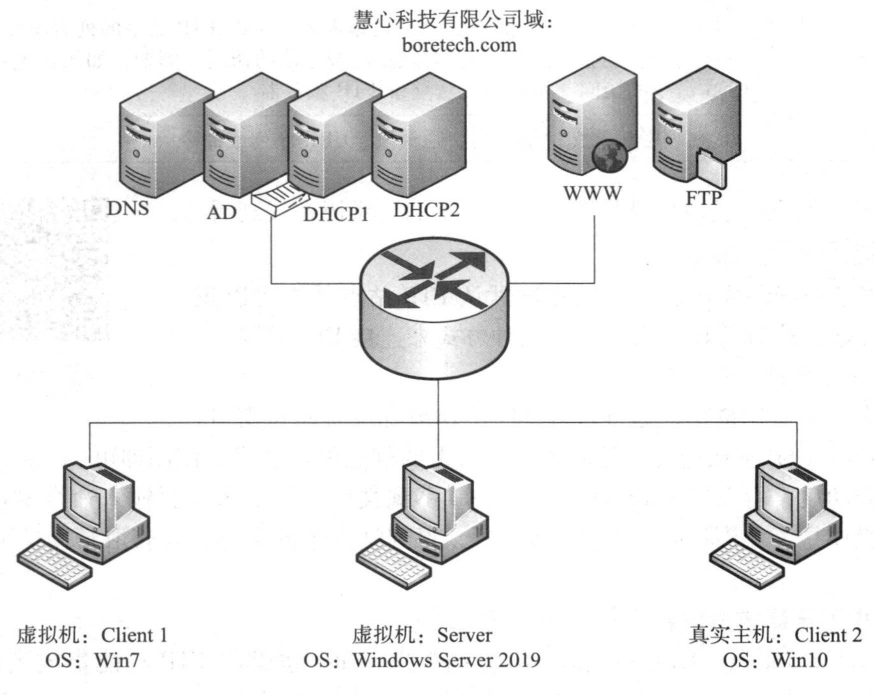

图 4－44　FTP 网络服务拓扑图

其 FTP 网站要求实现如下功能：

①任何人可以使用公司公用文件夹，实现文件下载。

②公司业务部领导张三可以有私有的文件夹，实现文件上传与下载。

③财务部领导李四可以有个人文件夹，实现文件上传与下载。

搭建 FTP 站点及访问测试的步骤如下：

①创建 FTP 站点，设置用户权限（身份验证“匿名”与“基本”全选；授权“所有用户”；权限“读取与写入”）。

②创建需要隔离的用户 zhangsan 和 lisi。

③在 FTP 站点根目录下，创建文件夹 localuser（注意，名称不能改变），里面创建三个文件夹，分别为 public、zhangsan、lisi（注意：用户名与文件夹名称一定要一致，用户名与文件夹名尽量不要使用中文）。

④为文件夹设置不同的用户共享权限。public 设置为 everyone 可读，zhangsan 设置为用户 zhangsan 可读写，lisi 设置为用户 lisi 可读写。

⑤FTP 用户隔离设置。选择“用户名目录（禁用全局虚拟目录）”，然后单击“应用”按钮。

⑥分别使用不同用户身份登录测试。注意：服务器 21 端口需要开放，客户端浏览器需要设置。

详细操作过程请扫描如图 4－45 所示的二维码在线观看。

图 4－45　慧心科技有限公司 FTP 服务器创建过程

【任务总结】

本任务主要要求能够理解 FTP 文件服务器的工作原理；能熟练配置 FTP 服务器，实现匿名用户和系统用户的访问；能够在配置过程中排错。

项目五

DNS 服务与管理

【项目场景】

本项目要求在慧心科技有限公司的内网服务器群中建立一个 DNS 服务器，用于将公司的各个字符域名与 IP 地址相对应进行解释。出于节约成本考虑，本服务器与域服务器使用同一台服务器。域名为 boretech. com，DNS 服务器在公司内部网络中的地址为 192. 168. 1. 12，别名为 dns. boretech. com。网络拓扑图如图 5 - 1 所示。使用虚拟机软件 VMware Workstation 进行网络环境的模拟，利用虚拟机软件 VMware Workstation 搭建一个与真实网络环境相匹配的虚拟环境，项目中包含真实环境中使用的服务器 Linux 和 Windows 网络操作系统，以及常用的客户机个人计算机操作系统版本。通过本项目的学习与实践，了解公司 DNS 服务器的工作过程，在项目实现过程中学习并掌握需要的 DNS 服务器配置与管理基本技能，为后续项目在真实 DNS 服务器上进行各项管理与配置任务提供一个良好的虚拟平台，为本书的后续项目提供良好的网络实践与测试环境。

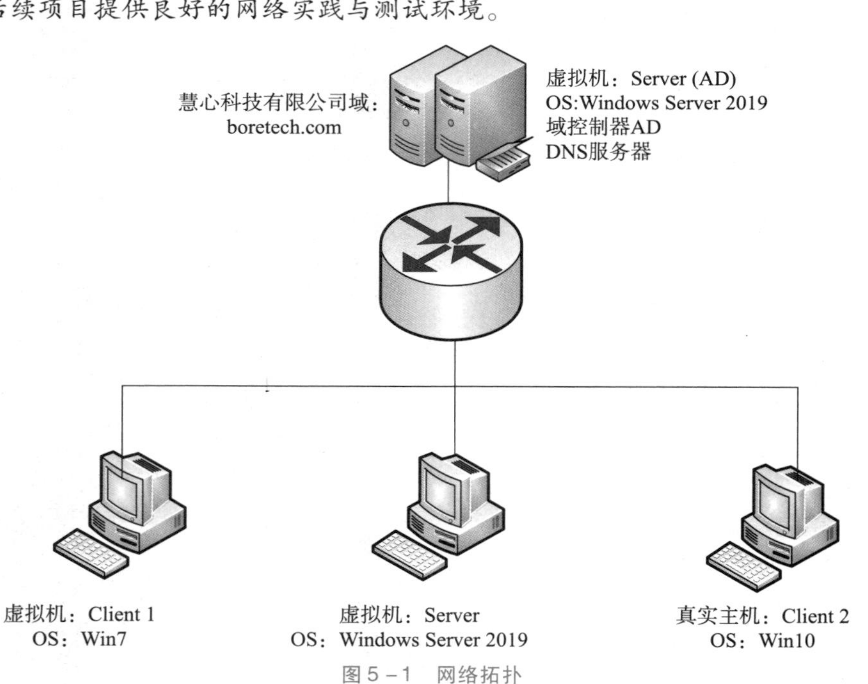

图 5 - 1　网络拓扑

【需求分析】

为模拟企业真实网络环境，需要利用虚拟机搭建出一个和真实网络环境相同的虚拟平台，此虚拟网络平台可以实现网络组建架构中服务器端环境（包含常见的服务器操作系统主流版本 Windows Server 和 Linux 操作系统 CentOS 7）、客户机常用操作系统环境的仿真模拟搭建与真实运行，实现 DNS 服务的安装与配置管理，以及客户机服务测试与应用工作。

【方案设计】

作为一名网络管理人员，必须熟练掌握 DNS 服务器配置的基础知识，所有上岗前的网络管理人员必须熟练掌握 DNS 服务器的运用。为构建相应的操作环境，操作系统为 Windows Server 2019/Linux CentOS 7。本项目 DNS 服务器在公司网络环境中的作用见表 5－1。

表 5－1 公司 DNS 服务器配置一览表

图标	名称	域名与对应 IP	说明
	域服务器 活动目录 服务器	boretech.com 192.168.1.12	慧心科技有限公司的主服务器之一。用于管理公司本部的内网资源，包括组织单位（OU）、组、用户、计算机、打印机等。由于访问量较大，该服务器配置较高，是网络建设中重点投资的设备之一
DNS	DNS 服务器 （域名解析 服务器）	boretech.com 192.168.1.12 别名： dns.boretech.com	用于将公司的各个字符域名与 IP 地址相对应进行解释。公司在中国电信江苏公司进行了域名注册，其 DNS 服务器的地址为 61.177.7.1。公司内网架设 DNS 服务器，用于局域网的域名解析。出于节约成本考虑，本服务器与域服务器使用同一台服务器

【知识目标、技能目标和思政目标】

①熟悉 DNS 的基本概念和原理。
②掌握在 Windows Server 2019/CentOS 7 中安装 DNS 服务器的过程。
③掌握在 Windows Server 2019/CentOS 7 中配置与管理 DNS 服务器。
④掌握 DNS 客户端的设置与应用测试。
⑤理解 DNS 服务器在网络安全中的重要作用，树立网络安全法治意识。

任务 1 Windows DNS 服务器

【任务描述】

本项目的主要任务是在了解并掌握 DNS 工作原理和相关特点的基础上，能够掌握 Windows Server 2019 操作系统平台中 DNS 服务器的安装与配置。任务目标是掌握 Windows DNS 服务器的基本配置。

【任务分析】

众所周知，在网络中唯一能够用来标识计算机身份和定位计算机位置的方式就是确定其IP地址，但网络中往往存在许多服务器，如E-mail服务器、Web服务器、FTP服务器等，记忆这些纯数字的IP地址不仅枯燥无味，而且容易出错。通过DNS服务器，将这些IP地址与形象易记的域名一一对应，使得网络服务的访问更加简单，而且可以完美地实现与Internet的融合，对于一个网站的推广发布起到极其重要的作用。此外，许多重要网络服务（如E-mail服务）的实现，也需要借助DNS服务。因此，DNS服务可视为网络服务的基础。本任务介绍Windows服务器中的DNS服务，当某个用户需要使用域名的方式来访问网络中各种服务器资源时，就需要安装DNS服务器，通过DNS相关的服务解决DNS的主机名称自动解析为IP地址的问题，并通过客户端进行访问验证，通过实践让读者深刻体会DNS服务的设置过程。

【知识准备】

1. 域名空间与区域

域名系统（DNS）是一种采用客户/服务器机制，实现名称与IP地址转换的系统，是由名字分布数据库组成的，它建立了叫作域名空间的逻辑树结构，是负责分配、改写、查询域名的综合性服务系统。该空间中的每个节点或域都有唯一的名字。

（1）DNS的域名空间规划

要在Internet上使用自己的DNS，将企业网络与Internet能够很好地整合在一起，实现局域网与Internet的相互通信，用户必须先向DNS域名注册颁发机构申请合法的域名，获得至少一个可在Internet上有效使用的IP地址，这项业务通常可由ISP代理。如果准备使用Active Directory，则应从Active Directory的设计着手，并用适当的DNS域名空间支持它。若要实现其他网络服务（如Web服务、E-mail服务等），DNS服务是必不可少的。没有DNS服务，就无法将域名解析为IP地址，客户端也就无法享受相应的网络服务。若要实现服务器的Internet发布，就必须申请合法的DNS域名。

（2）DNS服务器的规划

确定网络中需要的DNS服务器的数量及各自的作用，根据通信负载、复制和容错问题，确定在网络上放置DNS服务器的位置。为了实现容错，至少应该对每个DNS区域使用两台服务器：一个是主服务器，另一个是备份或辅助服务器。当单个子网环境中的小型局域网上仅使用一台服务器时，可以配置该服务器扮演区域的主服务器和辅助服务器两种角色。

（3）DNS域名空间

组成DNS系统的核心是DNS服务器，它的作用是回答域名服务查询，它允许为私有TCP/IP网络和连接公共Internet的用户服务器保存包含主机名和相应IP地址的数据库。例如，如果提供了域名dns.boretech.com，DNS服务器将返回网站的IP地址192.168.1.12。图5-2所示显示了顶级域的名字空间及下一级子域之间的树形结构关系，每一个节点及其下的所有节点叫作一个域，域可以有主机（计算机）和其他域（子域）。在该图中，dns.boretech.com就是一台主机，而boretech.com则是一个子域。一般在子域中会含有多个主机，boretech.com子域下就含有www.boretech.com、dns.boretech.com、dhcp.boretech.com、ftp.boretech.ocm及

mail.boretech.com 等几台主机（注：在慧心科技有限公司的网络规划中，还有一些提供特殊服务的主机，如流媒体服务器等）。

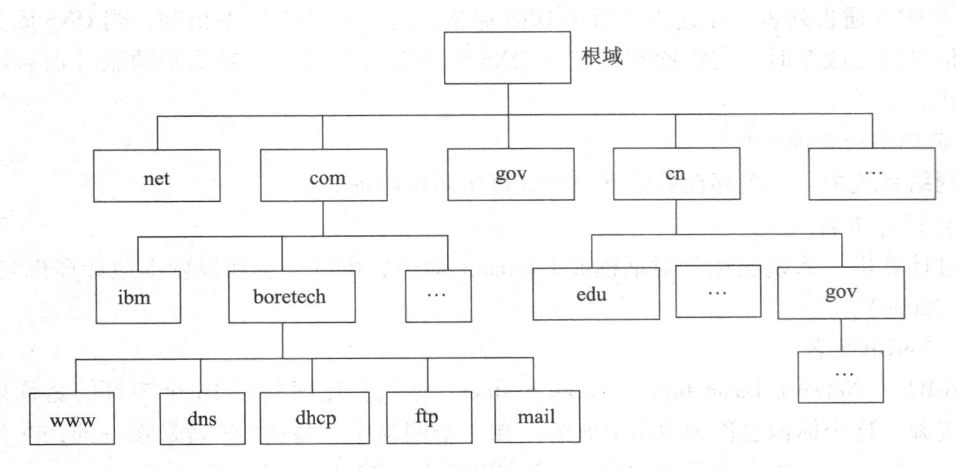

图5-2 域名空间树形结构图

域名和主机名只能用字母 a ~ z（在 Windows 服务器中大小写等效，而在 UNIX 中则不同）、数字 0 ~ 9 和连线 - 组成，其他公共字符如连接符 &、斜杠/、句点 . 和下划线_都不能用于表示域名和主机名。

根域：代表域名命名空间的根，这里为空。

顶级域：直接处于根域下面的域，代表一种类型的组织或一些国家。在 Internet 中，顶级域由 InterNIC（Internet Network Information Center）进行管理和维护。

二级域：在顶级域下面，用来标明顶级域以内的一个特定的组织。在 Internet 中，二级域也是由 InterNIC 负责管理和维护的。

子域：在二级域的下面所创建的域，它一般由各个组织根据自己的需求与要求自行创建和维护。

主机：是域名命名空间中最下面的一层，它被称为完全合格的域名（Fully Qualified Domain Name，FQDN），例如 dns. boretech. com 就是一个完全合格的域名。

（4）区域(Zone)

区域是一个用于存储单个 DNS 域名的数据库，它是域名称空间树状结构的一部分，它将域名空间分为较小的区段。DNS 服务器是以区域为单位来管理域名空间的，区域中的数据保存在管理它的 DNS 服务器中。在现有的域中添加子域时，该子域既可以包含在现有的区域中，也可以为它创建一个新区域或包含在其他的区域中。一个 DNS 服务器可以管理一个或多个区域，一个区域也可以由多个 DNS 服务器来管理。用户可以将一个域划分成多个区域分别进行管理，以减轻网络管理的负担。

（5）启动区域传输和复制

用户可以通过多个 DNS 服务器来提高域名解析的可靠性和容错性，当一台 DNS 服务器出现问题时，用其他 DNS 服务器提供域名解析。这就需要利用区域复制和同步方法，来保证管理区域的所有 DNS 服务器中域的记录相同。在 Windows Server 2019 服务器中，DNS 服务支持增量区域传输（Incremental Zone Transfer），也就是在更新区域中的记录时，DNS 服务器之间只传输发生改变的记录，因此提高了传输的效率。在以下情况下，区域传输启动：管理区域的辅助 DNS 服务器启动、区域的刷新时间间隔过期、主 DNS 服务器记录发生改变并设置了 DNS 通告列表。在这里，所谓 DNS 通告，是利用“推”的机制，当 DNS 服务器中的区域记录发生改变时，它将通知选定的 DNS 服务器进行更新，被通知的服务器启动区域复制操作。

2. 名称解析与地址解析

在网络系统中，一般存在着以下三种计算机名称的形式。

（1）计算机名

通过计算机“系统属性”对话框或 hostname 命令，可以查看和设置本地计算机名（Local Host Name）。

（2）NetBIOS 名

NetBIOS（Network Basic Input/Output System）使用长度限制在 16 个字符的名称来标识计算机资源，这个标识也称为 NetBIOS 名。在一个网络中，NetBIOS 名是唯一的，在计算机启动、服务被激活、用户登录到网络时，NetBIOS 名将被动态地注册到数据库中。

该名字主要用于 Windows 早期的客户端，NetBIOS 名可以通过广播方式或者查询网络中的 WINS 服务器进行解析。伴随着 Windows 2000 Server 的发布，网络中的计算机不再需要 NetBIOS 名称接口的支持，Windows Server 后续版本也是如此，只要求客户端支持 DNS 服务就可以了，不再需要 NetBIOS 名。

（3）FQDN

FQDN（Fully Qualified Domain Name，完全合格域名），是指主机名加上全路径，全路径中列出了序列中所有域成员。完全合格的域名可以从逻辑上准确地表示出主机在什么地方，也可以说它是主机名的一种完全表示形式。该名字不可以超过 256 个字符，用户平时访问 Internet 使用的就是完整的 FQDN，如 www.163.com，其中 www 就是 163.com 域中的一台计算机的 NetBIOS 名。

实际上，在客户端计算机上输入命令提交地址的查询请求之后，相关名称的解析会遵循以下的顺序来应用：

①查看是不是自己（Local Host Name）。

②查看 NetBIOS 名称缓存。通常在本地会保存最近与自己通信过的计算机的 NetBIOS 名和 IP 地址的对应关系，可以在 DOS 下使用 nbtstat －c 命令查看缓存区中的 NetBIOS 记录。

③查询 WINS 服务器。WINS（Windows Internet Name Server）的原理和 DNS 的有些类似，可以动态地将 NetBIOS 名和计算机的 IP 地址进行映射，它的工作过程为：每台计算机开机时，先在 WINS 服务器注册自己的 NetBIOS 名和 IP 地址，其他计算机需要查找 IP 地址时，只要向 WINS 服务器提出请求，WINS 服务器就将已经注册了 NetBIOS 名的计算机的 IP 地址响应给它。当计算机关机时，也会在 WINS 服务器中把该计算机的记录删除。

④在本网段广播中查找。

⑤Lmhosts 文件。该文件与 hosts 文件的位置和内容都相同，但是要从 lmhosts. sam 模板文件复制过来。

⑥host 文件。在本地的% systemroot%\system32\drivers\etc 目录下有一个系统自带的 hosts 文件，用户可以在 hosts 文件中自主定制一些最常用的主机名和 IP 地址的映射关系，以提高

上网效率。

⑦查询DNS服务器。

Internet利用地址解析的方法将用户使用的域名方式的地址解析为最终的物理地址，中间经历了两层地址的解析工作：

（1）FQDN与IP地址之间的解析

DNS的域名解析包括正向解析和逆向解析两个不同方向的解析。

正向解析：是指从主机域名到IP地址的解析。

逆向解析：是指从IP地址到域名的解析。

（2）IP地址与物理地址之间的解析

在TCP/IP网络中，IP地址统一了各自为政的物理地址，这种统一仅表现在自网络层以上使用了统一形式的IP地址。然而，这种统一并非取消了设备实际的物理地址，而是将其隐藏起来。因此，在使用Internet技术的网络中必然存在着两种地址，即IP地址和各种物理网络的物理地址。若想把这两种地址统一起来，就必须建立两者之间的映射关系。

正向地址解析：是指从IP地址到物理地址之间的解析。在TCP/IP中，正向地址解析协议（ARP）完成正向地址解析的任务。

逆向地址解析：是指从物理地址到IP地址的解析。逆向地址解析协议（RARP）完成逆向地址的解析任务。

与DNS不同的是，用户只要安装和设置了TCP/IP，就可以自动实现IP地址与物理地址之间的转换工作。TCP/IP及DNS服务器与客户端配置完成之后，计算机名字的查找过程是完全自动的。

3. 查询模式

当客户机需要访问Internet上某一主机时，首先向本地DNS服务器查询对方的IP地址，往往本地DNS服务器继续向另外一台DNS服务器查询，直到解析出需访问主机的IP地址，这一过程称为查询。DNS查询模式有三种，即递归查询、迭代查询和反向查询。

（1）递归查询（Recursive Query）

递归查询是指DNS客户端发出查询请求后，如果DNS服务器内没有所需的数据，则DNS服务器会代替客户端向其他的DNS服务器进行查询。在这种方式中，DNS服务器必须向DNS客户端做出回答。DNS客户端的浏览器与本地DNS服务器之间的查询通常是递归查询，客户端程序送出查询请求后，如果本地DNS服务器内没有需要的数据，则本地DNS服务器会代替客户端向其他DNS服务器进行查询。本地DNS会将最终结果返回给客户端程序。因此，从客户端来看，它是直接得到了查询的结果。

（2）迭代查询（Iterative Query）

迭代查询多用于DNS服务器与DNS服务器之间。它的工作过程是：当第一台DNS服务器向第二台DNS服务器提出查询请求后，如果在第二台DNS服务器内没有所需的数据，则它会提供第三台DNS服务器的IP地址给第一台DNS服务器，让第一台DNS服务器直接向第三台DNS服务器进行查询。依此类推，直到找到所需的数据为止。如果到最后一台DNS服务器还没有找到所需的数据，则通知第一台DNS服务器查询失败。

例如，在Internet中的DNS服务器之间的查询就是迭代查询，客户端浏览器向本地服务器查询www.sina.com的迭代查询过程如下：①客户端向本地DNS服务器提出查询请求。

②本地服务器内没有客户端请求的数据，因此，本地 DNS 服务器就代替客户端向其他 DNS 服务器查询，假定使用“根提示”的方法，会向根域的 DNS 服务器查询，即向默认的 13 个根域的 DNS 服务器之一提出请求。根域的 DNS 服务器将返回顶级域服务器的 IP 地址，例如 com 的 IP 地址。③本地服务器随后向该 IP 地址所对应的 com 顶级域的 DNS 服务器提出请求，该顶级域服务器返回二级域的 DNS 服务器的 IP 地址，例如 sina.com 的 IP 地址。④本地服务器向该 IP 地址对应的二级域服务器提出请求，由二级域服务器对请求做出最终的回答，例如 www.sina.com 的 IP 地址。

（3）反向查询（Reverse Query）

反向查询的方式与递归查询和迭代查询两种方式都不同，它是让 DNS 客户端利用自己的 IP 地址查询它的主机名称。反向查询是依据 DNS 客户端提供的 IP 地址，来查询它的主机名。由于 DNS 名字空间中域名与 IP 地址之间无法建立直接对应关系，所以必须在 DNS 服务器内创建一个反向查询的区域，该区域名称的最后部分为 in－addr. arpa。由于反向查询会占用大量的系统资源，因而会给网络带来不安全，因此通常均不提供反向查询。

4. AD 与 DNS 之间的关联

（1）DNS 与活动目录的区别

DNS 与活动目录集成，并且共享相同的名称空间结构，但是这两者之间存在差异。

①DNS 是一种独立的名称解析服务。DNS 的客户端向 DNS 服务器发送 DNS 名称查询的请求，DNS 服务器接收名称查询后，先向本地存储的文件解析名称进行查询，如有，则返回结果，如没有，则向其他 DNS 服务器进行名称解析的查询。由此可见，DNS 服务器并没有向活动目录查询就能够运行。因此，使用 Windows 2000/Server 2003/Server 2012 服务器各个版本的计算机，无论是否建立了域控制器或活动目录，都可以单独建立 DNS 服务器。

②AD 活动目录是一种依赖 DNS 的目录服务。活动目录采用了与 DNS 一致的层次划分和命名方式。当用户和应用程序进行信息访问时，活动目录提供信息存储库及相应的服务。当 AD 的客户使用“轻量级目录访问协议（LDAP）”向 AD 服务器发送任何对象的查询请求时，都需要 DNS 服务器来定位 AD 所在的域控制器。因此，活动目录的服务必须有 DNS 的支持才能工作。

（2）DNS 与活动目录的联系

①活动目录与 DNS 具有相同的层次结构。虽然活动目录与 DNS 具有不同的用途，并分别独立地运行，但是与 AD 集成的 DNS 的域名空间和活动目录具有相同的结构，例如域控制器 AD 中的“nos.com”既是 DNS 的域名，也是活动目录的域名。

②DNS 区域可以在活动目录中直接存储。当用户需要使用 Windows Server 2019 域中的 DNS 服务器时，其主要区域的文件可以在建立活动目录时一并生成，并存储在 AD 中，这样才能方便地复制到其他域控制器的活动目录中。

③活动目录的客户需要使用 DNS 服务定位域控制器。当活动目录的客户端进行查询时，需要使用 DNS 服务来定位指定的域控制器，即活动目录的客户会把 DNS 作为查询定位的服务工具来使用，通过与活动目录集成的 DNS 区域将域中的域控制器、站点和服务的名称解析为所需的 IP 地址。例如，当活动目录的客户要登录到 AD 所在的域控制器时，首先向网络中的 DNS 服务器进行查询，获得指定域的“域控制器”上运行的 LDAP 主机的 IP 地址之后，才能完成其他工作。

5. DNS 记录

创建新的主区域后，“域服务管理器”会自动创建起始机构授权、名称服务器等记录。除此之外，DNS 数据库还包含其他的资源记录，用户可以根据需要，自行向主区域或域中添加资源记录。常用记录类型如下。

（1）主机（A 类型）记录

在 DNS 区域中，主机记录用于记录在正向搜索区域内建立的主机名与 IP 地址的关系，以供从 DNS 的主机域名、主机名到 IP 地址的查询，即完成计算机名到 IP 地址的映射。在实现虚拟机技术时，管理员通过为同一主机设置多个不同的 A 类型记录，来达到同一 IP 地址的主机对应不同主机域名的目的。

（2）起始授权机构（Start Of Authority，SOA）记录

该记录表明 DNS 名称服务器是 DNS 域中的数据表的信息来源，该服务器是主机名字的管理者，创建新区域时，该资源记录自动创建，并且是 DNS 数据库文件中的第一条记录。

（3）名称服务器（NS）记录

名称服务器记录的英文全称是“Name Server”，英文缩写为“NS”。它用于记录管辖此区域的名称服务器，包括主要名称服务器和辅助名称服务器。

（4）别名（CNAME）记录

别名用于将 DNS 域名映射为另一个主要的或规范的名称。有时一台主机可能担当多个服务器，这时需要给这台主机创建多个别名。例如，一台主机既是 DNS 服务器，也是 FTP 服务器，这时就要给这台主机创建多个别名，也就是根据不同的用途起不同的名称，如 DNS 服务器和 FTP 服务器分别为 dns. boretech. com 和 ftp. boretech. com，而且还要知道该别名是由哪台主机所指派的。

（5）邮件交换器（MX）记录

邮件交换器记录的缩写是 MX，它的英文全称是 Mail Exchanger。MX 记录为电子邮件服务专用，它根据收信人地址后缀来定位邮件服务器，使服务器知道该邮件将发往何处。也就是说，根据收信人邮件地址中的 DNS 域名，向 DNS 服务器查询邮件交换器资源记录，定位到要接收邮件的邮件服务器。

【任务实施】

DNS 服务器的创建与应用一般分为三个步骤：

①安装 DNS 服务器。

②配置与管理 DNS 服务器。

③进行本地与客户端测试。

一、安装 DNS 服务器

默认情况下，Windows Server 2019 系统中没有安装 DNS 服务器，因此管理员需要手动进行 DNS 服务器的安装操作（注：如果服务器已经安装了活动目录域服务 AD DS，则 DNS 服务器已经自动安装，不必进行 DNS 服务器的再次安装操作）。如果希望该 DNS 服务器能够解析 Internet 上的域名，还需保证该 DNS 服务器能正常连接 Internet。

安装 DNS 服务器的具体操作步骤如下。

①在服务器上选择“开始”→“管理工具”→“服务器管理器”命令，打开“服务器管理

器”窗口，选择左侧“仪表板”一项之后，单击右侧的“添加角色和功能”链接，如图5－3所示。此时，出现“添加角色和功能向导”对话框，如图5－4所示，首先显示的是“开始之前”选项，此选项提示用户，在开始安装角色之前，请验证以下事项：

- 管理员账户使用的是强密码
- 静态 IP 地址等网络设置已配置完成
- 已从 Windows 更新安装最新的安全更新

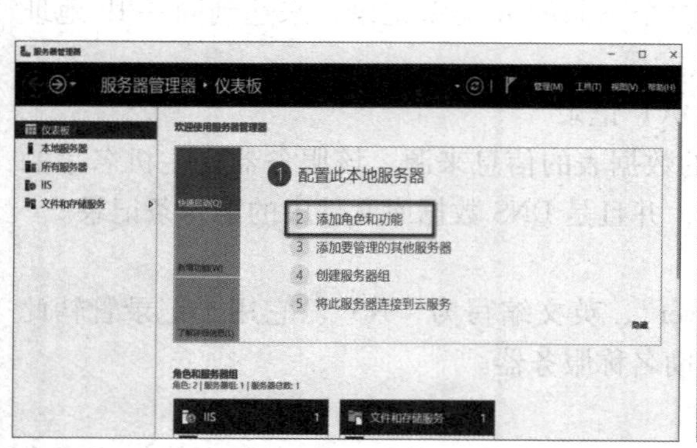

图5－3　添加角色和功能

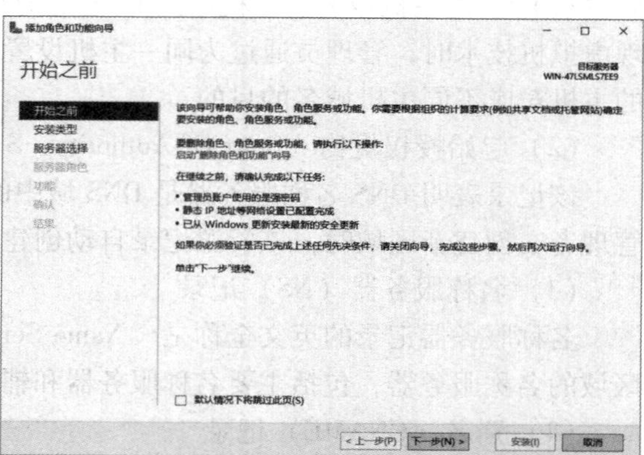

图5－4　添加角色和功能向导

②单击“下一步”按钮，在如图5－5所示的“选择安装类型”对话框中，选择“基于角色或基于功能的安装”，然后单击“下一步”按钮。在如图5－6所示的“选择目标服务器”对话框中，选择目标服务器。在此选择当前服务器，然后单击“下一步”按钮继续操作。

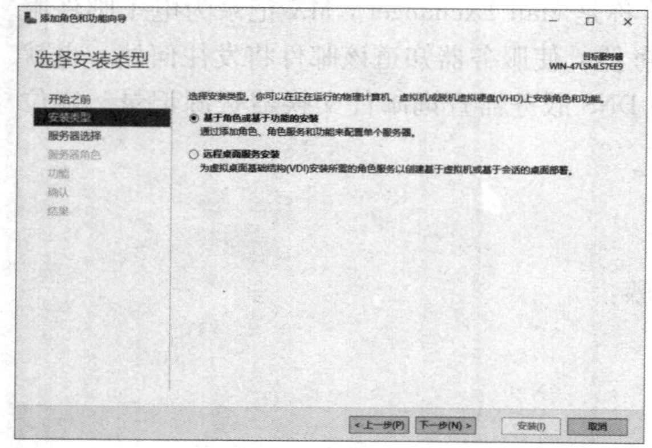

图5－5　安装类型

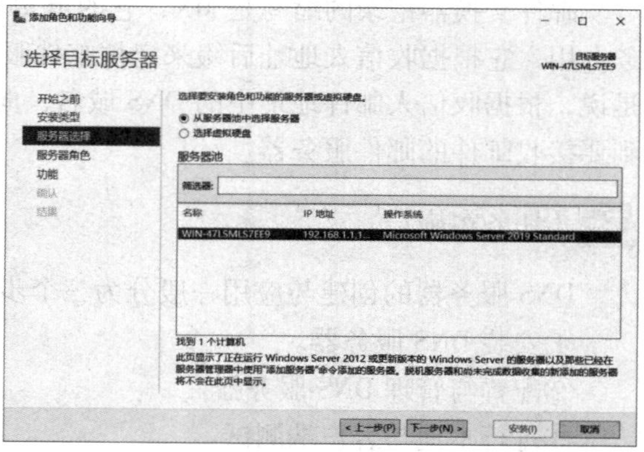

图5－6　服务器选择

③在如图5－7所示的“选择服务器角色”对话框中，勾选“DNS 服务器”。在此对话框中，对 DNS 服务器进行了描述：“域名系统（DNS）服务器为 TCP/IP 网络提供名称解析。如果与 Active Directory 域服务安装在同一服务器上，DNS 服务器将更易于管理。如果选择 Active Directory 域服务角色，你可以安装并配置 DNS 服务器和 Active Directory 域服务一起工作。”

如果已安装域控制器，DNS 服务器会显示已安装；如果未安装过域控制器，不会出现

“已安装”提示。

单击“下一步”按钮，在如图 5－8 所示的“选择功能”对话框中，对选择的功能进行了简要介绍。

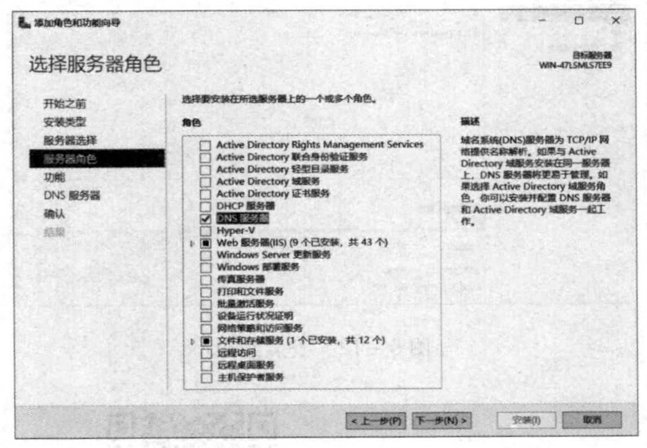

图 5－7　服务器角色

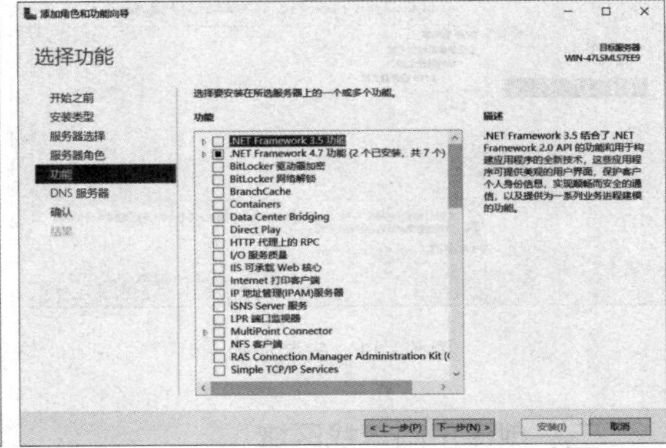

图 5－8　功能

④单击“下一步”按钮，在如图 5－9 所示的“DNS 服务器”对话框中，单击“下一步”按钮，出现如图 5－10 所示的“确认安装所选内容”对话框，对安装选项进行小结。单击“安装”按钮，在经过短暂的安装过程后，DNS 服务器安装成功，如图 5－11 所示，单击“关闭”按钮即可。

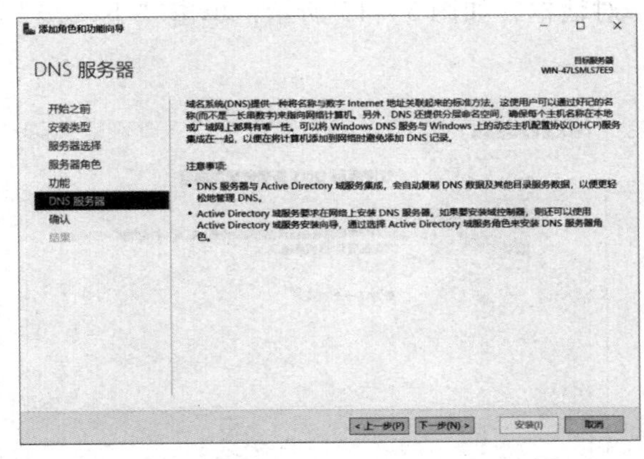

图 5－9　DNS 服务器

图 5－10　确认

此时，选择“开始”→“程序”→“管理工具”→“服务器配置管理器”，返回“服务器管理器”界面之后，可以查看到当前服务器中已经安装了 DNS 服务器，如图 5－12 所示。

提示：DNS 服务器安装成功后会自动启动，并且会在系统目录%systemroot%\system32\下生成一个 dns 文件夹，其中默认包含了缓存文件、日志文件、模板文件夹、备份文件夹等与 DNS 相关的文件。如果创建了 DNS 区域，还会生成相应的区域数据库文件。

创建 DNS 服务器的过程请扫描如图 5－13 所示二维码观看。

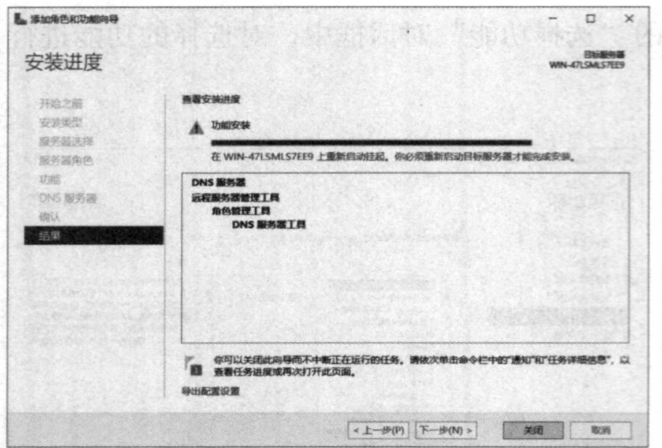

图 5－11　安装成功

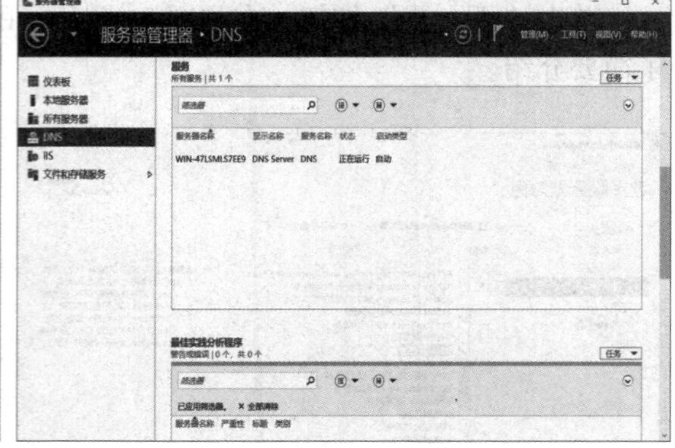

图 5－12　安装结果

二、创建正向查找区域

图 5－13　DNS 安装过程

安装完成 DNS 服务器后，系统的管理工具中会增加一个“DNS”选项，管理员可以通过这个选项完成 DNS 服务器的前期设置与后期的运行管理等工作，具体的操作步骤如下。

①选择“开始”→“管理工具”→“DNS”命令，打开“DNS 管理器”窗口，如图 5－14 所示。在“DNS 管理器”窗口中右击当前计算机名称，从弹出的快捷菜单中选择“配置 DNS 服务器”命令，如图 5－14 所示，激活“DNS 服务器配置向导”，进入“欢迎使用 DNS 服务器配置向导”对话框，如图 5－15 所示，单击“下一步”按钮。

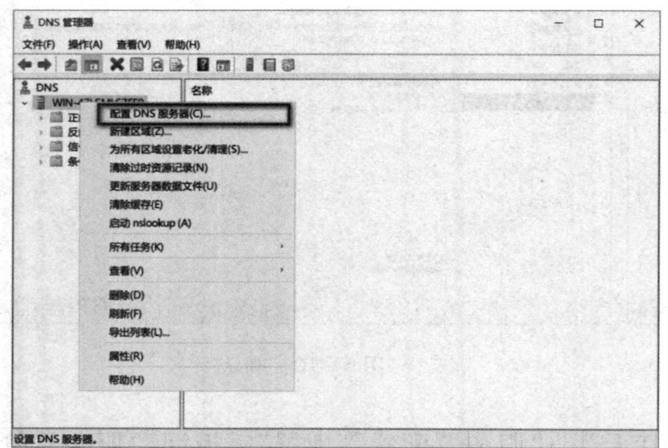

图 5－14　DNS 管理器

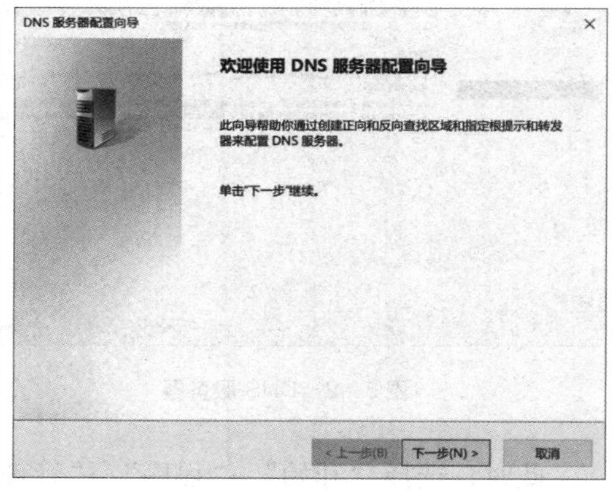

图 5－15　DNS 服务器配置向导

②进入“选择配置操作”对话框，如图 5－16 所示，可以设置网络查找区域的类型，在默认的情况下，系统自动选择“创建正向查找区域（适合小型网络使用）”单选按钮，如果用户设置的网络适用于小型网络，则可以保持默认选项并单击“下一步”按钮继续操作（本次操作选择这一项）；如果用户设置的网络应用于大型网络，则可以选择第二项“创建正向和反向查找区域（适合于大型网络使用）”；也可以选择第三项“只配置根提示”，此项

适合高级用户使用。

③进入“主服务器位置”对话框，如图 5－17 所示，如果当前所设置的 DNS 服务器是网络中的第一台 DNS 服务器，则选择“这台服务器维护该区域”单选按钮，将该 DNS 服务器作为主 DNS 服务器使用；否则，可以选择“ISP 维护该区域，一份只读的次要副本常驻在这台服务器上”单选按钮。本次操作选择第一项。

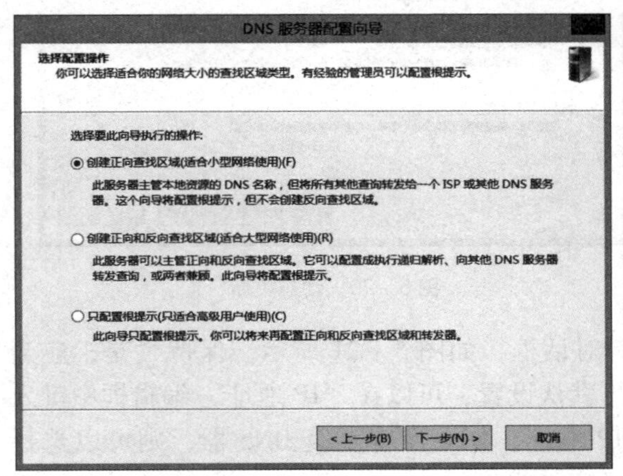

图 5－16　选择配置操作

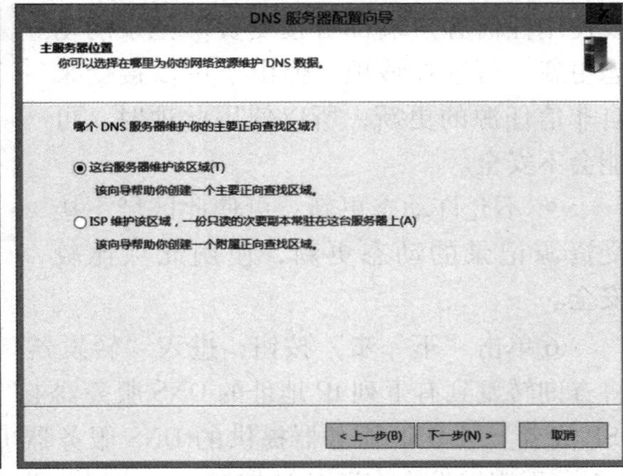

图 5－17　主服务器位置

④单击“下一步”按钮，进入“区域名称”对话框，如图 5－18 所示，此时输入区域名称“boretech.com”。单击“下一步”按钮，进入“区域文件”对话框，如图 5－19 所示。系统会根据用户所填的区域默认填入一个文件名。该文件是一个 ASCII 文本文件，其中保存着该区域的信息，默认情况下保存在% systemroot%\system32\dns 文件夹中，通常情况下不需要更改默认值。单击“下一步”按钮继续操作。

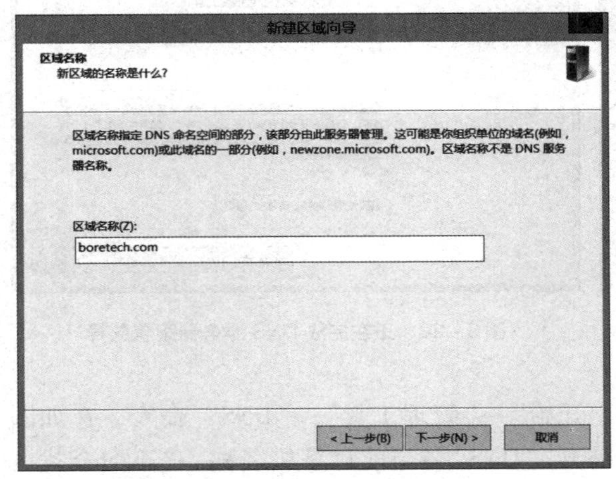

图 5－18　区域名称

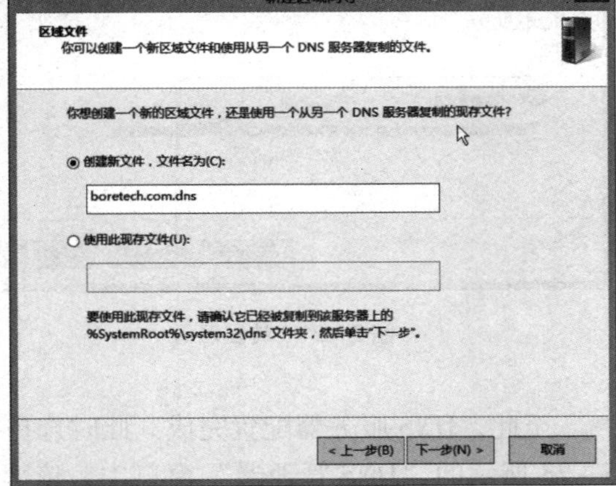

图 5－19　区域文件

⑤进入“动态更新”对话框，如图 5－20 所示，选择“不允许动态更新”单选按钮，不接受资源记录的动态更新，以安全的手动方式更新 DNS 记录。

各选项功能如下：

• 只允许安全的动态更新（适合 Active Directory 使用）：只有在安装了 Active Directory 集成的区域才能使用该项，所以该选项目前是灰色状态，不可选取。

• 允许非安全和安全动态更新：如果要使用任何客户端都可接受资源记录的动态更新，可选择该项，但由于可以接受来自非信任源的更新，所以使用此项时，可能会不安全。

• 不允许动态更新：可使此区域不接受资源记录的动态更新，使用此项比较安全。

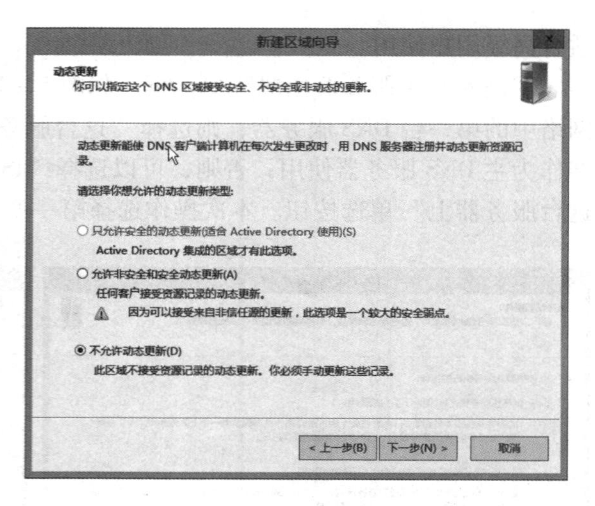

图 5－20　动态更新

⑥单击“下一步”按钮，进入“转发器”对话框，如图 5－21 所示，保持“是，应当将查询转发到有下列 IP 地址的 DNS 服务器上”默认设置，可以在“IP 地址”编辑框中键入 ISP 或者上级 DNS 服务器提供的 DNS 服务器 IP 地址，如果没有上级 DNS 器，则可以选择“否，不应转发查询”单选按钮。本次操作选择第二项。

⑦单击“下一步”按钮，进入“正在完成 DNS 服务器配置向导”对话框，如图 5－22 所示，可以查看到有关 DNS 配置的信息，单击“完成”按钮关闭向导。

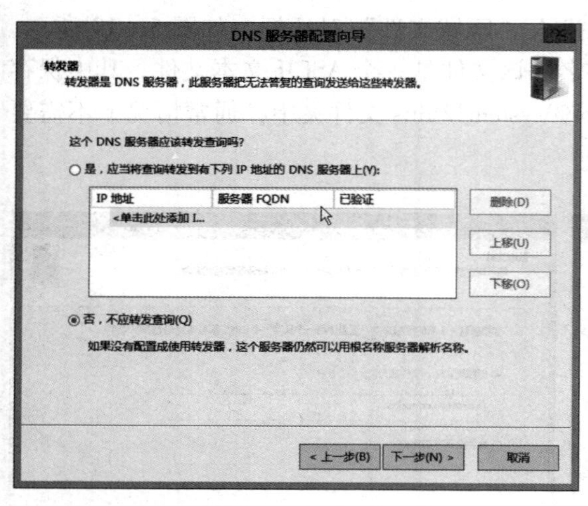

图 5－21　转发器

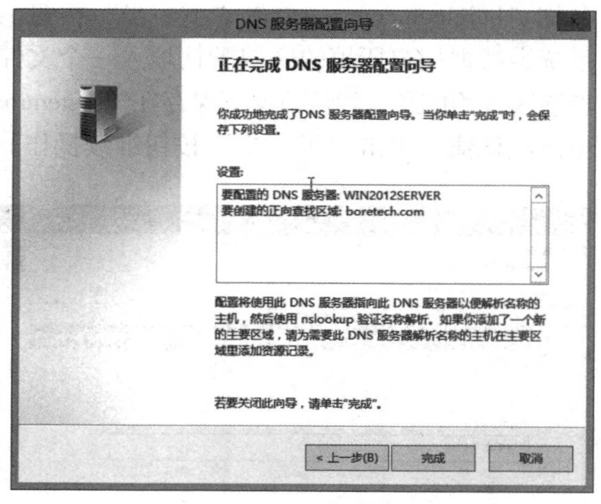

图 5－22　正在完成 DNS 服务器配置向导

至此，DNS 服务器配置完成。此时选择“开始”→“管理工具”→“DNS”命令，在如图 5－23 所示的“DNS 管理器”窗口中，依次展开“DNS”→当前计算机名称→“正向查找区域”，boretech.com 区域已经创建完成。

创建正向查找区域的过程请扫描如图 5－24 所示的二维码观看。

接下来，需要在 DNS 服务中创建 IP 地址与主机域名间的对应关系，以便用户在访问主机时不需要输入 IP 地址，只需要输入域名地址即可。

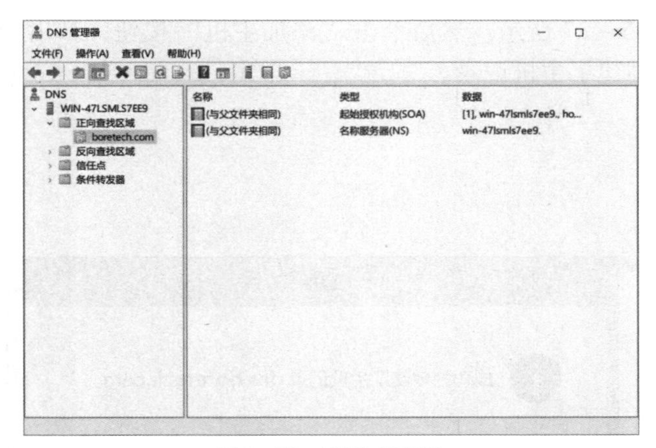

图 5-23　DNS 管理器

图 5-24　创建正向查找区域操作视频

三、添加 DNS 记录

创建新的主区域后，“域服务管理器”会自动创建起始机构授权、名称服务器等记录。除此之外，DNS 数据库还包含其他的资源记录，用户可根据需要自行向主区域或域中添加资源记录。

1. 主机（A 类型）记录

在本任务中，需要在 Windows Server 2019 服务器上创建域名为 dns.boretech.com 的域名地址，对应的 IP 地址为主机地址（192.168.1.12）。接下来以本项目任务为例，来详细说明创建主机记录的过程，创建步骤如下：

①在“DNS 管理器”窗口中，选择要创建主机记录的区域（本项目区域名称为 boretech.com），右击并选择快捷菜单中的“新建主机(A 或 AAAA)”选项，如图 5-25 所示，弹出如图 5-26 所示对话框。

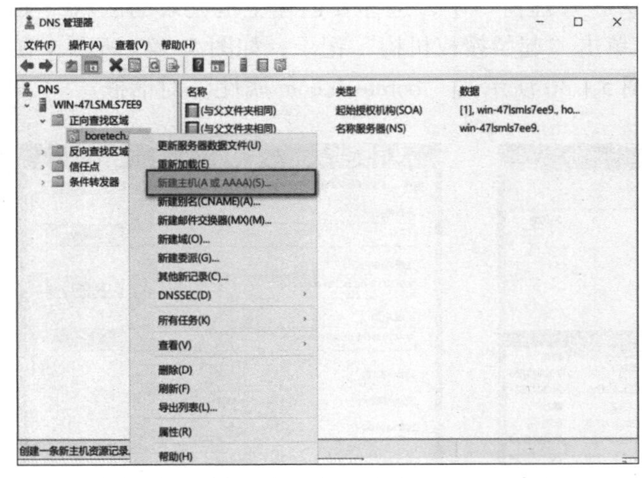

图 5-25　选择“新建主机(A 或 AAAA)”选项

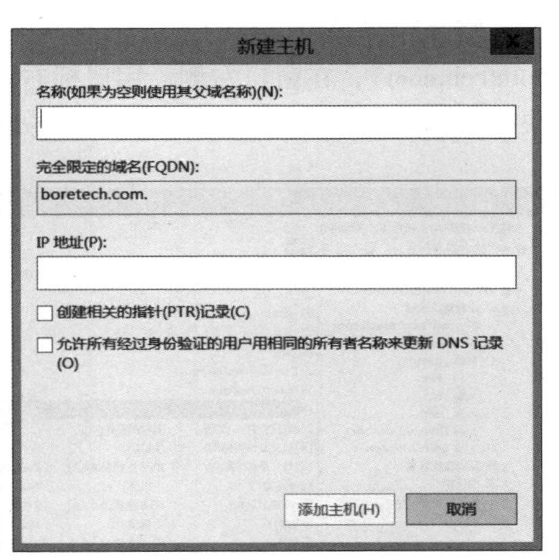

图 5-26　“新建主机”对话框

②由于项目任务中需要创建的主机名称为 dns.boretech.com，则在图 5-26 所示的“名称”文本框中输入主机名称“dns”。注意：这里应输入相对名称，而不能是全称域名（输入名称的同时，域名会在“完全限定的域名”中自动显示出来）。在“IP 地址”框中输入

主机对应的 IP 地址，输入后的效果如图 5－27 所示。然后单击“添加主机”按钮，弹出如图 5－28 所示的提示框，表明已经成功创建了主机记录。

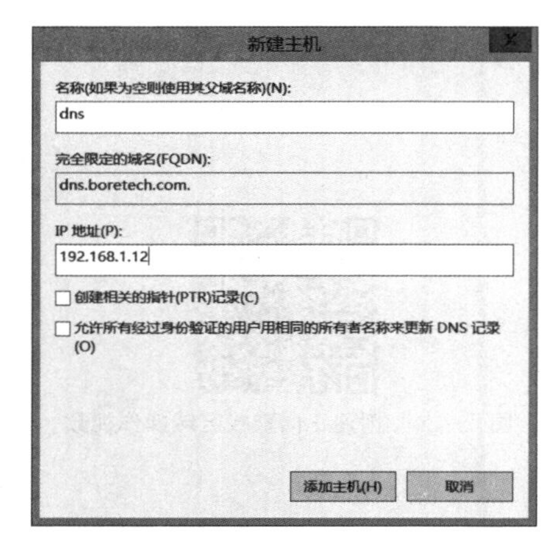

图 5－27　新建主机

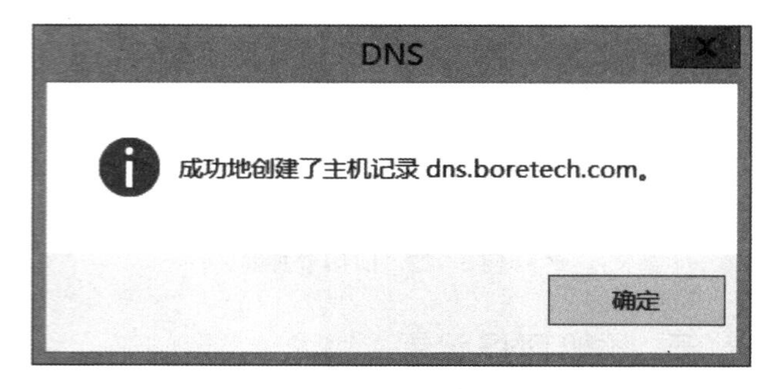

图 5－28　创建主机记录成功

可以使用同样的方法为任何主机创建主机记录。

说明：并非所有计算机都需要主机资源记录，但是在网络上以域名来提供共享资源的计算机都需要该记录。一般可以为具有静态 IP 地址的服务器创建主机记录，也可以为分配静态 IP 地址的客户端创建主机记录。当 IP 配置更改时，运行 Windows 2000 及以上版本的计算机，使 DHCP 客户服务在 DNS 服务器上动态注册和更新自己的主机资源记录。如果运行更早版本的 Windows 系统，并且启用 DHCP 的客户机从 DHCP 服务器获取它们的 IP 地址租用，则可通过代理来注册和更新其主机资源记录。

2. 起始授权机构（SOA）记录

修改和查看该记录的方法如下：在 DNS 管理窗口中，选择要创建主机记录的区域（如 boretech.com），在窗口右侧，用鼠标右键单击“起始授权机构”记录，如图 5－29 所示，在快捷菜单中选择“属性”命令，打开如图 5－30 所示的“boretech.com 属性”对话框。

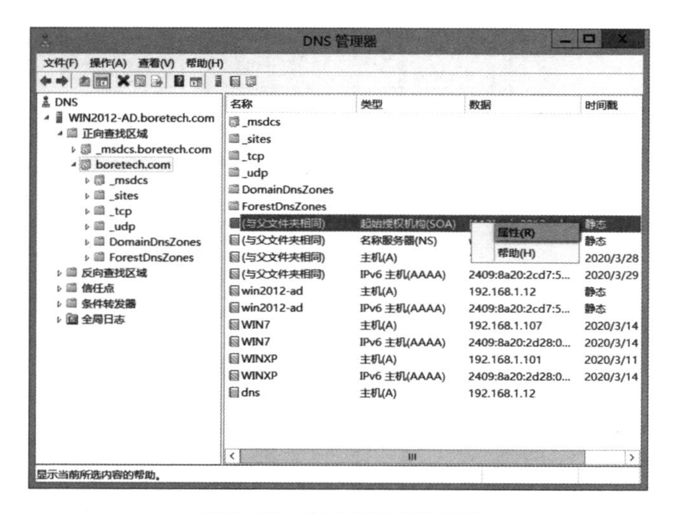

图 5－29　起始授权机构记录

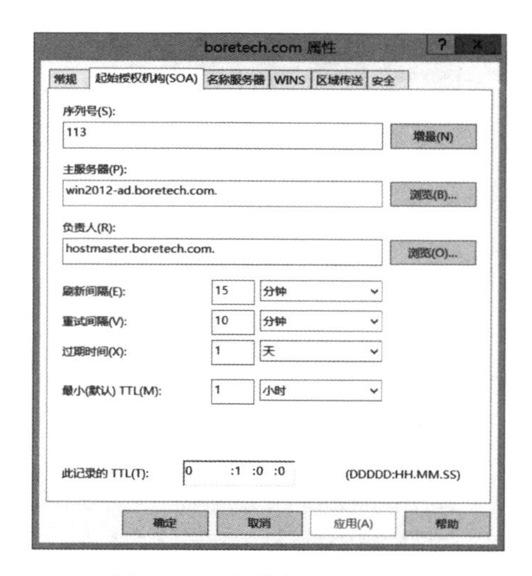

图 5－30　起始授权机构属性

3. 名称服务器（NS）记录

在 Windows Server 2019 操作系统的 DNS 管理工具窗口中，每创建一个区域，就会自动建立这个记录。如果需要修改和查看该记录的属性，可以在如图 5－31 所示的对话框中右击相应选项，选择“属性”命令，在弹出的对话框中单击“名称服务器”选项卡，如图 5－32 所示，单击其中的项目即可修改 NS 记录。

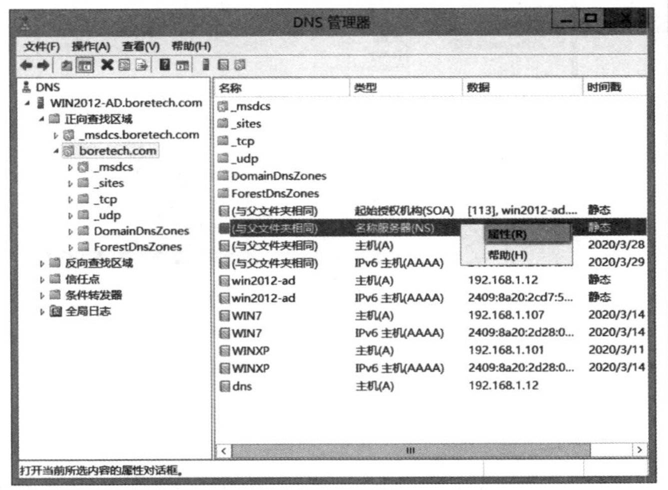

图 5－31　名称服务器记录

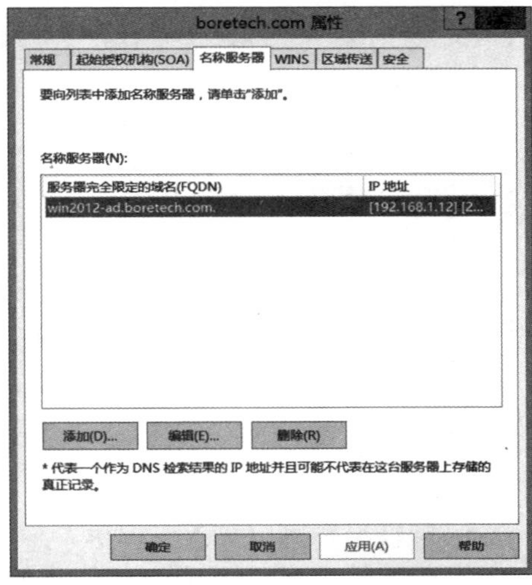

图 5－32　名称服务器属性

4. 别名（CNAME）记录

在“DNS 管理器”窗口中右击已创建的主要区域（boretech.com），选择快捷菜单中的“新建别名”选项，如图 5－33 所示，弹出“新建资源记录”对话框，如图 5－34 所示。输入主机别名“ftp”，并指派该别名的主机名称，如 dns.boretech.com。

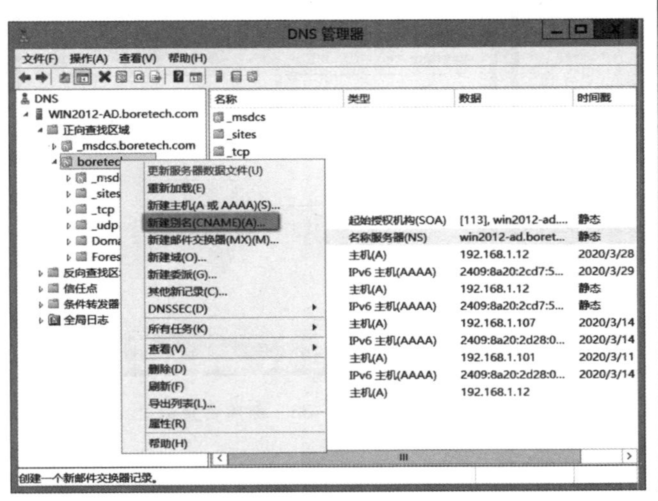

图 5－33　新建别名

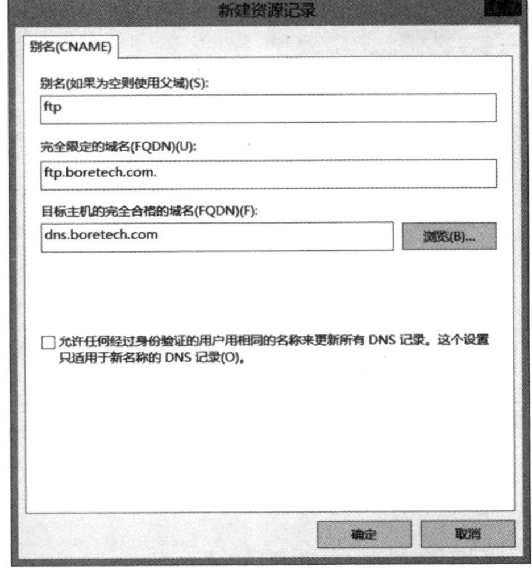

图 5－34　新建资源记录

在图5－34中，也可以通过单击“浏览”按钮来选择目标主机完全合格的域名，如图5－35所示。别名创建成功后，如图5－36所示，会在“DNS管理器”窗口中显示（注意：在类型中显示的是“别名（CNAME)”）。

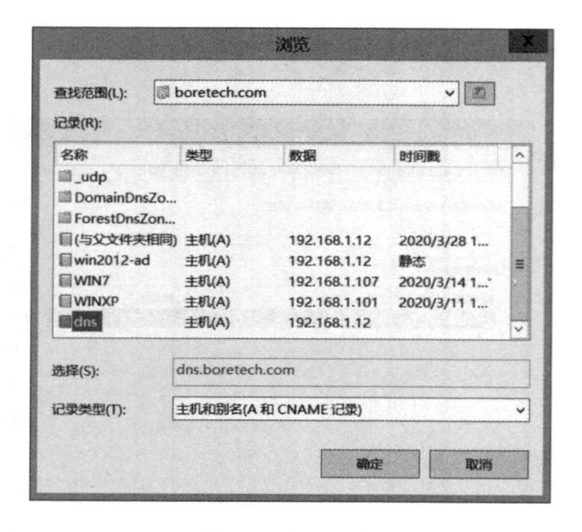

图5－35　浏览

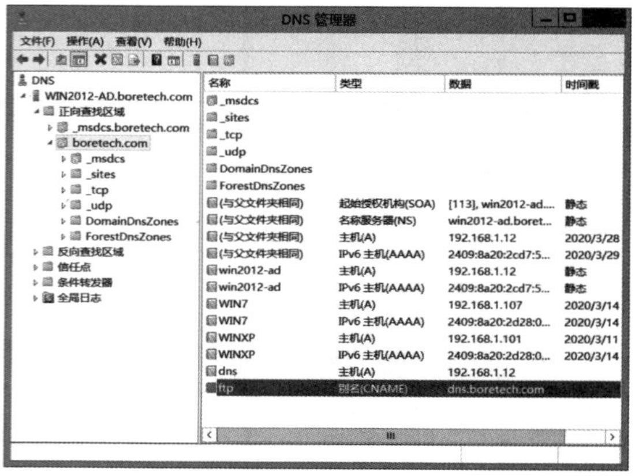

图5－36　别名创建成功

5. 邮件交换器（MX）记录

在DNS管理窗口中选取已创建的主要区域（boretech.com)，右击并在快捷菜单中选择“新建邮件交换器”选项，如图5－37所示，弹出如图5－38所示的“新建资源记录”对话框。

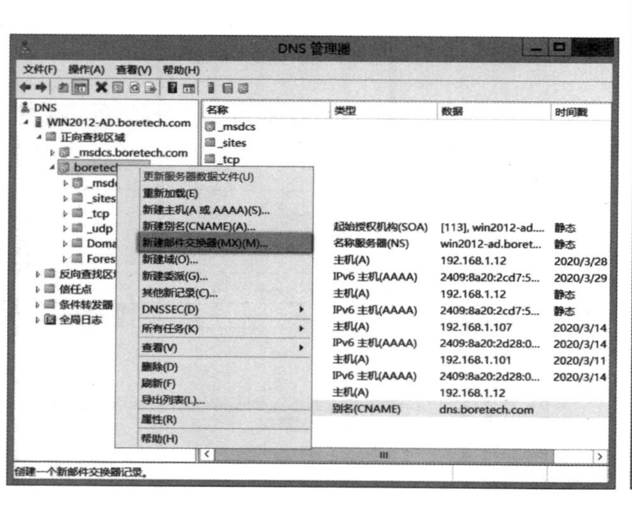

图5－37　新建邮件交换器

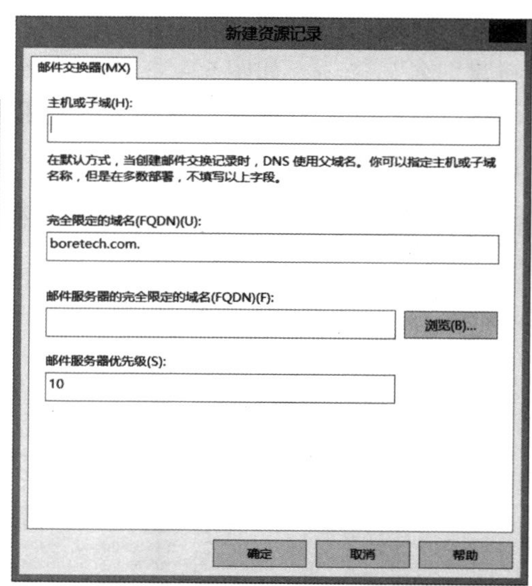

图5－38　新建资源记录

相关选项的功能如下：

主机或子域：邮件交换器（一般是指邮件服务器）记录的域名，也就是要发送邮件的域名，例如mail，得到的用户邮箱格式为user@ mail.boretech.com。但如果该域名与“父域”

的名称相同，则可以不填，得到的邮箱格式为 user@ boretech.com。

邮件服务器的完全限定的域名：设置邮件服务器的全称域名 FQDN（如 mail.boretech.com），也可单击“浏览”按钮，在如图 5－39 所示的“浏览”窗口列表中选择。

邮件服务器优先级：如果该区域内有多个邮件服务器，可以设置其优先级，数值越低，优先级越高（0 最高），范围为 0～65 535。当一个区域中有多个邮件服务器，其他邮件服务器向该区域的邮件服务器发送邮件时，它会先选择优先级最高的邮件服务器。如果传送失败，则会再选择优先级较低的邮件服务器。如果有两台以上的邮件服务器的优先级相同，系统会随机选择一台邮件服务器。

设置完成以上选项后，单击“确定”按钮，一个新的邮件交换器记录便添加成功，如图 5－40 所示。

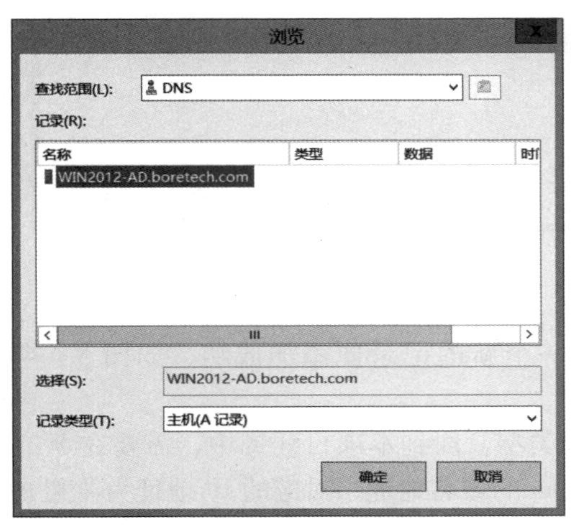

图 5－39　浏览

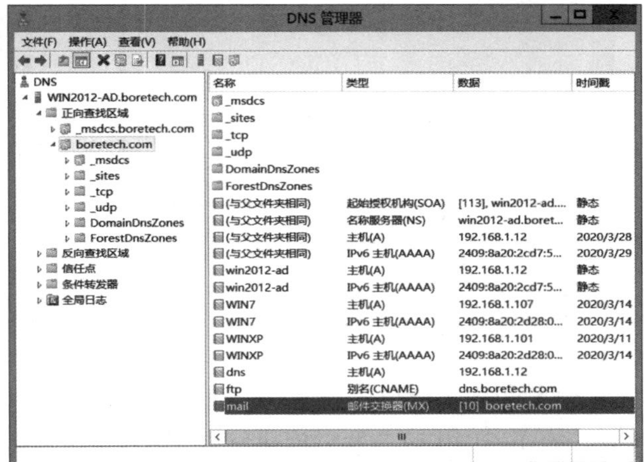

图 5－40　邮件交换器创建成功

6. 创建其他资源记录

在区域中可以创建的记录类型还有很多，例如 HINFO、PTR、MINFO、MR、MB 等，如果用户需要，可以查询 DNS 管理窗口的帮助信息或有关书籍。

具体的操作步骤为：选择一个区域或域（子域），右击并选择快捷菜单中的“其他新记录”选项，如图 5－41 所示，弹出如图 5－42 所示的“资源记录类型”对话框，从中选择所要建立的资源记录类型。单击“创建记录”按钮，即可打开如图 5－43 所示的窗口，同样需要指定主机名称和值。在建立资源记录后，如果还想修改，可右击该记录，选择快捷菜单中的“属性”

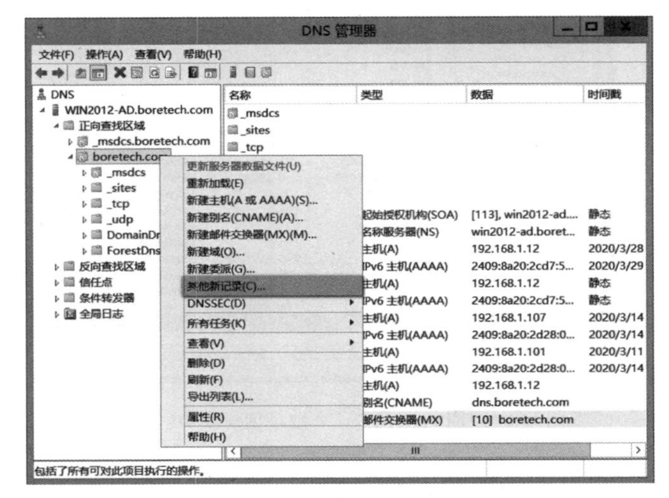

图 5－41　新建其他新记录

命令。

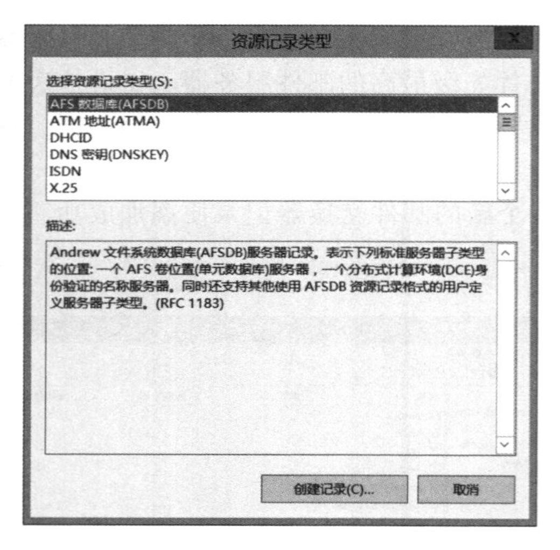

图 5－42　资源记录类型

图 5－43　新建资源记录

设置完成以上选项后，单击“确定”按钮，一个新的记录便添加成功，如图 5－44 所示。

以上的创建过程演示如何创建不同的 DNS 记录类型，回到本项目任务中，需要在 Windows Server 2019 服务器上创建域名为 dns.boretech.com 的域名地址，对应的 IP 地址为主机地址（192.168.1.12），通过上面的创建过程已经实现。详细实现过程请扫描如图 5－45 所示的二维码观看。

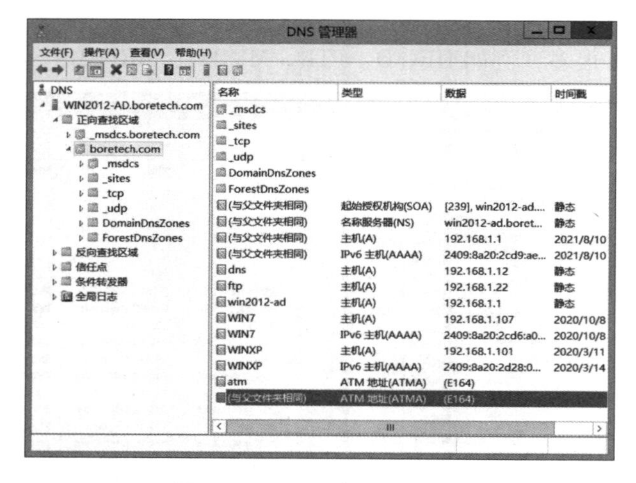

图 5－44　ATM 地址创建成功

图 5－45　添加 DNS 记录

四、创建反向查找区域

反向查找是和正向查找相对应的一种 DNS 解析方式。在网络中，大部分 DNS 搜索都是

正向查找。但为了实现客户端对服务器的访问，不仅需要将一个域名解析成 IP 地址，还需要将 IP 地址解析成域名，这就需要使用反向查找功能。在 DNS 服务器中，通过主机名查询其 IP 地址的过程称为正向查询，而通过 IP 地址查询其主机名的过程叫作反向查询。

1. 反向查找区域

DNS 提供了反向查找功能，可以让 DNS 客户端通过 IP 地址来查找其主机名称，例如 DNS 客户端，可以查找 IP 地址为 192.168.1.12 的主机名称。反向区域并不是必需的，可以在需要时创建，例如，若在 IIS 网站利用主机名称来限制联机的客户端，则 IIS 需要利用反向查找来检查客户端的主机名称。当利用反向查找将 IP 地址解析成主机名时，反向区域的前面半部分是其网络 ID（Network ID）的反向书写，而后半部分必须是 in – addr.arpa。in – addr.arpa 是 DNS 标准中为反向查找定义的特殊域，并保留在 Internet DNS 名称空间中，以便提供切实可靠的方式执行反向查询。例如，如果要针对网络 ID 为 192.168.1 的 IP 地址来提供反向查找功能，则此反向区域的名称必须是 1.168.192.in – addr.arpa。

2. 创建反向查找区域

这里创建一个 IP 地址为 192.168.1 的反向查找区域，和创建正向查找区域的操作有些相似，具体的操作步骤如下：

①选择“开始”→“管理工具”→“DNS”命令，在“DNS 管理器”窗口左侧目录树中计算机名称处单击鼠标右键，在弹出的快捷菜单中选择“新建区域”选项，如图 5 – 46 所示，显示“新建区域向导”对话框，如图 5 – 47 所示。

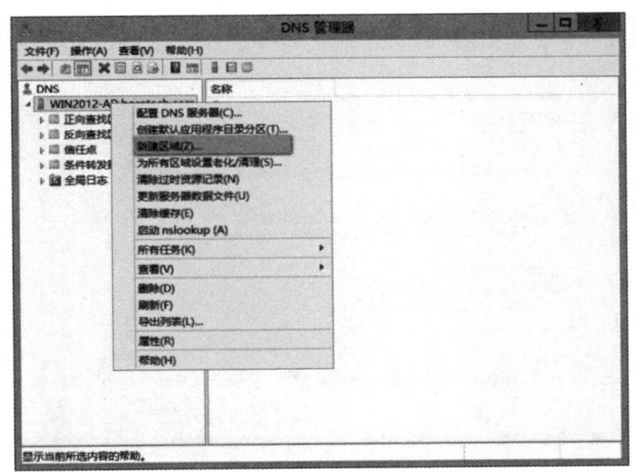

图 5 – 46 新建区域

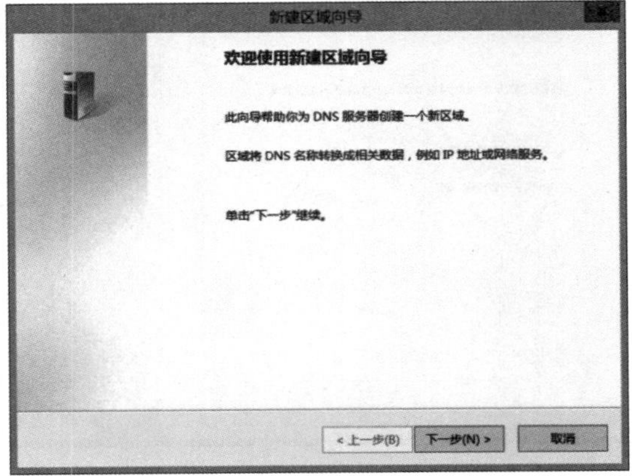

图 5 – 47 新建区域向导

②单击“下一步”按钮，弹出如图 5 – 48 所示的“区域类型”对话框，选择“主要区域”选项。单击“下一步”按钮，弹出如图 5 – 49 所示的“正向或反向查找区域”对话框，选择“反向查找区域”。

提示：在本书的上一项目中，当前的服务器被配置为 AD DS，则此时当前 DNS 服务器同时也是一台域控制器，那么，在图 5 – 48 中单击“下一步”按钮时，会进入“Active Directory 区域传送作用域”对话框，选择“至此域中所有域控制器（为了与 Windows 2000 兼容）：boretech.com”单选项，单击“下一步”按钮，会弹出如图 5 – 49 所示的对话框。

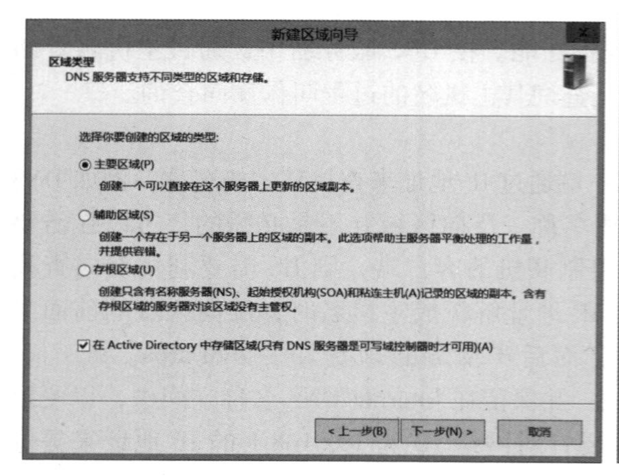

图 5－48　区域类型

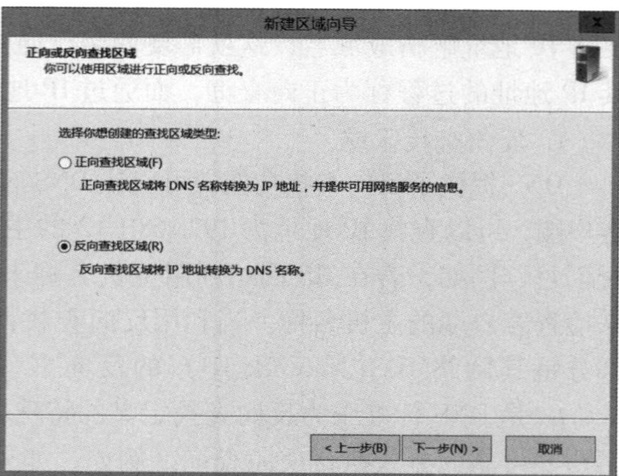

图 5－49　正向或反向查找区域

③单击“下一步”按钮，弹出如图 5－50 所示的对话框，根据目前网络的状况，一般建议选择“IPv4 反向查找区域”。

④单击“下一步”按钮，弹出如图 5－51 所示的对话框，输入 IP 地址 192.168.1，同时，它会在“反向查找区域名称”文本框中显示为 1.168.192.in－addr.arpa。

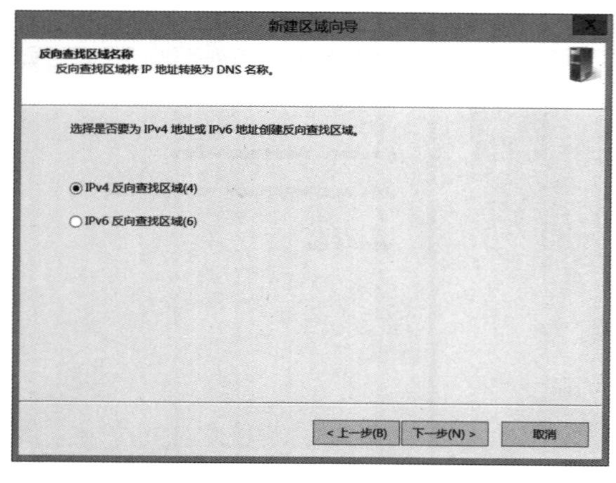

图 5－50　反向查找区域名称

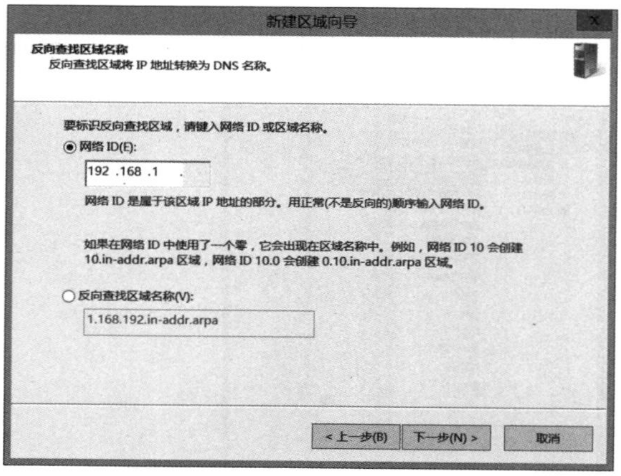

图 5－51　反向查找区域 ID

⑤单击“下一步”按钮，弹出如图 5－52 所示的“区域文件”对话框，此时系统会自动给出文件名，在此不需要改动，直接单击“下一步”按钮，进入如图 5－53 所示的“动态更新”对话框，选择“不允许动态更新”单选项，以减少来自网络的攻击。

⑥继续单击“下一步”按钮，即可完成新建区域向导，如图 5－54 所示。当反向区域创建完成以后，该反向主要区域就会显示在 DNS 的“反向查找区域”中，并且区域名称显示为“1.168.192.in－addr.arpa”，如图 5－55 所示。

提示：以上创建反向区域的过程，在独立服务器与在已创建域控制器的服务器上稍有差别。添加 IPv6 地址的反向查找区域的过程同上，在此不一一赘述。

创建反向查找区域的过程请扫描如图 5－56 所示的二维码观看。

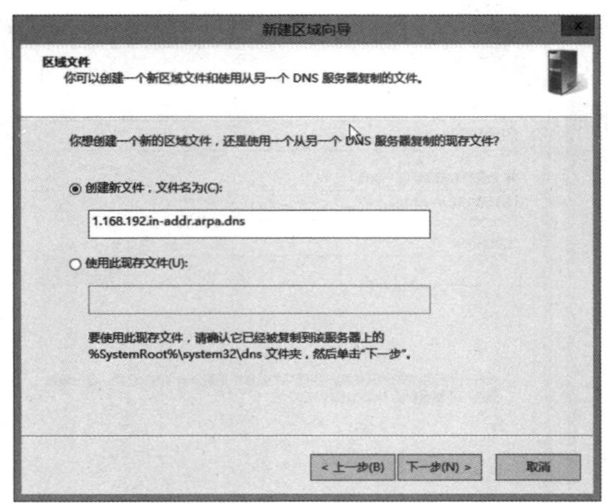

图 5－52　区域文件

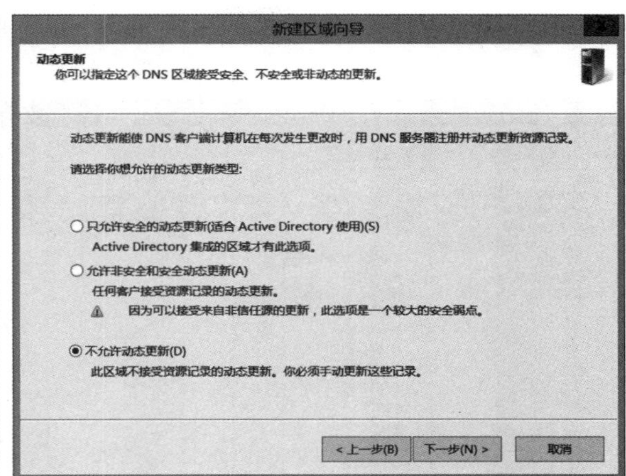

图 5－53　动态更新

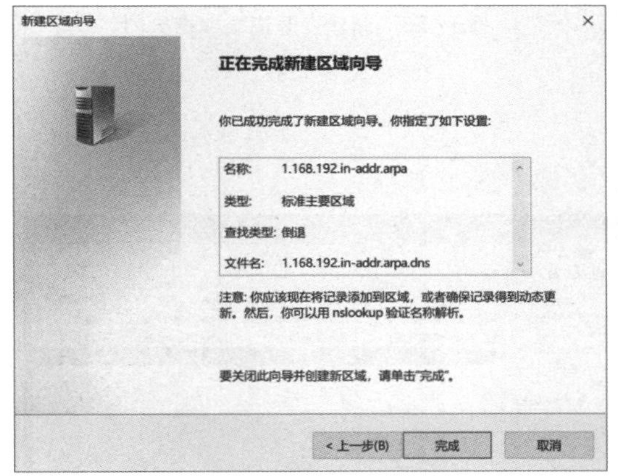

图 5－54　正在完成新建区域向导

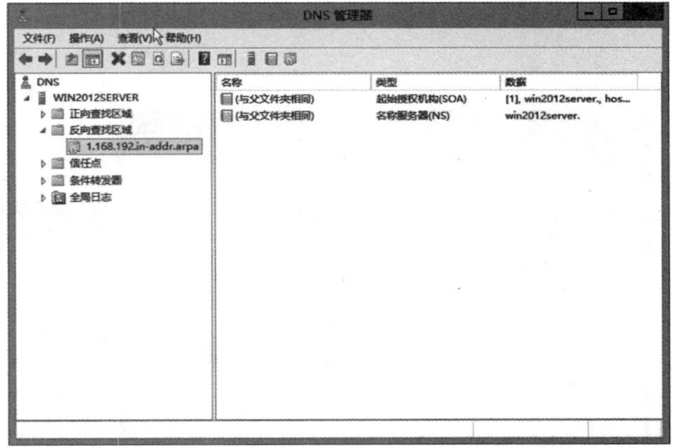

图 5－55　反向区域创建成功

3. 创建反向记录

图 5－56　创建反向查找区域视频

当反向区域创建完成以后，还必须在该区域内创建指针记录数据，即建立 IP 地址与 DNS 名称之间的搜索关系，只有这样，才能提供用户反向查询功能，在实际的查询中才是有用的。增加指针记录具体的操作步骤如下：

①右击反向查找区域名称“1.168.192.in－addr.arpa”，选择快捷菜单中的“新建指针（PTR）”选项，如图 5－57 所示，弹出如图 5－58 所示的“新建资源记录”窗口，在“主机 IP 地址”文本框中输入主机 IP 地址的最后一段（前 3 段是网络 ID），并在“主机名”后输入或单击“浏览”按钮，选择该 IP 地址对应的主机名。

②输入完成后，效果如图 5－59 所示。最后单击“确定”按钮，一个反向记录就创建成功了，如图 5－60 所示。

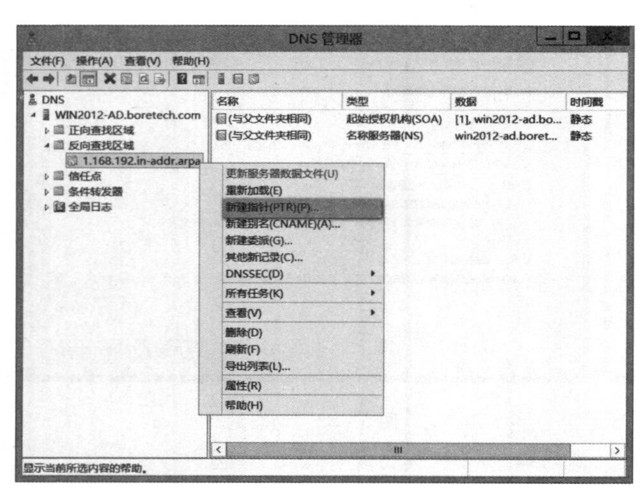

图 5-57 新建指针

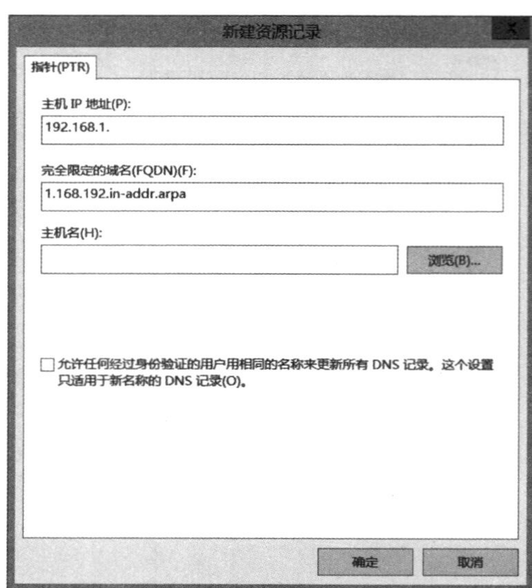

图 5-58 新建资源记录-指针(1)

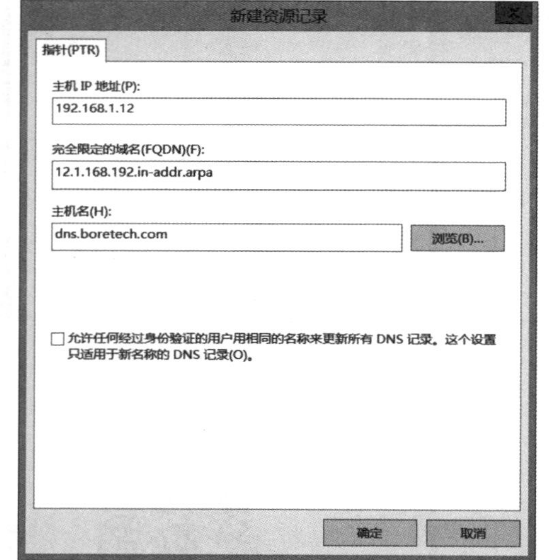

图 5-59 新建资源记录-指针(2)

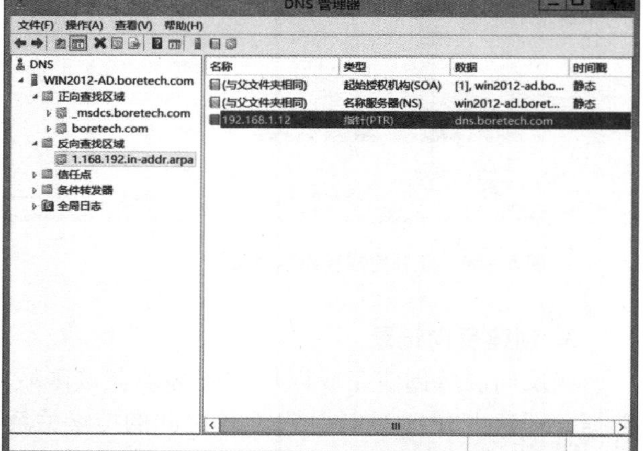

图 5-60 指针创建成功

☆ 小知识：在创建正向区域的主机记录时，也可以顺便建立指针记录，如图 5-61 所示。只要勾选“创建相关的指针（PTR）记录”选项，就会自动创建反向查找区域的指针记录。

创建反向记录的操作视频请扫描如图 5-62 所示的二维码观看。

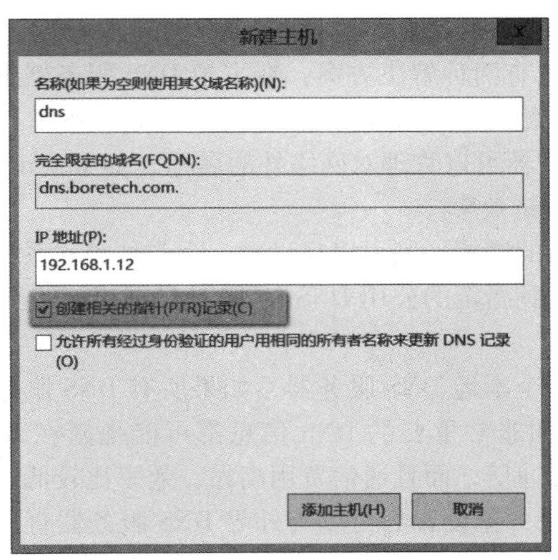

图 5－61　新建主机

图 5－62　创建反向记录操作视频

五、缓存文件与转发器

本地 DNS 服务器就是通过名为 cache.dns 的缓存文件找到根域内的 DNS 服务器的。在安装 DNS 服务器时，缓存文件就会被自动复制到% systemroot% System32\dns 目录下，位置如图 5－63 所示。

除了直接查看缓存文件外，还可以在“服务器管理器”窗口中查看。操作方法为：用鼠标右键单击 DNS 服务器名，在弹出的快捷菜单中选择“属性”命令，打开如图 5－64 所示的 DNS 服务器属性对话框，选择“根提示”选项卡，在“名称服务器”列表中就会列出 Internet 的 13 台根域服务器的 FQDN 和对应的 IP 地址。

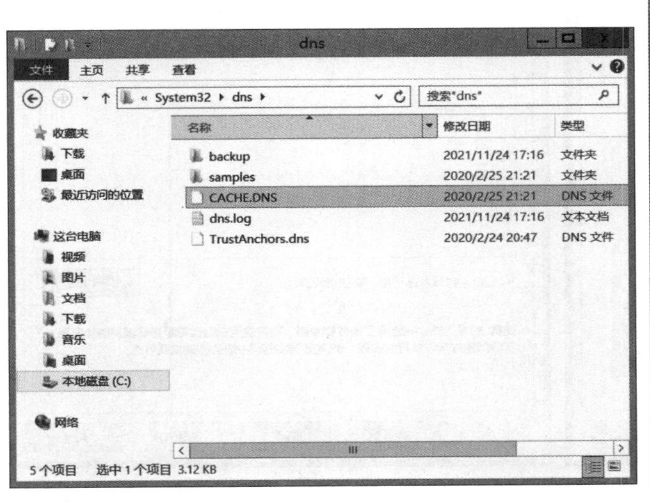

图 5－63　CACHE.DNS 位置

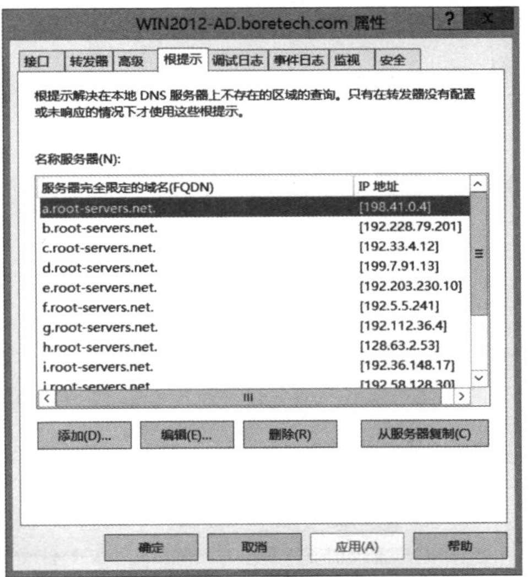

图 5－64　根提示

这些自动生成的条目一般不需要修改，当然，如果企业的网络不需要连接到 Internet，则可以根据需要将此文件内根域的 DNS 服务器信息更改为企业内部最上层的 DNS 服务器。

最好不要直接修改 cache.dns 文件，而是通过 DNS 服务器所提供的根提示功能来修改。

如果企业内部的 DNS 客户端要访问公网，有两种解决方案：在本地 DNS 服务器上启用根提示功能或者为它设置转发器。转发器是网络上的一台 DNS 服务器，它将以外部 DNS 名称的查询转发给该网络外的 DNS 服务器。转发器可以管理对网络外的名称（如 Internet 上的名称）的解析，并改善网络中计算机的名称解析效率。

对于小型网络，如果没有本网络域名解析的需要，则可以只设置一个与外界联系的 DNS 转发器。对公网主机名称的查询，将全部转发到指定的公用 DNS 的 IP 地址或者转发到“根提示”选项卡中显示的 13 台根服务器。

对于大中型企事业单位，可能需要建立多个本地 DNS 服务器，如果所有 DNS 服务器都使用根提示向网络外发送查询，则许多内部和非常重要的 DNS 信息都可能暴露在 Internet 上，除了安全和隐私问题，还可导致大量外部通信，而且通信费用高昂，效率比较低。为了内部网络的安全，一般只将其中的一台 DNS 服务器设置为可以与外界 DNS 服务器直通的服务器，这台负责所有本地 DNS 服务器查询的计算机就是 DNS 服务的转发器。

如果在 DNS 服务器上存在一个“.”域（如在安装活动目录的同时安装 DNS 服务，就会自动生成该域），根提示和转发器功能就会全部失效，解决的方法是直接删除“.”域。设置转发器的具体操作步骤如下：

①选择“开始”→“管理工具”→“DNS 服务器”命令，在左侧的目录树中右键单击 DNS 服务器名称，并在快捷菜单中选择“属性”选项，弹出如图 5－65 所示的对话框。

②选择“转发器”选项卡，如图 5－66 所示，单击“编辑”按钮，弹出“编辑转发器”对话框，可添加或修改转发器的 IP 地址。

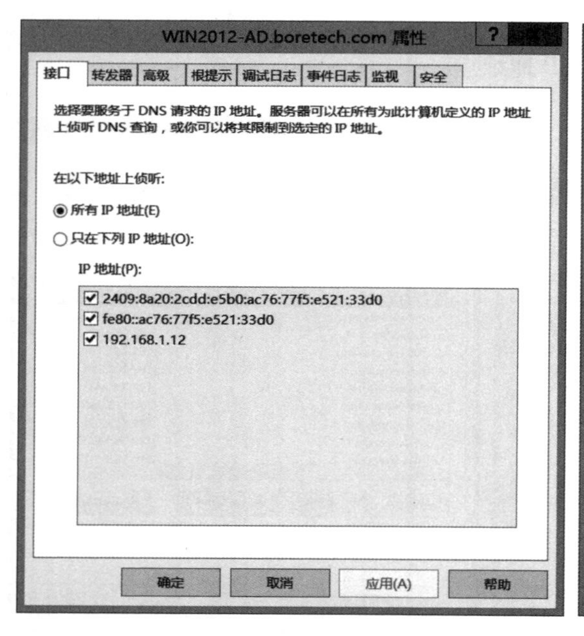

图 5－65　属性对话框

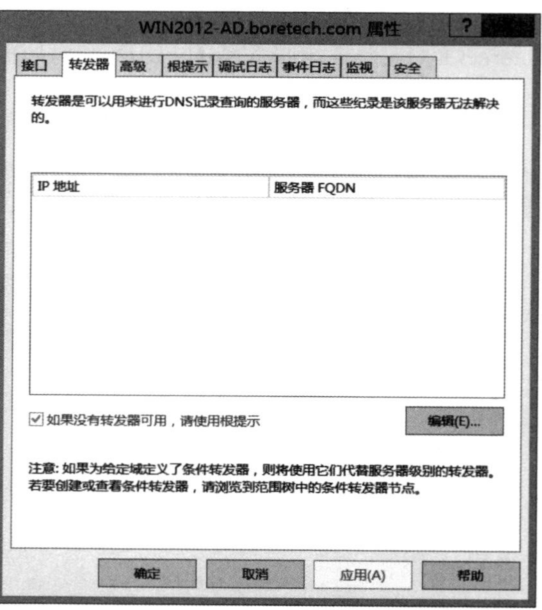

图 5－66　转发器选项卡

转发器是可以用来查询 DNS 记录的服务器，如果 DNS 服务器的区域数据库中没有记录，转发器需要转向其他的 DNS 服务器进行查询。

③在“转发服务器的 IP 地址”列表框中，输入 ISP 提供的 DNS 服务器的 IP 地址即可。

重复上述操作，可添加多个 DNS 服务器的 IP 地址。需要注意的是，除了可以添加本地 ISP 的 DNS 服务器的 IP 地址外，还可以添加其他著名 ISP 的 DNS 服务器的 IP 地址。

④在转发器的 IP 地址列表中，选择要调整顺序或删除的 IP 地址，单击“上移”“下移”或“删除”按钮，即可执行相关操作。应当将反应最快的 DNS 服务器的 IP 地址调整到最高端，从而提高 DNS 查询速度。单击“确定”按钮，保存对 DNS 转发器的设置。

六、配置 DNS 客户端

在 C/S 模式中，DNS 客户端就是指那些使用 DNS 服务的计算机。从系统软件平台来看，有可能安装的是 Windows 的服务器版本，也有可能安装的是 Linux 工作站系统。

DNS 客户端分为静态 DNS 客户和动态 DNS 客户。静态 DNS 客户是指管理员手工配置 TCP/IP 协议的计算机，对于静态客户，无论是 Windows 98/NT/2000/XP 操作系统，还是 Windows Server 2003/2008 操作系统，设置的主要内容就是指定 DNS 服务器，一般只要设置 TCP/IP 的“DNS”选项卡的 IP 地址即可，早期微软公司的操作系统可能还需要设置域后缀。动态 DNS 客户是指使用 DHCP 服务的计算机，对于动态 DNS 客户，重要的是在配置 DHCP 服务时，指定“域名称和 DNS 服务器”。

在 Windows Server 2019 或 Windows 7 操作系统中配置 DNS 客户端的操作大同小异，下面仅以 Windows 7 操作系统中配置静态 DNS 客户为例进行介绍，具体的操作步骤如下：

①在“控制面板”中双击“网络和 Internet”图标，打开“网络和共享中心”窗口，其中列出了所有可用的网络连接，单击“本地连接”图标，并在快捷菜单中选择“属性”命令，弹出如图 5－67 所示的“本地连接 属性”窗口。

②在“此连接使用下列项目”列表框中，选择“Internet 协议版本 4（TCP/IPv4）”，并单击“属性”按钮，弹出如图 5－68 所示的“Internet 协议版本 4（TCP/IPv4）属性”窗口。选择“使用下面的 DNS 服务器地址”选项，分别在“首选 DNS 服务器”和“备用 DNS 服务器”文本框中输入主 DNS 服务器的 IP 地址和辅 DNS 服务器的 IP 地址。单击“确定”按钮，保存对设置的修改即可（根据上面的设置，首选 DNS 服务器地址为 192.168.1.12）。

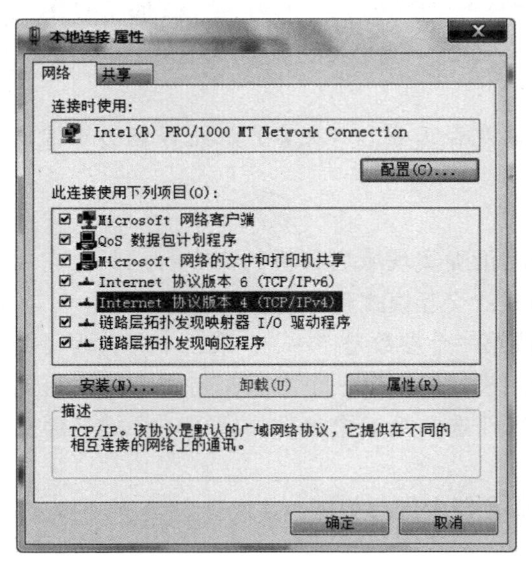

图 5－67 “本地连接 属性”窗口

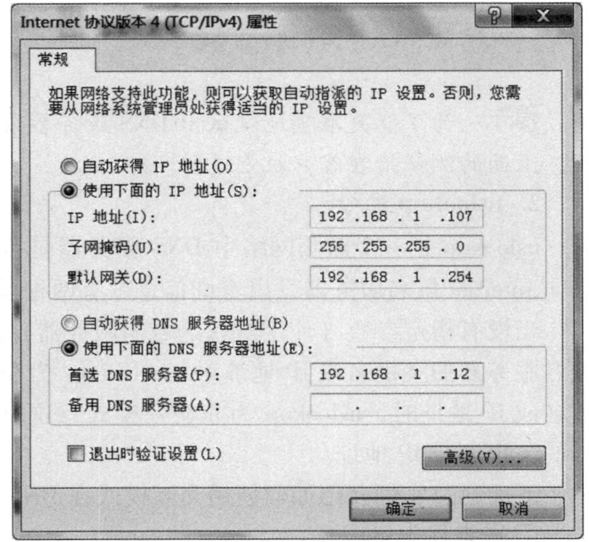

图 5－68 “常规”选项卡

在客户端配置 DNS 服务器的过程请扫描如图 5－69 所示的二维码观看。

图 5－69　配置 DNS 服务器

七、测试 DNS 服务器安装

DNS 服务器安装与配置之后，还要在服务器端与 DNS 客户端测试 DNS 服务器是否正常工作，一般使用 DOS 命令进行测试比较方便。

1. ping 命令

ping 命令是用来测试 DNS 能否正常工作的最为简单和实用的工具。如果想测试 DNS 服务器能否解析域名 dns.boretech.com，则在客户端命令行直接输入命令，根据输出结果，可以很容易判断出 DNS 解析是成功的。

在客户机上单击"开始"→"运行"，在弹出的"运行"对话框中输入"CMD"，则可以进入命令行窗口，直接在命令行中输入以下命令：

```
C:\>ping dns.boretech.com
C:\>ping 192.168.1.12
```

图 5－70 所示为 ping 域名服务器的效果，图 5－71 所示为 ping IP 地址的效果。

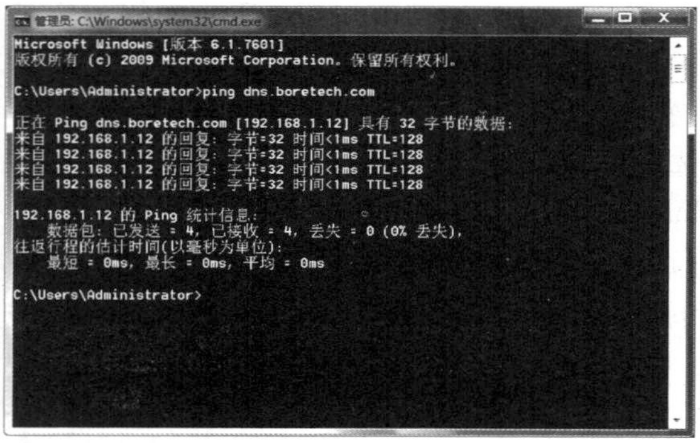

```
管理员: C:\Windows\system32\cmd.exe
Microsoft Windows [版本 6.1.7601]
版权所有 (c) 2009 Microsoft Corporation。保留所有权利。

C:\Users\Administrator>ping dns.boretech.com

正在 Ping dns.boretech.com [192.168.1.12] 具有 32 字节的数据:
来自 192.168.1.12 的回复: 字节=32 时间<1ms TTL=128
来自 192.168.1.12 的回复: 字节=32 时间<1ms TTL=128
来自 192.168.1.12 的回复: 字节=32 时间<1ms TTL=128
来自 192.168.1.12 的回复: 字节=32 时间<1ms TTL=128

192.168.1.12 的 Ping 统计信息:
    数据包: 已发送 = 4，已接收 = 4，丢失 = 0 (0% 丢失)，
往返行程的估计时间(以毫秒为单位):
    最短 = 0ms，最长 = 0ms，平均 = 0ms

C:\Users\Administrator>
```

图 5－70　ping 域名服务器

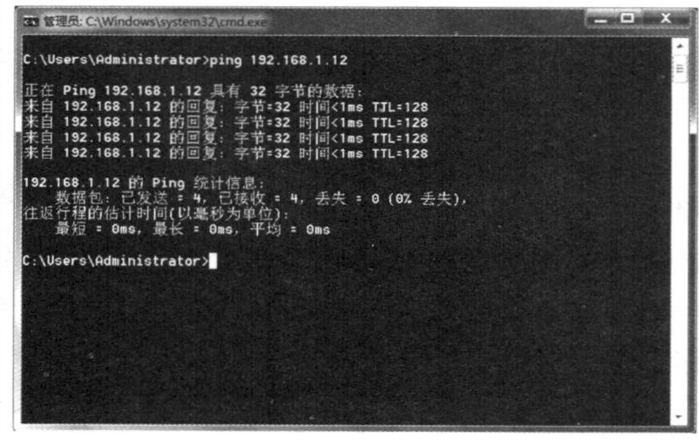

图 5－71　ping IP 地址

提示：为了能更准确地测试出 DNS 服务器安装是否正确，以及客户机是否能够正常使用，上面的测试请在客户机上进行。

2. nslookup 命令

nslookup 是一个监测网络中 DNS 服务器是否能正确实现域名解析的命令行工具。它用来向 Internet 域名服务器发出查询信息，有两种模式：交互模式和非交互模式。

当没有指定参数（使用默认的域名服务器）或第一个参数是"－"、第二个参数为一个域名服务器的主机名或 IP 地址时，nslookup 为交互模式；当第一个参数是待查询的主机的域名或 IP 地址时，nslookup 为非交互模式，这时，任选的第二个参数指定了一个域名服务器的主机名或 IP 地址。

下面通过实例介绍如何使用交互模式在 DNS 服务器中进行测试。

（1）查找主机

nslookup 命令用来查找默认 DNS 服务器主机的 IP 地址。

```
C:\>nslookup
```

默认服务器：dns.boretech.com。IP 地址：192.168.1.12。

命令使用及相关结果如图 5－72 所示。

```
>boretech.com
```

服务器：dns.boretech.com。IP 地址：192.168.1.12。名称：boretech.com。命令使用及相关结果如图 5－73 所示。

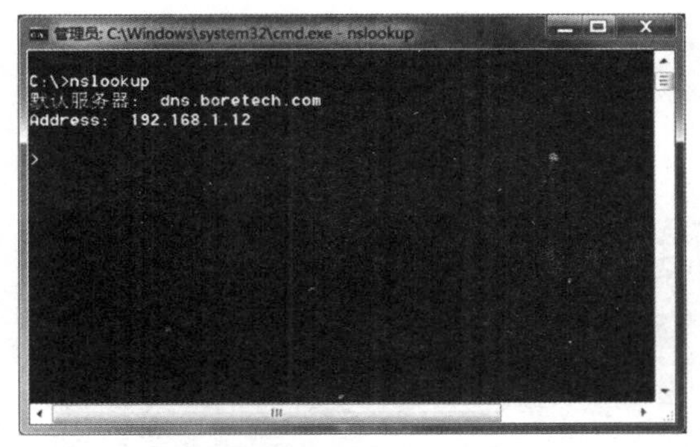

图 5－72　nslookup 命令

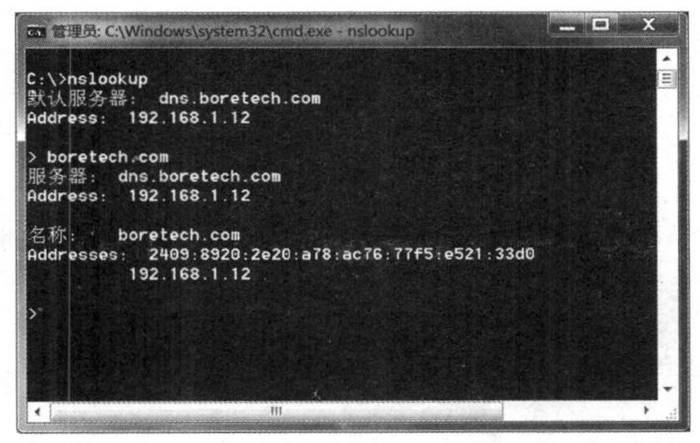

图 5－73　ping IP 地址

（2）查找域名信息

set type 表示设置查找的类型，ns 表示域名服务器。

```
>set type=ns
>boretech.com
>sina.com
>cctv.com
```

命令格式及相关效果如图 5－74 所示。

（3）检查反向 DNS

假如已知道客户端 IP 地址，要查找其域名，输入：

```
>set type=ptr
>192.168.1.12
```

命令格式及相关效果如图 5－75 所示。

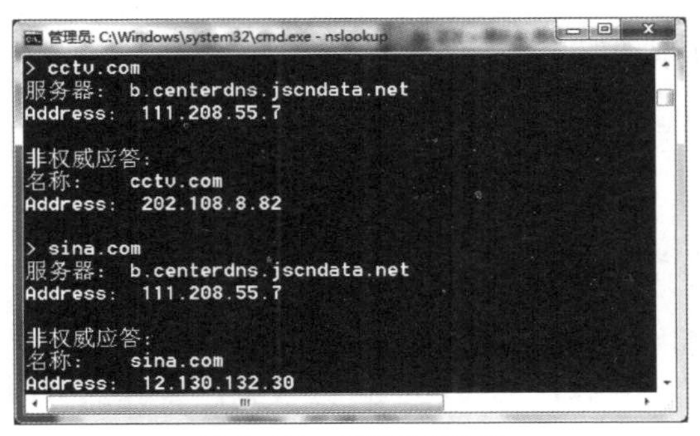

图 5－74　查找域名信息

图 5－75　检查反向 DNS

(4) 检查 MX 邮件记录

要查找域名的邮件记录地址，输入：

```
>set type=mx
>boretech.com
```

命令格式及相关效果如图 5－76 所示。

(5) 检查 CNAME 别名记录

此操作查询域名主机有无别名。

```
>set type=cname
>boretech.com
```

命令格式及相关效果如图 5－77 所示。

```
管理员: C:\Windows\system32\cmd.exe - nslookup
服务器:  dns.boretech.com
Address:  192.168.1.12

12.1.168.192.in-addr.arpa       name = dns.boretech.com
> set type=mx
> boretech.com
服务器:  dns.boretech.com
Address:  192.168.1.12

boretech.com
        primary name server = win2012-ad.boretech.com
        responsible mail addr = hostmaster.boretech.com
        serial  = 155
        refresh = 900 (15 mins)
        retry   = 600 (10 mins)
        expire  = 86400 (1 day)
        default TTL = 3600 (1 hour)
>
```

图 5－76　检查 MX 邮件记录

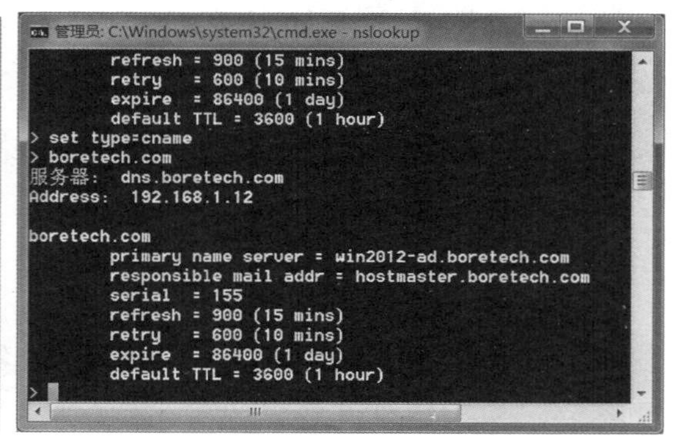

图 5－77　检查 CNAME 别名记录

3. ipconfig 命令

DNS 客户端会将 DNS 服务器发来的解析结果缓存下来，在一定时间内，若客户端再次需要解析相同的名字，则会直接使用缓存中的解析结果，而不必向 DNS 服务器发起查询。解析结果在 DNS 客户端缓存的时间取决于 DNS 服务器上响应资源记录设置的生存时间(TTL)。如果在生存时间规定的时间内，DNS 服务器对该资源记录进行了更新，则在客户端会出现短时间的解析错误。此时可尝试通过清空 DNS 客户端缓存来解决问题，具体的操作使用 ipconfig 命令及其参数来完成。

(1) 查看 DNS 客户端缓存

在 DNS 客户端输入以下命令来查看 DNS 客户端缓存。

```
C:\>ipconfig/displaydns
```

(2) 清空 DNS 客户端缓存

在 DNS 客户端输入以下命令来清空 DNS 客户端缓存。

```
C:>ipconfig/flushdns
```

再次使用命令“ipconfig/displaydns”来查看 DNS 客户端缓存，可以看到已将其部分内容清空。

【任务总结】

本任务主要完成 Windows DNS 服务器的安装与测试，并掌握 DNS 服务器的基本设置，通过创建正向查找区域、添加 DNS 记录、创建反向查找区域等，用户可以模拟创建出不同场景下的域名与 IP 地址的映射，以满足不同开发与管理需求。

请扫描如图 5－78 所示二维码复习本任务所学。

请扫描如图 5－79 所示二维码进入本任务课后测试。注意：登录学习通账户后，可以在线测试并显示成绩。

图 5－78　复习

图 5－79　在线测试

任务 2　Linux 操作系统平台 DNS 服务器

【任务描述】

本任务的主要目的是在了解并掌握 DNS 结构和相关特点的基础上，能够掌握 Linux 操作系统平台中 DNS 服务器的安装与配置。任务目标是熟练掌握 Linux 操作系统平台 DNS 的基本配置。

【任务分析】

本任务实现 Linux 服务器中的 DNS 服务，当某个用户需要以域名的方式来访问网络中各种服务器资源时，就需要安装 DNS 服务器，通过 DNS 相关的服务来解决 DNS 的主机名称自动解析为 IP 地址的问题，并通过客户端进行访问验证，通过实践让读者深刻体会 DNS 服务的设置过程。

【知识准备】

会配置 YUM 源、虚拟机网络连接方式、虚拟机 IP 地址。

【任务实施】

本任务实施步骤如下：

①安装与启动 DNS 服务。

②配置 DNS 服务器。

③进行本地与客户端测试。

一、安装与启动 DNS 服务

1. 安装 BIND 软件包

使用命令查看系统是否安装了 BIND 软件包，若未安装，则利用 dnf 方式进行安装（先要搭建好 dnf 源）。

```
# rpm -qa grep bind
# dnf  -y install bind
…
Installed:
    bind -32:9.11.4 -16.P2.el8.x86 64
    Complete!
```

2. 启动 BIND 服务

```
# systemctl start named
# systemctl enable named
# systemctl restart named
# ps - ef grep named
named 1930 1023:17? 00:00:00/usr/sbin/named -unamed -c/etc/named.conf
Root  1945 28663 023:20  pts/2 00:00:00 grep --color=auto named
[root@ www ~]# ss -tunlp grep 53
udp UNCONN  0  0  127.0.0.1:53  0.0.0.0: *
users:(("named",pid=1930,fd=512))
udp UNCONN  0  0  [::1]53  [::]:*
users:(("named",pid=1930,fd=513))
tcp LISTEN  0  0127.0.0.1:53  0.0.0.0*
users:"named",pid=1930,fd=21))
tcp LISTEN  0  0  127.0.0.1:953  0.0.0.0:*
users:("named",pid=1930,fd=23))
tcp LISTEN  0  0  [::1]53  [::]:*
users:(("named",pid=1930,fd=22))
tcp LISTEN  0  128  [::1]953  [::]:*
users:(("named",pid=1930,fd=24))
```

二、配置 DNS 服务器

1. BIND 主要配置文件

使用 BIND 软件构建 DNS 服务器时，主要涉及表 5-2 所示配置文件。

表 5-2　BIND 主要配置文件

位置及名称	作用
主（全局）配置文件：/etc/named.conf	设置一般的 name 参数，指向该服务器使用的域数据库的信息源
区域配置文件：/etc/named.rfc1912.zones	用于定义各解析区域特征的文件
正/反向解析数据库文件的样本文件：/var/named/named.localhost	用户可以在复制并修改文件后，建立自己的正/反向解析数据库文件
反向解析数据文件样本文件：/var/named/named.loopback	用户可以在复制并修改文件后，建立自己的正向解析数据

续表

位置及名称	作用
根域地址数据库文件：/var/named/named. ca	记录 Internet 中 13 台根域服务器的 IP 地址等相关信息
/etc/resolv. conf	为 Linux 客户端制订 DNS 服务器的 IP 地址的配置文件

2. 配置 DNS 服务器

①设置 DNS 服务器静态 IP 地址和主机名。

```
# nmcli connection modify ens33 ipv4..methodmanualipv4. addresses 192.168.1.12/24
# nmcli connection up ens33
# hostnamectl set - hostname dnsl. boretechl. com
```

②编辑全局配置文件。

主配置文件 named.conf 由 options、logging、zone“.”及两个 include 语句组成。

```
# egrep - "#//"/etc/named. conf
options {
    listen - on port 53 {any;};
    listen - on - v6 port 53 {::1;};
    directory "/var/name";
    dumpfile "/var/named/data/cache_dump. db";
     statistics - file "/var/named/data/named _stats. txt"; memstatistics -
file"/var/named/data/named mem _stats. txt"; secroots - file"/var/named/data/
named. secroots"; recursing - file"/var/named/data/named. recursing";
    allow - query {any;};
    recursion yes;
    dnssec - enable yes;
    dnssec - validation yes;
    managed - keys - directory"/var/named/dynamic";
    pid - file "/run/named/named. pid";
    session - keyfile "/run/named/session. key";
    include"/etc/crypto - policies/back - ends/bind. config";
};
logging {
        channel default_debug {
                        file "data/named. run";
                        severity dynamic;
      };
};
zone "." IN {
type hint;
file "named. ca";
};
include"/etc/named. rfc1912. zones"
include "/etc/named. root. key";
```

③编辑区域配置文件。

正向区域 zone “boretech1.com” 命名时，一般引号内写需要解析的域名。反向区域 zone “1.168.192.inaddr.arpa” 的命名规则是：除去区域服务器 IP 地址的第四节；倒写剩余三节；再与 “.in – addr.arpa” 前后拼接。

添加本机解析的正向区域和反向区域：

```
# vi/etc/named.rfc1912.zones
Zone"boretechl.com"IN{
        type master;
        file"boretechl.com.zxzone";
        allow-update{none;
};
zone"1.168.192.in-adr.arpa"IN(
        type master;
        file"boretechl.com.fxzone";
        allow-update{none;
};
```

④生成并编辑正向解析数据库文件。

```
# cp -p/var/named/named.localhost /var/named/boretechl.com.zxzone
# vi/var/named/boretechl.com.zxzone
 $ TL.1D
@ IN SOA dnsl.boretechl.com.root.boretechl.com.(
                                              0;serial
                                              1D;refresh
                                              1H ;retry
                                              1W;expire
                                              3H);minimum
@  NS dnsl.boretechl.com.
dnsl A 192.168.1.12
www A 192.168.1.12
# named - checkzone boretechl.com/var/named/boretechl.com.zxzone zone bore-
techl.com/IN:loaded serial0 OK
```

注意：

- “@” 表示当前的 DNS 区域名称，本例中为 “boretech1.com.”，由于 “@” 符号已有了此种含义，因此将邮件地址（root.boretech1.com.）中的 “@” 用 “.” 代替。
- NS、MX 记录行首的 “@” 符号可以省略，系统可以默认继承 SOA 记录行首的 “@” 信息，但必须至少保留一个空格或制表符。
- 编辑完区域数据库配置文件后，可以使用 named – checkzone 命令对其进行语法检查，用 named – checkconf 命令对 BIND 主配置文件进行语法检查，若无语法错误，则显示 “OK”。

⑤生成并编辑反向解析数据库文件。

```
# cp -p/var/named/named.loopback  /var/named/boretechl.com.fxzone
```

```
# vi/var/named/boretechl. com. fxzone
$TYL1D
@ IN SOA dnsl. boretechl. com. root. boretechl. com. (
                                                    0;serial
                                                    1D;refresh
                                                    1H;retry 18
                                                    1W ;expire
                                                    3H);minimum
@  NS dnsl. boretechl. com.
254 PTR dns1.boretechl.com.
128 PIR www.boretechl.com
```

⑥设置防火墙。

```
# firewall - cmd - add - port =53/tcp - permanent
# firewall - cmd - - add - port =53/udp - permanent
# firewall - cmd  - reload
```

⑦重启或重载 named 守护进程。

```
# systemctl restart named
```

⑧Web 服务器配置基于域名的虚拟主机。

```
# vi/etc/nginx/nginx. conf
http{
     server {
         listen 80;
         server_name www. boretechl. com;
         location /{
             root /usr/share/nginx/html/www;
             index index. html index. htm;
         }
     }
}
# mkdir /usr/share/nginx/html/ww
# echo "This Web's domain is www. boretechl. com" > /usr/share/nginx/html/wwe/
index. html
```

⑨Linux 客户端测试。

在客户端修改/etc/resolv.conf 文件，将客户端 IP 地址中 DNS 服务器地址设置为 DNS 服务器的 IP 地址，最后使用 nslookup 命令验证 DNS 查询结果。

```
# vi/etc/resolv. conf
Nameserver 192. 168. 1. 12
# nslookup
 > www. boretechl. com
Server: 192. 168. 1. 12
Address: 192. 168. 1. 12#53
Name: www. boretechl. com
```

```
Address: 192.168.1.128
 >192.168.1.128
128.1.168.192.in-addr.arpa name = www.boretechl.com.
 > exit
# curl www.boretechl.com
This Web s domain is ww.boretechl.com
```

【任务总结】

本任务主要完成 Linux 操作平台的 DNS 服务器的安装与配置，并掌握 DNS 服务器的配置与管理，通过 DNS 相关服务器的设置，用户可以通过域名访问网络中的计算机资源，实现 IP 地址资源的方便管理与访问。

项目六

DHCP 服务与管理

【项目场景】

随着公司规模的不断扩大，慧心科技有限公司局域网络的计算机数量越来越多，静态IP 地址设置方案已不能满足网络的需求，经常会出现 IP 地址冲突，从而导致无法上网等问题。为高效、方便地管理公司网络 IP 地址，要求网络管理员创建一个 DHCP 服务器，通过采用 DHCP 服务器技术来实现网络的 TCP/IP 动态配置与管理，让在 TCP/IP 网络上工作的每台工作站在使用网络上的资源之前，都进行基本的网络配置，例如 IP 地址、子网掩码、默认网关、DNS 的配置等，以提高网络访问效率与稳定性。

【需求分析】

为模拟企业真实网络环境，本项目的测试使用虚拟网络平台，实现网络组建架构中服务器端环境（包含常见的服务器操作系统主流版本 Windows Server 和 Linux 操作系统 CentOS 7）、客户机常用操作系统环境的仿真模拟搭建与真实运行，实现 DHCP 服务器端网络服务的安装与配置管理，以及客户机服务测试与应用工作。

【方案设计】

本项目要求完成的网络拓扑如图 6－1 所示。本项目在上一个 DNS 服务器项目的基础上，在网络中添加两个 DHCP 服务器角色，让其用于网络管理。

新增加的双 DHCP 服务器配置及拓扑图如图 6－2 所示。

在本项目中，域名服务器及 DHCP 服务器在公司网络内的域名与对应的 IP 等配置见表 6－1。

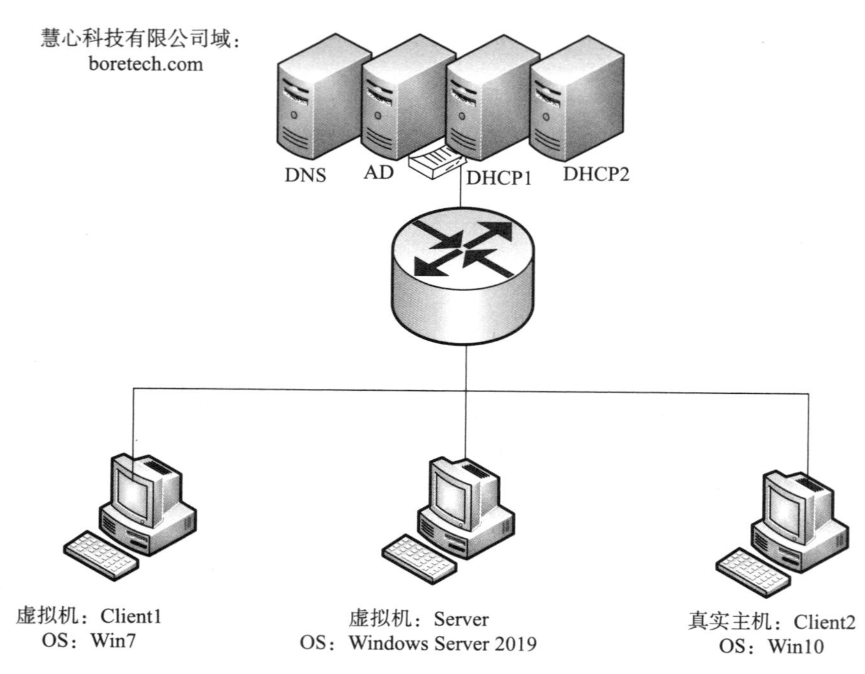

图 6－1　慧心科技有限公司网络拓扑图

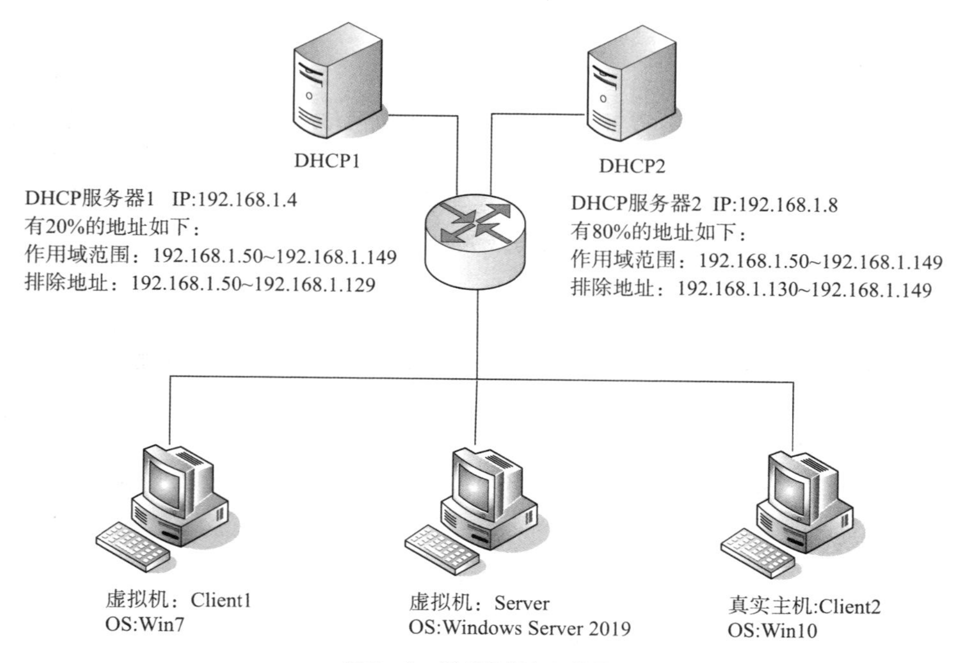

图 6－2　DHCP 服务拓扑图

表 6-1　慧心科技有限公司 DHCP 服务器配置一览表

图标	名称	域名与对应 IP	说明
	域服务器活动目录服务器	boretech.com 192.168.1.12	慧心科技有限公司的主服务器之一。用于管理公司本部的内网资源，包括组织单位（OU）、组、用户、计算机、打印机等。由于访问量较大，该服务器配置较高，是网络建设中重点投资的设备之一
DHCP1	DHCP 服务器	dhcp.boretech.com 192.168.1.4	DHCP 服务器，用于公司内部管理网络 IP 地址，以提高访问效率与稳定性。其用于分配 20% 的 IP，此服务器作为辅助 DHCP 服务器来使用。分配的地址范围：192. 168. 1. 50 ~ 192. 168. 1. 149，排除范围：192. 168. 1. 50 ~ 192. 168. 1. 129
DHCP2	DHCP 服务器	dhcp02.boretech.com 192.168.1.8	DHCP 服务器，用于公司内部管理网络 IP 地址，以提高访问效率与稳定性。其用于分配 80% 的 IP 地址，分配的地址范围：192.168.1.50 ~ 192.168.1.149，排除范围：192.168.1.130 ~ 192.168.1.149

【知识目标、技能目标和思政目标】

①能够正确架设与配置 DHCP 服务器，实现公司内部 IP 地址的统一管理与分配。
②能够正确管理 DHCP 服务器。
③能够正确配置 DHCP 客户端。
④能够正确配置多个 DHCP 服务器。
⑤能够熟练管理 DHCP 服务器数据库。
⑥理解 DHCP 服务器配置的 80/20 原则。
⑦树立网络安全防范意识，自觉维护网络安全。

任务 1　Windows DHCP 服务的安装与部署

【任务描述】

本任务是在掌握了 DHCP 及服务器相关基本概念的基础上，掌握在 Windows 平台上安装及配置 DHCP 服务器，并结合网络实际情况能灵活应用。任务目标为实现 DHCP 服务器安装与测试运行。

【任务分析】

在 TCP/IP 网络中，计算机之间通过 IP 地址互相通信，因此，管理、分配与设置客户端

IP 地址的工作非常重要。以手动方式设置 IP 地址，不仅非常费时、费力，而且也非常容易出错，尤其在大中型网络中，手动设置 IP 地址更是一项非常复杂的工作。如果让服务器自动为客户端计算机配置 IP 地址等相关信息，就可以大大提高工作效率，并减少 IP 地址故障的可能性。

DHCP 是动态主机分配协议（Dynamic Host Configuration Protocol）的简称，是一个简化主机 IP 地址分配管理的 TCP/IP 标准协议。管理员可以利用 DHCP 服务器，从预先设置的 IP 地址池中动态地给主机分配 IP 地址，不仅能够保证 IP 地址不重复分配，也能及时回收 IP 地址，以提高 IP 地址的利用率。

TCP/IP 目前已经成为互联网的公用通信协议，在局域网上也是必不可少的协议。用 TCP/IP 协议进行通信时，每一台计算机（主机）都必须有一个 IP 地址用于在网络上标识自己。对于一个设立了因特网服务的组织机构，由于其主机对外开放了诸如 WWW、FTP、E - mail 等访问服务，通常要对外公布一个固定的 IP 地址，以方便用户访问。如果 IP 地址由系统管理员在每一台计算机上手动进行设置，把它设定为一个固定的 IP 地址时，就称为静态 IP 地址方案。而对于大多数拨号上网的用户，由于其上网时间和空间的离散性，为每个用户分配一个固定的静态 IP 地址是不现实的，如果 ISP（Internet Service Provider，互联网服务供应商）有 10 000 个用户，就需要 10 000 个 IP 地址，这将造成 IP 地址资源的极大浪费。随着全球上网的网民数量不断增多，面临着 IP 地址与网络用户高速发展不匹配的问题。

在局域网中，对于网络规模较大的用户，系统管理员给每一台计算机分配 IP 地址的工作量就会很大，而且常常会因为用户不遵守规则而出现错误，例如导致 IP 地址的冲突等。同时，在把大批计算机从一个网络移动到另一网络，或者改变部门计算机所属子网时，同样存在改变 IP 地址的工作量大的问题。

DHCP 就是因此而生的，采用 DHCP 方法配置计算机 IP 地址的方案称为动态 IP 地址方案。在动态 IP 地址方案中，每台计算机并不设置固定的 IP 地址，而是在计算机开机时才被分配一个 IP 地址，这样可以解决 IP 地址不够用的问题。

随着计算机技术的飞速发展，目前市场上主流的服务器平台运行的操作系统包括 Windows 及 Linux。本任务主要是在 Windows 平台上完成 DHCP 服务的安装、部署、测试、运行等工作。

【知识准备】

1. DHCP

DHCP 是一个简化主机 IP 地址分配管理的 TCP/IP 标准协议。管理员可以利用 DHCP 服务器，从预先设置的 IP 地址池中动态地给主机分配 IP 地址，不仅能够保证 IP 地址不重复分配，也能及时回收 IP 地址，以提高 IP 地址的利用率。

2. DHCP 网络的组成对象

DHCP 网络中有三类对象，分别是 DHCP 客户端、DHCP 服务器和 DHCP 数据库。DHCP 是采用客户端/服务器（Client/Server）模式，有明确的客户端和服务器角色的划分，分配到 IP 地址的计算机被称为 DHCP 客户端（DHCP Client），负责给 DHCP 客户端分配 IP 地址的计算机称为 DHCP 服务器。DHCP 数据库是 DHCP 服务器上的数据库，存储了 DHCP 服务配置的各种信息。

3. BOOTP 引导程序协议

DHCP 前身是 BOOTP（Boot Strap Protocol，引导程序协议），所以这里先介绍 BOOTP。BOOTP 也称为自举协议，它使用 UDP 协议来使一个工作站自动获取配置信息。BOOTP 原本是用于无盘工作站连接到网络服务器的，网络的工作站使用 BOOTROM 而不是硬盘启动并连接上网络服务的。

为了获取配置信息，协议软件广播一个 BOOTP 请求报文，收到请求报文的 BOOTP 服务器查找出发出请求的计算机的各项配置信息（如 IP 地址、默认路由地址、子网掩码等），将配置信息放入一个 BOOTP 应答报文，并将应答报文返回给发出请求的计算机。

这样一台网络中的工作站就获得了所需的配置信息。由于计算机发送 BOOTP 请求报文时还没有 IP 地址，因此它会使用全广播地址作为目的地址，使用“0.0.0.0”作为源地址。BOOTP 服务器可使用广播（Broadcast）将应答报文返回给计算机，或使用收到的广播帧上的网卡的物理地址进行单播（Unicast）。

但是 BOOTP 设计用于相对静态的环境，管理员创建一个 BOOTP 配置文件，该文件定义了每一台主机的一组 BOOTP 参数。配置文件只能提供主机标识符到主机参数的静态映射，如果主机参数没有要求变化，BOOTP 的配置信息通常保持不变。配置文件不能快速更改，此外，管理员必须为每一台主机分配一个 IP 地址，并对服务器进行相应的配置，使它能够理解从主机到 IP 地址的映射。

由于 BOOTP 是静态配置 IP 地址和 IP 参数的，不可能充分利用 IP 地址及大幅度减少配置的工作量，非常缺乏“动态性”，已不适应现在日益庞大和复杂的网络环境。

4. DHCP 动态主机配置协议

DHCP 是 BOOTP 的增强版本，此协议从两个方面对 BOOTP 进行有力的扩充：第一，DHCP 可使计算机通过一个消息来获取它所需要的配置信息，例如，一个 DHCP 报文除了能获得 IP 地址外，还能获得子网掩码、网关等；第二，DHCP 允许计算机快速，动态获取 IP 地址，为了使用 DHCP 的动态地址分配机制，管理员必须配置 DHCP 服务器，使得它能够提供一组 IP 地址。任何时候一旦有新的计算机连网，新的计算机将与服务器联系并申请一个 IP 地址。服务器从管理员指定的 IP 地址中选择一个地址，并将它分配给该计算机。

DHCP 允许有如下三种类型的地址分配：

自动分配方式：当 DHCP 客户端第一次成功地从 DHCP 服务器端租用到 IP 地址之后，就永远使用这个地址。

动态分配方式：当 DHCP 第一次从 HDCP 服务器端租用到 IP 地址之后，并非永久地使用该地址，只要租用到期，客户端就得释放这个 IP 地址，以给其他工作站使用。当然，客户端可以比其他主机更优先更新租用，或是租用其他 IP 地址。

手动分配方式：DHCP 客户端的 IP 地址是由网络管理员指定的，DHCP 服务器只是把指定的 IP 地址告诉客户端。

动态地址分配是 DHCP 的最重要和新颖的功能，与 BOOTP 所采用的静态分配地址不同的是，动态 IP 地址的分配不是一对一的映射，服务器事先并不知道客户端的身份。

可以配置 DHCP 服务器，使得任意一台客户端都可以获得 IP 地址并开始通信。为了使自动配置成为可能，DHCP 服务器保存着网络管理员定义的一组 IP 地址等 TCP/IP 参数，DHCP 客户端通过与 DHCP 服务器交换信息协商 IP 地址的使用。在交换中，服务器为客户端提供 IP 地址，客户端确认它已经接收此地址。一旦客户端接收了一个地址，它就开始使用此地址进行通信。

将所有的 TCP/IP 参数保存在 DHCP 服务器，使网络管理员能够快速检查 IP 地址及其他配置参数，而不必前往每一台计算机进行操作。此外，由于 DHCP 的数据库可以在一个中心位置（即 DHCP 服务器）完成更改，因此，重新配置时，也无须对每一台计算机进行配置。此外，DHCP 不会将同一个 IP 地址同时分配给两台计算机，从而避免了 IP 地址的冲突。

5. DHCP 的工作过程

DHCP 客户端为了分配地址，和 DHCP 服务器进行报文交换的过程如下：

（1）IP 租用的发现阶段

发现阶段是 DHCP 客户端寻找 DHCP 服务器的过程。客户端启动时，以广播方式发送 DHCP DISCOVER（发现）报文消息，来寻找 DHCP 服务器，请求租用一个 IP 地址。由于客户端还没有自己的 IP 地址，所以使用 0.0.0.0 作为源地址，同时，客户端也不知道服务器的 IP 地址，所以它以 255.255.255.255 作为目标地址。网络上每一台安装了 TCP/IP 协议的主机都会接收到这种广播信息，但只有 DHCP 服务器才会做出响应。

（2）IP 租用的提供阶段

当客户端发送要求租用的请求后，所有的 DHCP 服务器都收到了该请求，然后所有的 DHCP 服务器都会广播一个愿意提供租用的 DHCP OFFER（提供）报文消息（除非该 DHCP 服务器没有空余的 IP 可以提供了）。在 DHCP 服务器广播的消息中，包含以下内容：源地址，DHCP 服务器的 IP 地址；目标地址，因为这时客户端还没有自己的 IP 地址，所以用广播地址 255.255.255.255；客户端地址，DHCP 服务器可提供的一个客户端使用的 IP 地址；另外，还有客户端的硬件地址、子网掩码、租用的时间长度和该 DHCP 服务器的标识符等。

（3）IP 租用的选择阶段

如果有多台 DHCP 服务器向 DHCP 客户端发来 DHCP OFFER 报文消息，则 DHCP 客户端只接收首先到达的 DHCP OFFER 报文消息，然后以广播方式回答一个 DHCP REQUEST（请求）报文消息，该消息中包含它所选定的 DHCP 服务器请求 IP 地址的内容。之所以要以广播方式回答，是因为要通知所有的 DHCP 服务器，它将选择某台 DHCP 服务器所提供的 IP 地址，其他的 DHCP 服务器会撤销它们提供的租用。

（4）IP 租用的确认阶段

当 DHCP 服务器收到 DHCP 客户端回答的 DHCP REQUEST 报文消息之后，它便向 DH-CP 客户端发送一个包含它所提供的 IP 地址和其他设置的 DHCP ACK（确认）报文消息，告诉 DHCP 客户端可以使用它所提供的 IP 地址。然后 DHCP 客户端便将其 TCP/IP 协议与网卡绑定，这样就可以在局域网中与其他设备进行通信了。

当 IP 地址使用时间达到租期的一半时，将向 DHCP 服务器发送一个新的 DHCP 请求，服务器接收到该信息后，回送一个 DHCP 应答报文信息，以重新开始一个租用周期。该过程就像是续签租赁合同，只是续约时间必须在合同期的一半时进行。在进行 IP 地址的续租时，有以下两种特殊情况：

（1）DHCP 客户端重新启动

不管 IP 地址的租期有没有到期，DHCP 客户端每次重新登录网络时，都不需要再发送 DHCP DISCOVER 报文消息了，而是直接发送包含前一次分配的 IP 地址的 DHCP REQUEST

报文信息。当 DHCP 服务器收到这一消息后，它会尝试让 DHCP 客户端继续使用原来的 IP 地址，并回答一个 DHCP ACK 报文消息。如果此 IP 地址已无法再分配给原来的 DHCP 客户端使用（例如此 IP 地址已分配给其他 DHCP 客户端使用），则 DHCP 服务器给 DHCP 客户端回答一个 DHCP NACK（否认）报文消息。当原来的 DHCP 客户端收到此 DHCP NACK 报文消息后，它就必须重新发送 DHCP DISCOVER 报文消息来请求新的 IP 地址。

（2）IP 地址的租期超过一半

DHCP 服务器向 DHCP 客户端出租的 IP 地址一般都有一个租借期限，期满后，DHCP 服务器便会收回出租的 IP 地址。如果 DHCP 客户端要延长其 IP 租用，则必须更新其 IP 租用。客户端在 50% 租借时间过去以后，每隔一段时间就开始请求 DHCP 服务器更新当前租借，如果 DHCP 服务器应答，则租用延期；如果 DHCP 服务器始终没有应答，则在有效租借期的 87.5% 时，客户端应该与其他的 DHCP 服务器通信，并请求更新它的配置信息；如果客户端不能和所有的 DHCP 服务器取得联系，租借到期后，必须放弃当前的 IP 地址，并重新发送一个 DHCP DISCOVER 报文消息开始上述的 IP 地址获得过程。

6. DHCP 的优缺点

作为优秀的 IP 地址管理工具，DHCP 具有以下优点：

（1）提高效率

DHCP 使计算机自动获得 IP 地址信息并完成配置，减少了由于手动设置而可能出现的错误，并极大地提高了工作效率，降低了劳动强度。利用 TCP/IP 进行通信，仅有 IP 地址是不够的，常常还需要网关、WINS、DNS 等设置。DHCP 服务器除了能动态提供 IP 地址外，还能同时提供 WINS、DNS 主机名、域名等附加信息，完善 IP 地址参数的设置。

（2）便于管理

当网络使用的 IP 地址范围改变时，只需修改 DHCP 服务器的 IP 地址池即可，而不必逐一修改网络内的所有计算机的 IP 地址。

（3）节约 IP 地址资源

在 DHCP 系统中，只有当 DHCP 客户端请求时，才由 DHCP 服务器提供 IP 地址，而当计算机关机后，又会自动释放该 IP 地址。通常情况下，网络内的计算机并不都是同时开机的，因此，较小数量的 IP 地址也能够满足较多计算机的需求。

DHCP 服务优点不少，但同时也存在着缺点：DHCP 不能发现网络上非 DHCP 客户端已经使用的 IP 地址；当网络上存在多个 DHCP 服务器时，一个 DHCP 服务器不能查出已被其他服务器租出去的 IP 地址；DHCP 服务器不能跨越子网路由器与客户端进行通信，除非路由器允许 BOOTP 转发。

使用 DHCP 服务时，还要注意的是，由于客户端每次获得的 IP 地址不是固定的（当然，现在的 DHCP 已经可以针对某一计算机分配固定的 IP 地址），如果想利用某主机对外提供网络服务（如 Web 服务、DNS 服务）等，一般采用静态 IP 地址配置方法。使用动态的 IP 地址是比较麻烦的，还需要动态域名解析服务（DDNS）来支持。

DHCP 是用来动态分配地址的，所以很难在 DNS 服务器中保持精确的名称到地址的映射。节点地址发生改变后，DNS 数据库中的记录就变得无效了。Windows Server 2019 DHCP 让 DHCP 服务器和客户端在地址或主机名改变时请求 DNS 数据库更新，这种方式甚至能使客户端的 DNS 数据库保持最新并动态分配 IP 地址。

【任务实施】

本任务实施步骤如下：

①安装 DHCP 服务器。

②配置 DHCP 端。

③配置客户端。

④在客户机上测试效果。

⑤配置多个 DHCP 服务器。

⑥创建和使用超级作用域。

1. 安装 DHCP 服务

安装 DHCP 服务与安装其他 Windows Server 2012 服务一样，可以用“添加角色”向导来完成，这个向导可以通过“服务器管理器”或“初始化配置任务”应用程序打开。安装 DHCP 服务的具体操作步骤如下：

①在服务器中选择“开始”→“服务器管理器”命令打开“服务器管理器”窗口，选择左侧“仪表板”一项之后，单击右侧的“添加角色和功能”链接（如图 6 -3 所示），出现如图 6 -4 所示的“添加角色和功能向导”对话框，首先显示的是“开始之前”选项，此选项提示用户，在继续之前，请确认完成以下任务：

- 管理员账户使用的是强密码
- 静态 IP 地址等网络设置已配置完成
- 已从 Windows 更新安装最新的安全更新

用户在确认以上的注意事项后，单击“下一步”按钮。

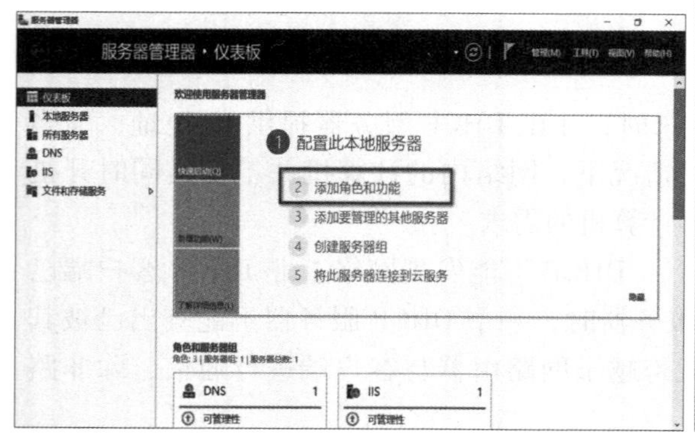

图 6 -3　添加角色

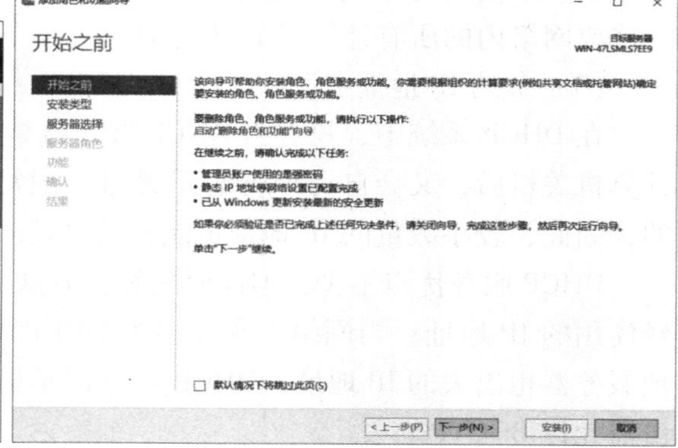

图 6 -4　添加角色和功能向导

②弹出“选择安装类型”对话框，如图 6 -5 所示。在此对话框中，选择“基于角色或基于功能的安装”选项，然后单击“下一步”按钮。

③弹出“选择目标服务器”对话框，如图 6 -6 所示。在此对话框中，选择“从服务器池中选择服务器”选项，同时，在下方的服务器池中，显示当前可选的服务器，在此选择默认选项即可，然后单击“下一步”按钮。

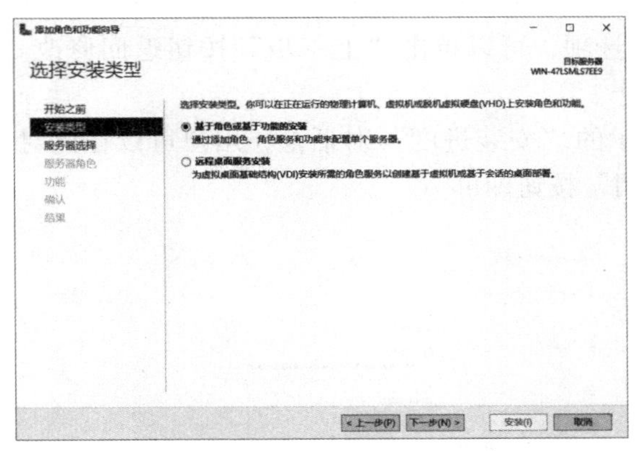

图 6-5　选择安装类型

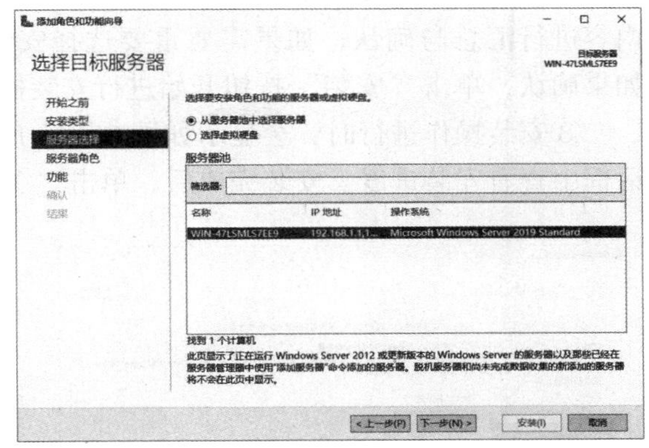

图 6-6　选择目标服务器

④在如图 6-7 所示的“选择服务器角色”对话框中，勾选“DHCP 服务器”，系统会对相应选择的角色辅助安装进行提示，直接选择即可。完成后，单击“下一步”按钮继续操作。

⑤弹出“选择功能”对话框，如图 6-8 所示，要求选择要安装在所选服务器上的一个或多个功能。在此选择默认选项即可，完成后，单击“下一步”按钮继续操作。

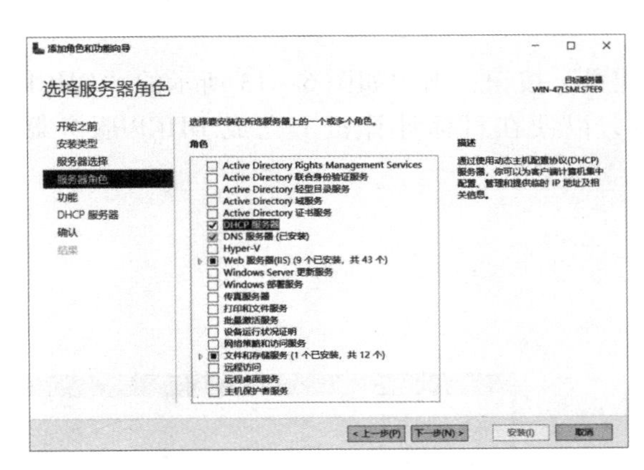

图 6-7　选择服务器角色

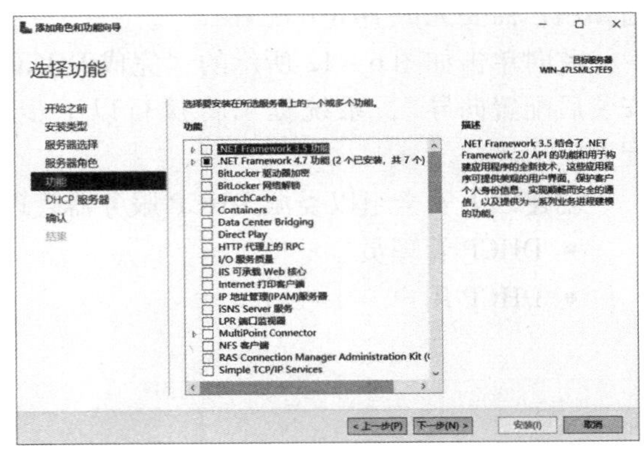

图 6-8　选择功能

⑥弹出“DHCP 服务器”对话框，如图 6-9 所示。此对话框对 DHCP 服务器进行了简要介绍，同时，提示了如下注意事项：

● 在此计算机上至少应配置一个静态 IP 地址。

● 安装 DHCP 服务器之前，应规划子网、作用域和排除范围。将规划保存在安全位置以供日后参考。

建议初次安装的用户请仔细阅读，完成后，单击“下一步”按钮继续操作。

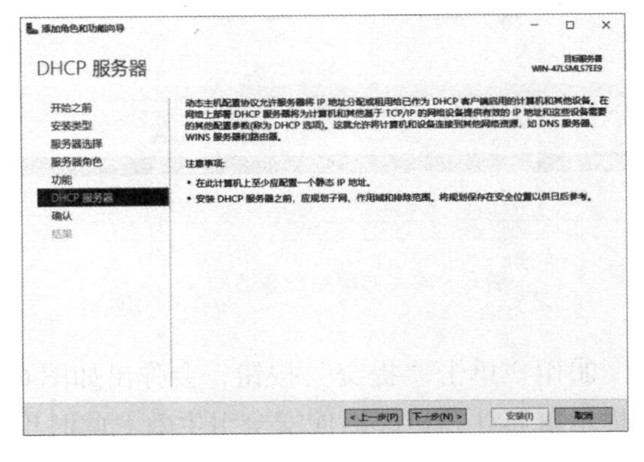

图 6-9　DHCP 服务器

⑦弹出“确认安装所选内容”对话框，如图 6－10 所示。在此对话框中，对安装所选内容进行汇总与确认，如果需要重要选择安装选项，可以单击“上一步”按钮返回修改。如果确认，单击“安装”按钮开始进行安装操作。

⑧安装操作进行时，会显示如图 6－11 所示的“安装进度”对话框，用户可以在此对话框中查看安装进度。安装完成后，单击“关闭”按钮即可。

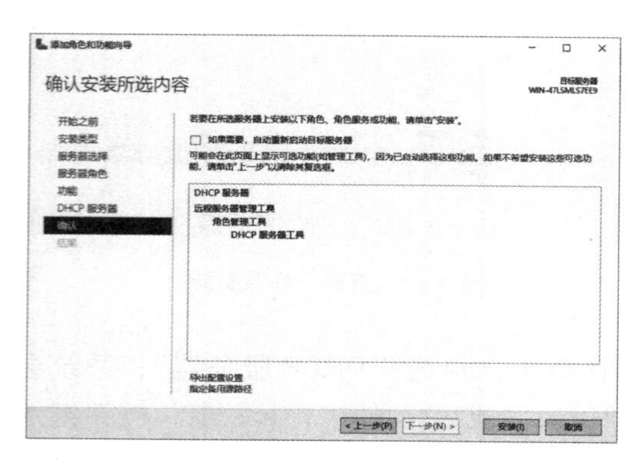

图 6－10　确认安装所选功能

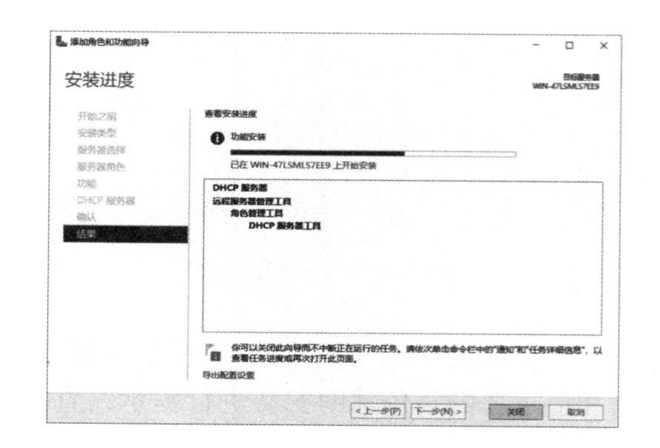

图 6－11　安装进度

⑨DHCP 安装完成后，在“服务器管理器”界面中会出现如图 6－12 所示的通知界面，通知用户需要完成 DHCP 配置。

此时单击如图 6－12 所示的“完成 DHCP 配置”按钮，出现如图 6－13 所示的“DHCP 安装后配置向导”，系统提示将执行以下步骤，以便在目标计算机上完成 DHCP 服务器配置：

创建以下安全组以委派 DHCP 服务器管理。

- DHCP 管理员
- DHCP 用户

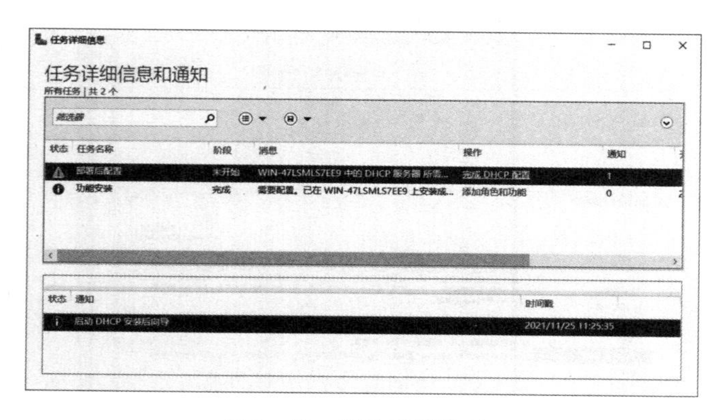

图 6－12　部署后配置通知

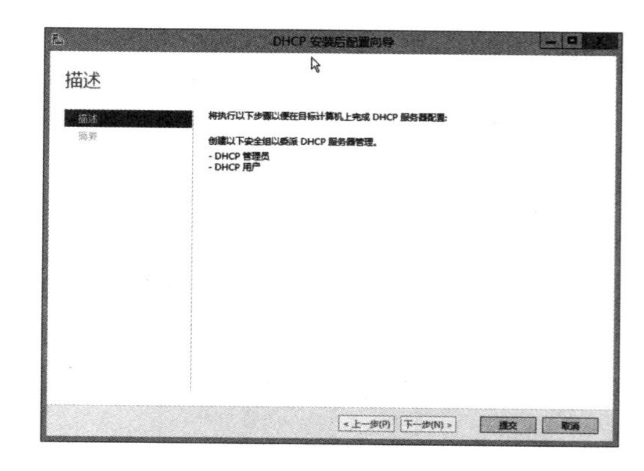

图 6－13　DHCP 安装后配置向导

⑩用户单击“提交”按钮，会弹出如图 6－14 所示的“摘要”窗口，系统创建安全组，并提示重启计算机，以便安全组生效。此时单击“关闭”按钮，重启计算机后，DHCP 服务器安装完成。

DHCP 服务器安装过程请扫描如图 6－15 所示二维码在线观看。

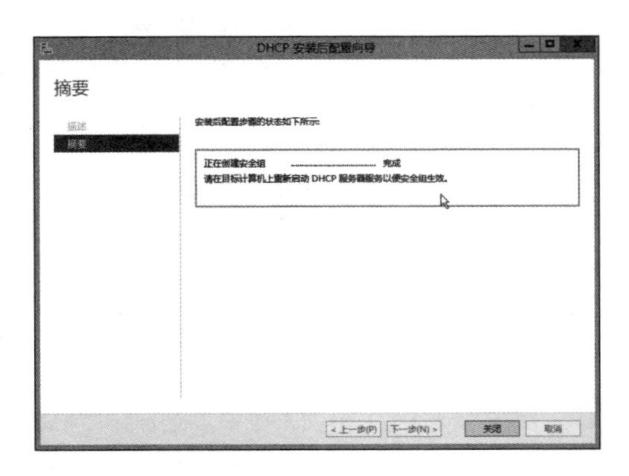

图 6－14　部署后配置通知

图 6－15　DHCP 安装操作视频

2. 配置 DHCP 服务

DHCP 服务器安装完成后，需要进一步进行配置，然后才能够实现 DHCP 管理服务。配置 DHCP 服务器过程如下：

①打开 DHCP 服务器。

②新建作用域。

③根据新建作用域向导配置 DHCP 服务器。

④激活新建的作用域，使其生效。

接下来，以配置第一台 DHCP 服务器为例来介绍其详细配置过程。服务器 IP 地址：192.168.1.4，分配的地址范围：192.168.1.50 ~ 192.168.1.149，排除范围：192.168.1.50 ~ 192.168.1.129。

① 依次单击“开始”→“管理工具”→“DHCP”，打开 DHCP 服务器，如图 6－16 所示，在此窗口中显示安装完成的 DHCP 服务，分为两个分支：IPv4 和 IPv6。

②新建作用域。

在如图 6－17 所示的 IPv4 分支上单击鼠标右键，在弹出的快捷菜单中选择“新建作用域”。

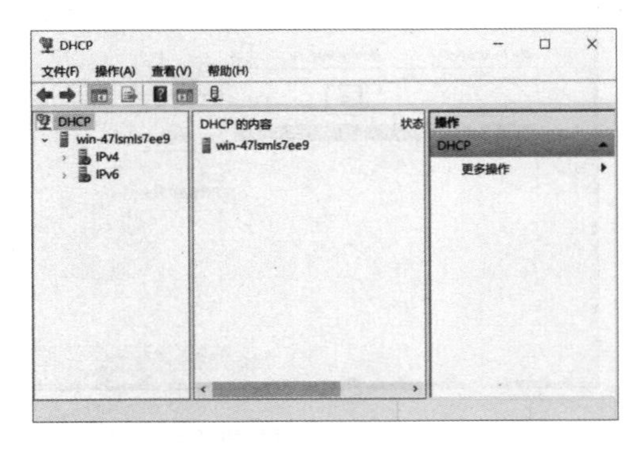

图 6－16　DHCP 服务

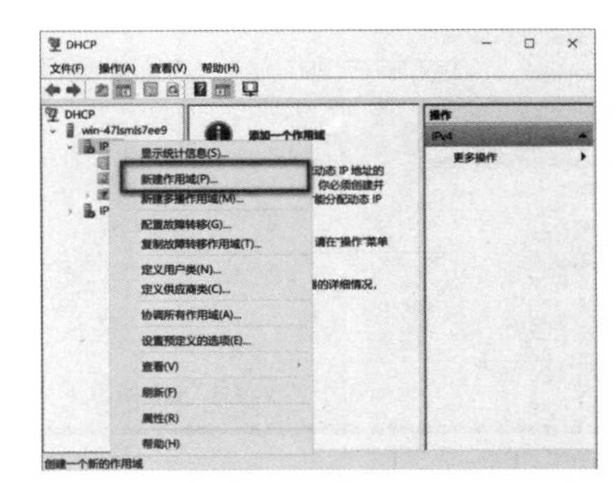

图 6－17　新建作用域

③根据新建作用域向导配置 DHCP 服务器。

会弹出如图 6－18 所示的“新建作用域向导”对话框。此向导提示会帮助用户新建一

个作用域，以便将 IP 地址分发到网络上的计算机。单击“下一步”按钮继续。

弹出“作用域名称”对话框，如图 6－19 所示。此对话框用来设置作用域的配置。在作用域名称框中输入名称：DHCP01_BORETECH，描述信息为：慧心科技公司 DHCP 服务器 01。完成后，单击“下一步”按钮继续。

图 6－18　新建作用域向导

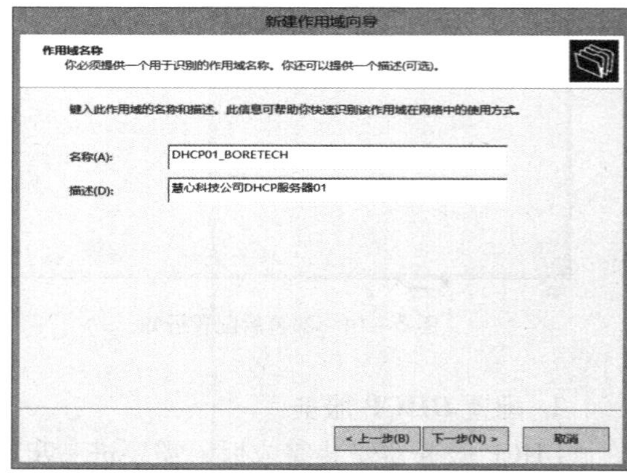

图 6－19　作用域名称

弹出“IP 地址范围”对话框，如图 6－20 所示。在地址范围中，输入起始 IP 地址为 192.168.1.50，结束 IP 地址为 192.168.1.149。子网掩码配置长度为 24 位，保持默认即可。完成后，单击“下一步”按钮继续。

弹出“添加排除和延迟”对话框，如图 6－21 所示。排除是指服务器不分配的地址或地址范围，延迟是指服务器将延迟 DHCPOFFER 消息传输的时间段。在此，可以根据管理的需要进行相应的设置。例如，如果需要将 IP 地址 192.168.1.88 分配给某一特定机器，可以将其加入排除范围内，这样，此地址就不会被动态分配下去。完成后，单击“下一步”按钮继续。

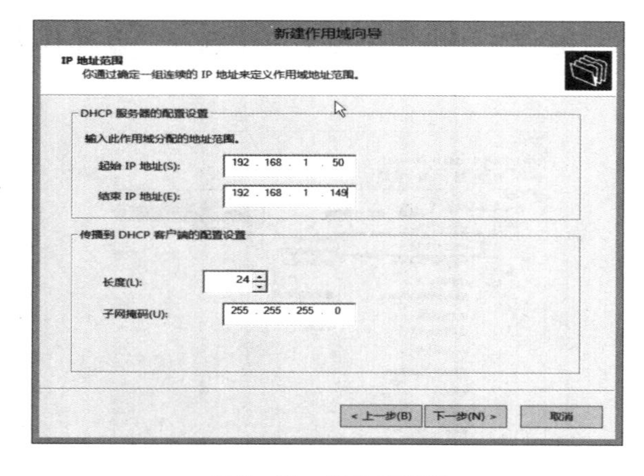

图 6－20　IP 地址范围

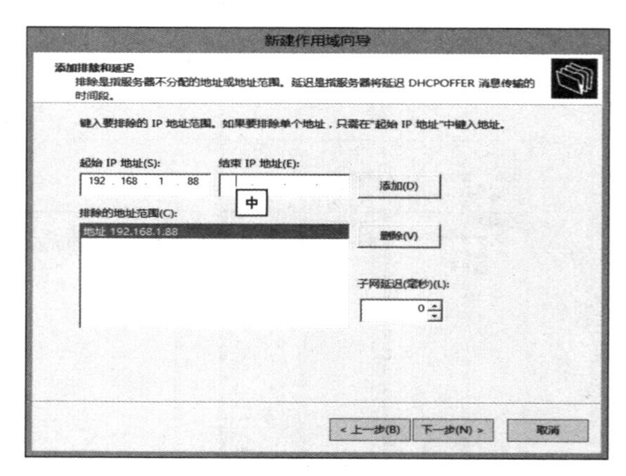

图 6－21　添加排除和延迟

弹出“租用期限”对话框，如图 6－22 所示。

租用期限指定了一个客户端从此作用域使用 IP 地址的时间长短。租用期限通常应该等

于计算机连接至同一物理网络消耗的平均时间。对于主要由便携式计算机或拨号网络客户端组成的移动网络来说，设置较短的租用期限十分有用。同样，对于主要由位置固定的台式计算机组成的稳定网络来说，设置较长的租用期限更合适。

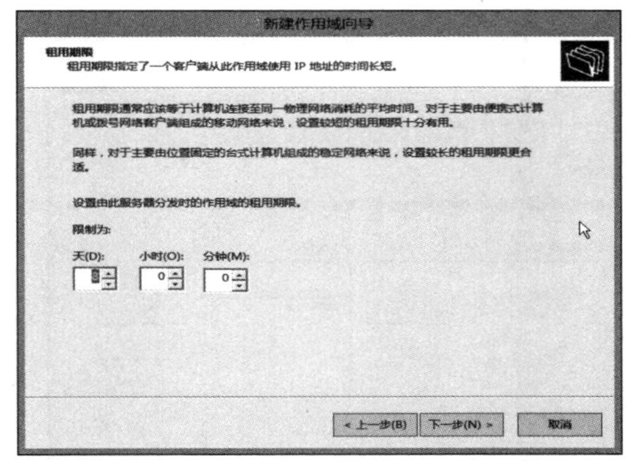

图 6－22　租用期限

设置由此服务器分发时的作用域的租用期限，默认为 8 天。在此，可以根据需要进行相应的设置。完成后，单击“下一步”按钮继续。

弹出为“配置 DHCP 选项”对话框，如图 6－23 所示。在此对话框中，提示用户必须配置最常用的 DHCP 选项后，客户端才可以使用作用域。常用的 DHCP 选项包含路由器的 IP 地址（默认网关）、DNS 服务器等。此对话框中询问用户是否立即为此作用域配置 DHCP 选项，在此，选择“是，我想现在配置这些选项”，完成后，单击“下一步”按钮继续。

弹出“路由器（默认网关）”对话框，如图 6－24 所示。在此对话框中，可以指定要为此作用域分配的路由器或默认网关。在此，输入默认网关为 192.168.1.254，将其添加至地址列表中即可。完成后，单击“下一步”按钮继续。

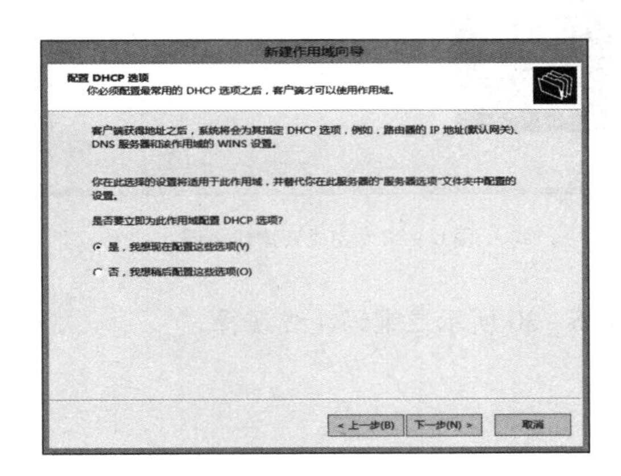

图 6－23　配置 DHCP 选项

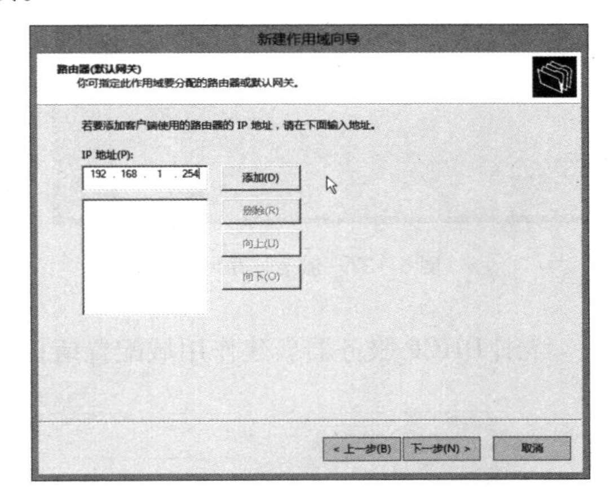

图 6－24　路由器（默认网关）

弹出“域名称和 DNS 服务器”对话框，如图 6－25 所示。用户可以根据管理的需要进行配置，也可以忽略，直接单击“下一步”按钮继续。

弹出“WINS 服务器”对话框，如图 6－26 所示。用户可以根据管理的需要进行配置，也可以忽略，直接单击“下一步”按钮继续。

弹出“激活作用域”对话框，如图 6－27 所示。在此，选择单选按钮“是我想现在激活此作用域”选项，然后单击“下一步”按钮。

系统显示“正在完成新建作用域向导”对话框，如图 6－28 所示。单击“完成”按钮完成基本的 DHCP 服务配置。单击“管理工具”→“DHCP”，在打开的窗口中显示详细内容，如图 6－29 所示。

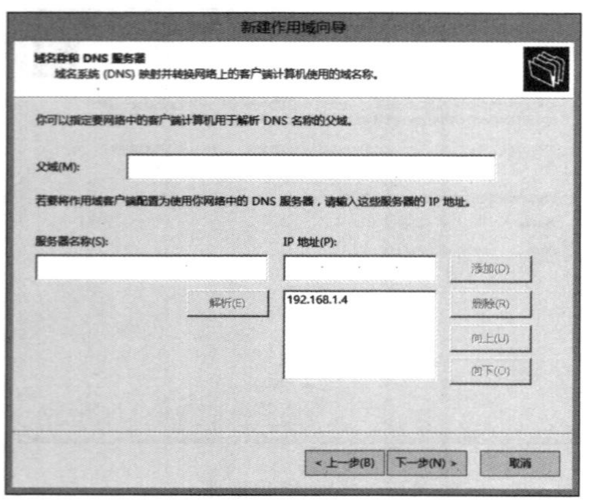

图 6－25　域名称和 DNS 服务器

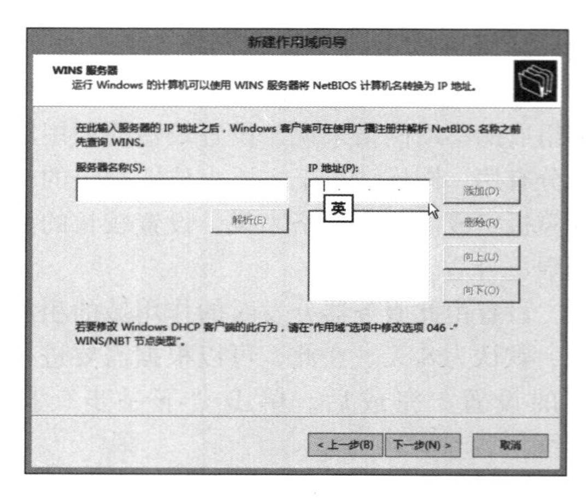

图 6－26　WINS 服务器

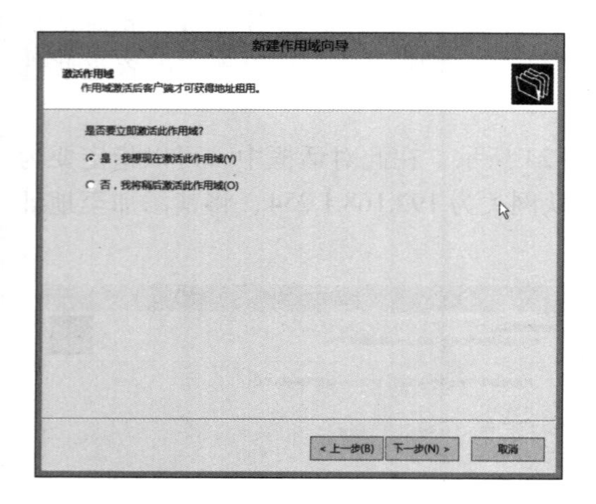

图 6－27　激活作用域

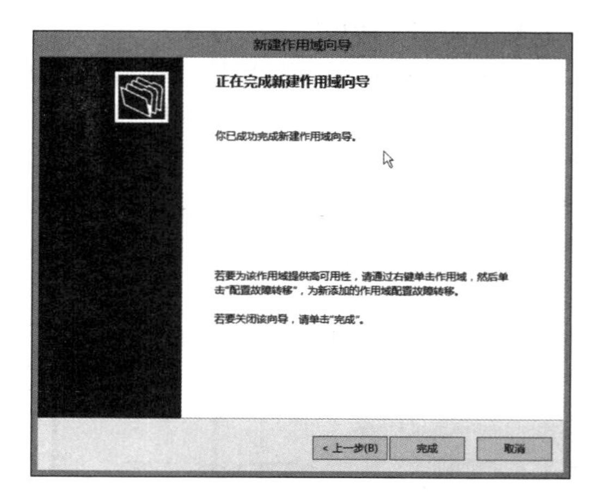

图 6－28　完成新建作用域

详细 DHCP 服务器新建作用域配置请扫描如图 6－30 所示二维码在线观看。

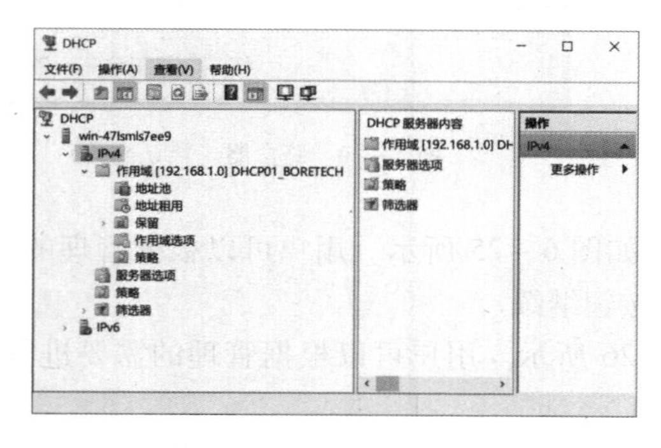

图 6－29　完成后的 DHCP 配置

图 6－30　配置 DHCP 服务视频

3. DHCP 服务器的配置与管理

(1) DHCP 服务器的启动与停止

在安装 DHCP 服务之后，在"服务器管理器"窗口的角色中就会出现"DHCP 服务器"

角色。可以在如图 6－31 所示的“服务器管理器”窗口中，单击左侧“角色”，在出现的右侧窗口中单击“DHCP”链接，右击 DHCP 服务器名称，在出现的快捷菜单中单击“DHCP 管理器”，可以打开如图 6－32 所示的 DHCP 管理器界面。

是可以在“管理工具”中单击“DHCP”选项，也可以打开如图 6－32 所示的 DHCP 管理器界面。

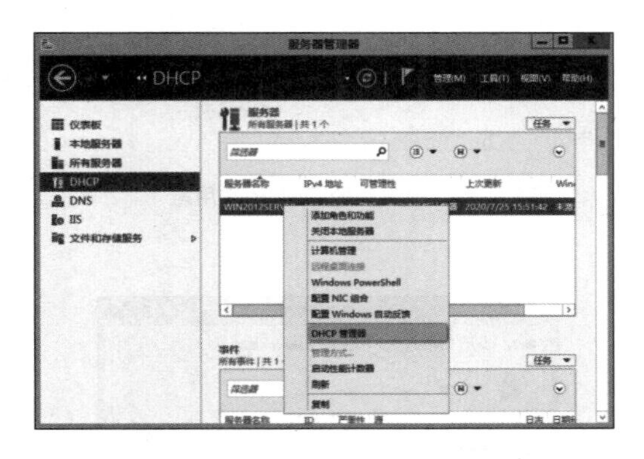

图 6－31　服务器管理器

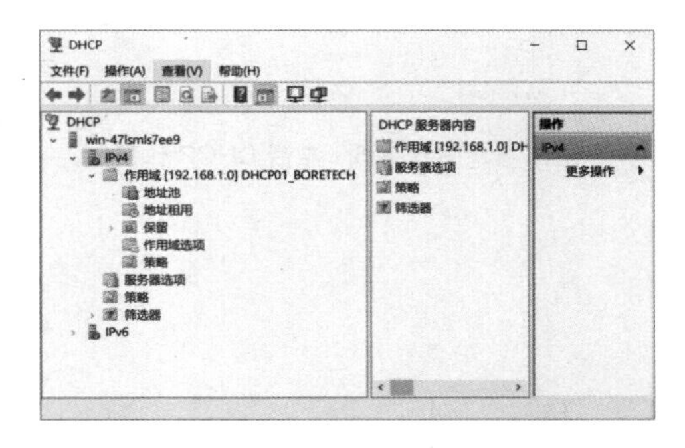

图 6－32　DHCP 管理器

在 DHCP 管理器中，右键单击作用域名称，在出现的菜单中选择“停用”，可以将作用域停用，如图 6－33 所示。当作用域被停用后，其作用域名称图标右下角有红色停用标记，如图 6－34 所示。

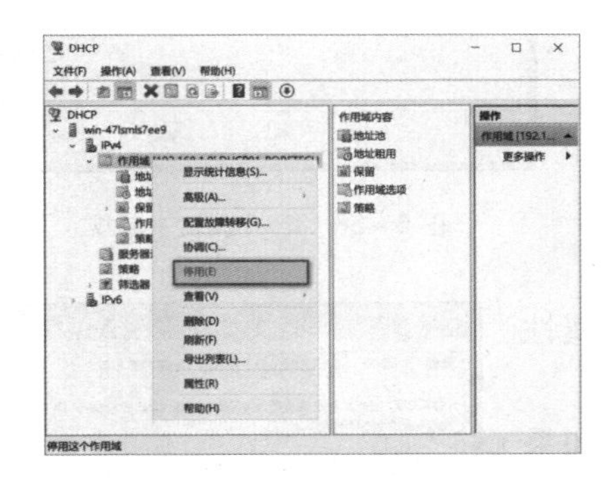

图 6－33　停用 DHCP 作用域

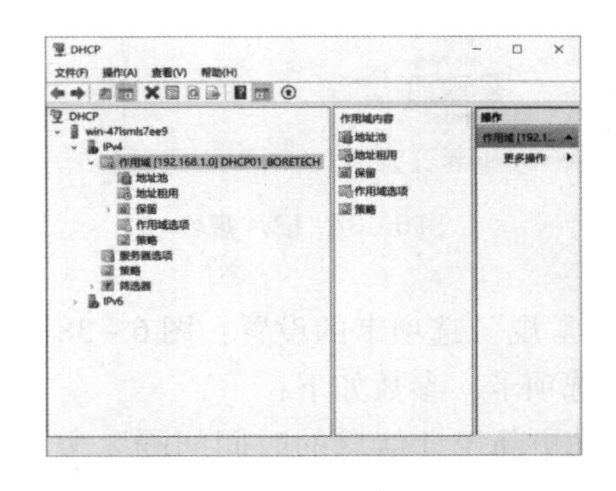

图 6－34　已停用的 DHCP 作用域

在 DHCP 管理器中，如果某作用域已停用，可以将其启用。右键单击作用域名称，在出现的快捷菜单中选择“激活”，可以将作用域启用，如图 6－35 所示。当作用域被启用后，其作用域名称图标正常显示，如图 6－36 所示。

（2）修改 DHCP 服务器的配置

对于已经建立的 DHCP 服务器，可以修改其配置参数，具体的操作步骤如下：在 DHCP 管理器窗口左部目录树中的 DHCP 服务器名称下选中“IPv4”选项，按右键并在弹出的快捷菜单中选择“属性”命令，如图 6－37 所示。

在打开的属性对话框中，如图 6－38 所示，在不同的选项卡中可以修改 DHCP 服务器的设置，选项卡的设置如下：

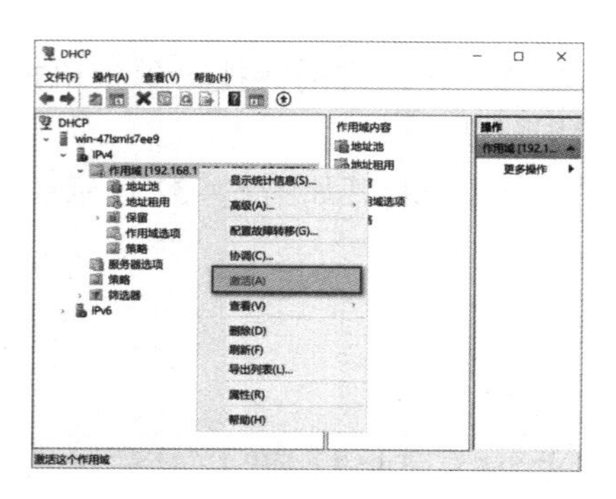

图 6－35　激活 DHCP 作用域

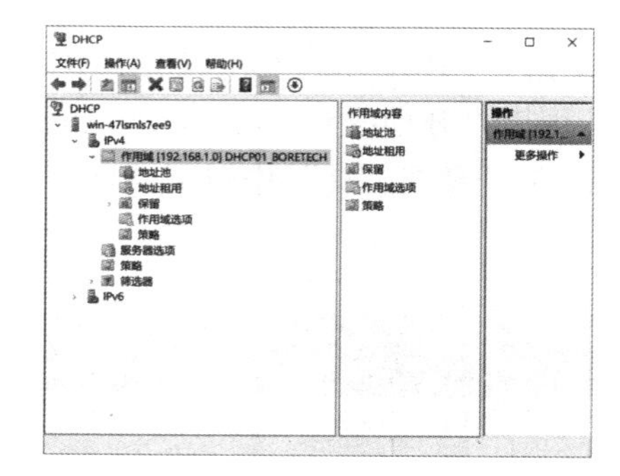

图 6－36　被激活的 DHCP 作用域

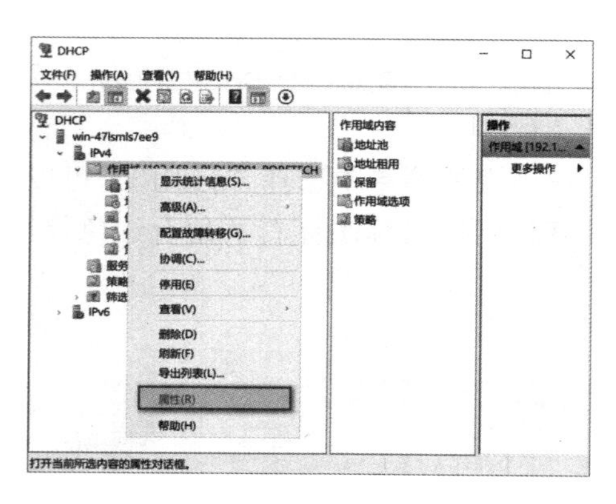

图 6－37　IPv4 属性

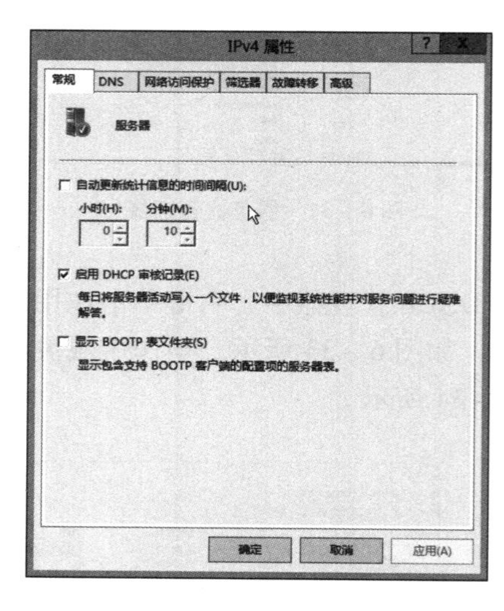

图 6－38　IPv4 属性－常规

①“常规”选项卡的设置：图 6－38 所示为属性“常规”选项卡，参数如下：

“自动更新统计信息的时间间隔”复选框：如果选中，可以设置以小时和分钟为单位，服务器自动更新统计信息间隔时间。

“启用 DHCP 审核记录”复选框：选中后，可以将服务器的活动每日写入一个文件，日志将记录 DHCP 服务器活动，以监视系统性能及解决问题。

“显示 BOOTP 表文件夹”复选框：可以显示包含支持 BOOTP 客户端的配置项目的服务器表。

②“DNS”选项卡的设置：图 6－39 所示为属性“DNS”选项卡，参数如下：

“根据下面的设置启用 DNS 动态更新”复选框：表示 DNS 服务器上该客户端的 DNS 设置参数如何变

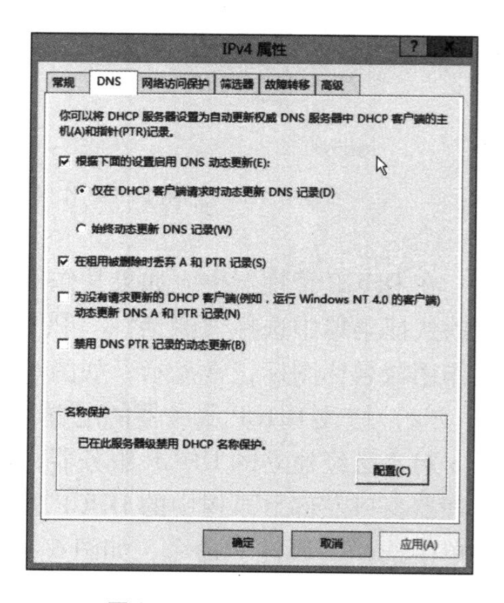

图 6－39　IPv4 属性－DNS

化，有两种方式：选择“仅在 DHCP 客户端请求时动态更新 DNS 记录”单选按钮，表示 DHCP 客户端主动请求时，DNS 服务器上的数据才进行更新；选择“始终动态更新 DNS 记录”单选按钮，表示 DNS 客户端的参数发生变化后，DNS 服务器的参数就发生变化。

“在租用被删除时丢弃 A 和 PTR 记录”复选框：表示 DHCP 客户端的租用失效后，其 DNS 参数也被丢弃。

“为没有请求更新的 DHCP 客户端（例如，运行 Windows NT 4.0 的客户端）动态更新 DNS A 和 PTR 记录”复选框：表示 DNS 服务器可以对非动态的 DHCP 客户端执行更新。

③“网络访问保护”选项卡的设置：图 6－40 所示为属性“网络访问保护”选项卡，参数如下：

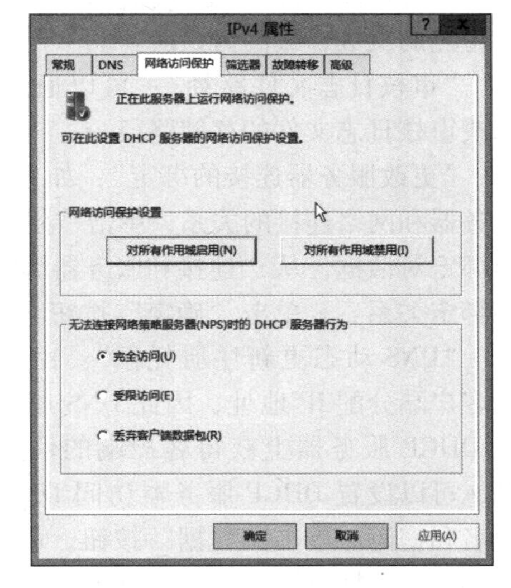

图 6－40　IPv4 属性－网络访问保护

“网络访问保护设置”：对所有作用域可以启用或禁用网络访问保护功能。

“无法连接网络策略服务器（NPS）时的 DHCP 服务器行为”：有三个单选按钮，即“完全访问”“受限访问”“丢弃客户端数据包”。

注意：网络访问保护是 Windows Server 2019 操作系统附带的一组操作系统组件，它提供一个平台，以帮助确保专用网络上的客户端计算机符合网络管理员定义的系统安全要求。Windows Server 2019 中的网络访问保护使用 DHCP 强制功能，换言之，为了从 DHCP 服务器获得无限制访问 IP 地址配置，客户端计算机必须达到一定的相容级别。通过这些强制策略，可以帮助网络管理员降低因客户端计算机配置不当所导致的一些风险，这些不当配置可使计算机暴露给病毒和其他恶意软件。对于不符合的计算机，网络访问 IP 地址配置限制只能访问受限网络或是丢弃客户端的数据包。

④“筛选器”选项卡的设置：图 6－41 所示为属性“筛选器”选项卡，参数如下：

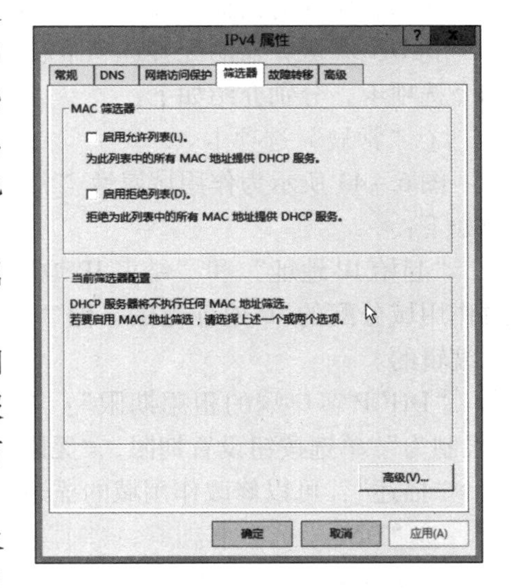

图 6－41　IPv4 属性－筛选器

“MAC 筛选器”：有两个复选按钮，“启用允许列表”表示为此列表中的所有 MAC 地址提供 DHCP 服务；“启用拒绝列表”表示拒绝为此列表中的所有 MAC 地址提供 DHCP 服务。

注意：如果要启用允许列表，则需要提供将接收 DHCP 服务的客户端的 MAC 地址，以便组成 MAC 列表。如果允许列表为空，则任何客户端均不会获得 DHCP 服务。

不论是启用还是拒绝列表，在此对话框下方的“当前筛选器配置”中，会详细进行提示与说明，在设置时请仔细查看。

⑤“高级”选项卡的设置：图 6－42 所示为属性“高级”选项卡，参数如下：

“冲突检测次数”：此输入框用于设置 DHCP 服务器在给客户端分配 IP 地址之前，对该 IP 地址进行冲突检测的次数，最高为 5 次。

“审核日志文件路径”：可以通过“浏览”按钮修改审核日志文件的存储路径。

“更改服务器连接的绑定”：如果需要更改 DHCP 服务器和网络连接的关系，单击“绑定”按钮，会弹出绑定对话框，从“连接和服务器绑定”列表框中选中绑定关系后，单击“确定”按钮。

“DNS 动态更新注册凭据”：由于 DHCP 服务器给客户端分配 IP 地址，因此 DNS 服务器可以及时地从 DHCP 服务器上获得客户端的信息。为了安全起见，可以设置 DHCP 服务器访问 DNS 服务器时的用户名和密码。单击“凭据”按钮，可以在出现的 DNS 动态更新凭据对话框中设置 DHCP 服务器访问 DNS 服务器的参数。

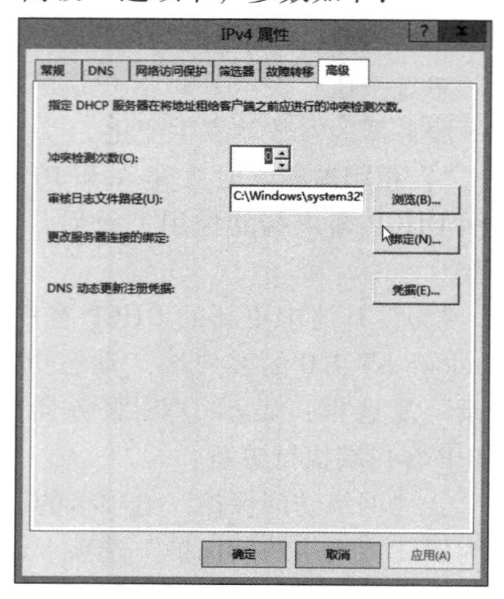

图 6－42　IPv4 属性－高级

（3）作用域的配置

对于已经建立好的作用域，可以修改其配置参数，操作步骤为：在 DHCP 管理窗口的左部目录树中右键单击“作用域［192.168.1.0］DHCP01_BORETECH”，并在弹出的快捷菜单中选择“属性”命令，打开作用域属性对话框，如图 6－43 所示。

和 DHCP 服务器的配置选项卡相似，作用域共有四个选项卡，分别介绍如下：

①“常规”选项卡。

图 6－43 所示为作用域属性“常规”选项卡，参数如下：

“起始 IP 地址”和“结束 IP 地址”：在此可以修改作用域分配的 IP 地址范围，但“子网掩码”是不可编辑的。

“DHCP 客户端的租用期限”：有两个单选按钮，“限制为”单选按钮设置期限，“无限制”单选按钮表示租用无期限限制。

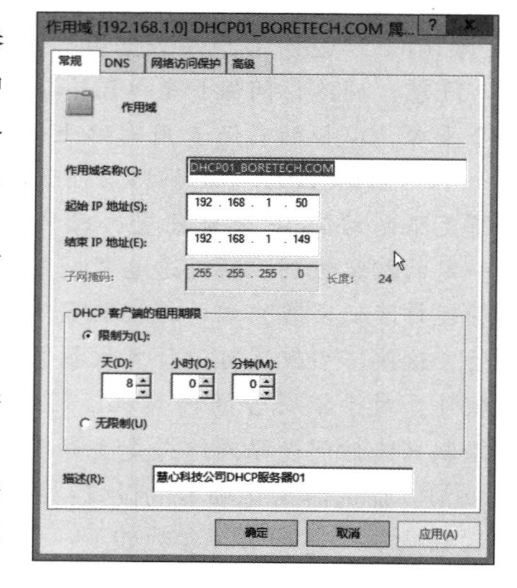

图 6－43　作用域属性－常规

“描述”：可以修改作用域的描述。

②“DNS”选项卡。

图 6－44 所示为作用域属性“DNS”选项卡，参数如下：

“根据下面的设置启用 DNS 动态更新”：表示 DNS 服务器上该客户端的 DNS 设置参数如何变化，有两种方式：选择“仅在 DHCP 客户端请求时动态更新 DNS 记录”单选按钮，表示 DHCP 客户端主动请求时，DNS 服务器上的数据才进行更新；选择“始终动态更新 DNS 记录”单选按钮，表示 DNS 客户端的参数发生变化后，DNS 服务器的参数就发生变化。

“在租用被删除时丢弃 A 和 PTR 记录”：表示 DHCP 客户端的租用失效后，其 DNS 参数也被丢弃。

“为没有请求更新的 DHCP 客户端（例如，运行 Windows NT 4.0 的客户端）动态更新 DNS A 和 PTR 记录”：表示 DNS 服务器可以对非动态的 DHCP 客户端执行更新。

③“网络访问保护”选项卡。

图 6－45 所示为属性“网络访问保护”选项卡，参数如下：

“网络访问保护设置”：对此作用域启用或禁用。

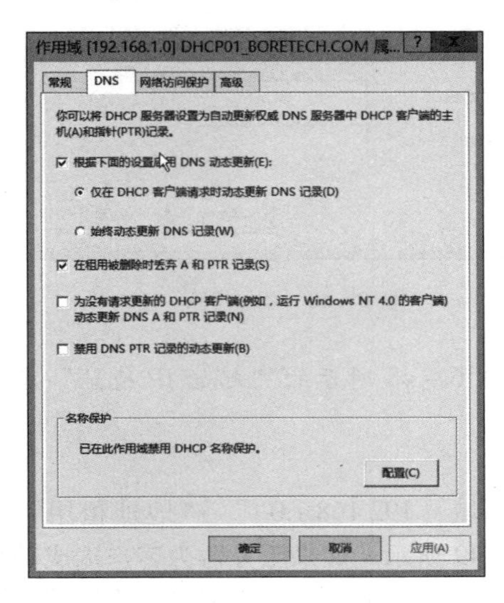

图 6－44　作用域属性－DNS

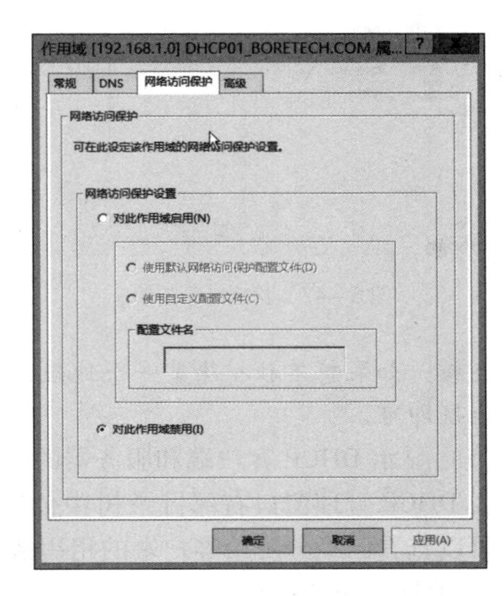

图 6－45　作用域属性－网络访问保护

④“高级”选项卡。

图 6－46 所示为作用域属性“高级”选项卡，参数如下：

“为下列客户端动态分配 IP 地址”区域：有 3 个单选按钮，“DHCP”单选按钮表示只为 DHCP 客户端分配 IP 地址；“BOOTP”单选按钮表示只为 Windows NT 以前的一些支持 BOOTP 的客户端分配 IP 地址；“两者”单选按钮支持多种类型的客户端。

“BOOTP 客户端的租用期限”区域：设置 BOOTP 客户端的租用期限，由于 BOOTP 最初被设计为无盘工作站，可以使用服务器的操作系统启动，现在已经很少使用，因此可以直接采用默认参数。

“延迟配置”：指定 DHCP 服务器分布地址的延迟时间（微秒）。

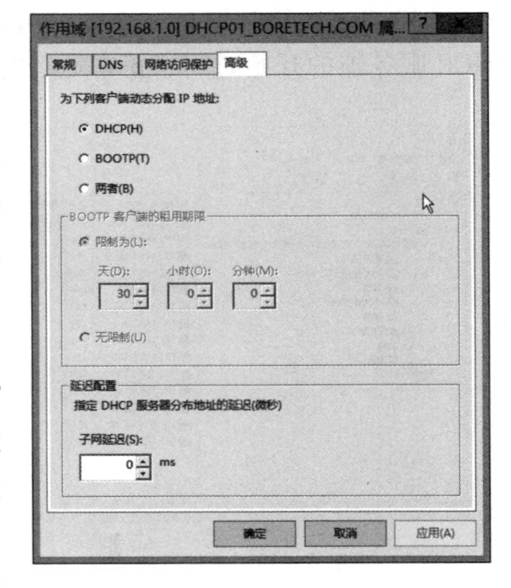

图 6－46　作用域属性－高级

（4）修改作用域的地址池

对于已经设置的作用域的地址池，可以修改其配置，其操作步骤为：在 DHCP 管理窗口左部目录树中展开 IPv4 选项，在展开的分支中右键单击“作用域［192.168.1.0］”下面的分支“地址池”，并在弹出的快捷菜单中选择“新建排除范围”命令，如图 6－47 所示。在弹出的“添加排除”对话框中，如图 6－48 所示，可以设置地址池中排除的 IP 地址范围，在此，键入要排除的 I 地址范围，例如 192.168.1.100～192.168.1.119，然后单击“添加”按钮即可。

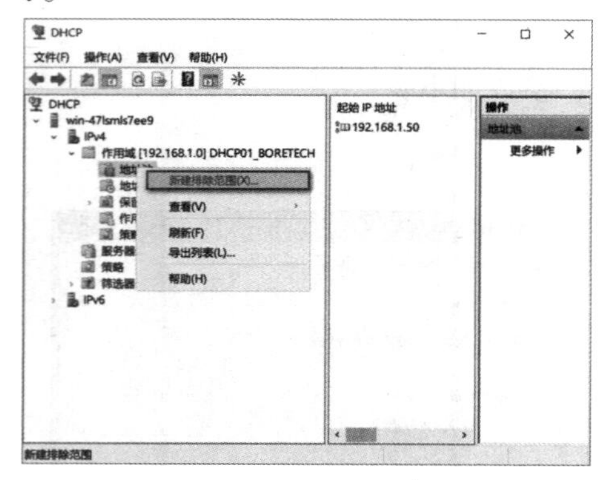

图 6－47　新建排除范围

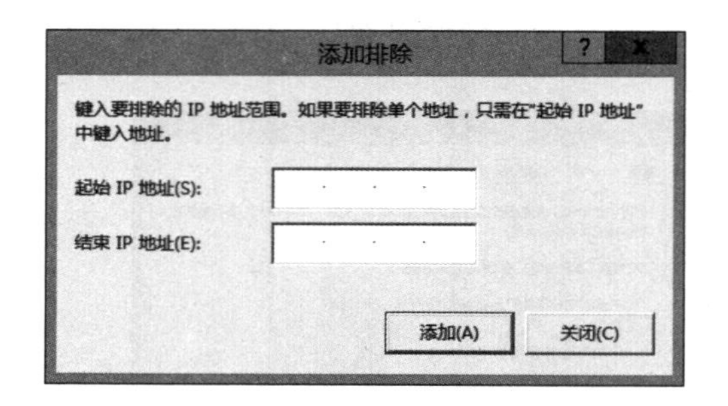

图 6－48　添加排除

注意：如果想单独排除某一个地址，只需要在如图 6－48 所示的“起始 IP 地址”框中键入地址即可。

（5）显示 DHCP 客户端和服务器的统计信息

在 DHCP 管理窗口右部目录树中依次展开“作用域［192.168.1.0］”→“地址租用”选项，可以查看已经分配给客户端的租用情况，如图 6－49 所示。如果服务器为客户端成功分配了 IP 地址，在“地址租用”列表栏下就会显示客户端的 IP 地址、客户端名、租用截止日期和类型信息。在 DHCP 管理窗口的“IPv4”分支名称上单击鼠标右键，并在弹出的快捷菜单中选择“显示统计信息”命令，可以打开如图 6－50 所示的统计信息界面，其中显示了 DHCP 服务器的开始时间、正常运行时间、发现的 DHCP 客户端的数量等信息。

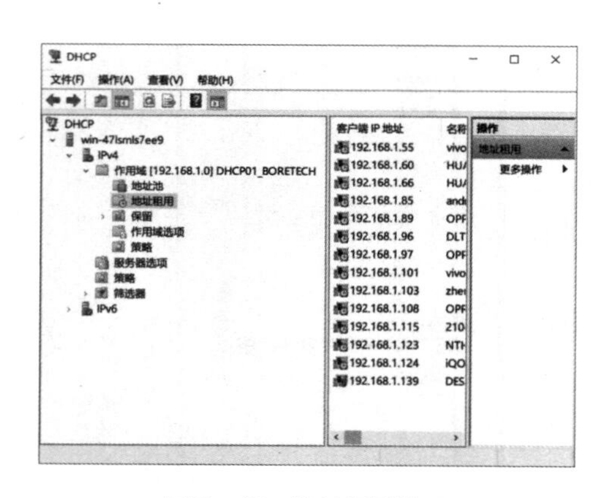

图 6－49　地址租用情况

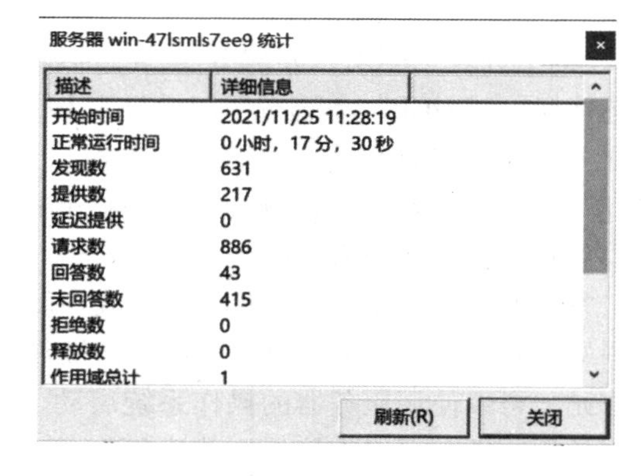

图 6－50　统计信息

（6）建立保留 IP 地址

对于某些特殊的客户端，需要一直使用相同的 IP 地址，可以通过建立保留来为其分配固定的 IP 地址，具体的操作步骤如下：在 DHCP 管理窗口左部目录树下依次展开“IPv4”→“作用域［192.168.1.0］”→“保留”选项，单击鼠标右键，从弹出的快捷菜单中选择“新建

保留”命令，如图 6－51 所示。在弹出的如图 6－52 所示的“新建保留”对话框中，在“保留名称”文本框中输入名称，在“IP 地址”文本框中输入保留的 IP 地址，在“MAC 地址”文本框中输入客户端的网卡的 MAC 地址，完成设置后，单击“添加”按钮。

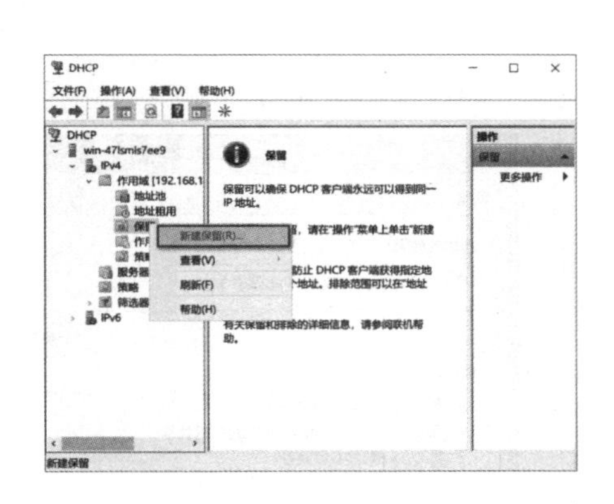

图 6－51 保留

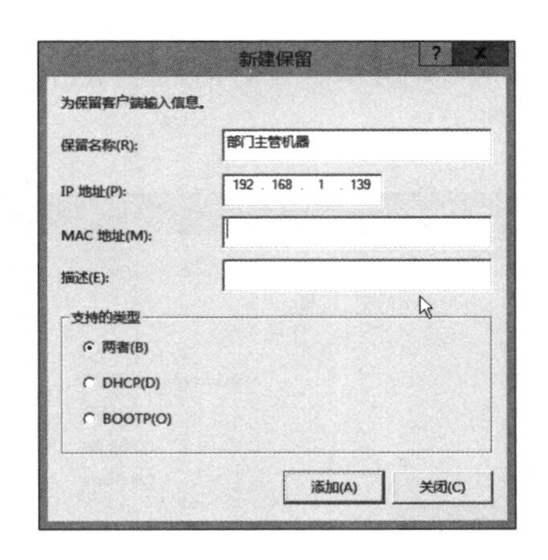

图 6－52 新建保留

☆ 小知识：如何获取某台主机的 MAC 地址？

方法：在要获取 MAC 地址的主机上单击“开始”→“运行”，在弹出的“运行”对话框中输入“cmd”，如图 6－53 所示，单击“确定”按钮即可进入如图 6－54 所示的 CMD 窗口。在 CMD 窗口中输入命令“ipconfig/all”，即可显示如图 6－54 所示信息，图中的物理地址即为主机对应的 MAC 地址。

图 6－53 运行

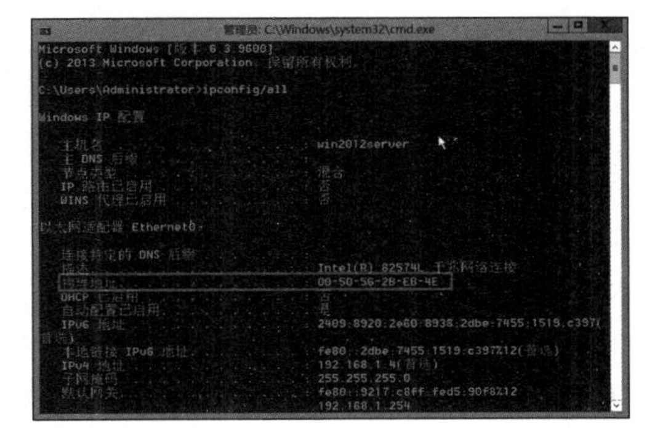

图 6－54 查看物理地址

至此，完成了第一台 DHCP 服务器的安装与配置，用于实现地址的 20% 分配（服务器 IP 地址：192.168.1.4，分配的地址范围：192.168.1.50 ～ 192.168.1.149，排除范围：192.168.1.50～192.168.1.139）。

可以用同样的方法来完成公司网络内的第二台 DHCP 服务器的安装，实现其余 80% 地址分配（分配的地址范围：192.168.1.50～192.168.1.149，排除范围：192.168.1.130～192.168.1.149）。

详细管理过程请扫描如图 6－55 所示二维码在线观看。

图 6－55 DHCP 管理

4. 配置 DHCP 客户端

DHCP 客户端的操作系统有很多种类，如 Windows 98/2000/XP/2003/Vista 或 Linux 等，这里以 Windows 2019 客户端的设置为例进行演示，具体的操作步骤如下：

①在客户端计算机上，依次打开“控制面板”→“网络和 Internet”→“网络和共享中心”，列出了所有可用的网络连接，单击“本地连接”图标，弹出“Ethernet0 状态”对话框，如图 6－56 所示。在对话框中单击“属性”按钮，弹出“Ethernet0 属性”对话框，如图 6－57 所示。

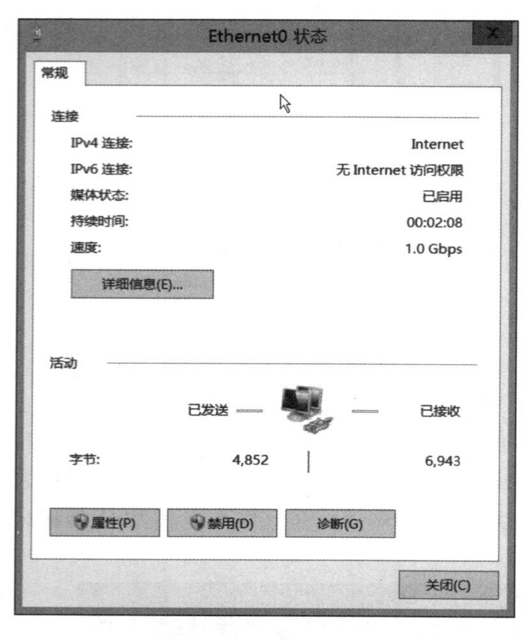

图 6－56　本地连接状态

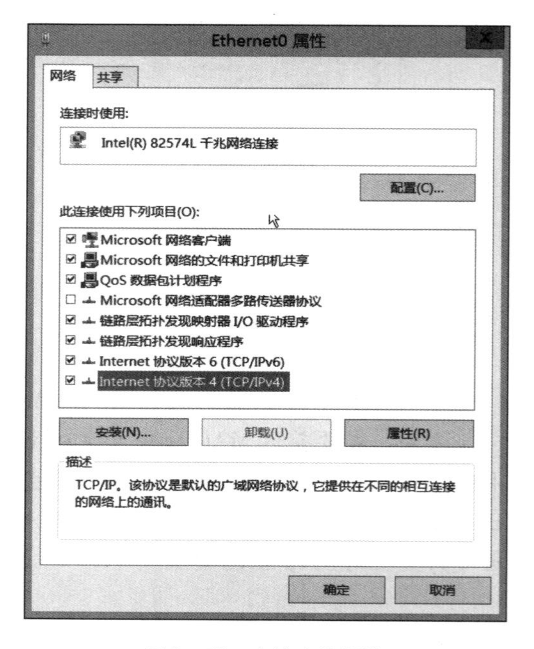

图 6－57　本地连接属性

②在如图 6－57 所示的对话框中的“此连接使用下列项目”列表框中，选择“Internet 协议版本 4（TCP/IPv4）”，单击“属性”按钮，弹出如图 6－58 所示的“Internet 协议版本 4（TCP/IPv4）属性”窗口，分别选择“自动获得 IP 地址”和“自动获得 DNS 服务器地址”单选按钮，然后单击“确定”按钮，保存对设置的修改即可。

注：以上以 Windows 2019 作为客户端来进行设置，Windows 2000/XP/2003/Win7/Win10 等客户端设置方法同上，大同小异。

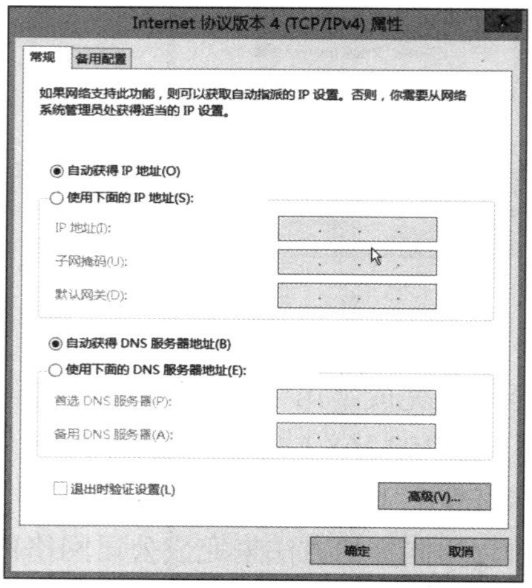

图 6－58　Internet 协议版本 4（TCP/IPv4）属性

客户端设置完成后，可以重启计算机，客户端会自动根据 DHCP 服务器的相关设置获取 IP 地址等信息。当然，也可以不重启，利用下面的方法自动获取 IP 等相关信息。

注意：在局域网中的任何一台 DHCP 客户端上，通过单击“开始”→“运行”，在弹出的“运行”对话框中输入“cmd”，可以进入 DOS 命令提示符界面，如图 6－59 所示，此时可

利用 ipconfig 命令的相关操作查看 IP 地址的相关信息。

图 6－59　CMD 窗口

- 执行“ipconfig/renew”命令可以更新指定适配器的 IPv4 地址，即更新 IP 地址租用。
- 执行“ipconfig/all”命令可以显示所有适配器的 IP 地址等详细信息，包括 IP 地址、WINS、DNS、域名是否正确。
- 要释放地址，使用“ipconfig/release”命令，此命令的功能是释放指定适配器的 IPv4 地址，即释放 IP 地址租用。

客户机详细配置过程请扫描如图 6－60 所示二维码在线观看。

图 6－60　DHCP 客户端配置

5. 配置多个 DHCP 服务器

网络环境是复杂的，在不同的网络环境中对 DHCP 服务器的需求是不一样的。对于较复杂的网络，主要涉及三种情况：配置多个 DHCP 服务器、超级作用域的建立、多播作用域的建立。

在一些比较重要的网络中，需要在一个网段中配置多个 DHCP 服务器。这样做有两大好处：一是提供容错，如果网络中仅有一个 DHCP 服务器出现故障，所有 DHCP 客户端都将无法获得 IP 地址，也无法释放已有的 IP 地址，从而导致网络瘫痪，如果有两个服务器，此时另一个服务器就可以取代它，并继续提供租用新的地址或续租现有地址的服务；二是负载均衡，在网络中起到平衡 DHCP 服务器的作用。

一般在一个网络中配置两台 DHCP 服务器，在这两台服务器上分别创建一个作用域，这两个作用域同属一个子网。在分配 IP 地址时，一个 DHCP 服务器作用域上可以分配 80% 的 IP 地址，另一个 DHCP 服务器作用域上可以分配 20% 的 IP 地址。这样当一台 DHCP 服务器由于故障不可使用时，另一台 DHCP 服务器可以取代它并提供新的 IP 地址，继续为现有客户端服务。80/20 规则是微软所建议的分配比例，在实际应用时可以根据情况进行调整。另外，在一个子网上的两台 DHCP 服务器上所建的 DHCP 作用域，不能有地址交叉的现象（上面的项目中就是配置了两台 DHCP 服务器）。

6. 创建和使用超级作用域

Windows Server 2019 有一个称为超级作用域的 DHCP 功能，它是一个可以将多个作用域创建为一个实体进行管理的功能。可以用超级作用域将 IP 地址分配给多网上的客户端，多网是指一个包含多个逻辑 IP 的网络（逻辑 IP 网络是 IP 地址相连的地址范围）的物理网络段，例如，可以在物理网段中支持三个不同的 C 类 IP 网络，这三个 C 类地址中的每个 C 类地址范围都定义为超级作用域中的子作用域。因为使用单个逻辑 IP 网络更容易管理，所以很多情况下不会计划使用多网，但随着网络规模增长超过原有作用域中的可用地址数后，可能需要用多网进行过渡，也可能需要从一个逻辑 IP 网络迁移到另一个逻辑 IP 网络，就像改变 ISP 要改变地址分配一样。

在大型的网络中，一般都会存在多个子网，DHCP 客户端通过网络广播消息获得 DHCP 服务器的响应后得到 IP 地址，但是这样的广播方式是不能跨越子网进行的。如果 DHCP 客户端和服务器在不同的子网内，客户端是不能直接向服务器申请 IP 的，所以，要想实现跨越子网进行 IP 申请，可以用超级作用域支持位于 DHCP 或中断代理远端的 DHCP 客户端，这样可以用一台 DHCP 服务器支持多个物理子网。

在服务器上至少定义一个作用域以后，才能创建超级作用域（防止创建空的超级作用域）。可以使用上述 DHCP 服务器作用域的创建方法，创建一个新的作用域［192.168.2.0］，至此，网络内已建立了两个作用域：“作用域［192.168.1.0］”和“作用域［192.168.2.0］”，下面将这两个作用域定义为超级作用域的子作用域，具体的操作步骤如下：

①如图 6－61 所示，当前的 DHCP 服务器中已创建完成两个作用域：“作用域［192.168.1.0］”和“作用域［192.168.2.0］”。

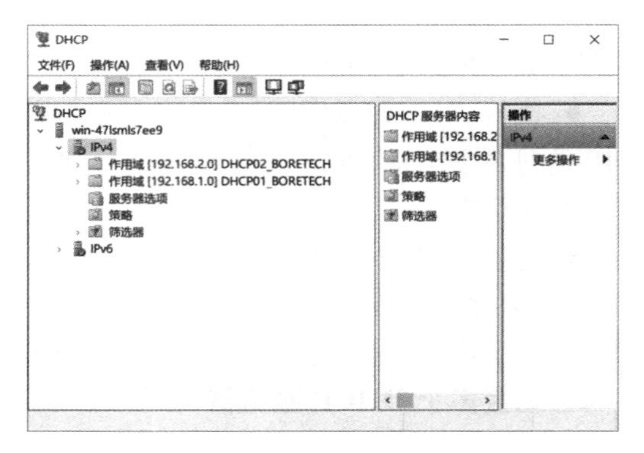

图 6－61　DHCP 服务器

在 DHCP 服务器管理窗口左部目录树中的 DHCP 服务器名称下选中“IPv4”分支选项，单击鼠标右键并在弹出的快捷菜单中选择“新建超级作用域”命令，如图 6－62 所示，弹出“欢迎使用新建超级作用域向导”对话框，如图 6－63 所示，单击“下一步”按钮继续操作。

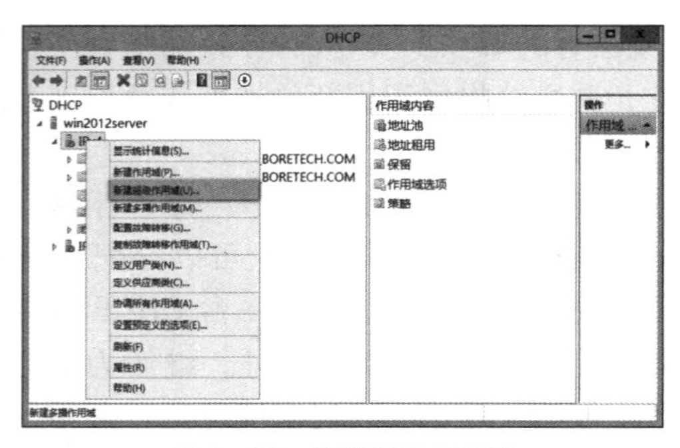

图 6－62　新建超级作用域

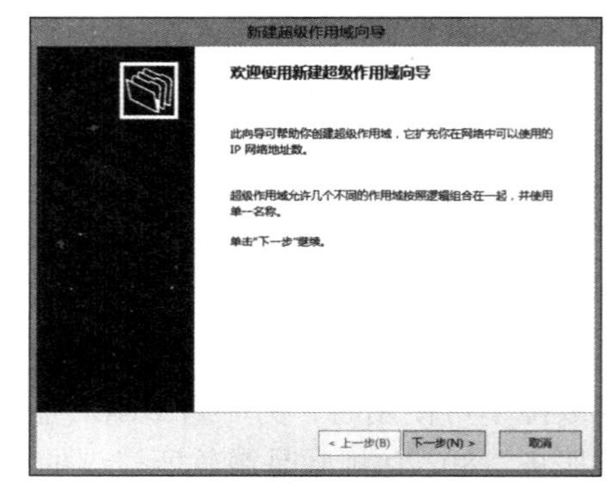

图 6－63　新建超级作用域向导

②进入“超级作用域名”对话框，如图 6－64 所示，在“名称”文本框中输入超级作用域的名称，例如“DHCP－super”，单击“下一步”按钮继续操作。

③进入“选择作用域”对话框，如图 6－65 所示，在“可用作用域”列表中选择需要的作用域，按住 Ctrl 键可选择多个作用域，单击“下一步”按钮继续操作。

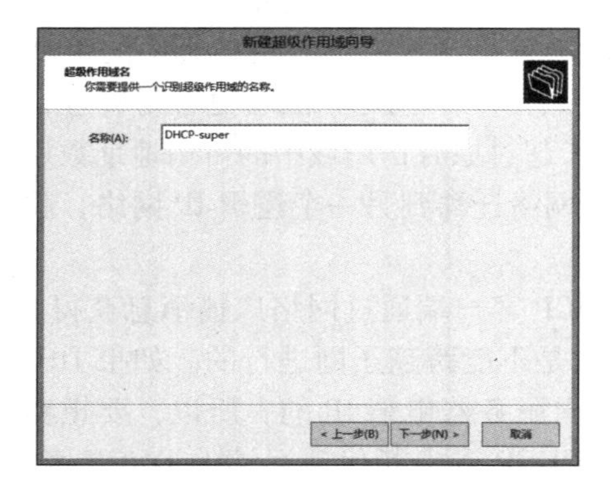

图 6－64　超级作用域名

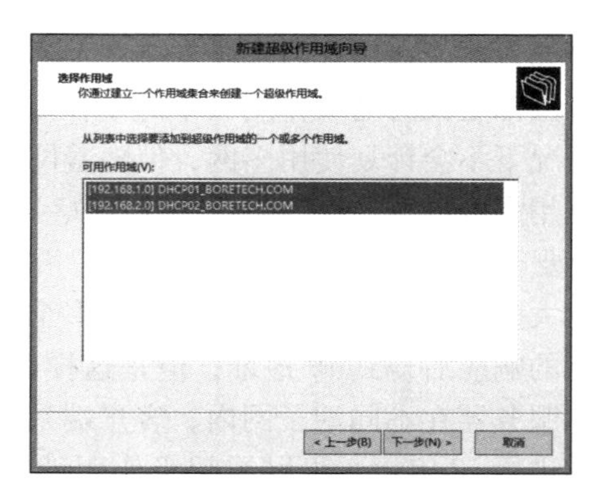

图 6－65　选择作用域

④进入“正在完成新建超级作用域向导”对话框，如图 6－66 所示，显示出将要建立的超级作用域的相关信息，单击“完成”按钮，完成超级作用域的创建。

当超级作用域创建完成后，会显示在 DHCP 控制台中，如图 6－67 所示，原有的作用域就像是超级作用域的下一级目录，管理起来非常方便。

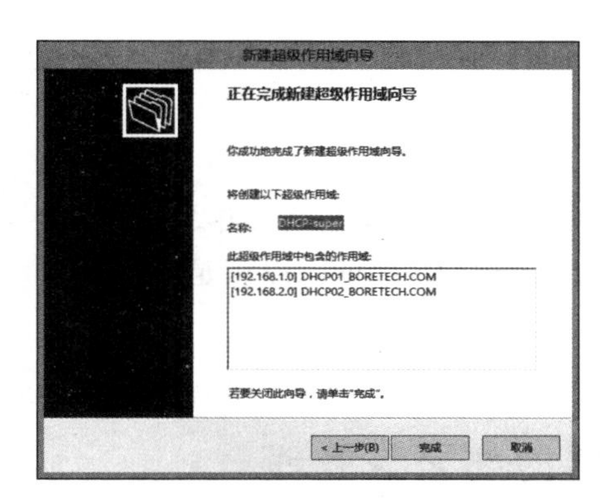

图 6－66　完成

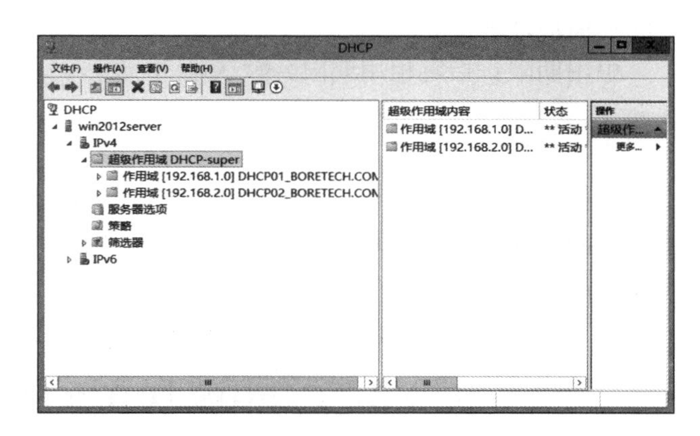

图 6－67　超级作用域

如果需要，可以从超级作用域中删除一个或多个作用域，然后在服务器上重新构建作用域。从超级作用域中删除作用域并不会删除作用域或者停用它，只是让这个作用域直接位于服务器分支下面，而不是超级作用域的子作用域。

要从超级作用域中删除作用域，打开 DHCP 控制台，并打开相应的超级作用域。在要删除的作用域上右击，选择“从超级作用域中删除”命令。

如果被删除的作用域是超级作用域中的唯一作用域，Windows Server 2019 也会移除这个超级作用域，因为超级作用域不能为空。如果删除超级作用域，不会删除下面的子作用域，这些子作用域会被直接放在 DHCP 服务器分支下显示，作用域不会受影响，将继续响应客户端请求，它们只是不再是超级作用域的成员而已。

7. 创建多播作用域

多播作用域用于将 IP 流量广播到一组具有相同地址的节点，一般用于音频和视频会议。因为数据包一次被发送到多播地址，而不是分别发送到每个接收者的单播地址，所以用多播地址简化了管理，也减少了网络流量。就像给单个计算机分配单播地址一样，Windows Server 2019 DHCP 服务器可以将多播地址分配给一组计算机。

多播地址分配协议是多播地址客户端分配协议（Multicast Address Dynamic Client Allocation Protocol，MADCAP）。Windows Server 2019 可以同时作为 DHCP 服务器和 MADCAP 服务器独立工作。例如，一台服务器可能用 DHCP 服务通过 DHCP 协议分配单播地址，另一台服务器可能通过 MADCAP 协议分播多播地址。此外，客户端可以使用其中一个或两个都用。DHCP 客户端不一定会用 MADCAP，反之亦然，但是如果条件需要，客户端可以都使用。

只要作用域地址范围不重叠，就可以在 Windows Server 2019 DHCP 服务器上创建多个多播作用域，多播作用域在服务器分支下直接显示，不能被分配给超级作用域，超级作用域只能管理单播地址作用域。创建多播作用域和创建超级作用域过程比较相似，在此仅列举出要配置多播作用域的相关参数：

名称：这是出现在 DHCP 控制台中的作用域名称。

描述：指定识别多播作用域目的的可选描述。

地址范围：只可以指定 244.0.0.0 ~ 239.255.255.255 的地址范围。

生存时间：指定流量必须在本地网络上通过的路由器数目，默认值为 32。

排除范围：可以定义一个从作用域中排除的多播地址范围，就像可以从 DHCP 作用域中排除单播地址一样。

租用期限：指定租用期限，默认是 30 天。

【任务总结】

本任务在 Windows Server 2019 上完成 DHCP 服务器的安装、配置及测试，并掌握 DHCP 服务器配置的 80/20 原则。熟练并灵活使用 DHCP 服务自动分配 IP 地址，以满足不同开发与管理需求。

任务 2 CentOS DHCP 服务器的部署与管理

【任务描述】

本项目的主要任务是掌握在 CentOS 平台上安装 DHCP 服务器的方法。任务目标是实现 DHCP 服务器的部署和管理。慧心科技有限公司信息系统的 IP 地址规划在 192.168.2.0/24 网段上，DHCP 服务器的 IP 地址为 192.168.2.10，默认网关为 192.168.2.1，DNS 服务器地址为 192.168.2.10，域名为 sdcet.cn，地址池规划为 192.168.2.60 ~ 192.168.2.180。为总经理办公室分配固定 IP 地址 192.168.2.188，其网卡的 MAC 地址是 12:34:56:78:AB:CD。

【任务分析】

在本任务中，通过在 VMware Workstation 平台上创建不同的虚拟机器，并且每一虚拟机器可以要根据工作需要选择不同的操作系统版本。然后完成 CentOS 平台上 DHCP 服务器的配置及客户端测试。

【知识准备】

目前市场上有各种基于 Linux 内核的操作系统，其中 CentOS 在国内使用者众多。CentOS 最初是一个社区支持的发行版本，完全开源，2014 年，红帽(Red Hat) 公司把其收购后，还保留了开源版本，鉴于其稳定性、免费，国内大部分厂商都在使用 CentOS 应用于生产环境。目前最新的版本是 CentOS 8，随后红帽公司推出 CentOS Stream 来替代 CentOS。

【任务实施】

本任务实施步骤如下：

①安装 DHCP 服务。

②启动 DHCP 服务。

③认识 dhcpd.conf.sample 模板文件。

④配置 dhcpd.conf 文件。

⑤Linux 客户机的配置与测试。

⑥DHCP 服务的管理。

⑦拓展与提高（多域配置）。

1. DHCP 服务安装

安装 DHCP 服务之前，要为服务器配置固定的 IP 地址 192.168.2.10。在 CentOS 系统中安装 DHCP 服务可以通过系统自带的软件包进行，也可以从 www.isc.org 上获取 DHCP 软件包，DHCP 服务守护进程为 DHCPD。可在终端执行以下命令，查看系统是否已经安装 DHCP 软件包：

```
[root@ localhost]#  rpm  -qa |grep dhcp
dhcp-libs-4.2.5-83.el7.centos.1.x86_64
dhcp-common-4.2.5-83.el7.centos.1.x86_64
dhcp-4.2.5-83.el7.centos.1.x86_64
```

如果 DHCP 软件包还没有安装，可以使用 rpm 命令安装 DHCP 软件包：

```
[root@ localhost]# rpm -ivh dhcp-4.1.1-34.P1.el6.i686.rpm
```

或者使用 yum 命令来安装 DHCP 服务器：

```
[root@ localhost]# yum -y install dhcp
```

2. DHCP 服务的启动

安装 DHCP 软件包后，由于 DHCPD 服务的主配置文件/etc/dhcp/dhcpd.conf 为空，所以无法启动 DHCPD 服务。等待/etc/dhcp/dhcpd.conf 配置完成后，可以使用以下命令启动、停止和重启 DHCPD 服务。

①启动 DHCPD 服务的命令为：

```
[root@ localhost]# service  dhcpd start
```

②停止 DHCPD 服务的命令为：

```
[root@ localhost]# service  dhcpd stop
```

③重新启动 DHCPD 服务的命令为：

```
[root@ localhost]# service  dhcpd restart
```

④设置开机自启动。

如果希望系统启动时自动加载 DHCPD 服务，可以执行以下命令设置该服务开机自启动。

```
[root@ localhost Packages]#chkconfig  dhcpd  on
```

也可以执行“ntsysv”命令，启动服务配置程序。找到其中的“dhcpd”服务，在其前面选择“*”，按 Tab 键，移动到“确定”按钮并单击即可。设置自动运行 DHCPD 服务，如图 6－68 所示。

```
[root@ localhost]#  ntsysv
```

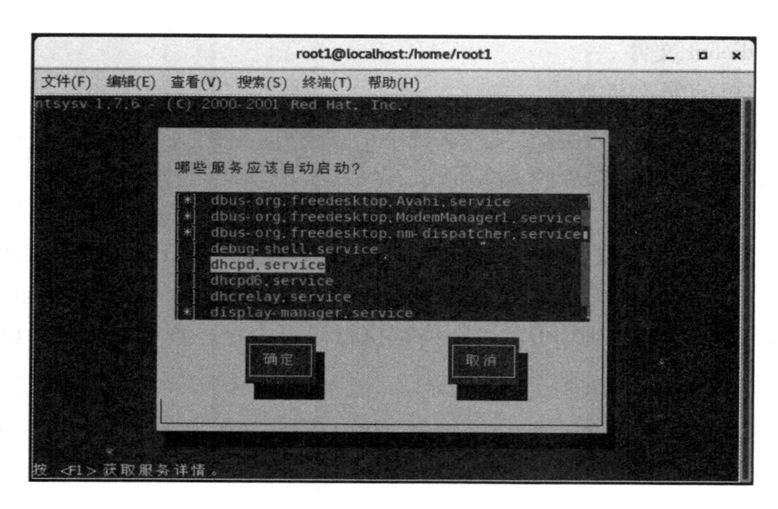

图6-68 设置自动运行 DHCPD 服务

3. 认识 dhcpd.conf.sample 模板文件

默认情况下，DHCP 服务器的配置文件/etc/dhcp/dhcpd.conf 文件是空的，没有实质配置内容。在安装 DHCP 服务时，提供了一个配置文件模板，即 dhcpd.conf.example。该文件在/usr/share/doc/dhcp-4.2.5 目录下，在配置 DHCP 服务时，将该文件复制到/etc/dhcp 目录下，并改名为 dhcpd.conf。复制/usr/share/doc/dhcp-4.2.5/dhcpd.conf.example 到/etc/dhcp/dhcpd.conf，将 dhcpd.conf 文件覆盖：

```
[root@ localhost]#cp  /usr/share/doc/dhcp-4.2.5/dhcpd.conf.example
    /etc/dhcp/dhcpd.conf
```

使用 cat 命令再次打开/etc/dhcp/dhcpd.conf 文件，可以看到 DHCP 主配置文件的模板文件。

```
[root@ localhost dhcp]# cat dhcpd.conf
# dhcpd.conf
#
# Sample configuration file for ISC dhcpd
#
# option definitions common to all supported networks...
option domain-name "example.org";
option domain-name-servers ns1.example.org, ns2.example.org;

default-lease-time 600;
max-lease-time 7200;
```

DHCPD 模板文件可分为 3 个部分：全局参数、子网声明和主机声明。如果同一个全局参数没有被子网声明里的参数覆盖，其将对所有子网生效。子网声明以“subnet”关键字开始，所以子网信息包括在{}中，{}中的配置参数只对该子网有效，但会覆盖全局配置。主机声明则为网络中的特定客户端设置固定 IP 地址。

(1) 全局参数

option domain-name"example.org"：为网络中的客户机定义 DNS 域名。

option domain – name – servers ns1.example.org,ns2.example.org：为网络中的客户机指定 DNS 服务器的主机名或者其 IP 地址。

default – lease – time 600：定义客户机租用 IP 地址的默认租用期限，默认单位是秒。

max – lease – time 7200：定义客户机租用 IP 地址的最大租用期限，默认单位是秒。

ddns – update – style none：定义所支持的 DNS 动态更新类型。none 表示不支持动态更新，interim 表示互动更新，ad – hoc 则是一种特定更新。当 ddns – update – style 参数的值为 none 时，需要在全局参数的基础上再增加 ignore client – updates 参数，即忽略客户端更新。

authoritative：当一个客户端试图获得一个不是该 DHCP 服务器分配的 IP 地址时，DHCP 将发送一个拒绝消息，而不会等待请求超时。

log – facility local7：指定 DHCP 服务器发送的日志信息的日志级别。

option domain – name、option domain – name – servers、default – lease – time、max – lease – time 等参数也可以放到子网声明中。子网声明中和全局参数中的参数如有重复，子网声明中参数的值将覆盖全局参数中的值。

（2）子网声明

subnet 10.5.5.0 netmask 255.255.255.224{}：指定作用域的子网地址和子网掩码。需要注意的是，语句中的子网 ID 必须与 DHCP 服务器所在的网络 ID 相同。

range 10.5.5.2610.5.5.30：IP 地址池的范围是一个连续的地址段，10.5.5.26 为起始 IP 地址，10.5.5.30 为结束 IP 地址。一个子网声明中可以有多个 range 语句，即可以有多个连续的地址段。range 所定义的地址池必须在 subnet 所定义的子网之内，否则 DHCP 服务重启系统会提示错误信息。

option routers 10.5.5.1：提供给客户机的默认网关 IP 地址。

option broadcast – address 0.5.5.31：提供给客户机的广播地址。

（3）主机声明

hardware ethernet 08:00:07:26:c0:a5：保留地址中，特定客户机的 MAC 地址。

fixed – address fantasia.fugue.com：使用保留地址的主机名，或为特定主机保留的 IP 地址。

主机声明可以独立，也可以嵌套在子网声明语句中。

（4）DHCP 主配置文件中常用的 option 选项

DHCP 配置文件中的选项全部用 option 关键字开头，常用的 option 选项如下。

subnet – mask(子网掩码)：为客户端指定子网掩码。

domain – name("域名")：为客户端指定客户机所属的域。

domain – name – servers(DNS IP 地址)：为客户端指定 DNS 服务器的 IP 地址。

router(默认网关 IP 地址)：为客户端指定默认网关。

broadcast – address(广播地址)：为客户端指定广播地址。

netbios – name – servers(WINS 服务器 IP 地址)：为客户端指定 WINS 服务器的 IP 地址。

netbios – node – tyep(节点类型)：为客户端指定节点类型。

ntp – server(时间服务器 IP 地址)：为客户端指定网络时间服务器的 IP 地址。

nis – servers(NIS 域服务器 IP 地址)：为客户端指定 NIS 域服务器的 IP 地址。

nis – domain(域名称)：为客户端指定所属的 NIS 域的名称。

host - name(主机名)：为客户端指定主机名。

time - offset(偏移差)：为客户端指定与格林尼治时间的偏移差。

4. 配置 dhcpd.conf 文件

(1) 修改 dhcpd. conf 文件

慧心科技有限公司网络管理员将 DHCP 服务安装完成之后，利用 DHCP 提供的模板文件，配置/etc/dhcp/dhcpd. conf 文件。

```
[root@ localhost]# cp /usr/share/doc/dhcp - 4.1.1/dhcpd.conf.sample  /etc/
dhcp/dhcpd.conf
[root@ localhost]# vim  /etc/dhcp/dhcpd.conf
```

慧心科技有限公司 DHCP 服务器的主配置文件 dhcpd.conf 如下：

```
#option domain - name "hc.cn";
#option domain - name serers 192.168.2.10;
#default  lease time 36000;
#max  - lease time 43200;
#dds - updata style interim;
subnet 192.168.2.0 netmask 255.255.255.0 { ##网段和掩码
range 192.168.2.60 192.168.2.180; ##地址范围
option domain - name - servers 114.114.114.114; ## dns 服务器地址
option routers 192.168.2.1; ##网关
}
```

以上 DHCP 服务器配置文件 dhcpd.conf 实现的功能为：

①DHCP 服务器能向客户端提供 192.168.2.60 ~ 192.168.2.180 范围内的动态 IP 地址。

②DHCP 服务器能向 MAC 地址为 12:34:56:78:ab:cd 的总经理室客户机提供固定的 IP 地址 192.168.2.188。

③DHCP 服务器除了向客户端提供 IP 地址外，还向客户端提供子网掩码 255.255.255.0、默认网关 192.168.2.1、该网段的主机属于 sdcet.cn 域及客户机租用 IP 地址的期限等配置信息。

完成主配置文件 dhcpd.conf 的修改，就可以启动 dhcpd 服务了。

```
[root@ localhost]# service dhcpd start
启动  dhcpd:                              [确定]
```

(2) 设置 IP 作用域

当 DHCP 客户机向 DHCP 服务器请求 IP 地址时，DHCP 服务器从 IP 地址范围内选择一个尚未分配的 IP 地址，并将其分配给该 DHCP 客户机。这个 IP 地址范围就是一个 IP 子网中所有可分配 IP 地址的连续范围。

在 dhcpd.conf 文件中，用 subnet 语句来声明 IP 地址范围。subnet 语句的格式如下：

```
Subnet 子网 IP netmask 子网掩码
{
    range 起始 IP 地址 结束 IP 地址;
    IP 参数;
}
```

通常一个 IP 作用域对应一个 IP 子网段。IP 子网段可用一个或多个 range 语句来描述，但是多个 range 所定义的 IP 范围不能重复。例如：

```
subnet  192.168.2.0 netmask  255.255.255.0
    {
        range  192.168.2.10    192.168.2.100;
        range  192.168.2.150  192.168.2.200;
    }
```

以上语句说明了 IP 子网 192.168.2.0/24 中可分配给客户端的两段 IP 地址范围。

(3) 设置租用期限

IP 租用期限是在 DHCP 服务器上指定的时间长度，在这个时间范围内，DHCP 客户端可以临时使用从 DHCP 服务器租用的 IP 地址。租用期限设置得太长，可能会导致某些 IP 地址资源被长时间占用；时间设置太短，会增加网络中的数据流量。因此，要根据实际情况合理设置租用期限，如实行 8 h 工作制的单位中，默认租用期限可以设置为 10 h（36 000），最大租用期限可以设置为 12 h（43 200）。

在 dhcpd.conf 文件中，有以下两个与租用期限相关的设置。

默认的租用期限：

default – lease – time 语句用于设置默认的租用时间长度，其单位为秒。例如：

```
default-lease-time 36000;
```

最大租用期限：

max – lease – time 语句用于设置客户端租用 IP 地址的最长时间，其单位为秒。例如：

```
max-lease-time 43200;
```

(4) 保留特定的 IP 地址

DHCP 服务器可以保留特定的 IP 地址给指定的 DHCP 客户端使用。也就是说，当这个客户端每次向 DHCP 服务器索取 IP 地址或更新租用时，DHCP 服务器都会给该客户端分配相同的 IP 地址。这种 DHCP 服务器为 DHCP 客户端分配 IP 地址的方式，通常称为静态分配 IP 或固定分配 IP。

要保留特定的 IP 地址给指定的 DHCP 客户端使用，可先用 arp 命令查出该客户端网卡的 MAC 地址，然后在/etc/dhcpd.conf 文件中加入如下格式的 host 语句：

```
host 主机名
{
    hardware ethernet 网卡的 MAC 地址;
    fixed-address IP 地址;
}
```

这样就实现了指定客户端的网卡地址和 IP 地址的绑定。客户端以后每次向服务器申请 IP 地址时，都会得到一个固定的 IP 地址：

```
Host  manager{
          Hardware  ethernet  12:34:56:78:AB:CD;
          Fixed-address       192.168.2.99;
}
```

5. Linux 客户机的配置与测试

（1）文本界面下配置

由于 CentOS 操作系统中网卡接受 NetworkManager 托管，因此要启动 Network Manager 服务，并将其设置为开机自启动：

```
[root@ localhost]# service  NetworkMagager  start
[root@ localhost]# chkconfig  NetworkManager  on
```

在文本界面下可以直接编辑文件/etc/sysconfig/network - scripts/ifcfg - eth0，找到语句“BOOTPROTO = none”，将其改为“BOOTPROTO = dhcp”。例如：

```
TYPE = Ethernet
PROXY_METHOD = none
BROWSER_ONLY = no
BOOTPROTO = dhcp
DEFROUTE = yes
IPV4_FAILURE_FATAL = no
IPV6INIT = yes
IPV6_AUTOCONF = yes
IPV6_DEFROUTE = yes
IPV6_FAILURE_FATAL = no
IPV6_ADDR_GEN_MODE = stable - privacy
NAME = ens33
UUID = 932255a3 - bae2 - 4415 - a6a3 - 47b26e7f25d8
DEVICE = ens33
ONBOOT = no
```

重启网卡，使设置生效。可执行如下命令：

```
[root@ localhost]# service  network  restart
```

（2）图形界面下配置

在图形化界面下单击“系统”→“首选项”→“网络连接”，选中“有线”中的“eth0”，单击“编辑”按钮，在弹出的对话框中单击“IPv4 设置”选项卡。在“方法”下拉菜单中，选择“自动（DHCP）”。最后单击“应用”按钮。这样就完成了对 DHCP 客户端的设置，重启后网卡配置生效。

（3）DHCP 客户机测试

DHCP 可以通过命令“ifconfig - a”或“ifconfig 网卡名称”来查看是否从 DHCP 服务器获得 IP 地址，如图 6 - 69 所示。

客户机可以通过使用 dhclient 命令来获取、释放 IP 地址。释放客户机已经获取的 IP 地址，并使用 ifconfig 命令查看 ens33 的 IP 地址信息：

```
[root@ localhost]# dhclient  -r
[root@ localhost]# ifconfig eth0
```

显示该网卡没有获取到 IP 地址。

使用 dhclient 命令重新获取 IP 地址，并使用 ifconfig 命令查看 eth0 的 IP 地址信息：

图 6－69　客户端测试

```
[root@ localhost //]# dhclient
[root@ localhost //]# ifconfig eth0

ens33: flags =4163 <UP,BROADCAST,RUNNING,MULTICAST > mtu 1500
        inet 192.168.10.23  netmask 255.255.255.0  broadcast 192.168.10.255
        ether 00:0c:29:dd:af:df  txqueuelen 1000  (Ethernet)
        RX packets 21392  bytes 29305102 (27.9 MiB)
        RX errors 0  dropped 0  overruns 0  frame 0
        TX packets 12761  bytes 921292 (899.6 KiB)
        TX errors 0  dropped 0 overruns 0  carrier 0  collisions 0
```

6. DHCP 服务的管理

(1) 检查 DHCP 服务的运行

使用 ps 命令检查 DHCPD 进程，如图 6－70 所示。

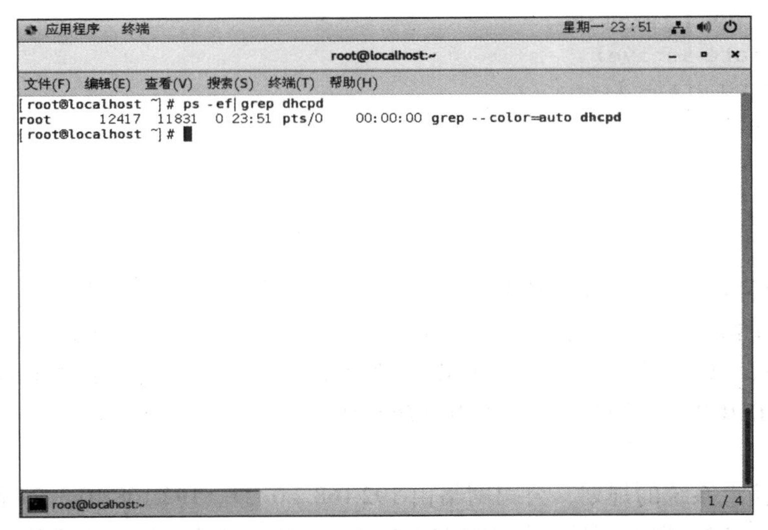

图 6－70　检查 DHCPD 进程

使用 netstat 命令检查 DHCPD 服务开放的端口：

```
[root@ localhost]# netstat  -nutap |grep  dhcpd
```

（2）查看 DHCP 服务器端的租用文件

DHCP 服务器端有一个租用文件 dhcpd.leases，它保存了服务器已经分发的所有 IP 地址，可以通过查看该文件，检查已经被客户机使用的 IP 地址。该文件在/var/lib/dhcpd 目录下。

```
server-duid"\000\001\000\001\0327\205\000\014)Bu\275";
lease 192.168.2.100{
starts 0 2021/9/4 19:33:09;
ends 1 2021/9/4 19:33:09;
cltt 0 2021/9/4 19:33:09;
binding state active;
next binding state free;
hardware ethernet 00:0c:29:dd:af:df;
}
```

安装完 DHCP 软件包、第一次运行 DHCP 服务的时候，dhcpd.leases 是一个空文件。如果通过其他方式安装，或因其他原因导致系统中没有这个文件，则需要手工创建 dhcpd.leases。

```
[root@ localhost]#touch  /var/lib/dhcpd/dhcpd.leases
```

（3）查看 DHCP 客户端的租用文件

DHCP 客户机租用文件在/var/lib/dhclient 目录下，使用 cat 命令打开这些文件，可以看到该客户机租用的 IP 地址、网关、子网掩码、DNS 服务器地址、DHCP 服务器地址、域名和租用期限等信息。如下所示：

```
server-duid"\000\001\000\001\0327\205\000\014)Bu\275";
lease 192.168.2.100{
starts 0 2021/9/4 19:33:09;
ends 1 2021/9/4 19:33:09;
cltt 0 2021/9/4 19:33:09;
binding state active;
next binding state free;
hardware ethernet 00:0c:29:dd:af:d5;
}
```

【拓展与提高】

随着慧心科技公司的业务规模不断扩大、员工不断增加，其信息系统也将随之扩建。网络中心规划公司信息系统扩展到两个网段：192.168.2.0/24、192.168.10.0/24。系统中的 DHCP 服务要升级，以应对网络发展的新情况。管理员要掌握的技能除了基本的 DHCP 服务配置之外，还有 DHCP 多作用域配置、DHCP 超级作用域与中继代理配置。

1. 配置 DHCP 多作用域

根据公司信息系统的规划，公司网络由 192.168.2.0/24、192.168.10.0/24 两个子网组成，域名为 sdcet.cn，DNS 服务器地址为 192.168.2.10。子网 1 网关地址为 192.168.2.1，子网掩码

为 255.255.255.0；子网 2 网关地址为 192.168.10.1，子网掩码为 255.255.255.0。DHCP 服务器配置两块网卡，eth0 连接子网 1，规划 eth0 地址为 192.169.2.10；eth1 连接子网 2，规划 eth1 地址为 192.168.10.10。采取两块网卡实现两个 DHCP 作用域的配置，其拓扑结构如图 6 -71 所示。

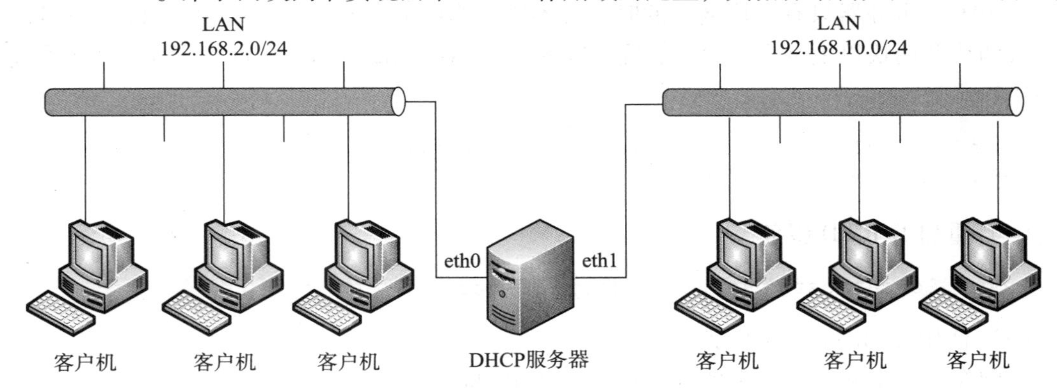

图 6 -71　配置 DHCP 多作用域

（1）配置两块网卡的 IP 地址

配置 eth0 网卡的 IP 地址时，使用 vi 编辑器打开/etc/sysconfig/network - scripts/ifcfg - eth0 文件，修改以下 3 个参数：

```
IPADDR =192.168.2.10
NETMASK =255.255.255.0
GATEWAY =192.168.2.1
```

配置 eth1 网卡的 IP 地址时，打开 ifcfg - eth1 文件，然后修改以下 3 个参数：

```
IPADDR =192.168.10.10
NETMASK =255.255.255.0
GATEWAY =192.168.10.1
```

（2）修改 dhcpd.conf 主配置文件

在 DHCP 服务器上安装 dhcp -4.1.1 -34.P1.el6.i686.rpm 软件包，将 DHCPD 服务设置为开机自启动。使用 vi 编辑器编辑/etc/dhcp/dhcpd.conf 文件。

```
ddns - update - style interim;
option domain - name"sdcet.cn";
option domain - name - servers 192.168.2.10;
default - lease - time 21600;
max - lease - time 43200;
subnet 192.168.2.0 netmask 255.255.255.0{     #子网 1
option routers192.168.2.1;
option subnet - mask 255.255.255.0{
range 192.168.2.60 192.168.2.180;
}
subnet 192.168.10.0 netmask 255.255.255.0{   #子网 2
option routers192.168.2.1;
option subnet - mask 255.255.255.0{
range 192.168.10.20 192.168.10.180;
```

```
}
```

（3）设置 DHCP 服务器启动接口

当 DHCP 服务器只有一块网卡的时候，不需要指明 DHCP 服务的启动接口；当 DHCP 服务器有两块及两块以上网卡的时候，需要编辑/etc/sysconfig/dhcpd 文件，指明 DHCP 服务器启动接口。

```
[root@ loacalhost]# vim /etc/sysconfig/dhcpd
DHCPDARGS = "eth0,eth1"
```

（4）重启 DHCPD 服务

```
[root@ loacalhost]# service  dhcpd restart
```

（5）使用 dhclient 命令测试

分别在子网 1 和子网 2 中的客户机上，使用 dhclient 命令测试：

```
[root@ loacalhost]# dhclient
[root@ loacalhost]# ifconfig eth0
```

2. 配置 DHCP 超级作用域与中继代理

对于多个子网的 DHCP 服务，也可以采用 DHCP 超级作用域和中继代理的解决方案。公司网络由 192.168.2.0/24、192.168.10.0/24 两个子网组成，域名为 sdcet.cn，DNS 服务器地址为 192.168.2.10。子网 1 网关地址为 192.168.2.1，子网掩码为 255.255.255.0；子网 2 网关地址为 192.168.10.1，子网掩码为 255.255.255.0。DHCP 服务器 IP 地址为 192.168.2.10，DHCP 中继代理 eth0 的 IP 地址为 192.168.2.251，eth1 的 IP 地址为 192.168.10.251。DHCP 超级作用域、中继代理的拓扑结构如图 6－72 所示。

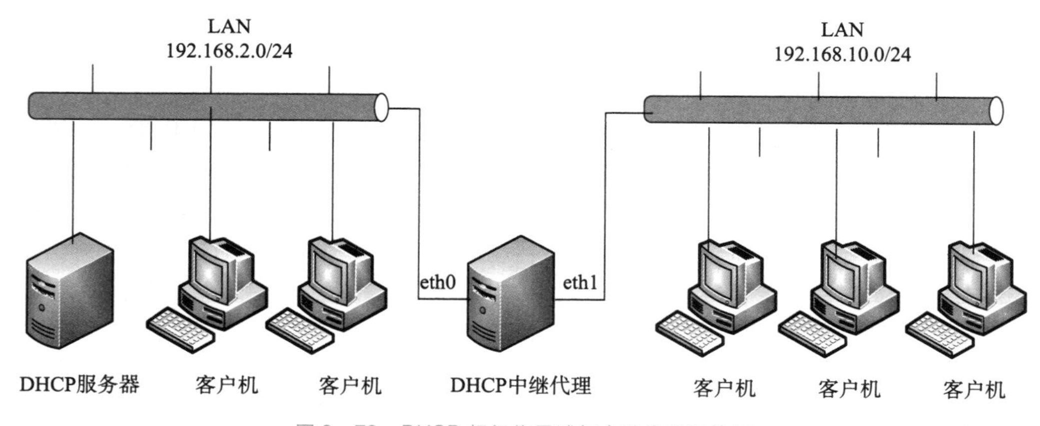

图 6－72　DHCP 超级作用域与中继代理拓扑图

（1）DHCP 服务器超级作用域的配置

设置 DHCP 服务器的 IP 地址为 192.168.2.10，安装 dhcp－4.1.1－34.P1.el6.i686.rpm 软件包。使用 vi 编辑器修改/etc/dhcp/dhcpd.conf 主配置文件，设置超级作用域：

```
option domain - name "hx. cn";
option domain - name - servers 192.168.2.10;
```

```
default - lease - time 36000;
max - lease - time 43200;
ddns - update - style interim;
shared - network mynetwork {
mynetwork
subnet 192.168.2.0 netmask 255.255.255.0{
    range 192.168.2.60 192.168.2.180;
    option routers 192.168.2.1;
    option subnet - mask 255.255.255.0;
}
subnet 192.168.10.0 netmask 255.255.255.0{
    range 192.168.10.20 192.168.10.250;
    option routers 192.168.10.1;
    option subnet - mask 255.255.255.0;
}
```

（2）DHCP 中继代理的配置

设置 DHCP 中继代理 eth0 的 IP 地址为 192.168.2.251，eth1 的 IP 地址为 192.168.10.251。安装 dhcp －4.1.1 －34.P1.el6.i686.rpm 软件包。DHCP 软件包中包含了 DHCP 中继代理 dhcrelay，因此无须单独安装 DHCP 中继代理软件。

DHCP 中继代理可以监听所有网络接口上的 DHCP 请求消息，也可以向某个子网指定 DHCP 中继代理。拓扑结构图中，DHCP 服务器位于 DHCP 中继代理 eth0 的子网 1 中，可以通过 DHCP 中继代理 eth1 接口向连接的子网 2 提供 DHCP 服务。使用 vi 编辑器，编辑/etc/sysconfig/dhcrelay 文件，按以下示例修改文件：

```
[root@ loacalhost]# vim  /etc/sysconfig/dhcrelay
INTERFACES ="eth1"
DHCPSERVERS ="192.168.2.10"
```

（3）分别启动 DHCP 服务器、DHCP 中继代理

在 DHCP 服务器、DHCP 中继代理上重启 DHCPD 服务：

```
[root@ loacalhost]# service dhcpd  restart
```

（4）子网 2 中测试

在子网 2 中的客户机上运行 dhclient 命令，测试 DHCP 中继代理：

```
[root@ loacalhost]# dhclient
[root@ loacalhost]# ifconfig eth0
```

【任务总结】

通过本工作任务，可以掌握在 CentOS 系统中架设 DHCP 服务的技能。首先安装 DHCP 服务，其次合理规划 IP 地址池、租用期限等 DHCP 服务器参数，最后正确配置 DHCP 的主配置文件 dhcpd.conf，以及查看、管理、测试 DHCP 服务运行的技术手段。在掌握了小型网络的单个作用域的配置之后，可以掌握大中型网络中 DHCP 服务的多作用域配置、超级作用域和中继代理的配置等。

项目七

Web 服务与管理

【项目场景】

慧心科技有限公司为了实现对外宣传与公司内部管理，建立了专门的信息化系统。公司专线接入了 Internet，并计划建立一台 Web 服务器；制作并发布了公司的网站，用于公司的信息发布与管理，以实现信息共享与资源共享。

慧心科技有限公司的 WWW 网站访问示意图如图 7－1 所示。本项目在网络中新增了 Web 服务器。

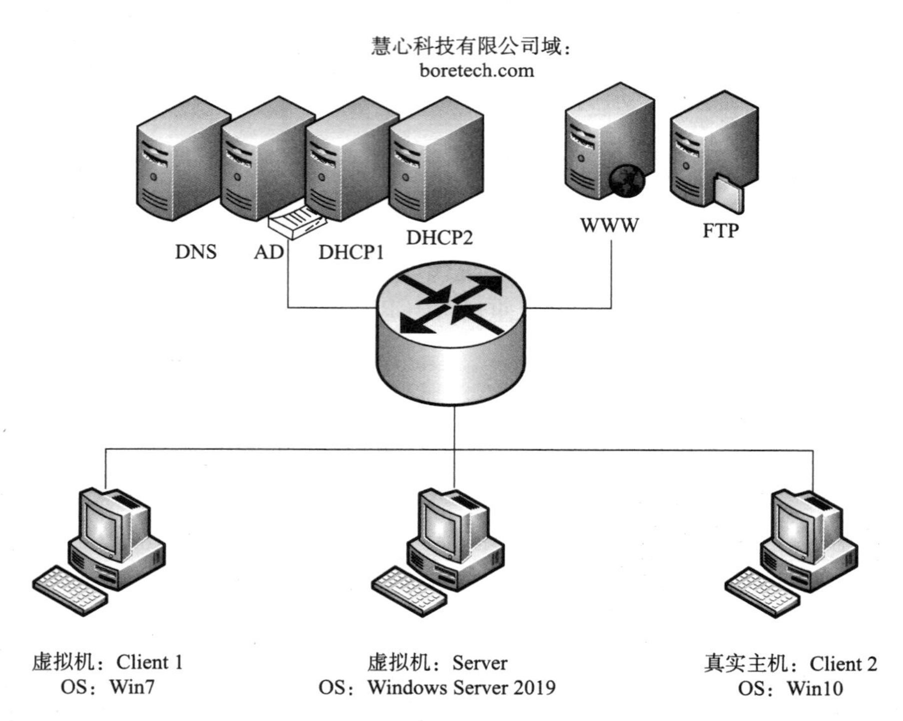

图 7－1　慧心科技有限公司 WWW 网站访问示意图

【需求分析】

目前市面上主要存在 Linux、Windows Server 两大主流操作系统平台，因此需要在上述两

个平台上均实现 Web 服务器的搭建、管理与维护。Web 服务器平台考虑采用 CentOS 7 或者 Windows Server 2019。

【方案设计】

作为一名网络管理人员，必须熟练掌握计算机网络管理及服务器配置的基础知识，所有上岗前的网络管理人员必须熟练掌握所要管理的网络基本架构及服务器操作系统的运用。为构建相应的操作环境，Web 服务器在公司网络环境中的配置与作用见表 7－1。

表 7－1 慧心科技有限公司 Web 服务器配置一览表

图标	名称	域名与对应 IP	说明
	域服务器活动目录服务器	boretech.com 192.168.1.12	慧心科技有限公司的主服务器之一。用于管理公司本部的内网资源，包括组织单位（OU）、组、用户、计算机、打印机等。由于访问量较大，该服务器配置较高，是网络建设中重点投资的设备之一
	WWW 服务器	www.boretech.com 192.168.1.2	公司网站是对外宣传的窗口，公司的新闻、产品、服务、反馈等相关信息的及时发布，均集中在这一平台之上。与部门级子岗站、个人博客类网站相比，公司网站的安全性、可管理性要求更高
	FTP 服务器 文件服务器	file.boretech.com 192.168.1.2	各部门员工每天都有大量的文档需要上交、备份或交流。FTP 服务让员工拥有集中的存储空间，方便文件的上传与下载。考虑安全因素，各部门账户权限有一定的差异

【知识目标、技能目标和思政目标】

①了解 Web 服务的工作原理。
②掌握 Linux 系统的 Apache 安装。
③掌握 Linux 系统的 Web 服务器配置过程。
④掌握 Windows Server 系统的 IIS 安装。
⑤掌握 Windows Server 系统的 Web 服务器配置过程
⑥熟练掌握 Windows Server 2019 的网站安全的设置。
⑦掌握 Windows Server 2019 远程管理的设置与应用。
⑧树立网络安全法治意识，自觉依法进行网络信息技术活动。

任务1 Linux Web 服务器

【任务描述】

本项目的主要任务是掌握在 Linux 平台上安装 Web 服务器的过程与基本配置，包括 Apache 的安装、Apache 服务端配置，以及 Apache 虚拟主机配置。任务目标是实现 CentOS 下 Linux Web 服务器的搭建。

【任务分析】

因为 Linux 系统稳定、安全性较好，该公司信息中心决定在 Linux 系统中搭建 Web 服务器，Web 服务器平台考虑采用 CentOS 7。Web 服务器 IP 地址为 192.168.1.2，在 DNS 服务器上已经将 www.boretech.com 解析到了 192.168.1.2。任务的最终要求是打开浏览器并在地址栏中输入"www.boretech.com"后就能够正确浏览网页。

【知识准备】

1. 真实主机

一台计算机如果安装了虚拟化软件（平台），就可以称为真实主机，通常简称为"主机"。在真实主机的虚拟化软件上安装的虚拟机器，有时也称为虚拟主机。

2. 软件准备

本任务需要事先在虚拟机中安装好 Linux 操作系统 CentOS 7 版本。

Web 服务器也称为 WWW（World Wide Web）服务器，主要功能是提供网上信息浏览服务。Web 服务器就是用来搭建基于 HTTP 的 WWW 网页的计算机，通常这些计算机都采用 Windows Server 版本或者 UNIX/Linux 系统，以确保服务器具有良好的运行效率和稳定的运行状态。

WWW 采用的是浏览器/服务器结构，其作用是整理和存储各种 WWW 资源，并响应客户端软件的请求，把客户所需的资源传送到 Windows XP、Windows 7、UNIX 或 Linux 等平台上。正是因为有了 WWW 工具，才使得近年来 Internet 迅速发展，并且用户数量飞速增长。

如今互联网的 Web 平台种类繁多，各种软硬件组合的 Web 系统更是数不胜数，Windows 平台下的常用的 Web 服务器有 IIS 和 Apache。

Apache 源于 NCSAhttpd 服务器，经过多次修改，成为世界上最流行的 Web 服务器软件之一。Apache 是自由软件，所以不断有人来为它开发新的功能、新的特性、修改原来的缺陷。Apache 的特点是简单、速度快、性能稳定，并可做代理服务器。本来它只用于小型或试验 Internet 网络，后来逐步扩充到各种 UNIX 系统中，尤其对 Linux 的支持相当完美。Apache 是以进程为基础的结构，进程要比线程消耗更多的系统开支，不太适用于多处理器环境，因此，在一个 Apache Web 站点扩容时，通常是增加服务器或扩充群集节点而不是增加处理器。到目前为止，Apache 仍然是世界上用得最多的 Web 服务器，世界上很多著名的网站都是 Apache 的产物，它的成功之处主要在于它的源代码开放、有一支开放的开发队伍、

支持跨平台的应用及它的可移植性等方面。

除了以上几种大家比较熟悉的 Web 服务器外，还有 IBM WebSphere、BEA WebLogic、IPlanet Application Server、Oracle IAS 等 Web 服务器产品。

【任务实施】

本任务实施步骤如下：

①Apache 的安装与启停。

②Apache 服务端配置。

③Apache 虚拟主机配置。

④Web 服务测试。

一、Apache 的安装与启停

1. 安装 Apache 软件

①Apache 服务器的 IP 地址为 192.168.1.2，使用域名 www.boretech.com 进行访问。首先，安装 Apache 服务程序（Apache 服务的软件包名称为 httpd），命令如下：

```
# yum  clean  all
已加载插件:fastestmirror, langpacks
正在清理软件源:  c7 - media
Cleaning up list of fastest mirrors
# yum  install  httpd  -y    //安装 Apache 软件
已加载插件:fastestmirror, langpacks
…
完毕!
```

②可以通过如下命令查询系统是否已安装了 Apache 软件包：

```
# rpm  -qa |grep  httpd
httpd-2.4.6-88.el7.CentOS.x86_64
httpd-tools-2.4.6-88.el7.CentOS.x86_64
```

2. Apache 的启停

①启动 HTTPD 服务，其命令为：

```
# service httpd start
```

②停止 HTTPD 服务，其命令为：

```
# service httpd stop
```

③重新启动 HTTPD 服务，其命令为：

```
# service httpd restart
```

使用命令“firefox http://127.0.0.1”启动 Firefox 浏览器，或者在 Firefox 浏览器中输入“http://127.0.0.1”来验证是否安装成功，测试结果如图 7-2 所示。

二、Apache 服务端配置

1. 主配置文件

①切换当前工作目录到主配置文件所在的目录/etc/httpd/conf/httpd.conf，命令如下：

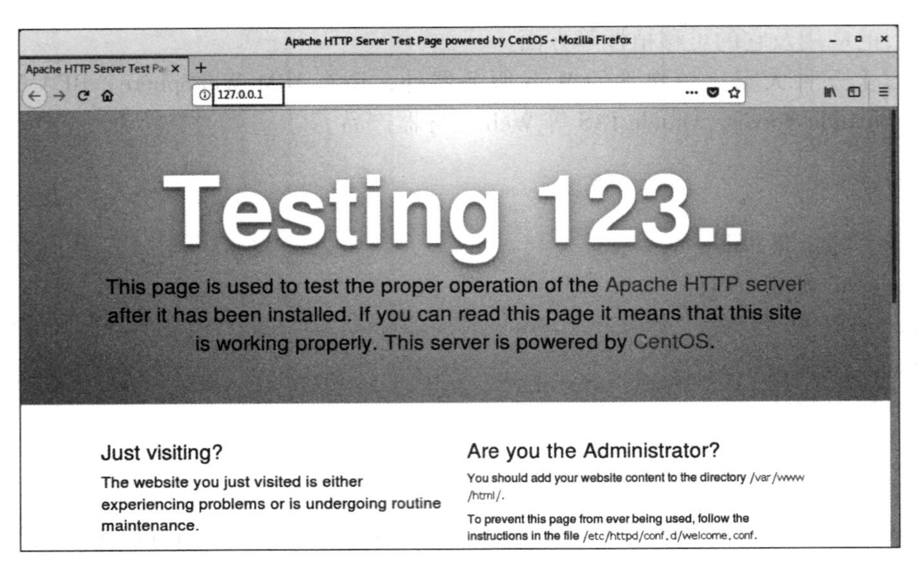

图 7-2 Apache 安装后的测试

```
# cd  /etc/httpd/conf
```

②安装 Apache 后自动生成的 httpd.conf 文件大部分是以“#”开头的说明行或空行，先对文件进行备份，命令如下：

```
# mv  httpd.conf  httpd.conf.bak
```

然后过滤掉所有的说明行，只保留有效的行，命令如下：

```
# grep  -v  '#'  httpd.conf.bak > httpd.conf
# cat  httpd.conf
```

需注意，有效的行包含一些单行的指令和配置段，指令的语法是“参数名 参数值”，配置段是用一对标签表示的配置选项。

2. 设置文档根目录和首页

①创建文档根目录和首页文件。把网站文档根目录设为/siso/www，首页设为default.html，命令如下：

```
# mkdir  -p  /siso/www
# chmod  -R  o+rx  /siso
# ls  -ld  /siso  /siso/www
# echo  "This is my first Website..." > /siso/www/default.html
# ls  -l  /siso/www/default.html
```

②修改主配置文件中的 DocumentRoot 和 DirectoryIndex 参数，以及 Directory 配置段，命令如下：

```
# cat  /etc/httpd/conf/httpd.conf
DocumentRoot "/siso/www"

 <Directory "/siso/www">
   Options Indexes FollowSymLinks
```

```
    AllowOverride None
    Require all granted
</Directory>

<IfModule dir_module>
    DirectoryIndex default.html index.html   <== 默认只有 index.html
    DirectoryIndex
</IfModule>
```

③重启 Apache 服务，然后在浏览器中输入"http://127.0.0.1/default.html"进行测试，如图 7-3 所示（注意，防火墙放行 HTTP 服务修改 SELinux 安全策略）。

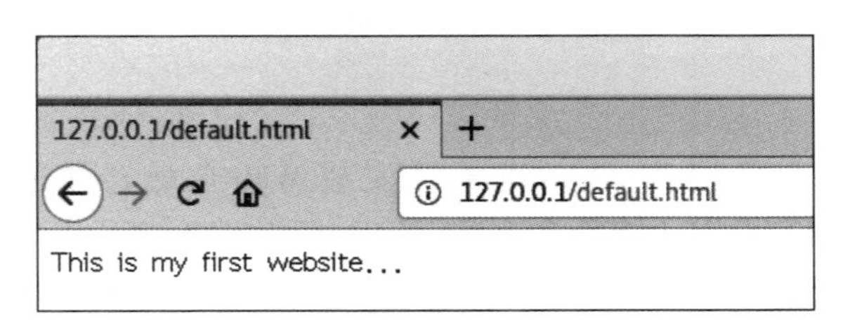

图 7-3 首页测试

三、配置 Apache 虚拟主机

虚拟机 IP 地址为 192.168.1.2，配置基于域名的虚拟主机，域名是 www.boretech.com。

①在 DNS 服务的正向区域解析文件中添加一条 A 资源记录，命令如下：

```
# cat  zone.boretech.com
www  IN  A  192.168.1.2
```

②修改配置文件/etc/httpd/conf.d/vhost.conf 相关内容，命令如下：

```
# vim  /etc/httpd/conf.d/vhost.conf
<Virtualhost 192.168.1.2>
  DocumentRoot  /siso/www
  ServerName  www.boretech.com
  …
</Virtualhost>
```

③重启 Apache 服务，检查防火墙和 SELinux，然后在浏览器中输入"http://www.boretech.com/default.html"进行测试，如图 7-4 所示。

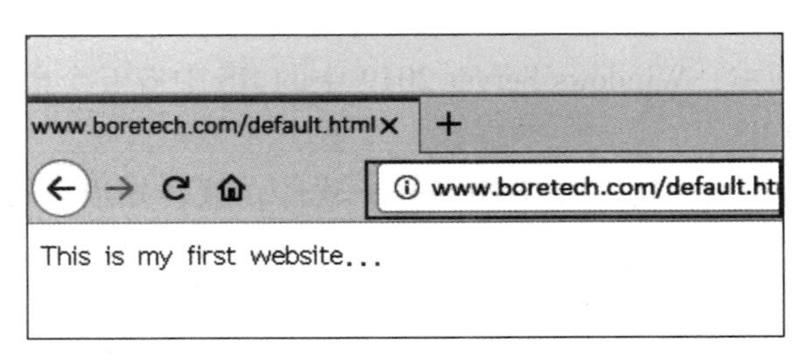

图 7-4 域名访问首页测试

【任务总结】

本任务主要完成了虚拟机 CentOS 7 系统中 Apache 的安装和服务配置，然后，实现了 Web 服务的站点配置与访问测试。

为了模拟真实网络中各种不同 Web 服务器的需求，请参照本任务中 Apache 服务端配置过程，进行不同域名、网站根目录和网站首页的配置与测试。

任务 2 Windows Web 服务器

【任务描述】

本项目的主要任务是掌握 Windows 平台上安装 Web 服务器的过程与基本配置，包括 Windows Server 2019 的 IIS 的基本概念和安装，Web 服务端管理，虚拟目录及虚拟主机。任务目标是实现 Windows Server 2019 下 Web 服务器发布网站的过程与应用。

【任务分析】

在任务 1 中，实现了 Linux 系统下 Apache 服务端的配置，本任务需要在 Windows 平台上安装 Web 服务器（IIS），以便构建完整的网络环境。

【知识准备】

1. 真实主机

一台计算机如果安装了虚拟化软件（平台），就可以称为真实主机，通常简称为“主机”。在真实主机的虚拟化软件上安装的虚拟机器，有时也称为虚拟主机。

2. 软件准备

本任务需要事先在虚拟机中安装好 Windows Server 2019 操作系统。

在学习完 Apache 服务配置后，接下来介绍 IIS。微软公司的 Web 服务器产品是 IIS，它是目前最流行的 Web 服务器产品之一，很多网站都是建立在 IIS 平台上的。IIS 提供了一个图形界面的管理工具，称为 Internet 服务管理器，可用于监视配置和控制 Internet 服务。在 IIS 中包括了 Web 服务器、FTP 服务器、NNTP 服务器和 SMTP 服务器等，分别用于网页浏览、文件传输、新闻服务和邮件发送等方面，它使得在 Intemet 或者局域网中发布信息成为一件很容易的事。

相比较以往的 IIS 版本，Windows Server 2019 中的 IIS 中有五个最为核心的增强特性：

（1）完全模块化的 IIS

如果用户比较熟悉流行的 Apache Web Server 软件，就会知道它最大的优势是它的定制化，用户可以把它配置为只能显示静态的 HTML，也可以动态地加载不同的模块，以允许不同类型的服务内容。而现在使用的 IIS 以前的版本却无法很好地实现这一特性，这样就造成了两方面的问题：其一，由于过多用户并未使用的特性对代码的影响，性能方面有时不能让用户满意；第二，由于默认的接口过多所造成的安全隐患。

新的 IIS 则完全解决了这个问题，IIS 从核心层被分割成了 40 多个不同功能的模块，验证、缓存、静态页面处理和目录列表等功能全部被模块化。这意味着 Web 服务器可以按照用户的运行需要来安装相应的功能模块。可能存在安全隐患和不需要的模块将不会再加载到内存中去，程序的受攻击面减小了，同时性能方面也得到了增强。

（2）通过文本文件配置的 IIS

IIS 另一大特性就是管理工具使用了新的分布式 Web.config 配置系统。IIS 不再拥有单一的 metabase 配置存储，而将使用和 ASP.NET 支持的同样的 Web.config 文件模型，这样就允许用户把配置和 Web 应用的内容一起存储与部署，无论有多少站点，用户都可以通过 Web.config 文件直接配置，这样当公司挂接大量的网站时，可能只需要很短的时间，因为管理员只需要拷贝之前做好的任意一个站点的 Web.config 文件，然后把设置和 Web 应用一起传送到远程服务器上就完成了，没必要再写管理脚本来定制配置了。

同时，管理工具支持“委派管理”（delegated administration），用户可以将一些确定的 Web.config 文件通过委派的方式，委派给企业中其他的员工。当然，在这种情形下，管理工具里显示的只是客户自己网站的设置，而不是整个机器的设置，这样 IIS 管理员就不用为站点的每一个微小变化而费心。版本控制同样简单，用户只需要在组织中保留不同版本的文本文件，然后在必要的时候恢复它们就可以了。

（3）MMC 图形模式管理工具

在新的 IIS 中，用户可以用管理工具在 Windows 客户机器上创建和管理任意数目的网站，而不再像以往版本只局限于单个网站。同时，相比 IIS 之前的版本，IIS 的管理界面也更加友好和强大。此外，IIS 的管理工具是用 .NET 和 Windows Forms 写成的，是可以被扩展的。这意味着用户可以添加自己的 UI 模块到管理工具里，为自己的 HTTP 运行时模块和配置设置提供管理支持。

（4）IIS 安全方面的增强

安全问题永远是微软被攻击的重中之重，其实并非微软对安全漠不关心，实在是因为微软这艘巨型战舰过于庞大，难免百密一疏，好在微软积极地响应着每一个安全方面的意见与建议。IIS 的安全问题则主要集中在有关 .NET 程序的有效管理及权限管理方面。IIS 正是针对 IIS 服务器遇到了安全问题做了相应的增强。

在新版本中，IIS 和 ASP.NET 管理设置集成到了单个管理工具里。这样，用户就可以在一个地方查看和设置认证和授权规则，而不是像以前那样要通过多个不同的对话框来做，这给管理人员提供了一个更加一致和清晰的用户界面，以及 Web 平台上统一的管理体验。

在 IIS 中，.NET 应用程序直接通过 IIS 代码运行而不再发送到 Internet Server API 扩展上，这样就减少了可能存在的风险，并且提升了性能。同时，管理工具内置对 ASP.NET 3.0 的成员和角色管理系统提供管理界面的支持，这意味着用户可以在管理工具里创建和管理角色与用户，以及给用户指定角色。

（5）集成 ASP.NET

IIS 中的重大的变动不仅是 ASP.NET 本身从 ISAPI 的实现形式变成直接接入 IIS 管道的模块，还能够通过一个模块化的请求管道架构来实现丰富的扩展性。用户可以通过与 Web 服务器注册一个 HTTP 扩展性模块，在任一个 HTTP 请求周期的任何地方编写代码。这些扩展性模块可以使用 C ++ 代码或者 .NET 托管代码来编写。而且认证、授权、目录清单支持、经典 ASP、记录日志等功能，都可以使用这个公开模块化的管道 API 来实现。

在 IIS 中，提供了如下服务，以便实现网络资源的共享与管理：

（1）WWW 服务

WWW 服务即万维网发布服务，通过将客户端 HTTP 请求连接到在 IIS 中运行的网站上，万维网发布服务向 IIS 最终用户提供 Web 发布。WWW 服务管理 IIS 核心组件，这些组件处理 HTTP 请求并配置管理 Web 应用程序。

（2）FTP 服务

FTP 服务即文件传输协议服务，通过此服务 IIS 提供对管理和处理文件的完全支持。该服务使用传输控制协议（TCP），这就确保了文件传输的完成和数据传输的准确。该版本的 FTP 支持在站点级别上隔离用户，以帮助管理员保护其 Internet 站点的安全，并使之商业化。

（3）SMTP 服务

SMTP 服务即简单邮件传输协议服务，通过此服务，IIS 能够发送和接收电子邮件。例如，为确认用户提交表格成功，可以对服务器进行编程，以自动发送邮件来响应事件，也可以使用 SMTP 服务接收来自网站客户反馈的消息。SMTP 不支持完整的电子邮件服务，要提供完整的电子邮件服务，可使用 Microsoft Exchange Server。

（4）NNTP 服务

NNTP 服务即网络新闻传输协议，可以使用此服务主控单个计算机上的 NNTP 本地讨论组。因为该功能完全符合 NNTP 协议，所以用户可以使用任何新闻阅读客户端程序，加入新闻组进行讨论。通过 inetsrv 文件夹中的 Rfeed 脚本，IIS NNTP 服务现在支持新闻流。NNTP 服务不支持复制，要利用新闻流或在多个计算机间复制新闻组，可使用 Microsoft Exchange Server。

（5）IIS 管理服务

IIS 管理服务主要用于管理 IIS，配置数据库，并为 WWW 服务、FTP 服务、SMTP 服务和 NNTP 服务更新 Microsoft Windows 操作系统注册表，配置数据库用来保存 IIS 的各种配置参数。IIS 管理服务对其他应用程序公开配置数据库，这些应用程序包括 IIS 核心组件、在 IIS 上建立的应用程序，以及独立于 IIS 的第三方应用程序（如管理或监视工具）。

【任务实施】

本任务实施步骤如下：

①Web 服务器（IIS）的安装与基本设置。

②Web 服务器的管理。

③配置虚拟目录。

④配置虚拟主机。

一、Web 服务器（IIS）的安装与基本设置

1. 安装 Web 服务器（IIS）

Windows Server 2019 内置的 IIS 在默认情况下并没有安装，因此使用 Windows Server 2019 架设 Web 服务器进行网站的发布，首先必须安装 IIS 组件，然后再进行 Web 服务相关的基本设置。以下以在虚拟机（192.168.1.2）中配置 Web 服务器为例进行详细讲解。

安装 IIS 必须具备管理员权限，使用 Administrator 管理员权限登录，这是 Windows Server

2012 新的安全功能，具体的操作步骤如下。

①在服务器中选择“开始”→“管理工具”→“服务器管理器”命令打开“服务器管理器”窗口，选择左侧“仪表板”一项之后，单击右侧的“添加角色和功能”链接，如图 7－5 所示。此时，出现“添加角色和功能向导”对话框，在如图 7－6 所示的对话框中，首先显示的是“开始之前”选项。此选项提示用户，在继续之前，请确认完成以下任务：

- 管理员账户使用的是强密码
- 静态 IP 地址等网络设置已配置完成
- 已从 Windows 更新安装最新的安全更新

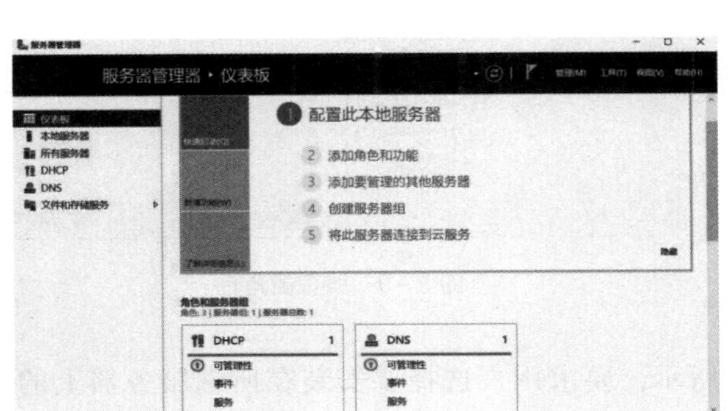

图 7－5　添加角色和功能

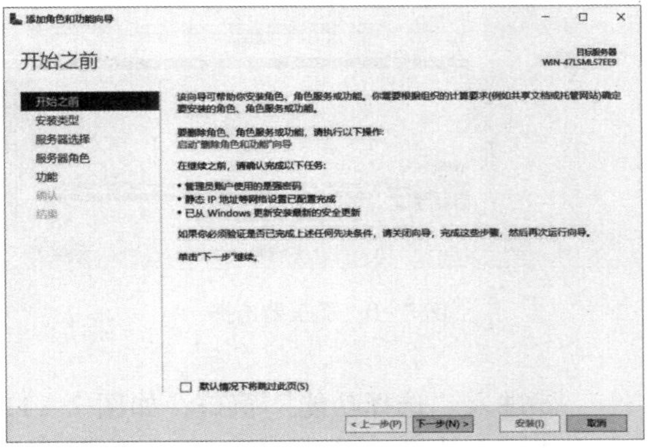

图 7－6　添加角色和功能向导

如果必须验证是否已完成上述任何先决条件，请关闭向导，完成这些步骤，然后再次运行向导。单击“下一步”按钮继续。

②单击“下一步”按钮，进入“选择安装类型”对话框，在如图 7－7 所示的对话框中，有两个单选按钮，分别为：

- 基于角色或基于功能的安装。

通过添加角色、角色服务和功能来配置单个服务器。

- 远程桌面服务安装。

为虚拟桌面基础结构（VDI）安装所需的角色服务以创建基于虚拟机或基于会话的桌面部署。

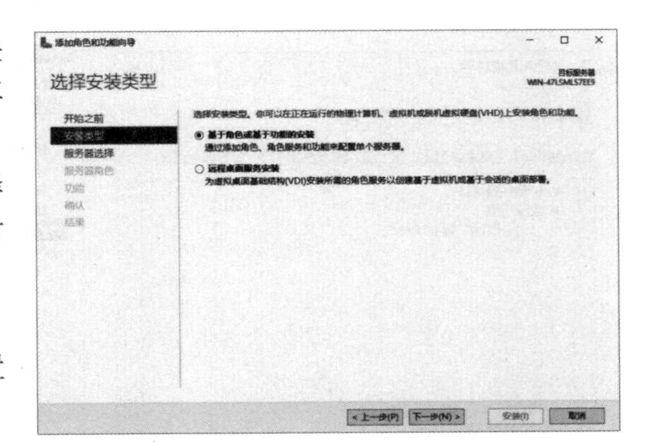

图 7－7　安装类型

此时，选择默认选项“基于角色或基于功能的安装”，然后单击“下一步”按钮继续操作。

③进入“选择目标服务器”对话框，如图 7－8 所示。在对话框中有两个选项：一是“从服务器池中选择服务器”，二是“选择虚拟硬盘”。此时选择第一个选项，在当前服务器池中找到一台计算机，直接单击“下一步”按钮继续操作。

④此时，会进入“选择服务器角色”对话框，如图 7－9 所示，单击对话框中“角色”列表框中的每一个服务器角色选项，在右边会显示该服务相关的详细描述说明，一般采用默

认的选择即可，如果有特殊要求，则可以根据实际情况进行选择。勾选“Web 服务器(IIS)”，单击“下一步”按钮，弹出如图 7－10 所示的对话框，单击“添加功能”按钮即可。完成后，返回图 7－9 所示的窗口，此时“Web 服务器（IIS）”选项会被勾选上，单击“下一步”按钮继续安装操作。

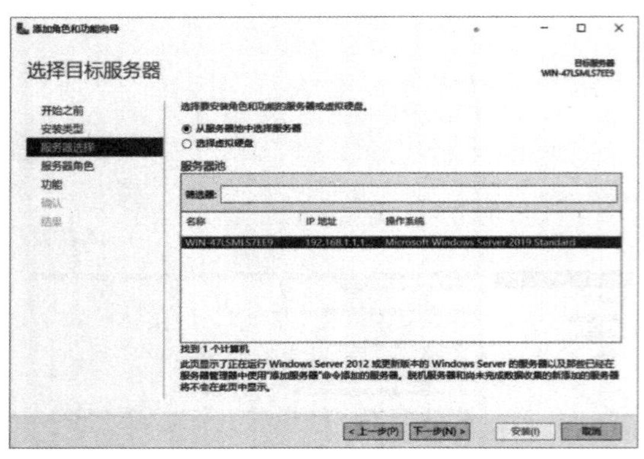

图 7－8 服务器选择

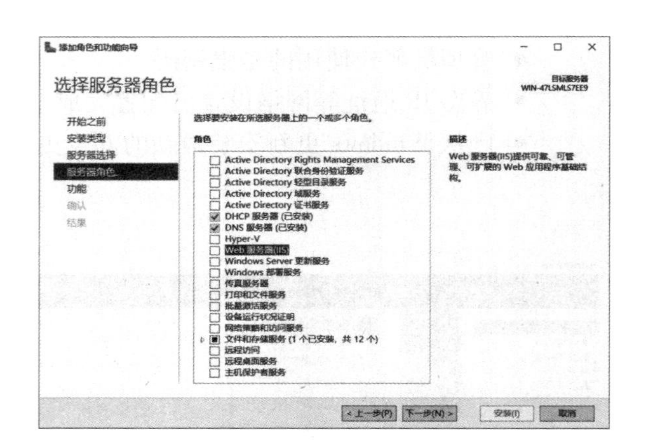

图 7－9 服务器角色

⑤进入“选择功能”窗口，如图 7－11 所示，要求用户选择要安装在所选服务器上的一个或多个功能，同时，在“功能”列表框中列出多个功能供用户选择。此时可以选择默认功能，直接单击“下一步”按钮继续。

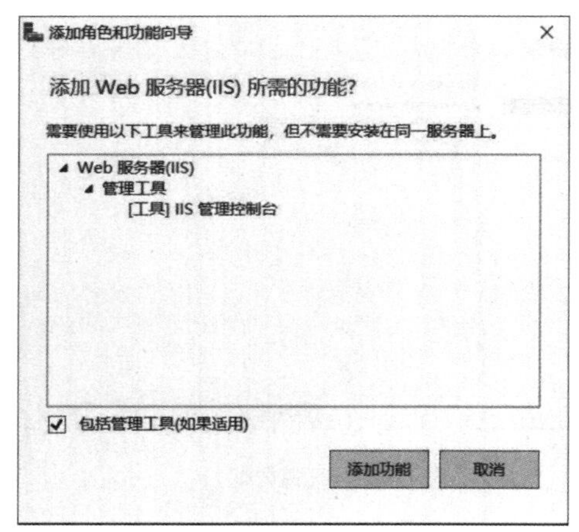

图 7－10 添加 Web 服务器（IIS）所需的功能

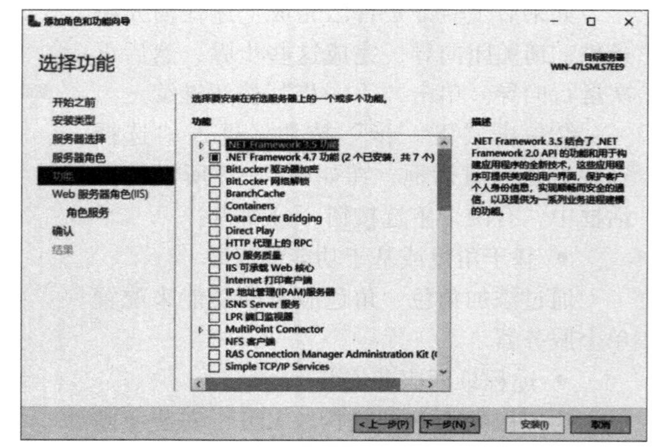

图 7－11 功能

⑥弹出如图 7－12 所示的“Web 服务器角色(IIS)”窗口。在此窗口中，对 Web 服务器进行了详细介绍及注意事项，主要内容如下：

Web 服务器是让您可以在 Internet、Intranet 或 Extranet 上共享信息的计算机。Web 服务器角色包含安全性、诊断和管理得到增强的 Internet Information Services（IIS）10.0，是一个集成 IIS 10.0、ASP.NET 和 Windows Communication Foundation 的统一 Web 平台。

- Web 服务器（IIS）角色的默认安装包括角色服务的安装，该安装使你能够使用静态

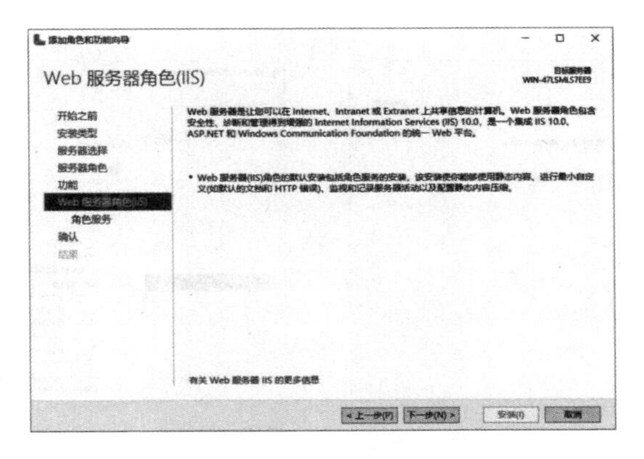

图7－12　Web服务器角色

内容、进行最小自定义（如默认的文档和HTTP错误）、监视和记录服务器活动以及配置静态内容压缩。

单击“下一步”按钮继续。

⑦弹出如图7－13所示的“选择角色服务”窗口。在此窗口中，要求用户为Web服务器（IIS）选择要安装的角色服务。系统列出角色服务供用户选择，此时可以根据Web服务的需求进行相应选择，本例同时安装FTP服务器，所以在如图7－14所示窗口中的“角色服务”列表框中勾选“FTP服务器”，其他功能选择系统默认即可。

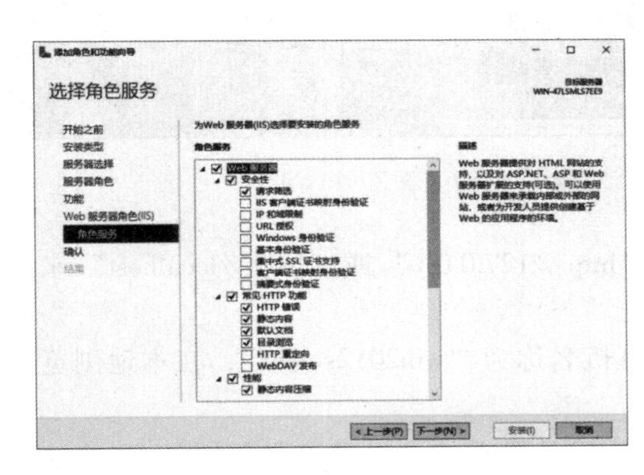

图7－13　角色服务

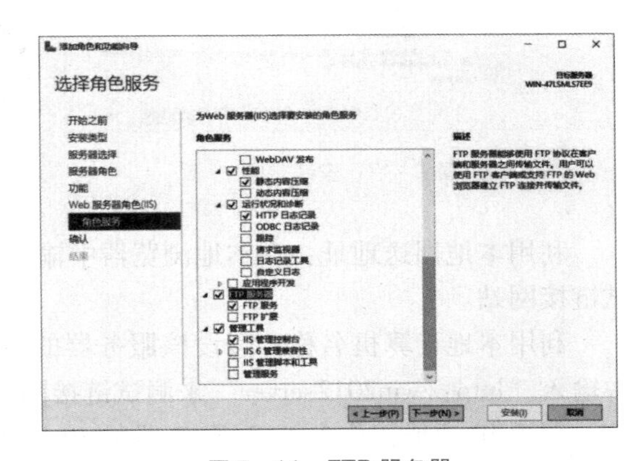

图7－14　FTP服务器

完成上述操作之后，单击“下一步”按钮。

⑧弹出如图7－15所示的“确认安装所选内容”窗口。在此窗口中，列出用户要安装的内容，如果需要更改，可以单击“上一步”按钮进行相应设置；如果不需要更改，单击“安装”按钮进行确认，即可进入安装界面。

在如图7－16所示的“安装进度”窗口中，显示系统安装进度。

安装完成后，如图7－17所示，单击“关闭”按钮即可。

2. 测试IIS安装是否正确

安装Web服务器（IIS）后，还要测试是否安装正常，有下面四种常用的测试方法，若链接成功，则会出现如图7－18所示的网页，显示IIS安装成功。

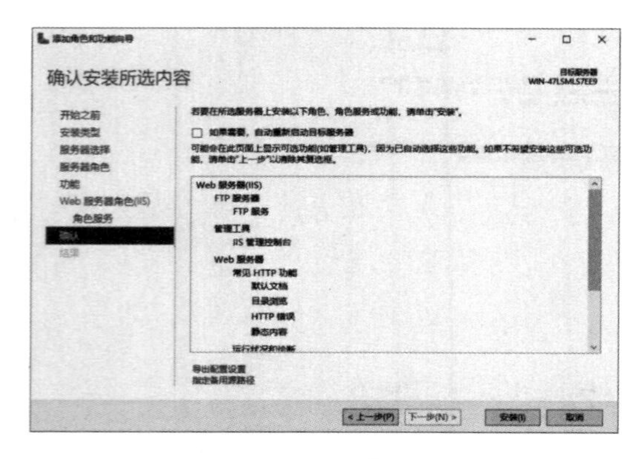

图 7－15　确认

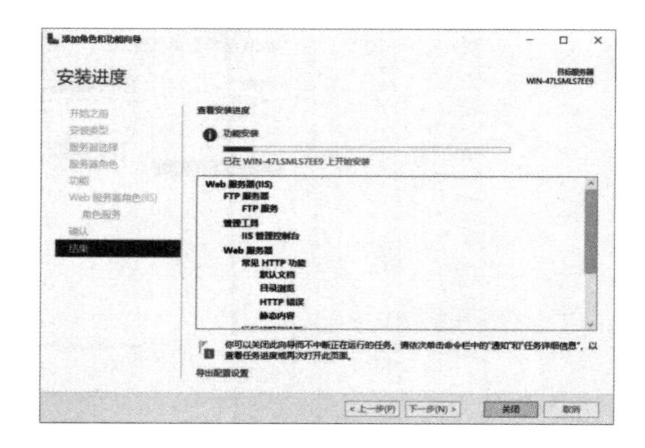

图 7－16　安装进度

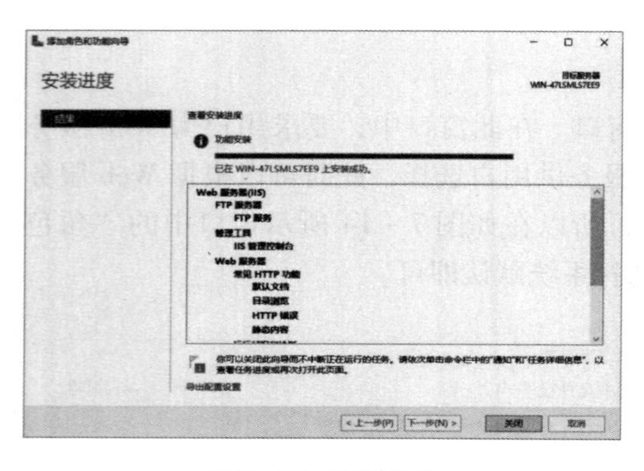

图 7－17　安装完成

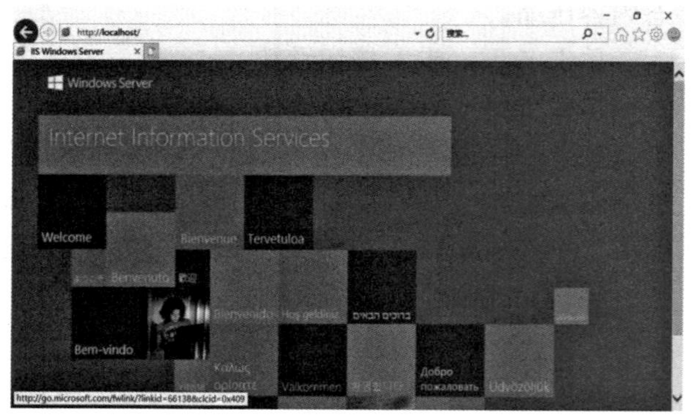

图 7－18　IIS

利用本地回送地址：在本地浏览器中输入“http://127.0.0.1”或“http://localhost”来测试链接网站。

利用本地计算机名称：假设该服务器的计算机名称为“win2012server”，在本地浏览器中输入“http://win2012server”来测试链接网站。

利用 IP 地址：作为 Web 服务器的 IP 地址最好是静态的，假设该服务器的 IP 地址为 192.168.1.2，则可以通过“http://192.168.1.2”来测试链接网站。如果该 IP 是局域网内的，则位于局域网内的所有计算机都可以通过这种方法来访问这台 Web 服务器；如果是公网上的 IP，则 Internet 上的所有用户都可以访问。

利用 DNS 域名：如果这台计算机上安装了 DNS 服务，网址为 www.boretech.com，并将 DNS 域名与 IP 地址注册到 DNS 服务内，可通过 DNS 网址“http://www.boretech.com”来测试链接网站。

Web 服务器（IIS）安装及测试的详细过程请扫描如图 7－19 和图 7－20 所示的二维码在线观看。

二、Web 服务器的管理

Web 服务器安装完成，同时，一个默认站点也就被默认创建完成，并在能够测试正确显示以后，需要进行相关的管理与配置，以满足实际网站管理的需要。

图 7-19 Web 服务器（IIS）安装过程

图 7-20 Web 服务器（IIS）安装测试

1. 网站主目录的设置

任何一个网站都需要有主目录作为默认目录，当客户端请求链接时，就会将主目录中的网页等内容显示给用户。主目录是指保存 Web 网站的文件夹，当用户访问该网站时，Web 服务器会自动将该文件夹中的默认网页显示给客户端用户。

默认的网站主目录是% SystemDrive\Inetpub\wwwroot，可以使用 IIS 管理器或通过直接编辑 MetaBase.xml 文件来更改网站的主目录。当用户访问默认网站时，Web 服务器会自动将其主目录中的默认网页传送给用户的浏览器。但在实际应用中通常不采用该默认文件夹，因为将数据文件和操作系统放在同一磁盘分区中，会失去安全保障，并存在系统安装、恢复不太方便等问题，并且当保存大量音视频文件时，可能造成磁盘或分区的空间不足。所以最好将作为数据文件的 Web 主目录保存在其他硬盘或非系统分区中。

网站主目录的设置通过 IIS 管理器进行设置，其操作步骤如下。

①选择“开始”→“管理工具”→“Internet Information Services（IIS）管理器”命令，打开“Internet Information Services（IIS）管理器”窗口，IIS 管理器采用了三列式界面，双击对应的 IIS 服务器，可以看到“功能视图”中有 IIS 默认的相关图标及“操作”窗格中的对应操作，如图 7-21 所示。

②在“连接”窗格中，展开树中的“网站”节点，有系统自动建立的默认 Web 站点“Default Web Site”，如图 7-22 所示，可以直接利用它来发布网站，也可以建立一个新网站（右击，选择“新建站点”即可）。

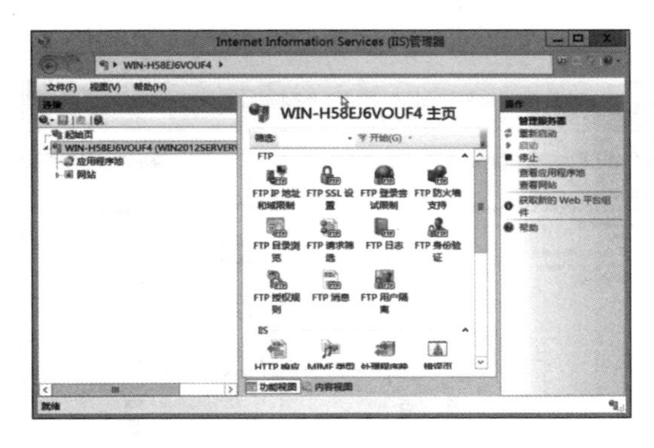

图 7-21 IIS 管理器

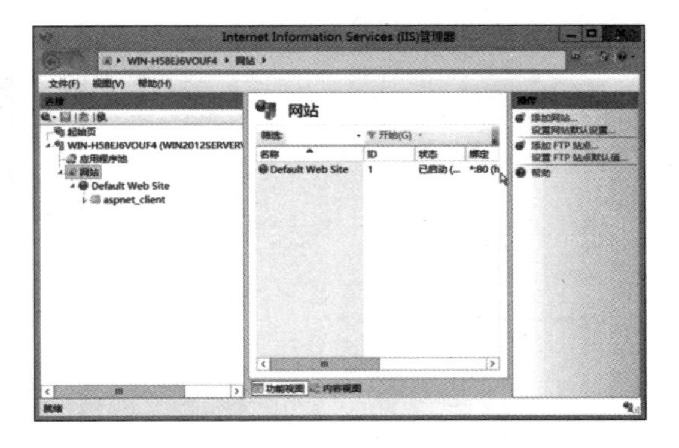

图 7-22 默认站点

③如果要直接利用系统创建的“Default Web Site”站点进行网站的基本设置，可以按如下操作完成：

在“操作”窗格下，单击“浏览”链接，将打开系统默认的网站主目录 C:\Inetpub\wwwroot，如图 7-23 所示。当用户访问此默认网站时，浏览器将会显示“主目录”中的默认网页，即 wwwroot 子文件夹中的 iisstart 页面。如果需要更改主目录，可以在“操作”窗格下，单击“基本设置”链接，此时会打开如图 7－24 所示的“编辑网站”对话框，在此，更改网站主目录所在的位置即可，更改完成后，可以进行测试。

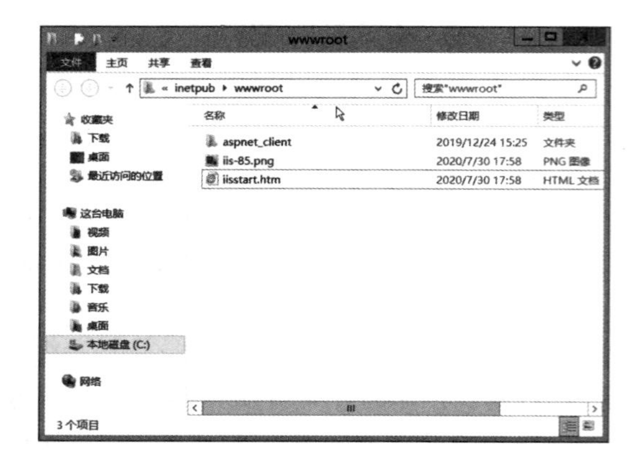

图 7－23　wwwroot

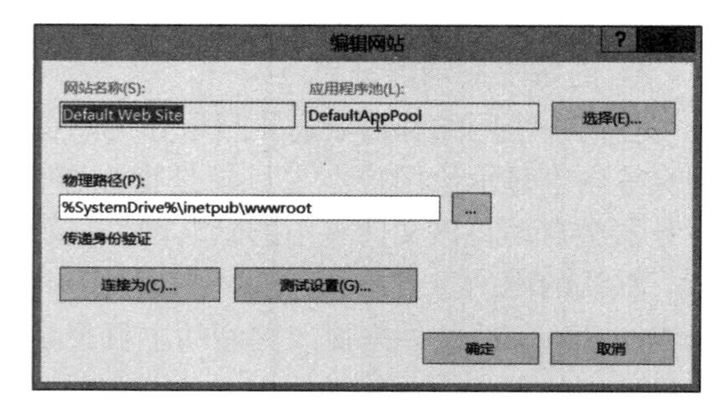

图 7－24　编辑网站

注：如果用户需要利用默认网站建站，可以在此目录下添加需要使用的网页文件。

④如果要新建一个 Web 站点，可以参考如下步骤完成：

在“连接”窗格中选取“网站”，单击鼠标右键，在弹出的快捷菜单里选择“添加网站”命令开始创建一个新的 Web 站点，在弹出的“添加网站”对话框中设置 Web 站点的相关参数，如图 7－25 所示。例如，网站名称为“慧心科技”，“物理路径”也就是 Web 站点的主目录，可以选取网站文件所在的文件夹 C:\hxkj，可以直接在“IP 地址”下拉列表中选取系统默认的 IP 地址。完成之后，返回到 Internet 信息服务器窗口，就可以查看到刚才新建的“慧心科技”站点，如图 7－26 所示。

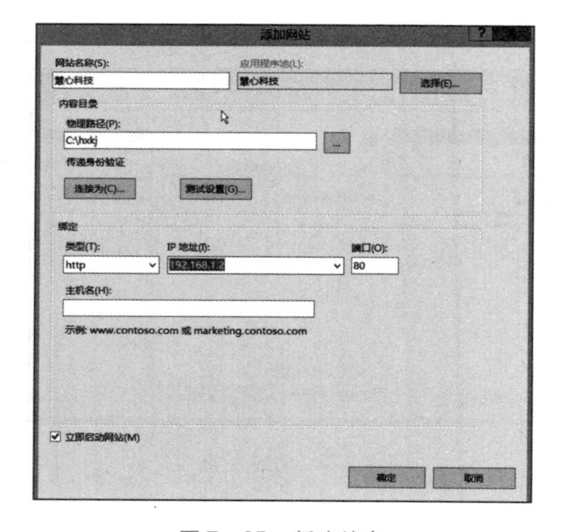

图 7－25　新建站点

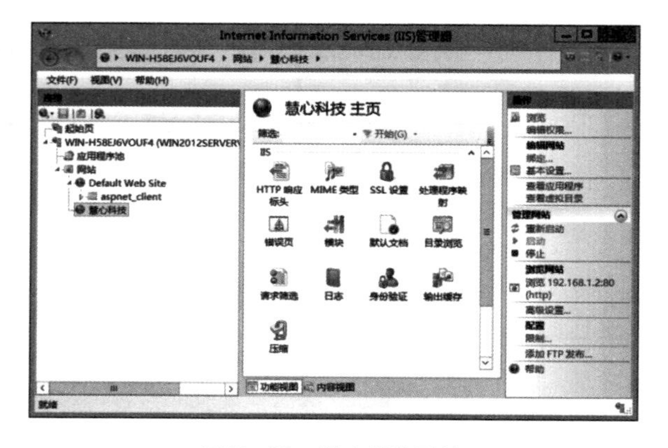

图 7－26　慧心科技网站

提示：也可以在物理路径中输入远程共享的文件夹，就是将主目录指定到另外一台计算机内的共享文件夹，当然，该文件夹内必须有网页存在，同时需单击“连接为”按钮，必

须指定一个有权访问此文件夹的用户名和密码。

2. 网站默认页设置

通常情况下，Web 网站都需要一个默认文档，当在 IE 浏览器中使用 IP 地址或域名访问时，Web 服务器会将默认文档回应给浏览器，并显示内容。当用户浏览网页时没有指定文档名时，例如输入的是 http://192.168.1.2，而不是 http://192.168.1.2/main.htm，IIS 服务器会把事先设定的默认文档返回给用户，这个文档就称为默认页面。在默认情况下，IIS 的 Web 站点启用了默认文档，并预设了默认文档的名称。

打开"IIS 管理器"窗口，单击选择左侧"连接"窗格中的网站名称，然后在中间功能视图中选择"默认文档"图标，如图 7 - 27 所示。双击查看网站的默认文档，列出的默认文档如图 7 - 28 所示。利用 IIS 搭建 Web 网站时，默认文档的文件名有五个，分别为 default.htm、default.asp、index.htm、index.html、iisstar.htm，这也是一般网站中最常用的主页名。

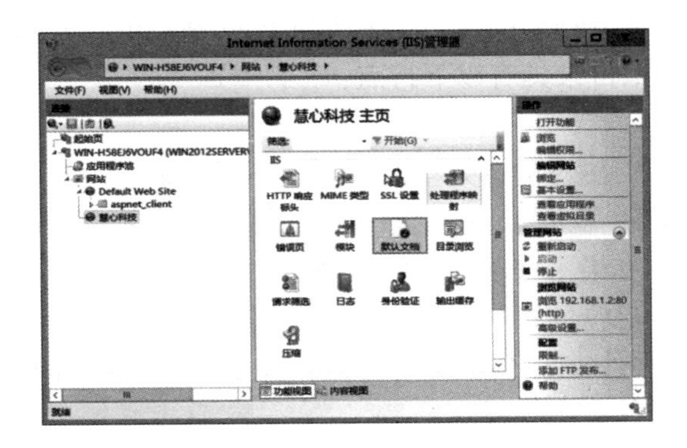

图 7 - 27　默认文档

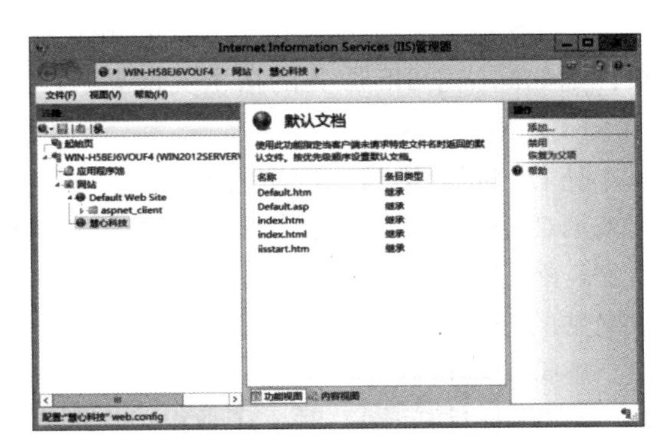

图 7 - 28　默认文档列表

当然，也可以由用户自定义默认网页文件。在访问时，系统会自动按顺序由上到下依次查找与之相对应的文件名。例如，当客户浏览 http://192.168.1.2 时，IIS 服务器会先读取主目录下的 default.htm（排列在列表中最上面的文件），若在主目录内没有该文件，则依次读取后面的文件（default.asp 等）。可以通过单击"上移"和"下移"按钮来调整 IIS 读取这些文件的顺序，也可以通过单击"添加"按钮来添加默认网页。

由于这里系统默认的主目录% SystemDrive\Inetpub\wwwroot 文件夹内，只有一个文件名为 iisstart.htm 的网页，因此，在上面安装完成并测试时，客户浏览 http://192.168.1.2，IIS 服务器会将此网页传递给用户的浏览器，并进行显示。若在主目录中找不到列表中的任何一个默认文件，则用户的浏览器画面会出现如图 7 - 29 所示的错误信息。

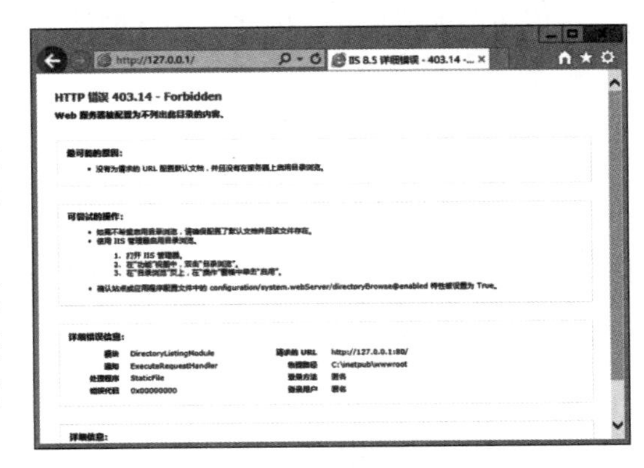

图 7 - 29　网页无法访问

创建与管理 Web 站点的相关视频请扫描如图 7－30 所示的二维码观看。

图 7－30　创建与管理 Web 站点

三、配置虚拟目录

在对 Web 服务器进行管理的过程中，可能会出现如下情况：由于站点磁盘的空间是有限的，随着网站的内容不断增加，同时一个站点只能指向一个主目录，所以可能出现磁盘容量不足的问题。为了解决这个问题，网络管理员可以通过创建虚拟目录的方式进行控制。

1. 虚拟目录

Web 中的目录分为两种类型：物理目录和虚拟目录。物理目录是位于计算机物理文件系统中的目录，它可以包含文件及其他目录。虚拟目录是在网站主目录下建立的一个友好的名称，它是 IIS 中指定并映射到本地或远程服务器上的物理目录的目录名称。虚拟目录可以在不改变别名的情况下，任意改变其对应的物理文件夹。虚拟目录只是一个文件夹，并不真正位于 IIS 宿主文件夹内（%SystemDrive%:\Inetpub\wwwroot）。但在访问 Web 站点的用户看来，则如同位于 IIS 服务的宿主文件夹一样。虚拟目录具有以下特点：

（1）便于扩展

随着时间的增长，网站内容也会越来越多，而磁盘的有效空间却有减不增，最终硬盘空间被消耗殆尽。这时就需要安装新的硬盘以扩展磁盘空间，并把原来的文件都移到新增的磁盘中，然后再重新指定网站文件夹。而事实上，如果不移动原来的文件，而以新增磁盘作为该网站的一部分，就可以在不停机的情况下实现磁盘的扩展。此时就需要借助虚拟目录来实现。虚拟目录可以与原有网站文件不在同一个文件夹、不在同一磁盘，甚至不在同一计算机。但在用户访问网站时，还觉得像在同一个文件夹中一样。

（2）增删灵活

虚拟目录可以根据需要随时添加到虚拟 Web 网站，或者从网站中移除，因此，它具有非常大的灵活性。同时，在添加或移除虚拟目录时，不会对 Web 网站的运行造成任何影响。

（3）易于配置

虚拟目录使用与宿主网站相同的 IP 地址、端口号和主机头名，因此不会与其标识产生冲突。同时，在创建虚拟目录时，将自动继承宿主网站的配置。并且对宿主网站配置时，也将直接传递至虚拟目录，因此，Web 网站（包括虚拟目录）配置更加简单。

2. 创建虚拟目录

以下就以在“慧心科技”站点中创建一个名为“工程部”的虚拟目录为例，来演示具体的操作步骤。

①在 IIS 服务器 C 盘下新建一个文件夹 gcb，并且在该文件夹内复制网站的所有文件，查看主页文件 index.htm 的内容，并将其作为虚拟目录的默认首页。

②在 IIS 管理器中，首先在最左边“连接”窗格中单击“慧心科技”网站名称，然后在中间“功能视图”窗格中空白处单击鼠标右键，弹出如图 7－31 所示的快捷菜单，单击“查看虚拟目录”选项。然后在“虚拟目录”页的“操作”窗格中，单击“添加虚拟目录”链接，如图 7－32 所示（或者用鼠标右键单击站点，在弹出的菜单中选择“添加虚拟目录”命令）。

③在弹出的“添加虚拟目录”对话框中，在“别名”文本框中输入“工程部”，在“物理路径”文本框中，选择“C:\gcb”物理文件夹，如图 7－33 所示。

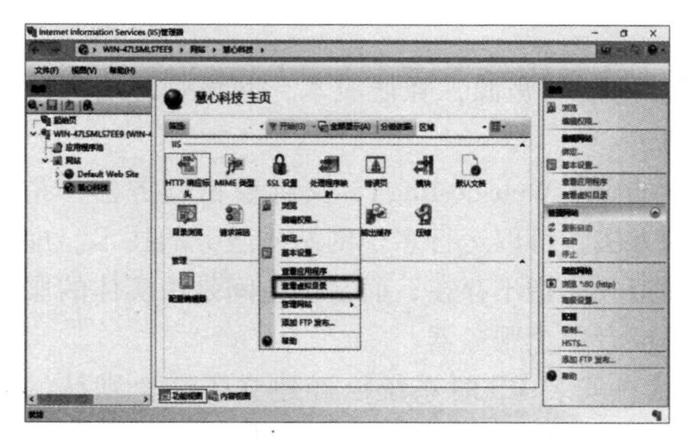

图7－31　查看虚拟目录

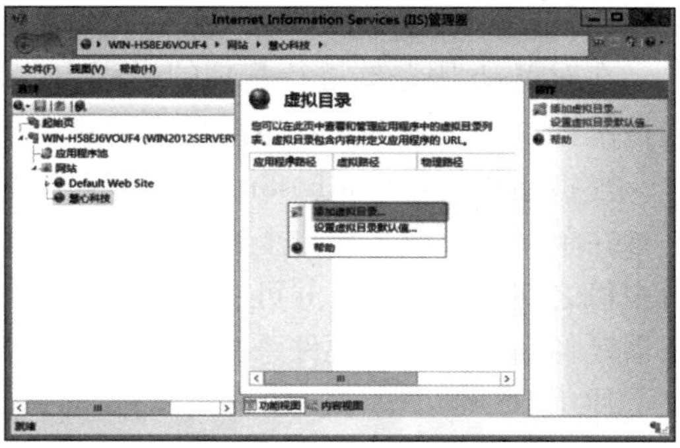

图7－32　添加虚拟目录

④单击“确定”按钮，返回“Internet Information Services(IIS)管理器”窗口，在“连接”窗格中，可以看到“慧心科技”站点下新建立的虚拟目录“工程部”，如图7－34所示。

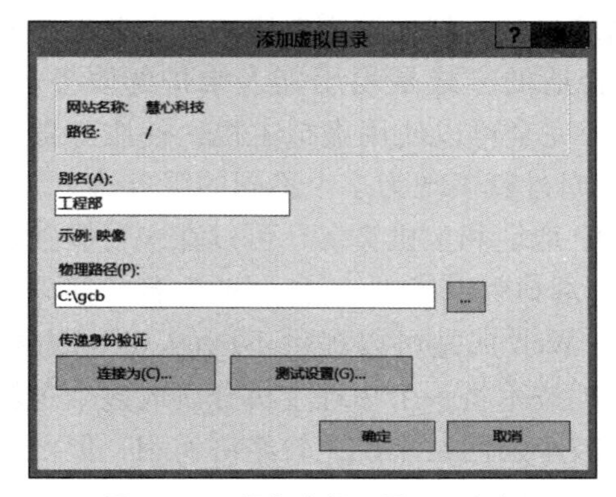

图7－33　添加虚拟目录－工程部

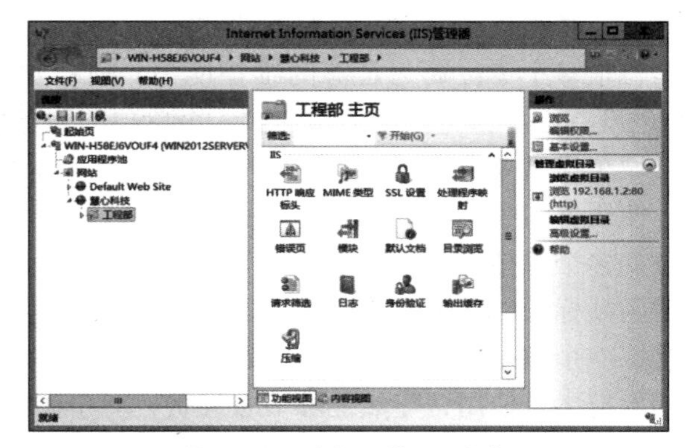

图7－34　虚拟目录－工程部

⑤在“操作”窗格中，单击“管理虚拟目录”下的“高级设置”链接，弹出“高级设置”对话框，可以对虚拟目录的相关设置进行修改，如图7－35所示。

创建与访问虚拟目录的操作请扫描如图7－36所示的二维码在线观看。

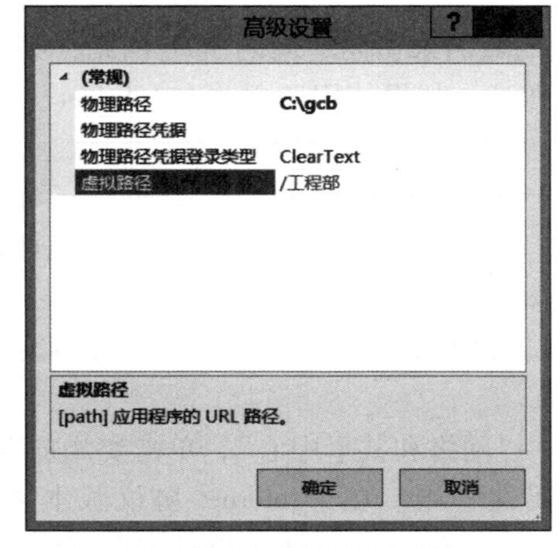

图7－35　虚拟目录高级设置

图7－36　虚拟目录操作

3. 配置虚拟主机

在对 Web 服务器进行管理的过程中，为了节约硬件资源，降低成本，网络管理员可以通过虚拟主机技术在一台服务器上创建多个网站。

虚拟主机（virtual hosting）或称共享主机（shared Web hosting），又称虚拟服务器，是一种在单一主机或主机群上，实现多网域服务的方法，可以运行多个网站或服务的技术。虚拟主机之间完全独立，并可由用户自行管理，虚拟并非指不存在，而是指空间是由实体的服务器延伸而来的，其硬件系统可以基于服务器群或者单个服务器。

使用 IIS 可以很方便地架设 Web 网站。虽然在安装 IIS 时系统已经建立了一个默认的 Web 网站，直接将网站内容放到其主目录或虚拟目录中即可直接使用，但最好还是重新设置，以保证网站的安全。如果需要，还可以在一台服务器上建立多个虚拟主机，来实现多个 Web 网站，这样可以节约硬件资源、节省空间、降低能源成本。

虚拟主机的概念对于 ISP 来讲非常有用，因为虽然一个组织可以将自己的网页挂在具备其他域名的服务器上的下级网址上，但使用独立的域名和根网址更为正式，易为众人接受。传统上，必须自己设立一台服务器才能达到独立域名的目的，然而这需要维护一个单独的服务器，很多小单位缺乏足够的维护能力，所以更为合适的方式是租用别人维护的服务器。ISP 也没有必要为每一个机构提供一个单独的服务器，完全可以使用虚拟主机，使服务器为多个域名提供 Web 服务，而且不同的服务互不干扰，对外就表现为多个不同的服务器。

使用 IIS 的虚拟主机技术，通过分配 TCP 端口、IP 地址和主机头名，可以在一台服务器上建立多个虚拟 Web 网站，每个网站都具有唯一的由端口号、IP 地址和主机头名三部分组成的网站标识，用来接收来自客户端的请求，不同的 Web 网站可以提供不同的 Web 服务，而且每一个虚拟主机和一台独立的主机完全一样。虚拟技术将一个物理主机分割成多个逻辑上的虚拟主机使用，显然能够节省经费，对于访问量较小的网站来说比较经济实用，但由于这些虚拟主机共享这台服务器的硬件资源和带宽，在访问量较大时，就容易出现资源不够用的情况。

可以根据现有的条件及要求使用不同的虚拟主机技术，一般来说有以下三种方式。

1. 使用不同的 IP 地址架设多个 Web 网站

如果要在一台 Web 服务器上创建多个网站，为了使每个网站域名都能对应于独立的 IP 地址，一般都使用多 IP 地址来实现，这种方案称为 IP 虚拟主机技术，也是比较传统的解决方案。当然，为了使用户在浏览器中可使用不同的域名来访问不同的 Web 网站，必须将主机名及其对应的 IP 地址添加到域名解析系统（DNS）。如果使用此方法在 Internet 上维护多个网站，也需要通过 InterNIC 注册域名。

Windows Server 2019 系统支持在一台服务器上安装多块网卡，并且一块网卡还可以绑定多个 IP 地址。将这些 IP 分配给不同的虚拟网站，就可以达到一台服务器多个 IP 地址来架设多个 Web 网站的目的。例如，要在一台服务器上创建两个网站：www.boretech.com 和 www.boretech.net，对应的 IP 地址分别为 192.168.1.2 和 192.168.1.22，需要在服务器网卡中添加这两个地址，具体的操作步骤为：

①在“控制面板”中打开“网络和 Internet”→“网络和共享中心”，单击要添加 IP 地址的网卡的“本地连接”，选择其对话框中的“属性”项。在“Internet 协议版本 4（TCP/IPv4）”的“属性”窗口中，单击“高级”按钮，显示“高级 TCP/IP 设置”窗口。单击

“添加”按钮将这两个IP地址添加到“IP地址”列表框中，如图7－37所示。

②在DNS管理器窗口中，分别使用“新建区域向导”新建两个域，域名称分别为boretech.com和boretech.net，并创建相应主机，对应IP地址分别为192.168.1.2和192.168.1.22，使不同DNS域名与相应的IP地址对应起来。这样Internet上的用户才能够使用不同的域名来访问不同的网站。

③在“IIS管理器”窗口的“连接”窗格中选择“网站”节点，在“操作”窗格中单击“添加网站”链接，或用鼠标右键单击“网站”节点，在弹出的菜单中选择“添加网站”命令。弹出“添加网站”对话框，在“网站名称”文本框中输入“慧心科技”，在“物理路径”文本框中选择“C:\boretech\com”，在“IP地址”下拉列表中选择“192.168.1.2”，在主机名文本框输入“www.boretech.com”，如图7－38所示。

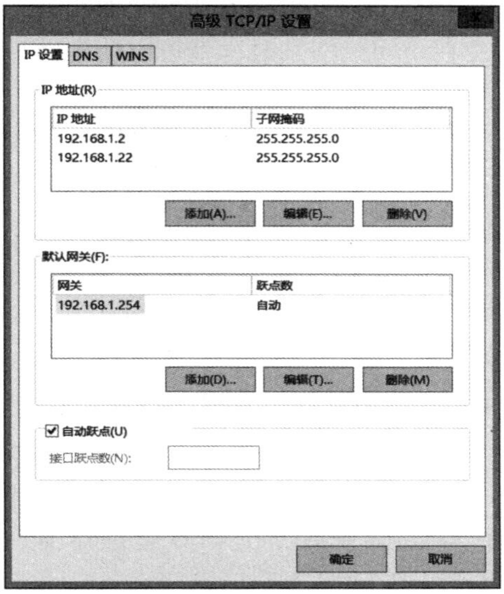

图7－37 高级TCP/IP设置

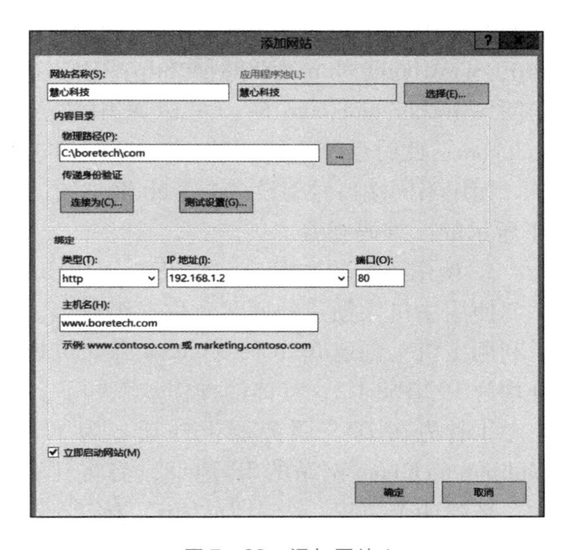

图7－38 添加网站1

④重复步骤③，在“添加网站”对话框中的“网站名称”文本框中输入“慧心教育”，在“物理路径”文本框中选择“C:\boretech\net”，在“IP地址”下拉列表中选择“192.168.1.22”，在主机名文本框输入“www.boretech.net”，如图7－39所示。

⑤在IE浏览器中输入“http://www.boretech.com”和“http://www.boretech.net”可以访问同一个服务器上的两个网站。

基于IP地址的虚拟主机创建与应用可以扫描如图7－40所示的二维码在线观看。

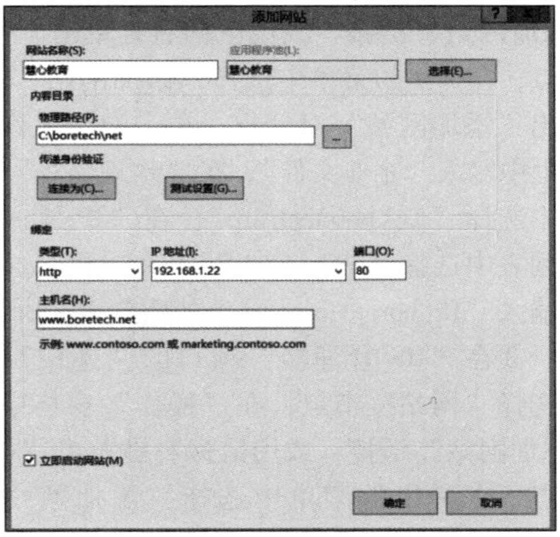

图7－39 添加网站2

2. 使用不同端口号架设多个 Web 网站

图 7－40 基于 IP 地址的虚拟主机

IP 地址资源越来越紧张，有时需要在 Web 服务器上架设多个网站，但计算机却只有一个 IP 地址，使用不同的端口号也可以达到架设多个网站的目的。其实，用户访问所有的网站都需要使用相应的 TCP 端口，Web 服务器默认的 TCP 端口为 80，在用户访问时不需要输入。但如果网站的 TCP 端口不为 80，在输入网址时，就必须添加上端口号，而且用户在上网时也会经常遇到必须使用端口号才能访问的网站。利用 Web 服务的这个特点，可以架设多个网站，每个网站均使用不同的端口号，这种方式创建的网站，其域名或 IP 地址部分完全相同，仅端口号不同。

例如，Web 服务器中原来的网站为 www.boretech.com，使用的 IP 地址为 192.168.1.2，现在要再架设一个网站 www.boretech.net，IP 地址仍使用 192.168.1.2，此时可在 IIS 管理器中将新网站的 TCP 端口设为其他端口（如 8888）。这样，用户在访问该网站时，就可以使用网址 http://www.boretech.net:8888 或 http://192.168.1.2:8888 来访问。在访问 www.boretech.com 时，可以采用输入网址 http://www.boretech.com，此时系统会使用默认的 80 端口进行访问。

使用不同端口号架设多个 Web 网站的详细操作请扫描如图 7－41 所示的二维码观看。

图 7－41 基于端口的虚拟主机技术

3. 使用不同的主机头名架设多个 Web 网站

使用主机头创建的域名也称二级域名。现在以在 Web 服务器上利用主机头创建 ftp.boretech.com 和 mail.boretech.com 两个网站为例进行介绍，假设其 IP 地址均为 192.168.1.2，具体的操作步骤如下。

①首先在 DNS 服务器上注册。为了让用户能够通过 Internet 找到 ftp.boretech.com 和 mail.boretech.com 网站的 IP 地址，需将其 IP 地址注册到 DNS 服务器。在 DNS 管理器窗口中，新建两个主机，分别为“ftp”和“mail”，IP 地址均为 192.168.1.2。

②在“IIS 管理器”窗口的“连接”窗格中选择“网站”节点，在“操作”窗格中单击“添加网站”链接，或用鼠标右键单击“网站”节点，在弹出的菜单中选择“添加网站”命令，弹出“添加网站”对话框，在“网站名称”文本框中输入“企业文件”，在“物理路径”文本框中选择“C:\boretech\ftp”，在“IP 地址”下拉列表中选择“192.168.1.2”，在主机名文本框中输入“ftp.boretech.com”，如图 7－42 所示。

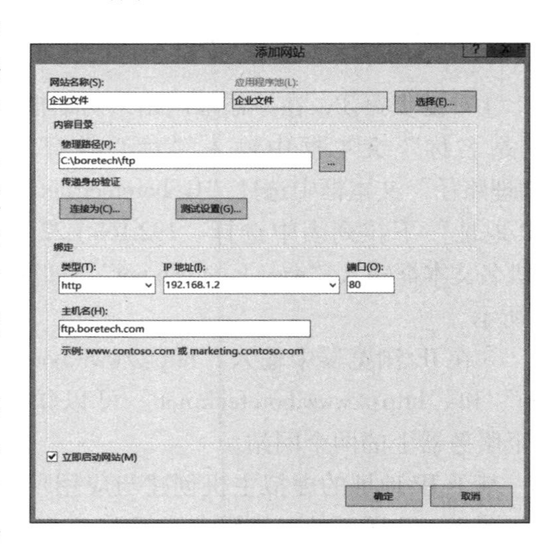

图 7－42 FTP 网站

③在“IIS 管理器”窗口的“连接”窗格中选择“网站”节点，在“操作”窗格中单击“添加网站”链接，或用鼠标右键单击“网站”节点，在弹出的菜单中选择“添加网站”命令，弹出“添加网站”对话框，在“网站名称”文本框中输入“企业邮局”，在“物理路

径”文本框中选择“C:\boretech\mail”，在“IP 地址”下拉列表中选择“192.168.1.2”，在主机名文本框输入“mail.boretech.com”，如图 7-43 所示。

④在客户机的 IE 地址栏中分别输入“http://ftp.boretech.com”和“http://mail.boretech.com”，可以访问设置好的网站。

基于主机头名的虚拟主机创建请扫描如图 7-44 所示的二维码在线观看。

图 7-43 mail 网站

图 7-44 基于主机头名的虚拟主机

与利用不同 IP 地址建立虚拟主机的方式相比，使用主机头来搭建多个具有不同域名的 Web 网站这种方案更为经济实用，可以充分利用有限的 IP 地址资源来为更多的客户提供虚拟主机服务。

注意：①如果使用非标准 TCP 端口号来标识网站，则用户必须知道指派给网站的非标准 TCP 端口号，在访问网站时，在 URL 中指定该端口号才能访问，此方法适用于专有网站的开发；②与使用主机头名称的方法相比，利用 IP 地址来架设网站的方法会降低运行效率，它主要用于在服务器上提供基于 SSL（Secure Sockets Layer）的 Web 服务。

【任务总结】

本任务为一个 Windows Web 服务器搭建项目，学习过程中应综合注意以下问题：

①对比 Apache 和 IIS 的安装与配置过程。

②记录实战中存在的问题，以及解决问题的方法与过程。请扫描如图 7-45 所示二维码下载“项目实战”文档。

图 7-45 下载项目实战

任务3 网站的安全性与远程管理

【任务描述】

网站的安全是每个网络管理员都关心的事，必须通过各种方式和手段来减少入侵者攻击的机会。如果 Web 服务器采用了正确的安全措施，就可以降低或消除来自怀有恶意的个人及意外获准访问限制信息或无意中更改重要文件的用户的各种安全威胁。

【任务分析】

为了增强安全性，默认情况下 Windows Server 2019 上未安装 IIS。当安装 IIS 时，Web 服务器被配置为只提供静态内容（包括 HTML 和图像文件）。用户可以在安装 Web 服务器（IIS）时勾选“应用程序开发”，自行启动 Active Server Pages、ASP.NET 等服务，以便让 IIS 支持动态网页。

在许多网站中，大部分 WWW 访问都是匿名的，客户端请求时，不需要使用用户名和密码，只有这样，才可以使所有用户都能访问该网站。但对访问有特殊要求或者安全性要求较高的网站，则需要对用户进行身份验证。利用身份验证机制，可以确定哪些用户可以访问 Web 应用程序，从而为这些用户提供对 Web 网站的访问权限。一般的身份验证请求需要输入用户名和密码来完成验证，此外，也可以使用诸如访问令牌等进行身份验证。

当一个 Web 服务器搭建完成后，对它的管理是非常重要的，如添加删除虚拟目录、站点，为网站中添加或修改发布文件，检查网站的连接情况等。但是管理中不可能每天都坐在服务器前进行操作，因此就需要从远程计算机上管理 IIS 了。过去远程管理 IIS 服务器的方法有两种：通过使用远程管理网站或使用远程桌面/终端服务来进行。但是，如果在防火墙之外或不在现场，则这些选项作用有限。

【知识准备】

1. 真实主机

一台计算机如果安装了虚拟化软件（平台），就可以称为真实主机，通常简称为“主机”。在真实主机的虚拟化软件上安装的虚拟机器，有时也称为虚拟主机。

2. 软件准备

本任务需要事先在虚拟机中安装好 Windows Server 2019 操作系统。

【任务实施】

本任务实施步骤如下：

①网站的安全性配置。

②远程管理网站。

一、网站的安全性配置

1. 启动和停用动态属性

为了增强安全性，默认情况下 Windows Server 2019 上未安装 IIS。当安装 IIS 时，Web

服务器被配置为只提供静态内容（包括 HTML 和图像文件）。用户可以在安装 Web 服务器（IIS）时勾选“应用程序开发”，自行启动 Active Server Pages、ASP. NET 等服务，以便让 IIS 支持动态网页。

启动和停用动态属性的具体操作步骤为：打开“IIS 管理器”窗口，在功能视图中选择“ISAPI 和 CGI 限制”图标，双击并查看其设置，如图 7-46 所示。选中要启动或停止动态属性服务，右击，在弹出的快捷菜单中选择“允许”或“停止”命令，也可以直接单击“允许”或“停止”按钮。

2. 验证用户的身份

可以根据网站对安全的具体要求，来选择适当的身份验证方法。设置身份验证的具体操作步骤为：打开“Internet Information Services(IIS)管理器”窗口，在功能视图中选择“身份验证”图标，双击并查看其设置，如图 7-47 所示。选中要启用或禁用的身份验证方式，右击，在弹出的快捷菜单中选择“启用”或“禁用”命令，也可以直接单击“启用”或“禁用”按钮。

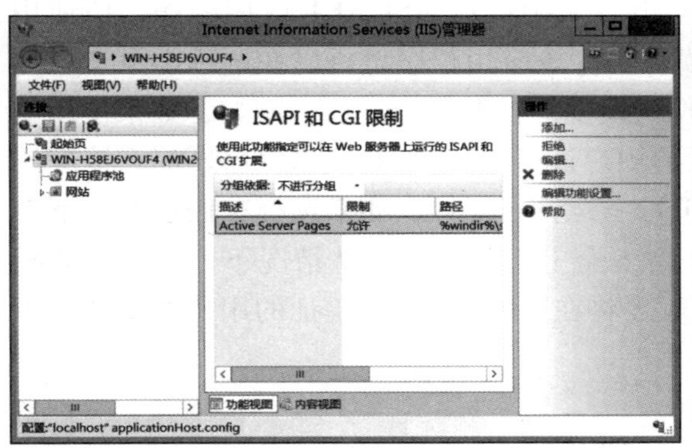

图 7-46 ISAPI 和 CGI 限制

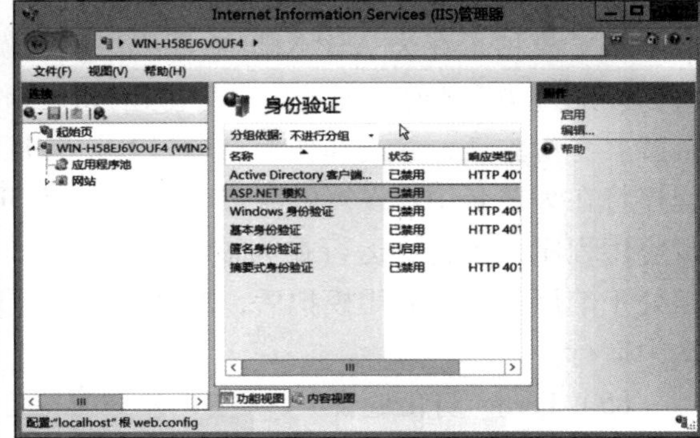

图 7-47 身份验证

IIS 提供匿名身份验证、基本身份验证、摘要式身份验证、ASP.NET 模拟身份验证、Forms 身份验证、Windows 身份验证及 AD 客户证书身份验证等多种身份验证方法。默认情况下，IIS 支持匿名身份验证和 Windows 身份验证，一般在禁止匿名身份验证时，才使用其他的身份验证方法。各种身份验证方法介绍如下。

（1）匿名身份验证

通常情况下，绝大多数 Web 网站都允许匿名访问，即 Web 客户无须输入用户名和密码即可访问 Web 网站。匿名访问其实也是需要身份验证的，称为匿名验证。在安装 IIS 时，系统会自动建立一个用来代表匿名账户的用户账户，当用户试图连接到网站时，Web 服务器将连接分配给 Windows 用户账户 IUSR_computername，此处 computername 是运行 IIS 所在的计算机的名称。默认情况下，IUSR_computername 账户包含在 Windows 用户组 Guests 中。该组具有安全限制，由 NTFS 权限强制使用，指出了访问级别和可用于公共用户的内容类型。当允许匿名访问时，就向用户返回网页页面；如果禁止匿名访问，IIS 将尝试使用其他验证方法。对于一般的、非敏感的企业信息发布，建议采用匿名访问方法。如果启用了匿名验证，则 IIS 始终尝试先使用匿名验证对用户进行验证，即使启用了其他验证方法也是如此。

（2）基本身份验证

基本身份验证方法要求提供用户名和密码，提供很低级别的安全性，最适于给需要很少保密性的信息授予访问权限。由于密码在网络上是以弱加密的形式发送的，这些密码很容易被截取，因此可以认为安全性很低。一般只有确认客户端和服务器之间的连接是安全时，才使用此种身份验证方法。基本身份验证还可以跨防火墙和代理服务器工作，所以在仅允许访问服务器上的部分内容而非全部内容时，这种身份验证方法是个不错的选择。

（3）摘要式身份验证

摘要式身份验证使用 Windows 域控制器来对请求访问服务器上的内容的用户进行身份验证，提供与基本身份验证相同的功能，但是摘要式身份验证在通过网络发送用户凭据方面提高了安全性。摘要式身份验证将凭据作为 MD5 哈希或消息摘要在网络上传送（无法从哈希中解密原始的用户名和密码）。注意，不支持 HTTP 1.1 协议的任何浏览器都无法支持摘要式身份验证。

（4）ASP.NET 模拟身份验证

如果要在 ASP.NET 应用程序的非默认安全上下文中运行 ASP.NET 应用程序，请使用 ASP.NET 模拟。在为 ASP.NET 应用程序启用模拟后，该应用程序将可以在两种上下文中运行：以通过 IIS 身份验证的用户身份运行，或作为设置的任意账户运行。例如，如果使用的是匿名身份验证，并选择作为已通过身份验证的用户运行 ASP.NET 应用程序，那么该应用程序将在为匿名用户设置的账户（通常为 IUSR）下运行。同样，如果选择在任意账户下运行应用程序，则它将运行在为该账户设置的任意安全上下文中。默认情况下，ASP.NET 模拟处于禁用状态。启用模拟后，ASP.NET 应用程序将在通过 IIS 身份验证的用户的安全上下文中运行。

（5）Forms 身份验证

Forms 身份验证使用客户端重定向来将未经过身份验证的用户重定向至一个 HTML 表单，用户可以在该表单中输入凭据，通常是用户名和密码。确认凭据有效后，系统会将用户重定向至他们最初请求的页面。由于 Forms 身份验证以明文形式向 Web 服务器发送用户名和密码，因此应当对应用程序的登录页和其他所有页使用安全套接字层（SSL）加密。该身份验证非常适用于在公共 Web 服务器上接收大量请求的站点或应用程序，能够使用户在应用程序级别的管理客户端注册，而无须依赖操作系统提供的身份验证机制。

（6）Windows 身份验证

Windows 身份验证使用 NTLM 或 Kerberos 协议对客户端进行身份验证。Windows 身份验证最适用于 Intranet 环境。Windows 身份验证不适合在 Internet 上使用，因为该环境不需要用户凭据，也不对用户凭据进行加密。

（7）AD 客户证书身份验证

AD 客户证书身份验证允许使用 Active Directory 目录服务功能将用户映射到客户证书，便进行身份验证。将用户映射到客户证书可以自动验证用户的身份，而无须使用基本、摘要式或集成 Windows 身份验证等其他身份验证方法。

3. IP 地址和域名访问限制

AD 客户证书身份验证允许使用 Active Directory 目录服务功能将用户映射到客户证书，以便进行身份验证。将用户映射到客户证书可以自动验证用户的身份，而无须使用基本、摘

要式或集成 Windows 身份验证等其他身份验证方法。使用用户验证的方式，每次访问该 Web 站点都需要输入用户名和密码，对于授权用户而言比较烦琐。IIS 会检查每个来访者的 IP 地址，可以通过 IP 地址的访问，来防止或允许某些特定的计算机、计算机组、域甚至整个网络访问 Web 站点。例如，如果 Intranet 服务器已连接到 Internet，可以防止 Internet 用户访问 Web 服务器，方法是仅授予 Intranet 成员访问权限而明确拒绝外部用户的访问。

设置身份验证的具体操作步骤为：打开 "Internet Information Services(IIS)管理器" 窗口，在功能视图中选择 "IP 地址和域限制" 图标，双击并查看其设置，如图 7－48 所示。在右侧 "操作" 窗格中选择 "添加允许条目" 按钮或 "添加拒绝条目" 按钮，在弹出的如图 7－49 所示的 "添加允许限制规则" 对话框和如图 7－50 所示的 "添加拒绝限制规则" 对话框中输入相应的地址即可。

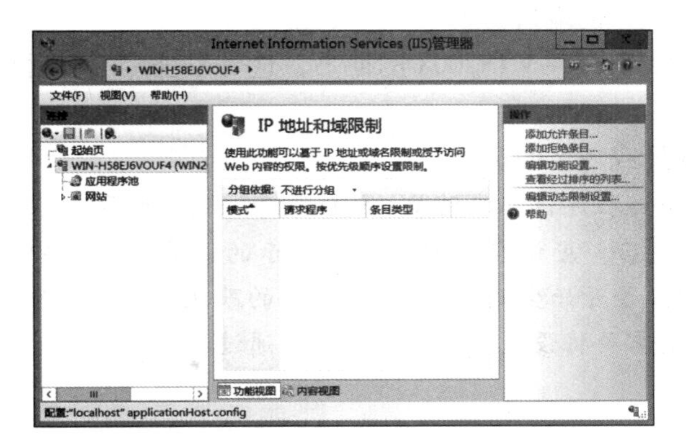

图 7－48　IP 地址和域限制

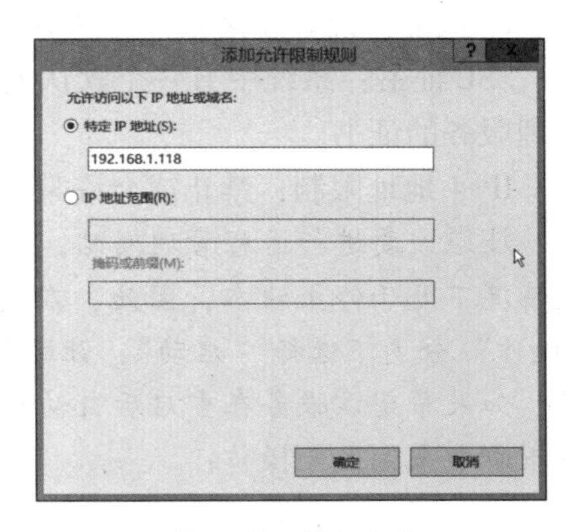

图 7－49　添加允许

详细操作请扫描如图 7－51 所示的二维码在线观看。

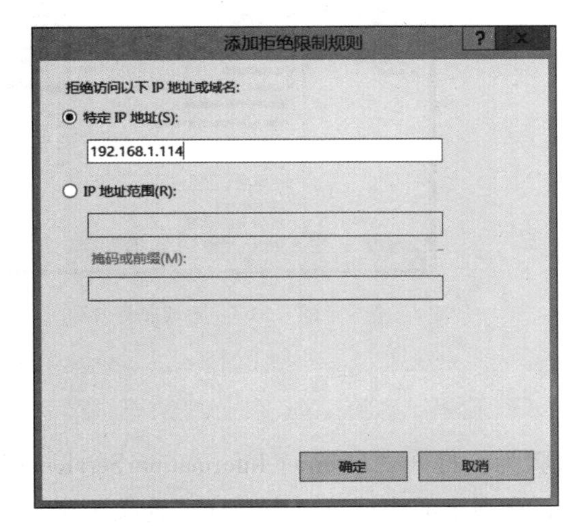

图 7－50　添加拒绝

图 7－51　网站安全性操作视频

二、远程管理网站

远程管理 Web 服务器分为两步：一是被管理的服务器端设置，二是客户端设置。

1. 远程管理服务器端设置

与 IIS 中的大多数功能类似，出于安全性考虑，远程管理服务并不是默认安装的。要安装远程管理功能，请在安装 Web 服务器角色的角色服务中，将“管理工具”下的“管理服务”添加到 Windows Server 2019 的服务器管理器中。

安装此功能后，打开“IIS 管理器”窗口，在左侧选择服务器名“WIN2012”，然后在功能视图中选择“管理”这个类别下的“管理服务”图标，双击并查看其设置，如图 7－52 所示。当通过管理服务启用远程连接时，将看到一个设置列表，其中包含“标识凭据”“IP 地址”“SSL 证书”和“IPv4 地址限制”等的设置。

标识凭据：授予连接到 IIS 的权限，可选择“仅限于 Windows 凭据”或是“Windows 凭据或 IIS 管理器凭据”。

IP 地址：设置连接服务器的 IP 地址，默认的端口为 8172。

SSL 证书：系统中有一个默认的名为 WMSVC－WIN2008 的证书，这是系统专门为远程管理服务的证书。

IPv4 地址限制：禁止或允许某些 IP 地址或域名的访问。

注意：要进行远程管理网站，必须启用远程连接并启动 WMSVC 服务，因为该服务在默认情况下处于停止状态，因此，在设置完成后，应该在如图 7－53 所示的最右侧窗格中的“操作”分支下选择“启动”，让远程管理设置开始生效。WMSVC 服务的默认启动设置为手动。如果希望该服务在重启后自动启动，则需要将设置更改为自动。可通过在命令行中键入以下命令来完成此操作：

```
sc config WMSVC start=auto
```

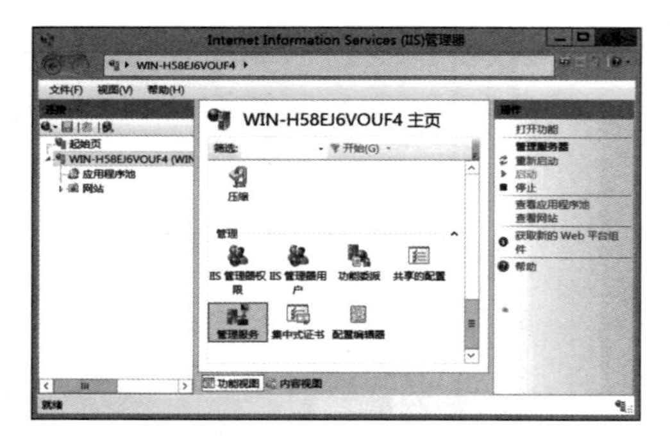

图 7－52　管理服务

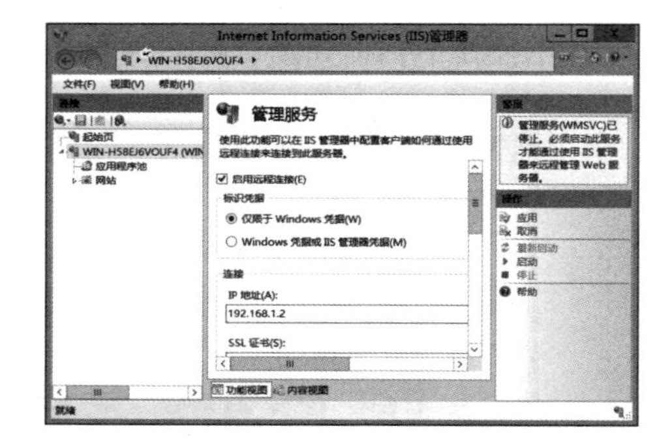

图 7－53　管理服务内容

2. 远程管理客户端设置

在客户端计算机进行远程管理的操作步骤为：打开“Internet Information Services(IIS)管理器”窗口，在左侧选择“起始页”，右击，在弹出的快捷菜单中选择“连接至服务器”选项，如图 7－54 所示，弹出“连接到服务器”对话框。在“服务器”文本框中输入要远程管理的服务器，为了方便，输入服务器的 IP 地址“192.168.1.2”，单击“下一步”按钮，进入“指定连接名称”对话框，输入连接名称，单击“下一步”按钮即可在“Internet Information Services(IIS)管理器”窗口看到要管理的远程网站，如图 7－55 所示。

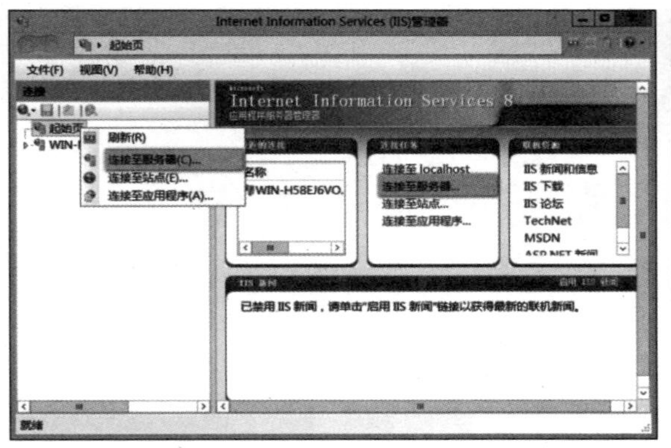

图 7－54　连接至服务器

图 7－55　远程连接至服务器

远程管理 Web 服务器的详细操作请扫描如图 7－56 所示的二维码在线观看。

图 7－56　远程管理 Web 服务器

【任务总结】

本任务主要完成了 Windows Server 2019 的网站安全的设置，然后实现了 Windows Server 2019 远程管理的设置与应用。

请扫描如图 7－57 所示的二维码进入课后复习。

请扫描如图 7－58 所示的二维码进入在线测试。注意：登录学习通账户后，可以在线测试并可以显示成绩。

图 7－57　复习

图 7－58　在线测试

项目八 路由与远程访问服务配置

【项目场景】

慧心科技有限公司的规模逐渐扩大，其存在不同的业务部门，如营销部、行政部、财务部，由于工作性质不同，不同部门可以工作在不同的局域网中。为了使公司业务正常开展，需要部署网络实现不同部门互通，同时可以访问因特网。网络拓扑图如图 8－1 所示。

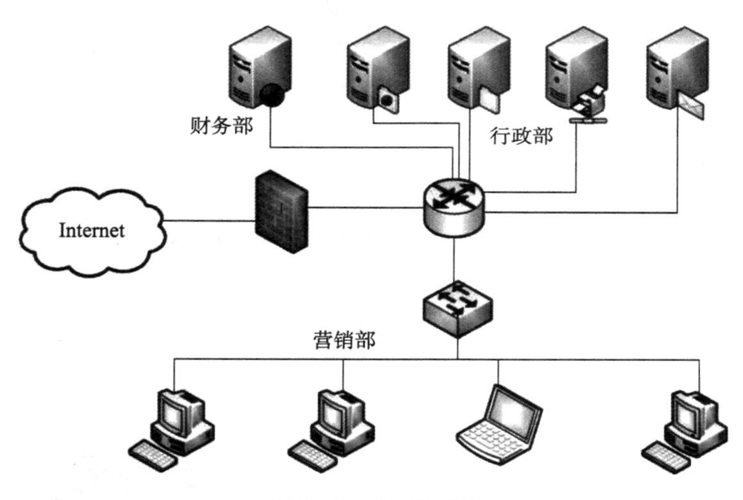

图 8－1　网络拓扑图

【需求分析】

以太网交换机工作在数据链路层，用于实现相同 VLAN 的站点进行二层数据转发，而企业网络的拓扑结构一般会比较复杂，不同的部门或者总部和分支可能处在不同的局域网中，此时就需要使用路由器等三层设备来连接不同的网络，实现网络之间的数据转发。

在本项目中，分别采用 Windows Server 2019 和 CentOS 7 配置相应的服务作为路由器实现公司各部门的互连、数据通信和文件共享等服务。

【方案设计】

作为一名网络管理人员，需要熟练地掌握网络管理及服务器相关配置。首先，对公司网络进行合理的规划，选用恰当的拓扑结构；其次，对公司的 IP 地址进行合理规划，为行政部、财务部和营销部分配 IP 地址；最后，运用路由交换技术对服务器进行路由配置。

本项目中，公司内的各部门建立各自的局域网，可以使用 Windows Server 的路由和远程访问服务作为公司的路由器来互连各部门局域网，实现各部门的相互通信和资源共享，并实现广域网的数据访问。

公司网络规划图如图 8－2 所示。

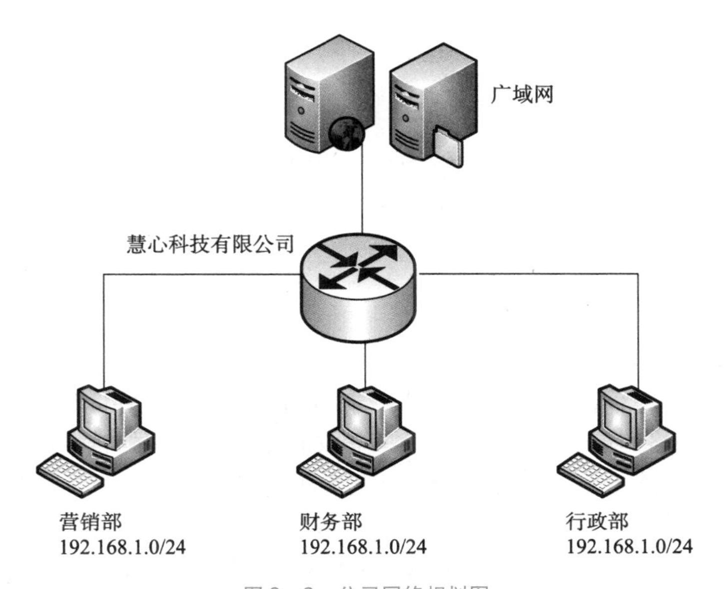

图 8－2　公司网络规划图

【知识目标、技能目标和思政目标】

①了解路由和路由器的基本原理。
②掌握路由和远程访问的基本配置。
③掌握 Windows Server 系统的静态路由配置。
④掌握 Windows Server 系统的动态路由配置。
⑤树立学生团队合作的意识，逐步建立网络规划和设计的意识。

任务 1　实现两个局域网的互连

【任务描述】

公司内部的财务部和营销部各自对应一个局域网，作为公司的网络管理员，希望通过 Windows Server 服务器配置双网卡模拟软件路由器，实现营销部和财务部两个部门的互通，网络拓扑如图 8 –3 所示。

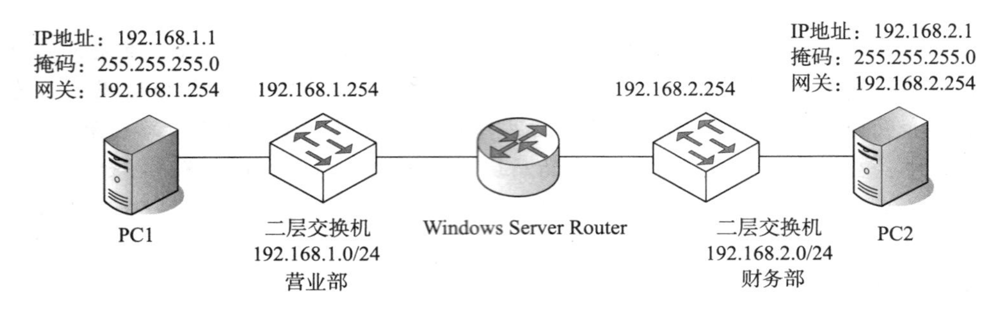

图 8 –3　网络拓扑图

【任务分析】

为服务器配置双网卡，安装 Windows Server 2019 服务器，部署并配置操作系统的路由与远程访问服务器，将该服务器作为软件路由器，实现两个局域网的互通。

【知识准备】

1. 路由器与路由表

（1）路由基础与路由表

以企业网络为例，路由器工作在网络层，隔离了广播域，并可以作为每个局域网的网关，发现到达目的网络的最优路径，最终实现报文在不同网络间的转发。

如图 8 –4 所示，路由器 R1 和路由器 R2 把整个网络分成了三个不同的局域网，每个局域网为一个广播域。LAN1 内部的主机可以直接通过交换机实现相互通信，LAN2 内部的主机之间也是如此。但是，LAN1 内部的主机与 LAN2 内部的主机之间则必须要通过路由器才能实现相互通信，运行路由协议。

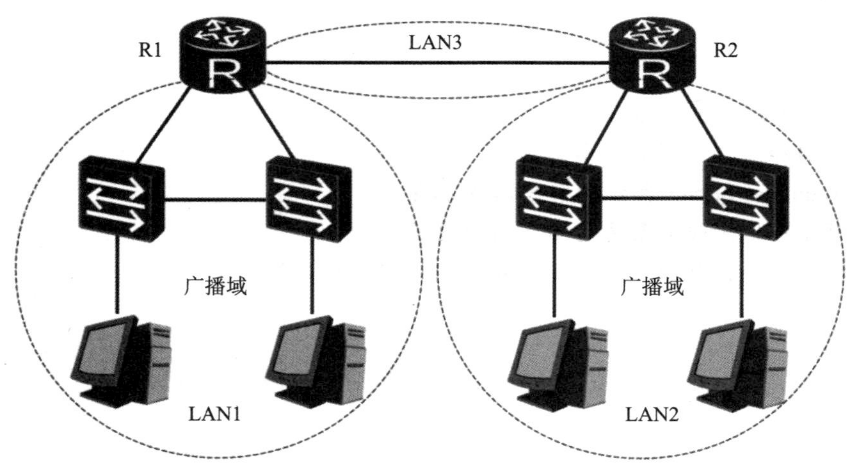

图 8 –4　路由器组网示意图

路由器收到数据包后，会根据数据包中的目的 IP 地址选择一条最优的路径，并将数据包转发到下一个路由器，数据包在网络上的传输就好像快递包裹的传递一样，每一个路由器

（站点）负责将数据包按照最优的路径向下一跳路由器进行转发，通过多个路由器一站一站地接力，最终将数据包通过最优路径转发到目的地。路由器能够决定数据报文的转发路径，如果有多条路径可以到达目的地，则路由器会通过计算来决定最佳下一跳，计算的原则会根据实际使用的路由协议不同而不同。

路由器转发数据包的关键是路由表，每个路由器中都保存着一张路由表，表中每条路由项都指明了数据包要到达某网络或某主机应通过路由器的哪个物理接口发送，以及可到达该路径的哪个下一个路由器，或者不再经过别的路由器而直接可以到达目的地，如果收到数据报文的目的 IP 地址在路由器的路由表中不存在相应条目，则路由器会丢弃相应的数据包。

路由器通常存在直连路由（自身接口对应路由）、管理员手工配置的静态路由、动态路由协议发现的路由，通过以上三种方式，路由器建立相应的路由表并指导数据转发。

图 8－5 所示的路由表中包含了下列关键项：

①网络目标（Destination）：用来标识 IP 包的目的地址或目的网络。

②网络掩码（Mask）：在之前项目中已经介绍了网络掩码的结构和作用，在路由表中，网络掩码也具有重要的意义，IP 地址和网络掩码进行“逻辑与”便可得到相应的网段信息。

③接口（Interface）：指明 IP 包将从该路由器的哪个接口转发出去。

④网关：指明 IP 包所经由的下一个路由器的接口地址。

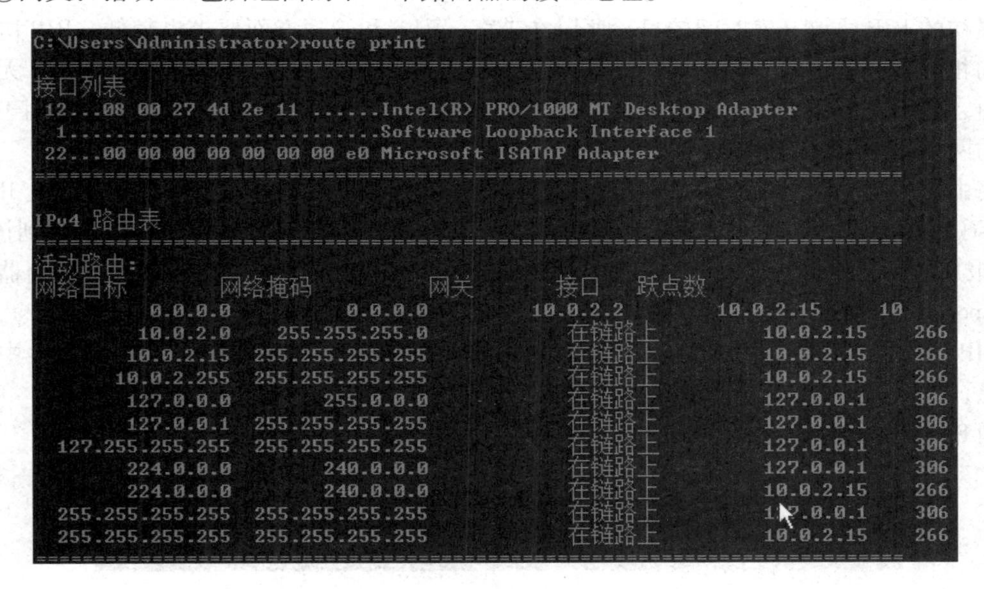

图 8－5　路由表输出图

（2）静态路由与缺省路由

静态路由是指由管理员手动配置和维护的路由，静态路由配置简单，并且无须像动态路由那样占用路由器的 CPU 资源来计算和分析路由更新。

静态路由的缺点在于，当网络拓扑发生变化时，静态路由不会自动适应拓扑改变，而是需要管理员手动进行调整。

静态路由一般适用于结构简单的网络，在复杂网络环境中，一般会使用动态路由协议来生成动态路由，不过即使是在复杂网络环境中，合理地配置一些静态路由也可以改进网络的性能，缺省路由也称为默认路由，是一种目的地址和掩码为全 0 的特殊路由，通常通过静态路由的配置方式添加缺省路由。

当路由表中没有与报文的目的地址匹配的表项时，设备可以选择缺省路由作为报文的转发路径，在路由表中，缺省路由的目的网络地址为0.0.0.0，掩码也为0.0.0.0。上述设置路由器R1使用默认路由转发到达未知目的地址的报文，默认静态路由的默认优先级也是60，在路由选择过程中，因为上文提到的最长掩码匹配原则，缺省路由会被最后匹配。

（3）动态路由协议

动态路由协议按照作用，可以分为IGP内部网关协议和EGP外部网关协议，其中，EGP外部网关协议目前只有BGP边界网关协议，而IGP内部网关协议常用的有RIP、OSPF、EIGRP、IS－IS等。按照实现机制和工作原理，可以分为距离矢量协议和链路状态路由协议，其中距离矢量协议有RIP，链路状态路由协议有OSPF、IS－IS等。下面将重点介绍下RIP和OSPF两种典型协议。

2. 距离矢量路由协议（RIP）

RIP（Routing Information Protocol）是路由信息协议的简称，它是一种基于距离矢量（Distance－Vector）算法的协议，使用跳数作为度量来衡量到达目的网络的距离。RIP作为一种比较简单的内部网关协议，使用了基于距离矢量的贝尔曼－福特算法（Bellman－Ford）来计算到达目的网络的最佳路径。

最初的RIP协议开发时间较早，所以在带宽、配置和管理方面要求也较低，RIP协议中定义的相关参数也比较少，例如早期的版本1不支持VLSM可变长子网掩码和CIDR无类域间路由，也不支持认证功能，但是由于RIP配置简单、易于维护，因此RIP主要适用于规模较小的网络。由于RIP版本1的诸多缺陷，主要介绍RIP的版本2。

路由器启动时，路由表中只会包含直连路由。运行RIP之后，路由器会立刻发送RIP的Request(请求）报文，用来请求邻居路由器的RIP路由。运行RIP的邻居路由器收到该Request报文后，会根据自己的路由表生成RIP的Response(响应）报文进行回复，路由器在收到Response报文后，会将相应的路由添加到自己的路由表中。

RIP网络稳定以后，每个路由器会周期性地向邻居路由器通告自己的整张路由表中的路由信息，默认周期为30秒，邻居路由器根据收到的路由信息刷新自己的路由表。

图8－6和图8－7显示了RIP的两种报文。

```
⊞Internet Protocol, Src: 12.1.1.2 (12.1.1.2), Dst: 224.0.0.9 (224.0.0.9)
⊞User Datagram Protocol, Src Port: router (520), Dst Port: router (520)
⊟Routing Information Protocol
  Command: Request (1)
  Version: RIPv2 (2)
  Routing Domain: 0
 ⊞Address not specified, Metric: 16
```

图8－6　RIP请求消息

```
⊞Internet Protocol, Src: 12.1.1.1 (12.1.1.1), Dst: 224.0.0.9 (224.0.0.9)
⊞User Datagram Protocol, Src Port: router (520), Dst Port: router (520)
⊟Routing Information Protocol
  Command: Response (2)
  Version: RIPv2 (2)
  Routing Domain: 0
 ⊞IP Address: 12.1.1.0, Metric: 1
 ⊞IP Address: 172.16.1.0, Metric: 1
```

图8－7　RIP响应消息

通过上述报文抓取的结果可以观察到 RIP 的报文是基于 UDP 进行封装的，端口号固定为 520。

RIP 包括 RIP 版本 1 和 RIP 版本 2 两个版本，以下简称为 RIPv1、RIPv2。

上文提到的 RIPv1 主要缺陷是：

①有类别路由协议，不支持 VLSM 和 CIDR。

②RIPv1 使用广播发送报文，目标地址为 255.255.255.255。

③RIPv1 不支持认证功能。

RIPv2 针对性地进行了改进：

①RIPv2 为无类别路由协议，支持 VLSM，支持路由聚合与 CIDR。

②RIPv2 的组播地址为 224.0.0.9。

③RIPv2 支持明文认证和 MD5 密文认证。

3. 链路状态路由协议（OSPF）

RIP 路由信息协议是一种基于距离矢量算法的路由协议，存在着收敛慢，易产生路由环路、可扩展性差等问题，目前已逐渐被 OSPF 取代。开放式最短路径优先（Open Shortest Path First，OSPF）协议是 IETF 定义的一种基于链路状态的内部网关路由协议。OSPF 根据 LSA 链路状态利用 SPF 最短路径优先算法计算相应的 SPT 最短路径树，从设计上就保证了无路由环路。OSPF 支持触发更新，能够快速检测并通告自治系统内的拓扑变化。

OSPF 可以解决网络扩容带来的问题，当网络上路由器越来越多，路由信息流量急剧增长的时候，OSPF 可以将每个自治系统划分为多个区域，并限制每个区域的范围，借助区域级别的层次化部署，可以实现区域内的链路状态信息内容和计算开销相对较低，并且便于后续的路由管理。OSPF 这种分区域的特点，使得其特别适用于大中型网络，OSPF 还可以同其他协议（比如多协议标记交换协议 MPLS）同时运行来支持地理覆盖很广的网络。

OSPF 要求每台运行 OSPF 的路由器都了解整个网络的链路状态信息，这样才能计算出到达目的地的最优路径。OSPF 的整个工作过程包括邻居关系建立、链路状态公告（Link State Advertisement，LSA）泛洪、SPF 计算等过程。

其中，LSA 中包含了路由器已知的接口 IP 地址、掩码、开销和网络类型等信息，收到 LSA 的路由器都可以根据 LSA 提供的信息建立自己的链路状态数据库（Link State Database，LSDB），并在 LSDB 的基础上使用 SPF 算法进行运算，建立起到达每个网络的最短路径树。最后，通过最短路径树得出到达目的网络的最优路由，并将其加入 IP 路由表中，图 8－8 显示了 OSPF 的基本工作原理。

OSPF 的区域可以分为骨干区域与非骨干区域，骨干区域即 Area 0，除 Area 0 以外，其他区域都称为非骨干区域。

区域内可以利用 SPF 算法计算无环拓扑，而为了防止区域间环路问题的出现，多区域互连的原则是非骨干区域与非骨干区域不能直接相连，所有非骨干区域必须与骨干区域相连。中小型园区网通过单区域 OSPF 部署可以满足基本需求，而大型园区网通常需要部署多区域来提高扩展性，如图 8－9 所示。

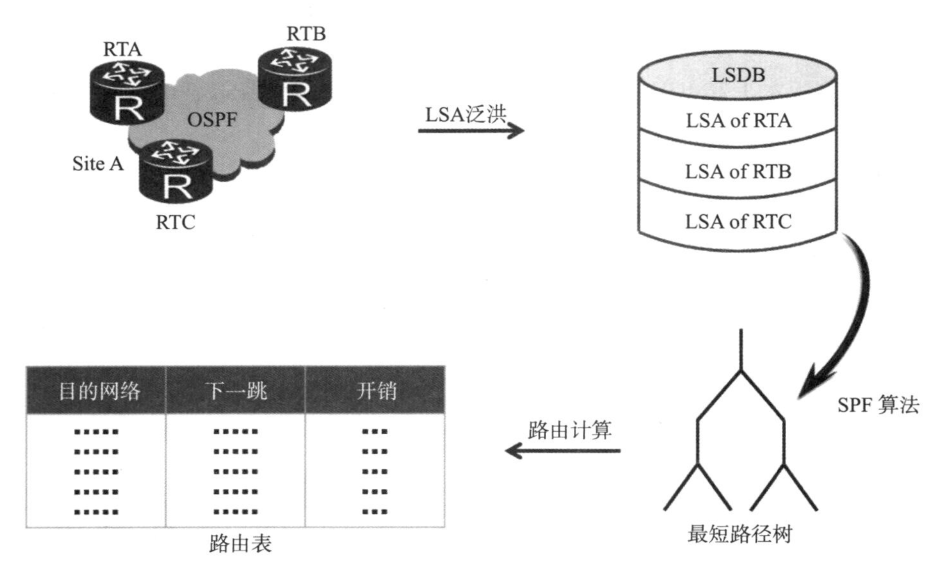

图 8－8　OSPF 工作过程示意图

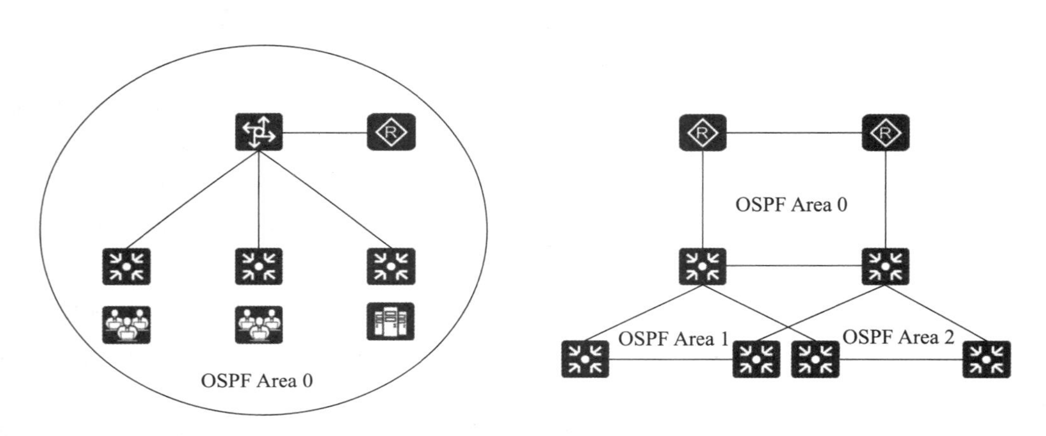

图 8－9　OSPF 部署

【任务实施】

一、配置 PC1 和 PC2 的网卡地址

首先为不同局域网的两台主机配置 IP 地址。注意，配置 IP 地址时，需要打开网络连接，选中对应的网络适配器，然后配置相应的 IP 地址、子网掩码、默认网关，如图 8－10 和图 8－11 所示。

服务器的双网卡需要提前配置相应的 IP 地址作为不同部门客户端的网关，连接营销部的接口 IP 地址配置为 192.168.1.254，连接财务的接口 IP 地址配置为 192.168.2.254。PC 配置完相应的 IP 地址之后，可以通过 ping 测试验证是否能够与服务器接口 IP 地址也就是网关地址互通。

图 8－10　PC1 的 IP 地址配置

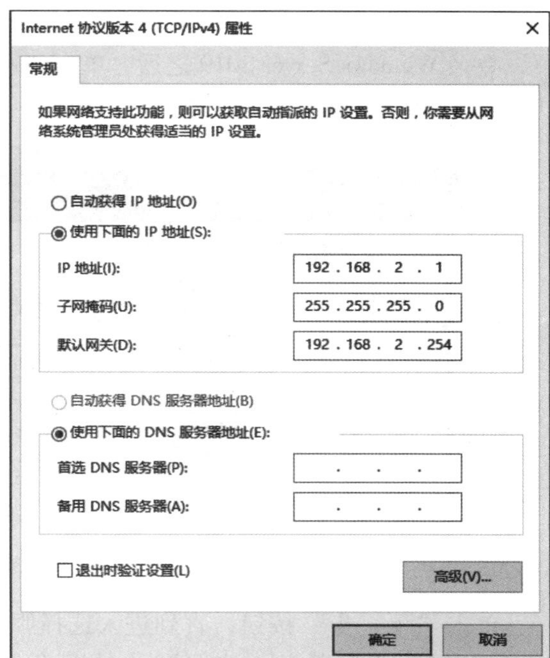

图 8－11　PC2 的 IP 地址配置

通过图 8－12 和图 8－13 的输出结果可以发现，PC1 和 PC2 都可以 ping 通对应的网关 IP 地址，局域网内部的互连互通正确，建议关闭 PC 的防火墙，以防止 ping 流量被防火墙拒绝。

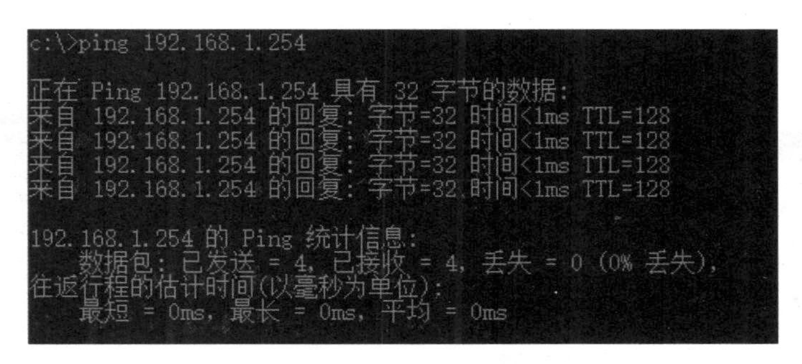

图 8－12　PC1 访问网关

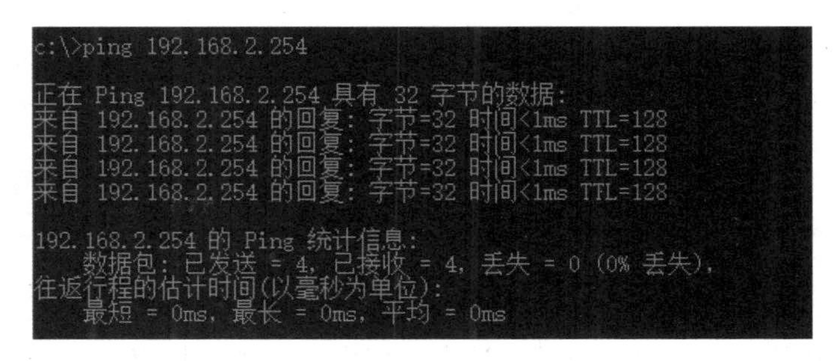

图 8－13　PC2 访问网关

1. 安装服务器的路由和远程服务

登录 Windows Server 2019 之后，单击“服务器管理器”，在主窗口中选择“添加角色和功能”，如图 8－14 所示。

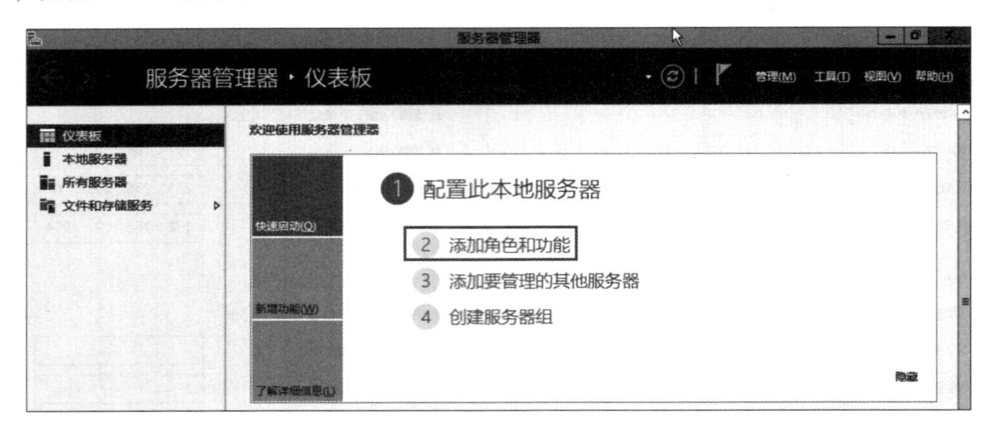

图 8－14　添加角色和功能

单击“下一步”按钮，直到进入选择服务器角色界面，选择“网络策略和访问服务”“远程访问”两个服务，选取默认的配套服务和功能，继续单击“下一步”按钮，如图 8－15 所示。

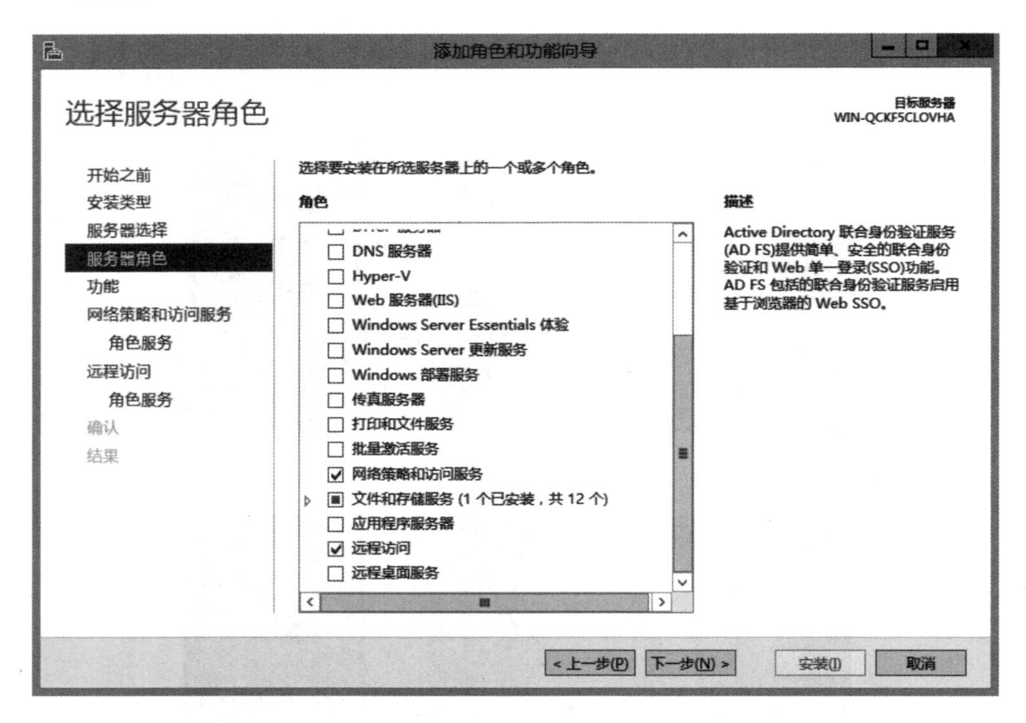

图 8－15　添加服务器角色

单击“远程访问”的“角色服务”，选中“路由”并添加相应功能，单击“添加功能”按钮之后继续单击“下一步”按钮完成相应角色和功能的添加，如图 8－16 所示。

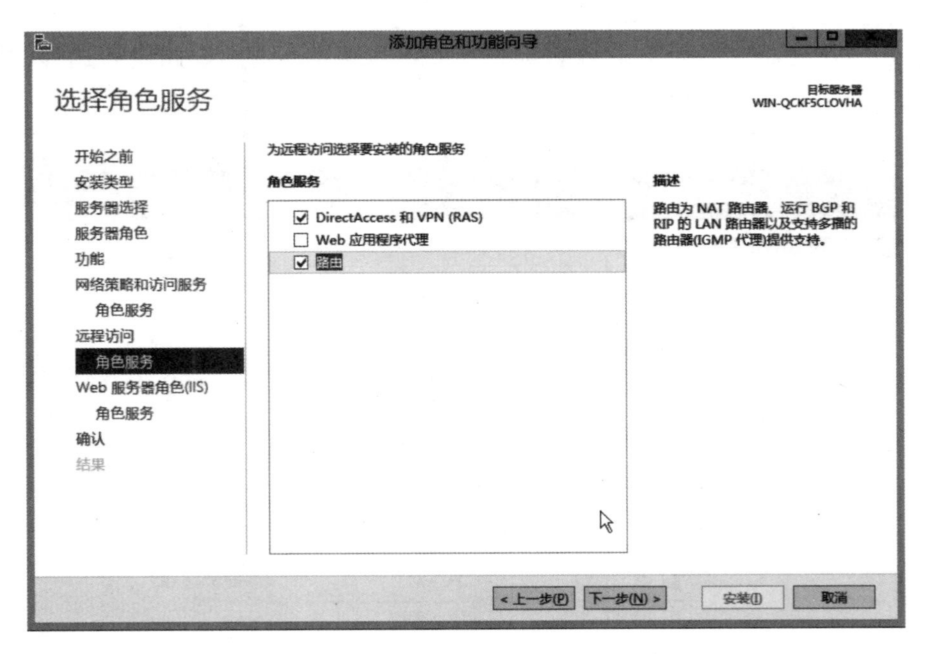

图 8－16　添加路由角色服务－路由选项

继续单击“下一步”按钮操作，如果提示安装相应的依赖功能或者角色，则单击“确定”按钮，最后单击“安装”按钮完成路由和远程访问服务的安装。安装成功后显示如图 8－17 所示界面。

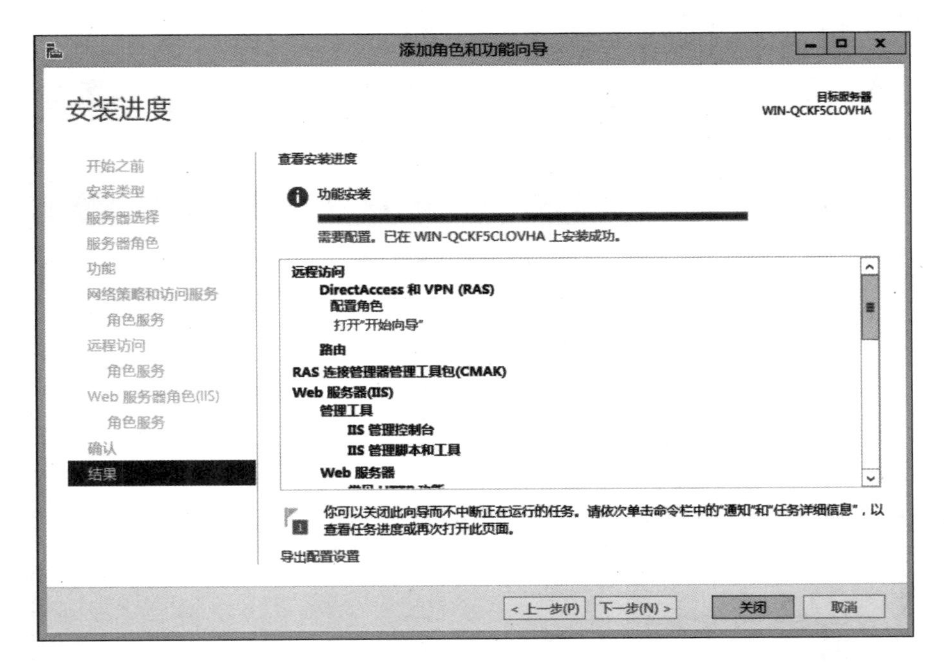

图 8－17　服务安装成功

2. 配置路由和远程访问服务

在服务器管理器主界面单击右上角的“工具”菜单，选中“路由和远程访问”，如图8－18 所示。

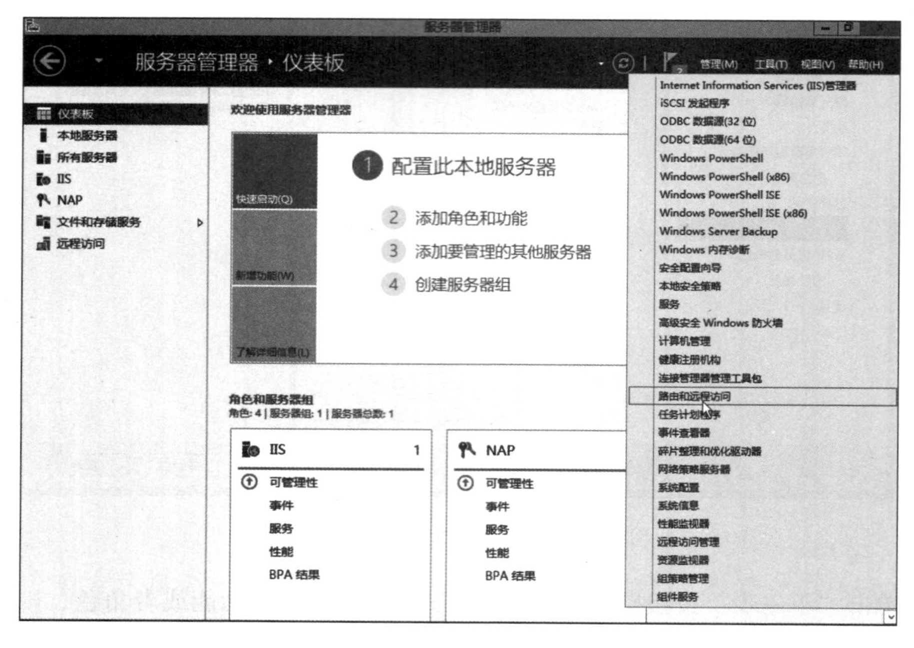

图 8－18　选中“路由和远程访问”

右击服务器，选择“配置并启用路由和远程访问”，如图 8－19 所示。

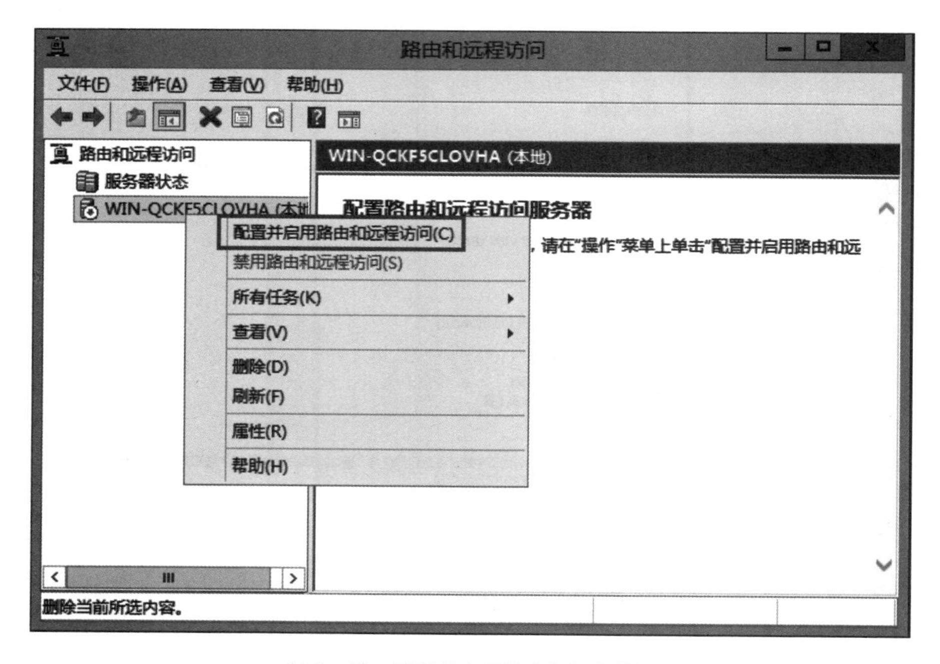

图 8－19　配置并启用路由和远程访问

在“路由和远程访问服务器安装向导”界面单击“自定义配置”按钮，然后选择“LAN 路由”，单击“下一步”按钮，如图 8－20 所示。

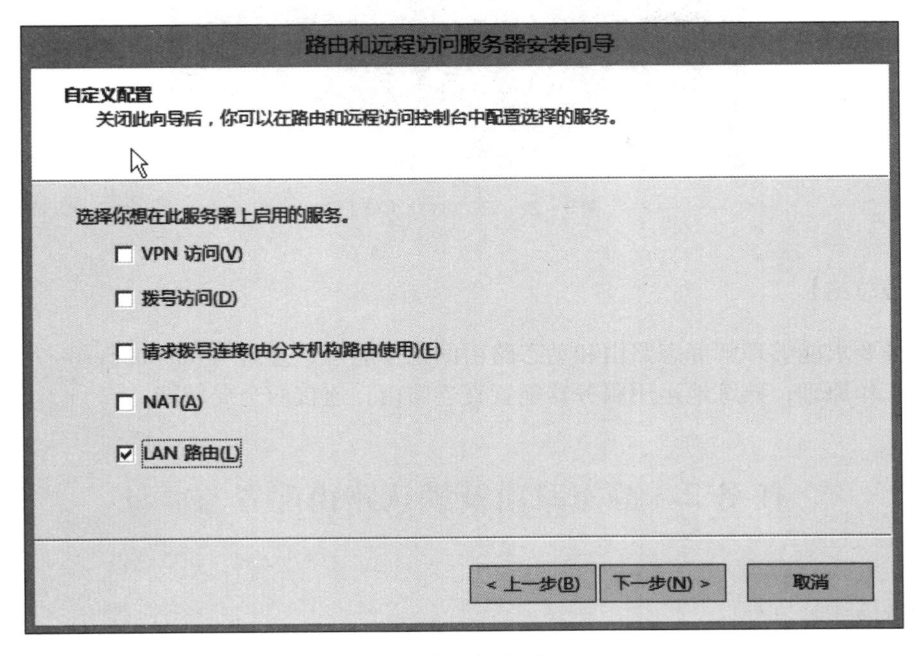

图 8－20 LAN 路由

单击“完成”按钮，提示是否启动相应服务，单击“启动服务”按钮后服务启动成功，之后单击“IPv4”→“常规”，可以观察到服务器安装的相应网卡信息，如图 8－21 所示。

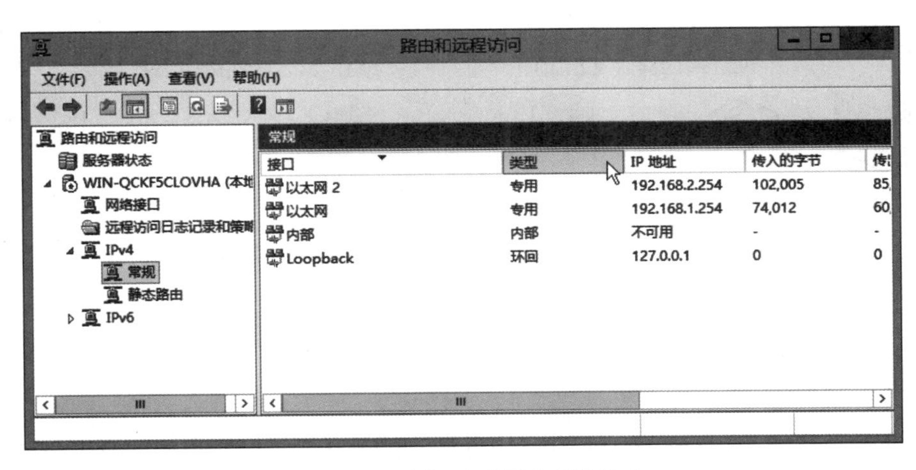

图 8－21 路由和远程访问配置界面

3. 验证 PC 互通

由于服务器启用了相应的路由功能，所以可以充当路由器提供营销部和财务部不同 PC 的跨网段互访，通过 PC1 利用 ping 命令测试是否可以访问 PC2，而 TTL 值变更为 127 则说明中间经过了路由器。输出结果如图 8－22 所示。

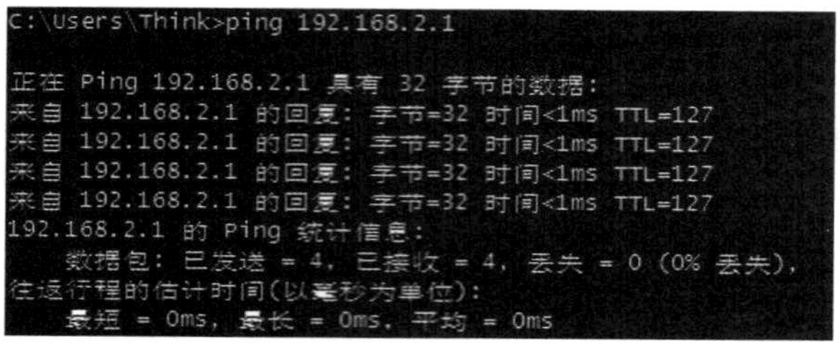

```
C:\Users\Think>ping 192.168.2.1

正在 Ping 192.168.2.1 具有 32 字节的数据:
来自 192.168.2.1 的回复: 字节=32 时间<1ms TTL=127
来自 192.168.2.1 的回复: 字节=32 时间<1ms TTL=127
来自 192.168.2.1 的回复: 字节=32 时间<1ms TTL=127
来自 192.168.2.1 的回复: 字节=32 时间<1ms TTL=127
192.168.2.1 的 Ping 统计信息:
    数据包: 已发送 = 4, 已接收 = 4, 丢失 = 0 (0% 丢失),
往返行程的估计时间(以毫秒为单位):
    最短 = 0ms, 最长 = 0ms, 平均 = 0ms
```

图 8－22　PC1 成功访问 PC2

【任务总结】

本任务要求能够理解静态路由和动态路由的工作原理；理解 Windows Server 服务器作为路由器的工作原理；熟练地运用服务器配置直连路由，连接两个局域网。

任务 2　静态路由及默认路由配置与验证

【任务描述】

由于公司业务发展，财务分公司和营销分公司分别处于不同的园区内，作为公司的网络管理员，希望将两台 Windows Server 2019 互连，实现营销分公司和财务分公司两个分公司的互通，网络拓扑如图 8－23 所示。

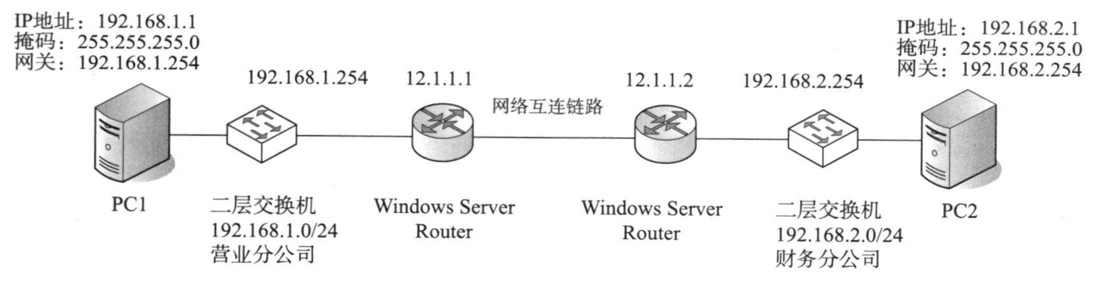

图 8－23　分公司互连拓扑

【任务分析】

部署并安装两台 Windows Server 2019 服务器，部署并配置操作系统的路由与远程访问服务器，将两台路由器两两互连并连接各自的局域网，通过配置静态路由或者默认实现两个分公司的互连互通。

【任务实施】

1. 配置 PC1 和 PC2 的网卡地址

配置 PC1 和 PC2 的 IP 地址、子网掩码、默认网关，PC1 利用 ping 访问网关地址

192.168.1.254，PC2 利用 ping 访问网关地址 192.168.2.254。

2. 配置静态路由

配置两台 Windows Server 2019 服务器的路由与远程访问功能，从而可以提供路由器的功能。

将营销分公司的服务器网卡 1 配置 192.168.1.254，作为营销分公司客户端 PC 的网关；将财务分公司的服务器网卡 1 配置 192.168.2.254，作为营销分公司客户端 PC 的网关；将服务器互连接口也就是网卡 2 按照拓扑规划配置为 12.1.1.0/24 网段的地址，其中营销分公司服务器网卡 2 配置为 12.1.1.1（图 8－24）、财务分公司服务器网卡 2 配置为 12.1.1.2。

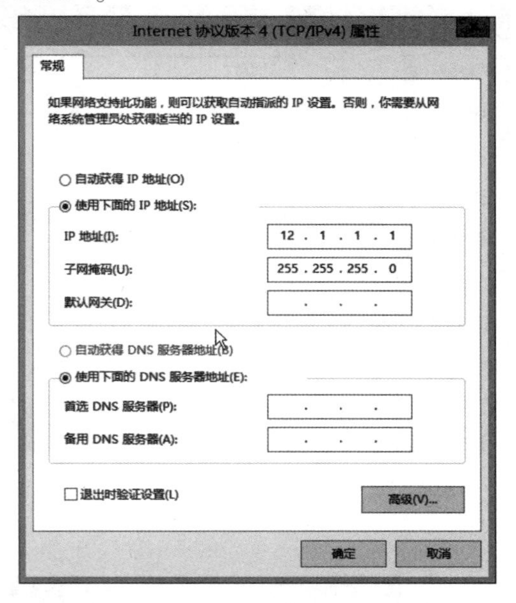

图 8－24　营销分公司服务器网卡 2 配置

分别打开营销分公司和财务分公司的服务器的“路由和远程访问”管理控制界面，依次单击“IPv4”→“静态路由”，右击，选择“新建静态路由”，如图 8－25 所示。

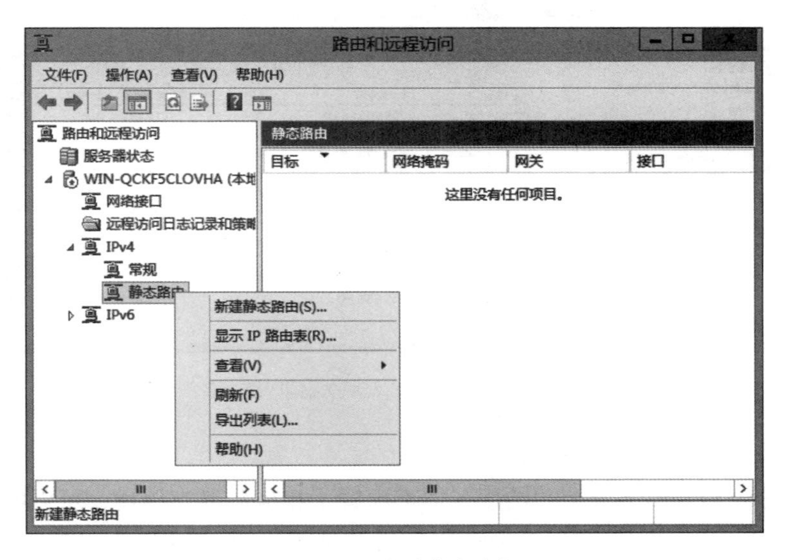

图 8－25　新建静态路由

打开“IPv4 静态路由”对话框之后，配置添加 IPv4 静态路由，营销分公司服务器的静态路由配置界面如图 8－26 所示。

数据通信是双向的，因此也需要在财务分公司的服务器上添加静态路由，如图 8－27 所示。

3. 显示 IP 路由表

静态路由添加成功之后，可以通过右击“静态路由”选项，然后单击“显示 IP 路由表”观察是否成功添加相应的静态路由，如图 8－28 所示。

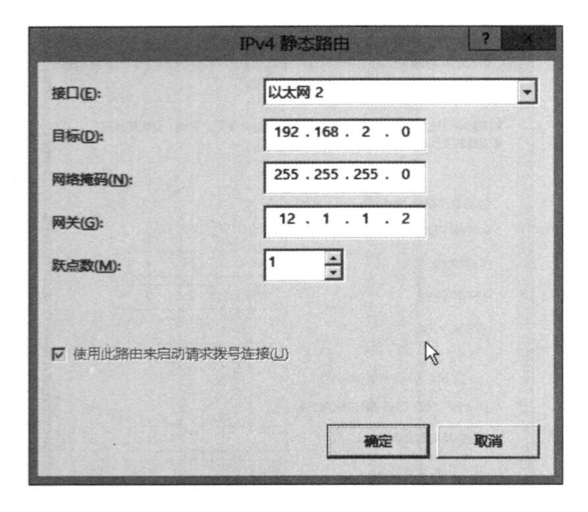

图 8－26　营销分公司服务器静态路由配置

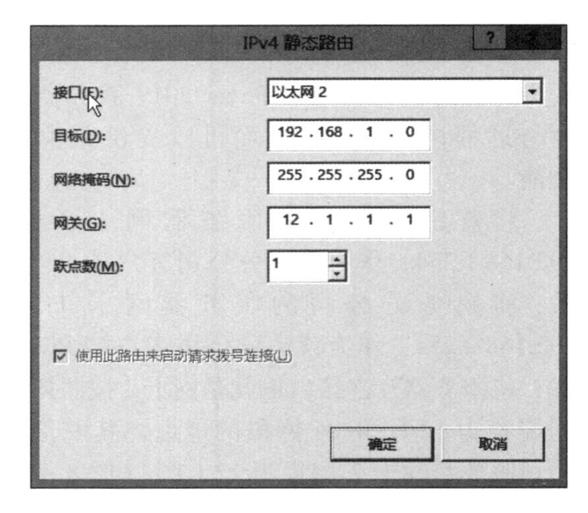

图 8－27　财务分公司服务器静态路由配置

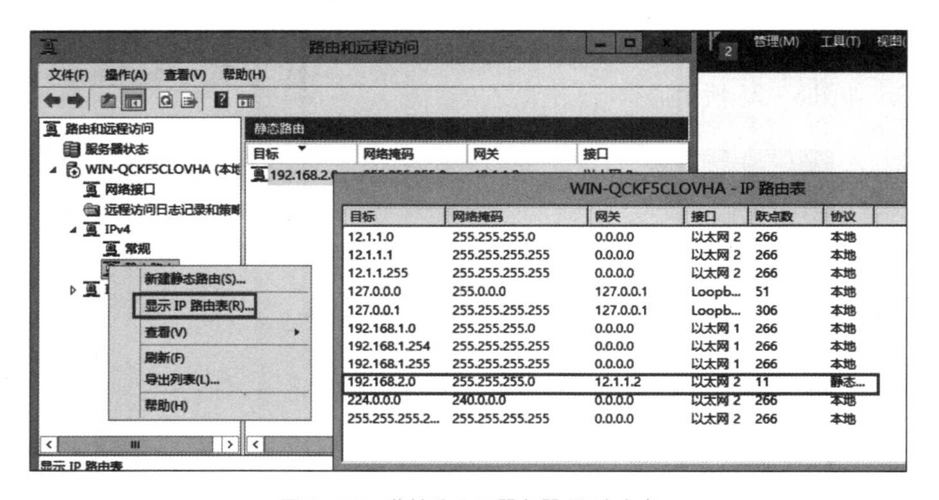

图 8－28　营销分公司服务器 IP 路由表

4. PC 互访测试验证静态路由配置

由于营销分公司和财务分公司的服务器都配置了相应的静态路由，可以实现不同的局域网之间的相互通信，所以 PC1 利用 ping 命令测试是否可以访问 PC2，输出结果如图 8－29 所示。

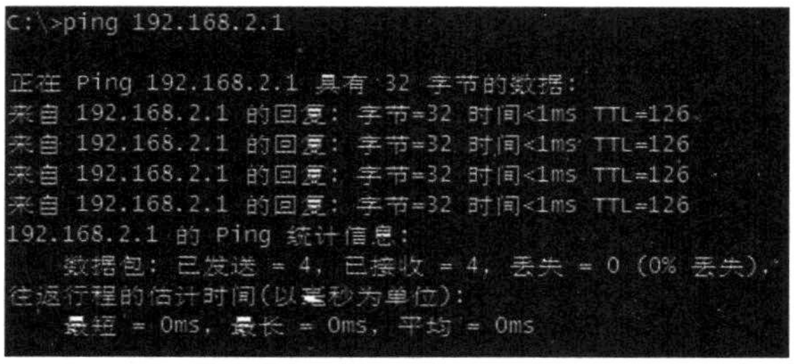

```
C:\>ping 192.168.2.1

正在 Ping 192.168.2.1 具有 32 字节的数据:
来自 192.168.2.1 的回复: 字节=32 时间<1ms TTL=126
来自 192.168.2.1 的回复: 字节=32 时间<1ms TTL=126
来自 192.168.2.1 的回复: 字节=32 时间<1ms TTL=126
来自 192.168.2.1 的回复: 字节=32 时间<1ms TTL=126
192.168.2.1 的 Ping 统计信息:
    数据包: 已发送 = 4, 已接收 = 4, 丢失 = 0 (0% 丢失),
往返行程的估计时间(以毫秒为单位):
    最短 = 0ms, 最长 = 0ms, 平均 = 0ms
```

图 8－29　PC1 访问 PC2 连通测试

通过上述输出结果可以观察到，PC1 和 PC2 可以相互访问，而 TTL 值变更为 126 则说明中间经过了两台路由器。

5. 配置默认路由

默认路由也称为缺省路由，是一种目的地址和掩码为全 0 的特殊路由，通常通过静态路由的配置方式添加默认路由。默认路由通常配置在企业的出口路由器上，作为连接互联网或者分支机构的边界路由器，如图 8－30 所示，利用一条默认路由取代所有去往其他网段的明细路由，降低路由表项的数量。

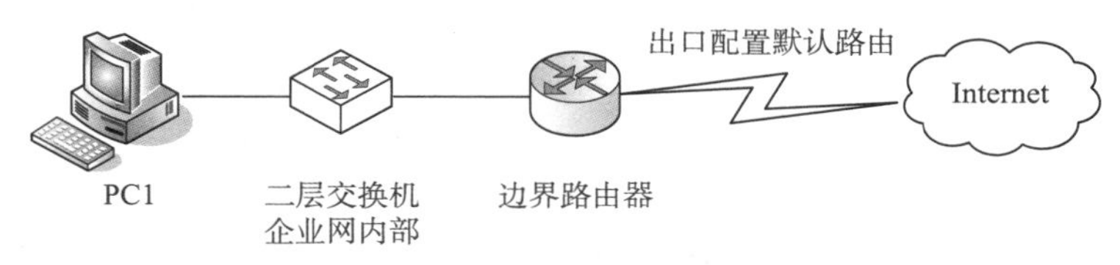

图 8－30　默认路由应用场景

当路由表中没有与报文的目的地址匹配的表项时，设备可以选择缺省路由作为报文的转发路径，在路由表中，缺省路由的目的网络地址为 0.0.0.0，掩码也为 0.0.0.0。在本任务中同样也可以借助默认路由实现营销分公司和财务分公司的互访，首先删除之前配置的静态路由，如图 8－31 所示。

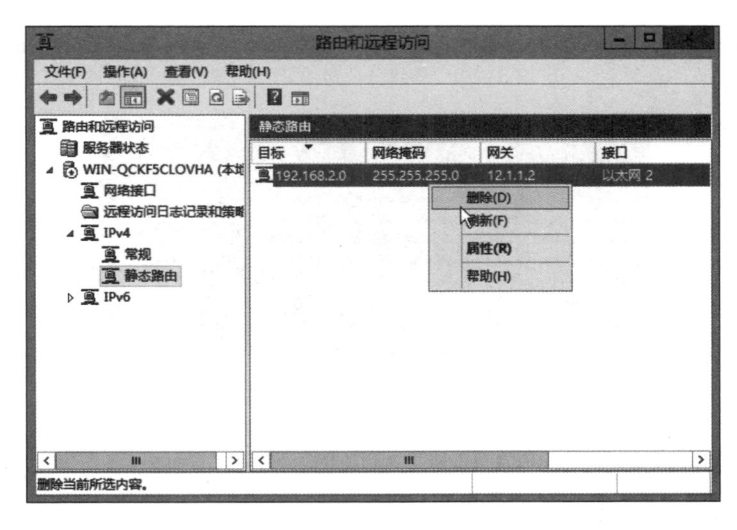

图 8－31　删除静态路由

删除静态路由之后，新建静态路由，默认路由与静态路由创建方法一致，以营销分公司服务器配置为例，具体配置方式如图 8－32 所示。

配置成功之后，仍然可以通过显示 IP 路由表的方式观察成功创建的默认路由，如图 8－33 所示。

6. PC 互访测试验证默认路由配置

由于营销分公司和财务分公司的服务器都配置了相应的默认路由，可以实现不同的局域网之间的相互通信，所以 PC1 利用 ping 命令测试是否可以访问 PC2，输出结果如图 8－34 所示。

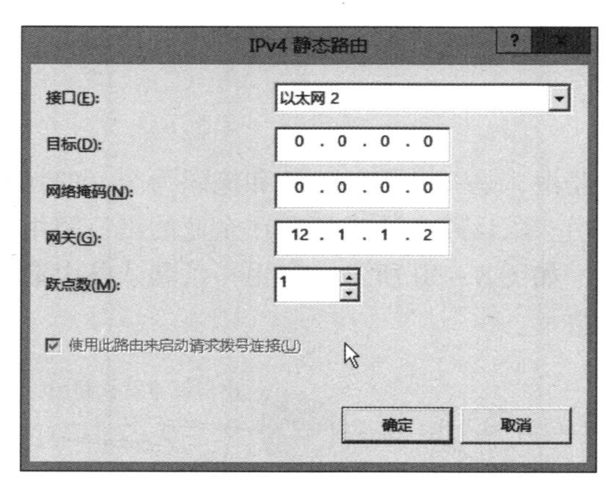

图 8－32　营销分公司服务器默认路由配置

WIN-QCKF5CLOVHA - IP 路由表

目标	网络掩码	网关	接口	跃点数	协议
0.0.0.0	0.0.0.0	12.1.1.2	以太网 2	11	静态...
12.1.1.0	255.255.255.0	0.0.0.0	以太网 2	266	本地
12.1.1.1	255.255.255.2...	0.0.0.0	以太网 2	266	本地
12.1.1.255	255.255.255.2...	0.0.0.0	以太网 2	266	本地
127.0.0.0	255.0.0.0	127.0.0.1	Loopback	51	本地
127.0.0.1	255.255.255.2...	127.0.0.1	Loopback	306	本地
192.168.1.0	255.255.255.0	0.0.0.0	以太网 1	266	本地
192.168.1...	255.255.255.2...	0.0.0.0	以太网 1	266	本地
192.168.1...	255.255.255.2...	0.0.0.0	以太网 1	266	本地
224.0.0.0	240.0.0.0	0.0.0.0	以太网 2	266	本地
255.255.2...	255.255.255.2...	0.0.0.0	以太网 2	266	本地

图 8－33　营销分公司的 IP 路由表

```
C:\>ping 192.168.2.1

正在 Ping 192.168.2.1 具有 32 字节的数据:
来自 192.168.2.1 的回复: 字节=32 时间<1ms TTL=126
来自 192.168.2.1 的回复: 字节=32 时间<1ms TTL=126
来自 192.168.2.1 的回复: 字节=32 时间<1ms TTL=126
来自 192.168.2.1 的回复: 字节=32 时间<1ms TTL=126
192.168.2.1 的 Ping 统计信息:
    数据包: 已发送 = 4, 已接收 = 4, 丢失 = 0 (0% 丢失),
往返行程的估计时间(以毫秒为单位):
    最短 = 0ms, 最长 = 0ms, 平均 = 0ms
```

图 8－34　PC1 访问 PC2 连通测试

通过输出结果可以观察到，PC1 和 PC2 可以相互访问。

【任务总结】

本任务要求理解静态路由和默认路由的配置方式；熟练地运用 Windows Server 服务器作为路由器配置静态路由和默认路由。

任务 3　RIP 路由的配置与验证

【任务描述】

静态路由和默认路由的配置方式相对比较简单，但是如果局域网中存在大量的业务网段

则会导致配置量增加，而且静态路由无法感知拓扑的动态变化，所以可以通过动态路由协议的配置部署实现营销分公司和财务分公司的互通。

【任务分析】

在营销分公司和财务分公司的 Windows Server 2019 服务器上部署并配置 RIP 动态路由协议，实现两个分公司局域网的互通。

【任务实施】

1. 配置 PC 的 IP 地址

配置 PC1 和 PC2 的 IP 地址、子网掩码、默认网关，测试 PC 与网关的连通性。

2. 删除默认路由或静态路由

由于之前的任务中配置了默认路由（静态路由），首先需要将对应的路由删除，从而可以通过后续添加的动态路由协议实现互通。打开“路由和远程访问”管理控制界面，右击默认路由（静态路由）并选中“删除”命令即可。

3. 配置动态路由协议 RIP

打开服务器的路由和远程访问管理控制台，单击“IPv4”，右击“常规”，单击“新增路由协议”命令，如图 8 - 35 所示。

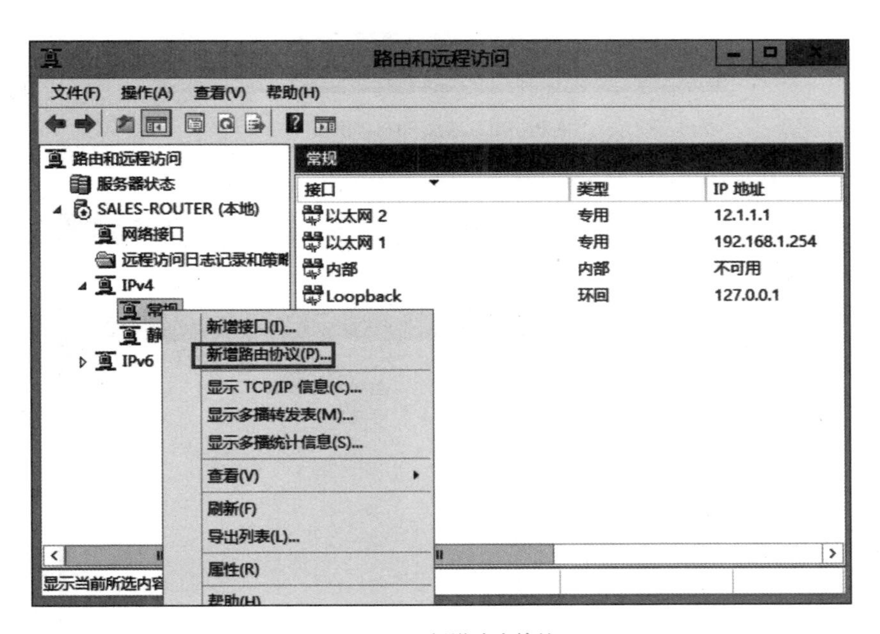

图 8 - 35　新增路由协议

选中路由信息协议 RIP 版本 2，然后单击“确定”按钮，如图 8 - 36 所示。

协议添加成功之后，选中“RIP”，右击，选择“新增接口”命令，如图 8 - 37 所示。

依次将接口以太网 1 和以太网 2 两个网卡的 RIP 功能开启运行，这样可以让 RIP 自动发布路由并与直连路由器之间通告路由，如图 8 - 38 所示。

配置相应接口（网卡）的 RIP 状态，此处采用周期更新模式，也就是 RIP 会每隔 30 s

周期通告自身路由表，传输数据包为 RIPv2 的广播，接收数据包协议为 RIPv1 和 RIPv2，以实现兼容部分版本 1 的路由器，取消勾选“激活身份验证”，不采用相应的认证。配置完成后，单击“应用”按钮及“确定”按钮即可，如图 8－39 所示。

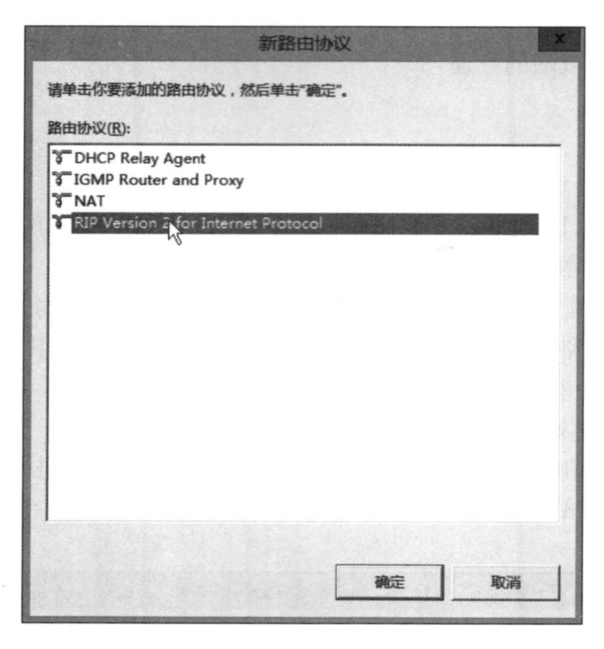

图 8－36　添加 RIPv2 协议

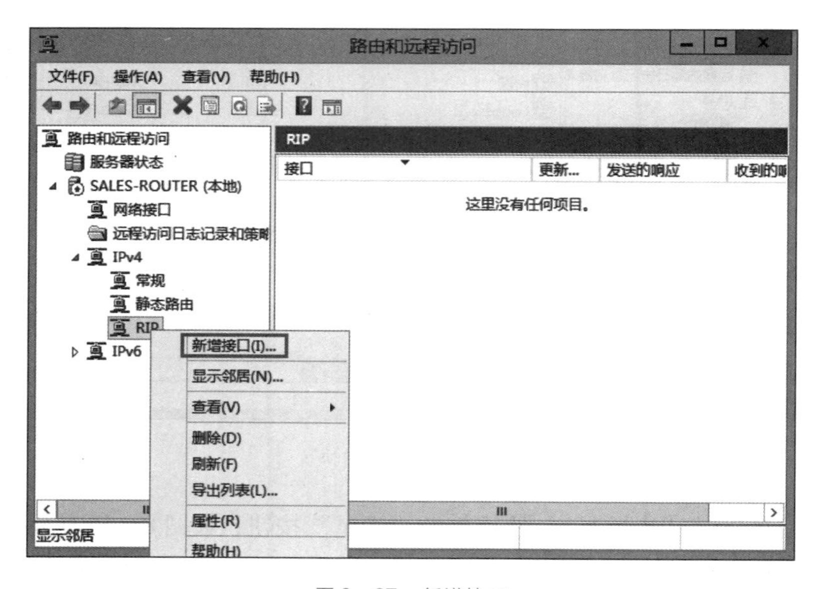

图 8－37　新增接口

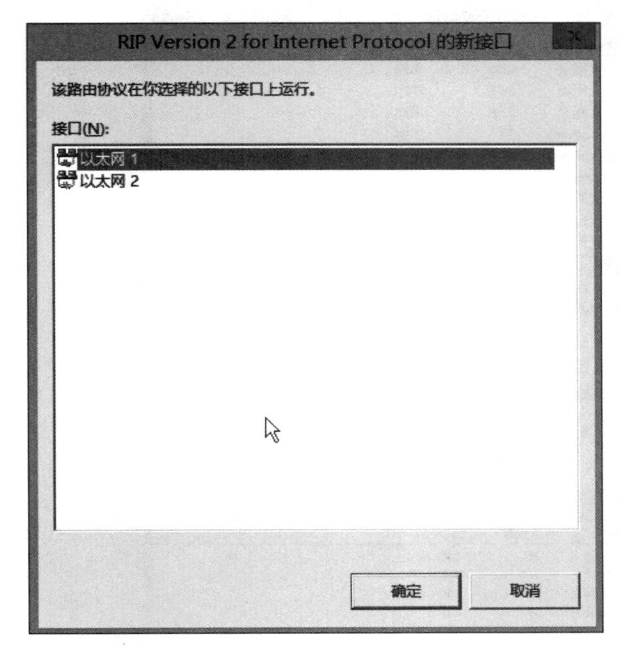

图 8－38　接口启用 RIP 协议

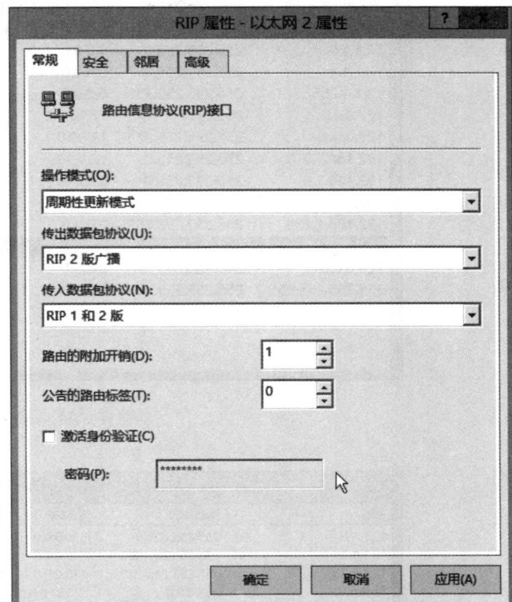

图 8－39　RIP 协议属性配置

配置成功后，观察到 RIP 协议在两个以太网接口进行了报文的交互，由此可以判断 RIP 已经成功运行，如图 8－40 所示。

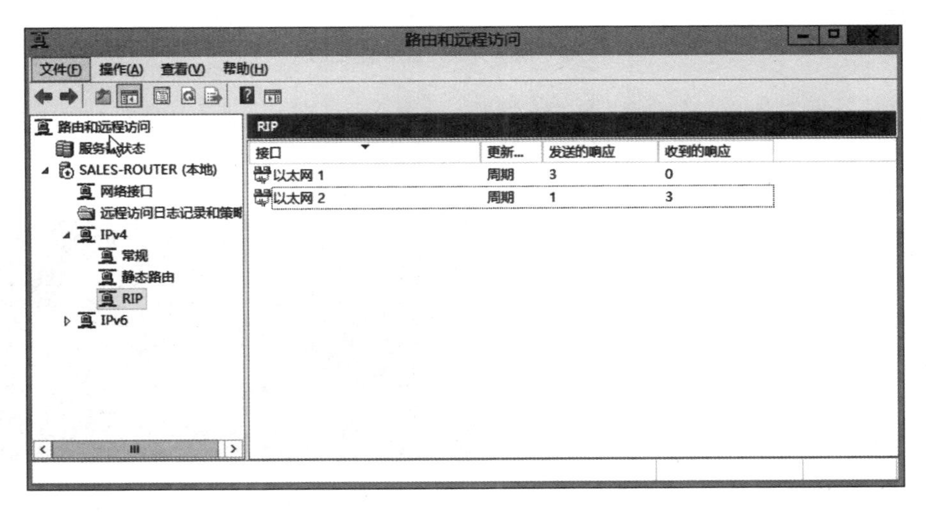

图 8－40　RIP 协议报文交互

RIP 成功运行之后，可以通过观察 IP 路由表来验证是否可以正确地借助 RIP 路由协议自动学习到营销分公司的网络号 192.168.1.0/24、财务分公司的网络号 192.168.2.0/24，分别在营销分公司的服务器和财务分公司的服务器上右击“静态路由”，选中“显示 IP 路由表”，可以观察是否存在上述路由。具体输出结果如图 8－41 和图 8－42 所示。

SALES-ROUTER - IP 路由表

目标	网络掩码	网关	接口	跃点数	协议
12.1.1.0	255.255.255.0	0.0.0.0	以太网 2	266	本地
12.1.1.1	255.255.255.255	0.0.0.0	以太网 2	266	本地
12.1.1.255	255.255.255.255	0.0.0.0	以太网 2	266	本地
127.0.0.0	255.0.0.0	127.0.0.1	Loopback	51	本地
127.0.0.1	255.255.255.255	127.0.0.1	Loopback	306	本地
192.168.1.0	255.255.255.0	12.1.1.2	以太网 2	26	翻录
192.168.1.0	255.255.255.0	0.0.0.0	以太网 1	266	本地
192.168.1.254	255.255.255.255	0.0.0.0	以太网 1	266	本地
192.168.1.255	255.255.255.255	0.0.0.0	以太网 1	266	本地
192.168.2.0	255.255.255.0	12.1.1.2	以太网 2	13	翻录
224.0.0.0	240.0.0.0	0.0.0.0	以太网 1	266	本地
255.255.255.255	255.255.255.255	0.0.0.0	以太网 1	266	本地

图 8－41　营销分公司服务器路由表

FIN-ROUTER - IP 路由表

目标	网络掩码	网关	接口	跃点数	协议
12.1.1.0	255.255.255.0	0.0.0.0	以太网 2	266	本地
12.1.1.2	255.255.255.255	0.0.0.0	以太网 2	266	本地
12.1.1.255	255.255.255.255	0.0.0.0	以太网 2	266	本地
127.0.0.0	255.0.0.0	127.0.0.1	Loopback	51	本地
127.0.0.1	255.255.255.255	127.0.0.1	Loopback	306	本地
192.168.1.0	255.255.255.0	12.1.1.1	以太网 2	13	翻录
192.168.2.0	255.255.255.0	12.1.1.1	以太网 2	26	翻录
192.168.2.0	255.255.255.0	0.0.0.0	以太网 1	266	本地
192.168.2.254	255.255.255.255	0.0.0.0	以太网 1	266	本地
192.168.2.255	255.255.255.255	0.0.0.0	以太网 1	266	本地
224.0.0.0	240.0.0.0	0.0.0.0	以太网 1	266	本地
255.255.255.255	255.255.255.255	0.0.0.0	以太网 1	266	本地

图 8－42　财务分公司服务器路由表

通过上述结果可以发现两个分公司的服务器都可以通过 RIP 相互学习到对方的路由，RIP 运行正常。

4. 验证 PC 互访

由于营销分公司和财务分公司的服务器都配置了相应的 RIP 路由协议，可以实现不同的局域网之间的路由的自动发现，从而可以相互通信，所以 PC1 利用 ping 命令测试是否可以访问 PC2，输出结果如图 8－43 所示。

```
C:\>ping 192.168.2.1

正在 Ping 192.168.2.1 具有 32 字节的数据:
来自 192.168.2.1 的回复: 字节=32 时间<1ms TTL=126
来自 192.168.2.1 的回复: 字节=32 时间<1ms TTL=126
来自 192.168.2.1 的回复: 字节=32 时间<1ms TTL=126
来自 192.168.2.1 的回复: 字节=32 时间<1ms TTL=126
192.168.2.1 的 Ping 统计信息:
    数据包: 已发送 = 4, 已接收 = 4, 丢失 = 0 (0% 丢失),
往返行程的估计时间(以毫秒为单位):
    最短 = 0ms, 最长 = 0ms, 平均 = 0ms
```

图 8－43　PC1 访问 PC2 连通测试

通过上述输出结果可以观察到，PC1 和 PC2 可以相互访问。

【任务总结】

本任务要求理解动态路由的配置方式；熟练地运用 Windows Server 服务器作为路由器配置 RIP 路由。